教養としての

ラジオ用語辞典

薬師神亮・手島伸英：著
ラジオマニア編

三才ブックス

本書の楽しみ方

本書は「辞典」と名乗っている通り、巻末の索引を使って用語の意味を調べることができますが、読み物としてもお楽しみいただけるように構成しています。

一口にラジオに関する用語と言っても、番組リスナー、DXer、機械好き、コレクター、番組制作者など様々なジャンルの人たちが使う言葉があります。そこで「ラジオ局」「受信」といった大きなジャンルで章立てをし、さらに関連する中ジャンルごとにワードを系統立てて掲載しています（中ジャンルは右ページの下に表示）。

また、なるべく無味乾燥にならないよう、筆者の経験に基づいたエピソードも入れております（そのため少々主観的な記述も見られますがご了承を）。

本書を通して、ラジオの世界がこれまでよりも広く、深く、そして楽しくなれば幸いです。

著者プロフィール

薬師神 亮（やくしじん・りょう）

1958年2月5日、福岡県北九州市八幡東区生まれ。小1の時に祖母が営んでた店先のラジオで聞いたビートルズの「抱きしめたい」に衝撃を受ける。中1の時から地元RKBラジオの「スマッシュ11」などを聞き始め、高校生の時には遠距離受信でTBSラジオ「パックインミュージック」を聞き、深夜放送にハマる。大学卒業後、三才ブックスの中高生向けラジオ月刊誌「ラジオパラダイス」の編集部で日本国中のラジオ局とパーソナリティを取材。2代目編集長となるも雑誌は休刊。1991年にラジオたんぱ（現・ラジオNIKKEI）に移り番組を制作。その後フリーとなり、現在はラジオのことなら何でも請け負う「らじお屋」としてラジオ番組制作やラジオに関する執筆を行う。Xのアカウントは@radio_ya。本書では主に番組、ラジオ局関連の原稿を担当。

手島伸英（てじま・のぶひで）

文筆家、ラジオDJ、エンジニア。小1の頃、母親が買った「パナペットデイト（Panasonic R-88）」に魅了され、小遣いをためて譲り受ける。自作などを経て、どっぷりとラジオ沼へ。日本道路交通情報センター、イベント放送局「SURF'90 FM」、コミュニティFM「鎌倉エフエム」などを経て、「FM-HOT 839」では四半世紀以上にわたってワンマンDJとして活動中。一方、エンジニアとしては、携帯電話関連の測定器メーカーを経て、大手通信キャリアを経験。「東京2020大会組織委員会」にもぐり込むと、会場内の周波数利用を定めた「周波数基本計画」の策定に参加。第1級陸上無線技術士、電気通信主任技術者（伝送交換）、電気通信の工事担任者（総合通信）、第2種電気工事士、危険物取扱者乙種4類、第1級アマチュア無線技士などの資格を保有。本書では主に法令、技術、番組制作関連の原稿を担当。

1章

ラジオ局

管轄・法制／局内施設・設備／送信所・中継局（一般）／局員・スタッフ／コミュニティFM／その他放送局

【電波法】 でんぱほう

電波の公平かつ能率的な利用を確保することによって、公共の福祉を増進することを目的として制定された、全9章116条からなる法律。昭和25年に施行された。

総則（第一章）にはじまり、無線局の免許等（第二章）、無線設備（第三章）、無線従事者（第四章）、運用（第五章）といった、電波を使用する上で避けて通れない項目が並ぶ。

電波法上、ラジオ局は基幹放送局のひとつとして定義されており、放送法と並んで放送局が最も影響を受ける法律である。

【放送法】 ほうそうほう

放送を公共の福祉に適合するように規律し、その健全な発達を図ることを目的として制定された、全11章193条からなる法律。昭和25年に施行された。総則（第一章）にはじまり、放送番組の編集等に関する通則（第二章）、日本放送協会（第三章）、放送大学学園（第四章）、基幹放送（第五章）、一般放送（第六章）と続く。面白いのは、全部で193ある条文のうち4割近い73の条文が日本放送協会に関するものだということ。「協会の放送を受信することのできる受信設備を設置した者は、協会と受信契約を締結しなければならない（抜粋）」という、なにかと話題となる文言も放送法（第六十四条）である。

放送法で最も重要な条文は「放送番組は、法律に定める権限に基づく場合でなければ、何人からも干渉され、又は規律されることがない（第三条）」である。日本国憲法における「表現の自由（第二十一条）」とともに、放送局の自主性・自立性が担保されている。一方で、放送事業者に対しては「公安及び善良な風俗を害しないこと（第四条の一）」「政治的に公平であること（第四条の二）」「報道は事実をまげないですること（第四条の三）」「意見が対立している問題については、できるだけ多くの角度から論点を明らかにすること（第四条の四）」が求められている。問題なのは、その判断を政府が行うこと。

マスメディアにとって大きな役割のひとつは「権力の監視」である。しかし、2016年2月8日の衆議院予算委員会において、高市早苗総務大臣（当時）が、政府が放送局に対し放送法第四条に違反したことを理由に電波法第七十六条に基づく電波停止を命じる可能性に言及した。「政府に歯向かったら電波を止めるかも」という趣旨のけん制とも思えるこの発言は、大きな波紋を呼んだ。

【総務省】 そうむしょう

日本の行政機関のひとつで、行政運営の改善、地方分権の推進、選挙、消防防災、情報通信、郵政行政など、国の骨格とも言える基本的な仕組みを所管する。国家行政組織法に基づいて設置されている行政機関で、2001年の中央省庁再編によって旧総務庁と旧自治省、旧郵政省が統合されて発足した。内閣直轄の中央省庁である。

一般に馴染みの深い総合通信局は、放送や郵政を担当する「情報通信行政局」と電波や有線通信を担当する「総合通信基盤局」の業務を相乗りで行う、総務大臣直轄の地方支分部局である。

無線局は、通常、その運用にあたって各地方総合通信局（沖縄は総合通信事務所）から免許を受けるが、基幹放送局に関しては、本省の情報流通行政局地上放送課が一括して免許を交付している。

【基幹放送局】 きかんほうそうきょく

放送法に定める基幹放送「電波法の規定により放送をする無線局に専ら又は優先的に割り当てられるものとされた周波数の電波を使用する放送（第二条の二）」を行う放送局。実験試験局やイベント放送局、臨時災害放送局などの放送期間を定められた放送局を除き、一般的な放送局（コミュニティ局含む）は、出力や放送エリア、周波数の区別なく、基幹放送に含まれる。2011年の放送法改正において、無線局（送信所の管理など）を提供する基幹放送局提供事業者と、放送事業（編成、制作、営業など）を行う認定基幹放送事業者との分離が可能となったが、分離せず、その両方の機能を持つ基幹放送局を特定基幹放送事業者という。

【広域放送局】 こういきほうそうきょく

放送法施行規則に定める「三以上の都府県の各区域を併せた区域における需要に応えるための放送（別表第五号の八、注釈八）」を行う放送局。人口が密集する大都市圏において、個々の都府県単位ではなく、人の移動や経済・文化のつながりに基づく生活圏を単位として放送を行う。

基幹放送普及計画には、中波放送における対象エリアとして、関東広域圏（茨城県、栃木県、群馬県、埼玉県、千葉県、東京都、神奈川県）、中京広域圏（岐阜県、愛知県、三重県）、近畿広域圏（滋賀県、京都府、大阪府、兵庫県、奈良県、和歌山県）が定義されている。NHKにも民放にも広域放送局はあるが、いずれも中波放送のみで、短波放送とFM放送に広域放送局は存在しない。

【県域放送局】 けんいきほうそうきょく

放送法施行規則に定める「一の都道府県の区域又は二の県の各区域を併せた区域における需要に応えるための放送（別表第五号の八、注釈九）」を行う放送局。いわゆるローカル局（NHKの各地方放送局を含む）は、そのほとんどが県域放送局に該当する。

民放ラジオ局は、各県域において、中波放送1局、FM放送1局の割り当てが原則である。しかし、北海道のように放送エリアが広かったり、東京や大阪のように人口が多かったり、沖縄のように本土復帰前から複数の中波局が存在していたりする場合には、同一バンドの2局目が免許される場合もある。

なお、二の県の各区域を併せた区域に向けて放送しているのは、KBS京都（京都府、滋賀県）と山陰放送（鳥取県、島根県）、長崎放送（長崎県、佐賀県）、エフエム山陰（島根県、鳥取県）の4局である。

【全国放送局】 ぜんこくほうそうきょく

放送法施行規則に定める「全国放送（別表第五号の八）」を行う放送局。ラジオ局では、NHKラジオ第2放送（中波放送）とラジオNIKKEI（短波放送）が、日本全国を放送対象地域として免許されている。

NHKラジオ第1放送が各地方放送局をつないだ全国ネット（JFNやNRN、JRNと同様）であるのに対し、NHKラジオ第2放送は東京を本局とし、それ以外を中継局とするひとつの放送局（災害時などに独立して放送できるよう、免許上は各中継局にコールサインが割り当てられている）である。そのため、NHKラジオ第2放送の各中継局は県域に縛られず配置されている。

一方、もうひとつの全国放送であるラジオNIKKEIは、第1放送と第2放送の2系統の放送について、それぞれ3/6/9MHz帯の短波を、合わせて6波免許されている。千葉県長生郡長柄町と北海道根室市から送信しているが、同一エリア（全国）に同一周波数で送信するという特殊性から「中継局」という概念がなく、両方とも「送信所」を名乗っている。ただし、時間帯によって伝播状況が変化する短波の特性から、国内でも受信状況が大きく変化したり、海外まで電波が飛んでいったりする。このため、周波数によって送信時間が制限されるなど、放送時間帯でも6波を常時送信しているわけではない。また、ラジオNIKKEIはもともと全国放送であり、radikoでの受信にradikoプレミアム（エリアフリー）の契約が要らないことから、多くのリスナーを獲得。経営の合理化を進める目的もあって、現在は、9MHz帯での送信を非常時限定とし、6MHz帯を中心に3MHz帯で補完する体制で放送されている。

●ラジオNIKKEI使用周波数
（第1放送）　6.055MHz
　　　　　※補完3.925／9.595MHz
（第2放送）　6.115MHz（8:00〜19:00）
　　　　　　　3.945MHz（19:00〜23:00）
　　　　　※補完9.760MHz

【外国語放送局】 がいこくごほうそうきょく

放送法施行規則に定める「外国語による放送を通じて国際交流に資する放送（別表第五号の七、注釈十）」を行う放送局。1995年に発生した阪神・淡路大震災で外国人向けの情報が不足した教訓から制度化されたと言われている。

基幹放送普及計画（郵政省告示第六百六十号）と郵政省告示第五十二号を重ねると、放送エリアとして、東京都23区一帯（東京都の特別区の存する区域、埼玉県浦和市※、千葉県千葉市、神奈川県横浜市及び川崎市並びに新東京国際空港※）、名古屋市一帯（愛知県名古屋市、瀬戸市、豊田市、岡崎市、常滑市、豊橋市及び静岡県浜松市）、大阪市一帯（大阪府大阪市、堺市及び東大阪市、京都府京都市、兵庫県神戸市及び尼崎市並びに奈良県奈良市並びに関西国際空港）、福岡市一帯（福岡県福岡市、北九州市、久留米市及び大牟田市並びに佐賀県佐賀市）が定義されている。

現在、interfm（東京都23区一帯）、FM COCOLO（大阪市一帯）、LOVE FM（福岡市一帯）の3局が放送を行っている。かつて、名古屋市一帯にも、愛知国際放送（ステーション名はRADIO-i、2000〜2010年）とRadioNEO（2014〜2020年）が存在したが、いずれも経営不振で閉局している。

※旧名称、地名は原文のまま表記

【V-Low／V-High】 ブイロウ／ブイハイ

　2011年に地上テレビ放送が完全デジタル化され、放送に使用する周波数がUHFの13〜52chに集約。一部地域で行われた経過措置も2012年3月までで完全に終了し、それ以外の周波数は、いわゆる「空き地」となった。この空き地のうち、旧VHFの1〜3ch（90〜108MHz）をV-Low、4〜12ch（170〜222MHz）をV-Highという。

　V-Lowのうち、90〜95MHzはFM補完中継局に割り当てられて広く利用されるようになっているため、議論の対象としてV-Lowが取り上げられる場合、95〜108MHzを指すことが一般的である。

　一方、V-Highのうち、170〜202.5MHzは公共用途の自営通信（ブロードバンド移動通信システムなど）に使われることが決まっているほか、202.5〜207.5MHzはガードバンドに設定されているため、議論の対象としてV-Highが取り上げられる場合、207.5〜222MHzを指すことが一般的である。

　V-Low／V-Highともに放送用途として確保されており、いったんはデジタルマルチメディア放送に割り当てられて放送も行われたが、いずれも現在までに撤退し、周波数は空いたままになっている。

　このうち、V-Lowについては、2028年にかけて行われるAMラジオ局のFM転換に伴って周波数需要が増加することや、防災無線のFM波における再送信システムの稼働、道路交通情報放送（1620/1629kHz）の中波からの移行が見込まれることから、実質的には、FMラジオ放送の周波数拡大に使用されるという見方が有力である。

【臨時災害放送局】 りんじさいがいほうそうきょく

　放送法第8条が定めた「臨時かつ一時の目的のための放送」の中でも「災害が発生した場合に、その被害を軽減するために役立つこと」を目的としたFMによる出力100W以下の放送局のこと。1995年1月に発生した阪神・淡路大震災で被災した人々に対して情報提供する目的で設置された「FM796フェニックス」が第1号の臨時災害放送局である。

　その後、これまでに2000年3月の北海道有珠山噴火では1局、2011年3月の東日本大震災ではこれまでで最大の32局（IBCラジオ聴取困難地域のためのAM中継局を含む）、2019年10月の令和元年東日本台風では3局など、多くの局が設置された。

【臨機の措置】 りんきのそち

　大規模災害発生時などの非常時、無線局の開設や変更などに関する許認可を口頭等の迅速な方法により行う特例措置をいう。専用の災害時有線電話や衛星携帯電話などが用意されており、自治体の担当者には番号が周知されている。後日、落ち着いてから書面の提出は必要だが、電話1本で無線局を開設できるメリットは大きい。

　例えば大地震が発生して臨時災害放送局の開設が必要なとき、自治体で運用主体を取りまとめて地方総合通信局に電話連絡すれば、電話で開局申請などの手続きが可能。東日本大震災（2011年3月11日）では、震災発生当日中に「えふえむ花巻（20W）」を増力して、「はなまきさいがいエフエム（100W）」を開局させた例がある。

【デジタルラジオ】 *digital radio*

　一般的なアナログ信号と違い、デジタル信号は劣化が一定範囲であれば波形を整形したり、エラーを補正したりするなどして元の情報を復元できる。この特性を生かして、ノイズや混信などによる信号劣化の影響を受けにくく、高品質・高音質な放送を行うことを目的に開発されたのがデジタルラジオである。

　日本におけるデジタルラジオの歴史は古く、1992年には通信衛星（CS）を使ったCS-PCM音声放送が実用化されている。2000年には放送衛星（BS）を使ったBSデジタル音声放送も開始されている。地上波では、NHKといくつかの民放局が共同で「一般社団法人デジタルラジオ推進協会」を立ち上げて2003年から2011年にかけて地上デジタル音声放送の試験放送を行ったが、制度化には至らなかった。

　諸外国を見ると、2003年頃から一部の短波放送局がDRM（Digital Radio Mondiale）方式のデジタルラジオ放送を開始している。ヨーロッパでは、DAB（Digital Audio Broadcast）方式のデジタル放送が普及しつつあり、ノルウェーのようにデジタル化に伴ってアナログFMラジオ放送の廃止を宣言（小規模放送局はFMラジオ放送を継続）した国もある。

　一方、アメリカではIBOC（In-band on-channel）と呼ばれる既存のアナログ放送にデジタル信号を重畳する方式（なかでも、iBiquity社が開発したHD Radio方式が主流）での放送が広く普及しており、既存のアナログラジオとの互換性が維持されている。総務省資料「ラジオ放送事業者の経営概況とラジオにおける新しい動き（平成28年1月29日版）」によれば、全米のデジタルラジオは「約90％の世帯に到達可能」とされている。

【i-dio】 アイディオ

　地上アナログテレビ放送終了後のV-Lowを使用して放送されていたマルチメディア放送。2016年3月に東京・大阪・福岡で放送を開始し、同年7月から全国で本放送を開始した。基幹放送局提供事業者である株式会社VIPが送信設備を担当、認定基幹放送事業者である北日本／東京／中日本／大阪／中国・四国／九州・沖縄マルチメディア株式会社が放送を担当するハード／ソフト分離型の放送局であった。

　地上デジタルテレビ放送の基本技術であるISDBの音声放送規格ISDB-Tを採用し、OFDMセグメント3個×2の合計6セグメント（1セグメントあたりの標準データ伝送量は280kbps）でデータを送信。音声のほか、静止画や動画など標準品質では6チャンネルの放送が可能。視聴は、専用チューナーとスマートフォンをWi-Fiで接続するスタイルが基本であったが、チューナー内蔵型の「i-dio Phone」なるものも発売されていた。

　移動体に適した変調である強みを生かしたクルマ向け放送や、映像が伝送できる強みを生かしたアイドル番組、複数セグメントを束ねて高音質化したハイレゾ相当番組など、i-dioならではの番組も多かった。しかし、全国向けのサービスでありながら安定して聴けるエリアは限定的で、経営難もあり中継局の設置も進まなかった。そして、制作費の捻出が難しくなった結果、地元FM局のサイマル放送を始めてしまう。3セグメントに最大で8局を詰め込むなど、音質の良さまで捨てて挽回を狙ったが、2020年3月31日に放送を終了した。

【スタジオ】 *studio*

創作活動を行うために作られた、外部と遮断された空間のこと。

ラジオでは、主に外部からの音や振動の影響を遮断する目的で作られた空間を指し、生放送や番組の収録に使われる。アナウンスブースと調整室（コントロールルーム）が対になった構成が一般的だが、小規模放送局などでは、アナウンスブースの中にコントロールルームの機能を置いた一体型のものも珍しくない。

これまでも、当時のラジオ関東（現ラジオ日本）が放送していた、大滝詠一の「GO! GO! NIAGARA（1975〜1983年）」のように、「福生45スタジオ」と称して自宅をスタジオがわりにしていたケースはあった。

それが新型コロナの流行によって一気に加速。他者との接触を避けるため、パーソナリティの自宅はもちろん、所属事務所の会議室など、さまざまな場所で音声のみの収録が広く行われるようになった。デジタル技術の進歩により、パソコン上で簡単にノイズを除去できるようになったことも後押ししている。スタジオの概念は、今後、よりフレキシブルに変化していくだろう。

用途に応じて、生放送用スタジオ、収録用スタジオ、編集用スタジオ（編集室）、サテライトスタジオ、オープンスタジオ、ホールスタジオなどがある。

運行表やCM、気象などの情報が一覧でき、ワンマンスタイルにも対応した南海放送の第1スタジオ

【アナウンスブース】 *announcement booth*

生放送や音声収録を行うために作られた防音室。マイクの集音力は想像以上に高く、そのままでは周囲を通るクルマや風雨などの環境音、エアコンや機材が出す動作音など、余分な音や振動を拾ってしまう。一方、壁や床による音の反射も声の輪郭を不明瞭にする要素であり、運用上は外音よりも問題になることが多い。そこで壁面を広範囲にわたって吸音材で覆ったり、厚手のカーテンを吊したり、床材にじゅうたんを使用したりするなどして、余分な音や振動を吸収する構造になっている。

トークバックの機能を併せ持つカフボックスが設置され、話者の意図に応じてマイクをON/OFFできるようになっているのが一般的だが、マイクのみが置かれたシンプルなケースもある。

【副調整室】 ふくちょうせいしつ

アナウンスブースに付随して設置される調整室（コントロールルーム）のうち、放送局において、「主調整室（マスター・コントロールルーム）」の配下にあるものを「副調整室（サブ・コントロールルーム）」という。単に「サブ」「副調」と呼ばれることもある。

番組制作において使用するすべての音源（マイク、CDプレーヤー、デジタルプレーヤー、サンプラー、パソコン、テレホンハイブリッド、中継回線など）が集められており、ミキサー卓で整音されて主調整室へ送られる。

放送中は、ディレクターやAD、ミキサーといったスタッフが一堂に会して指示や進行管理、ミキサー卓の操作を行う。

【主調整室】 しゅちょうせいしつ

放送局において、放送を送出するための最終的な調整室。すべての「副調整室（サブ・コントロールルーム）」を配下におくため、「主調整室（マスター・コントロールルーム）」という。単に「マスター」とも呼ばれる。すべての生放送スタジオとつながっており、スタジオの切り替えや録音番組の送出、コマーシャルの送出など、放送されるすべての音声を一括管理する。

一般的に送信所や中継局を遠隔操作できるようになっており、電波の発射／停止、送信機やアンテナの切り替え、各種パラメーターの監視も行う。

主調整室の勤務者は無線従事者を頂点とするエンジニアで構成されているため、各スタジオを始めとする放送設備の保守点検も合わせて行う

ことが多いが、主調整室に張り付いて行う監視業務を特に「マスター業務（なぜか、『主調整室業務』とは言わない）」という。

一部の放送局を除いて番組は自動番組送出装置で自動送出されるが、そのためのデータ（運行表）を作成・管理するのも大切なマスター業務である。

マスタールームには緊急時のための放送ブースも備わっている（写真はラジオNIKKEI）

【レコード室】 レコードしつ

文字通り、番組で使用するレコードやCDを保管・管理する部屋のこと。一部の局では「レコード・CD室」「資料室」「ライブラリー」と呼ばれている。

ほとんどの局ではパソコンでレコードやCDが管理されており、「曲名」「アーティスト名」「作曲者名」などで検索できるようになっている。また歌詞カードには番組作りには欠かせないイントロや間奏の秒数、演奏がフェードアウトかカットアウトかといった曲の情報が手書きで記されていることがある。

ラジオには欠かせない音楽だけに、これまではスタジオに近い場所にレコード室が設置されてきた。しかし最近では局舎の地下やスタジオから遠く離れた別棟の建物に移動する局が増えている。これはCD音源をサーバーに取り込み、スタジオの端末操作で希望の曲がすぐに流せ

るようになったためである。また歌詞カードをPDF化して、そこに書かれていた前述の曲の情報をサーバーにストックし、それも同時に端末操作で見られるようなシステムを構築している局もある。

かつては番組中にADをレコード室まで走らせ、何秒で曲がオンエアできるかという遊びをよくやっていたが、曲をサーバーに取り込むようになった今では、こういう遊びはできなくなってしまった。寂しい限りである。

KBS京都のレコード室。アナログ盤も豊富だ

【喫煙室】　きつえんしつ

　喫煙天国の昭和の時代に堂々と「禁煙」の二文字が燦然と輝いていた場所があった。それがラジオ局のスタジオだ。不具合の許されない放送機材にとっての大敵はタバコの煙。特にヤニは機材の金属部分で接触不良など、様々な不具合を生じさせた。そのためにスタジオ内は禁煙…のはずだったのだが、実態はタバコ吸い放題の無法地帯。「禁煙」の張り紙の前で堂々とタバコをくゆらせながらしゃべるパーソナリティは数多くいた。

　しかし時は流れ、世間で禁煙が叫ばれ始めた2000年代前後、ラジオ界にデジタル化の波が押し寄せ、スタジオには様々なデジタル機器が設置された。それまでのアナログ機器以上にデリケートで高価なデジタル機の登場と禁煙ブームが相まって、スタジオは完全禁煙となり、2020年4月に施行された改正健康増進法によって、ラジオ局も一般企業と同じく喫煙室を設けるようになった。

　とある局では、その局で長年昼ワイド番組を担当しているベテランパーソナリティがすぐにタバコが吸えるようにと、彼が出演しているスタジオのすぐ横に喫煙室を設置。また、喫煙室に次から次へと人が入るためドアの開け閉めが頻繁に行われ、喫煙室内の煙が外に吐き出され、廊下が煙で霞む局もあった。コロナ禍以降は喫煙室内はひとりだけという局が増えたため、このようなことは起こらなくなったはずである。

2000年以降、ほぼ100％のスタジオで完全禁煙となった

【アナウンス部】　アナウンスぶ

　アナウンサー採用試験に合格し、局のアナウンス業務に携わる部署。一部の局ではアナウンス室と呼ばれている。昨今、STVラジオ、TBSラジオ、CBCラジオ、MBSラジオ、ABCラジオのように、ラジオ局とテレビ局が分社化したラジオ局では所属アナウンサーがいない、つまりアナウンス部はなく、テレビ局のアナウンサーが番組出向や派遣という形で出演している（ただしSTVの木村洋二はSTVラジオのエグゼクティブアナウンサーとして活躍している）。

　また地方局では、社員アナウンサー採用がないことも多く、FM局の場合はアナウンス部自体がないこともある。その場合、契約や派遣という形をとっている。

【報道部】　ほうどうぶ

　ニュースや報道番組を担当する部署。中波キー局の場合は全国ネットの報道番組『ネットワークトゥデイ』（TBSラジオ制作）や『ニュース・パレード』（文化放送をキー局としたNRN加盟33局共同制作）があるため報道専門の職員が存在するが（ただし部署名は報道部でないことも）、ラテ兼営局ではラテ併せた報道部であったり、報道と番組制作を兼務したりさまざま。また、FM局では報道担当者がいない場合も多い。テレビ局と違い報道担当職員の数が少ないため独自取材が難しく、通信社や系列の新聞社から送られてくるニュース原稿を利用する場合が多い。災害対応、定時ニュースのため泊まり勤務を採用している場合も多い。

【食堂／喫茶室】 しょくどう／きっさしつ

　今のように終夜営業の飲食店やコンビニがなかった頃、深夜や早朝の番組出演者やスタッフ、泊まり勤務のアナウンサーや報道部員、技術部員のための食事の場として社員食堂が設けられていた。しかし今ではその数はめっきり少なくなってしまった。

　出演者との打ち合わせのためや、スタジオの出演者に飲み物・軽食などを提供するため、かつては喫茶室も多くの局に存在した。しかし接待費、人件費削減などの影響もあり、その数も社員食堂同様に減っている。

　ほんの十数年前までは、局に取材に行くと喫茶室で取材をしたり、会議室での取材でも喫茶室から飲み物の出前を取ったりすることが多かった。しかし今ではペットボトルやコーヒーサーバーによるコーヒーや給茶機の日本茶が当たり前と

なってしまった。

　四谷にあった文化放送には「喫茶Q」という喫茶店があり、多くのタレントが出入りしていたし、以前のニッポン放送には通称「3ロビ」という喫茶室があった。この店の前には飲料水の自販機が置いてあったのだが、そこに「アルギンZ」という味の素（現在はカルピス飲料）から発売されてた栄養ドリンクが入っていた。アルギンZが自販機で売られていたのは当時でも珍しく、筆者（※薬師神）は必ず買って帰り、それを飲んで徹夜仕事していた思い出がある。

南海放送の喫茶スペース「N4 BEANS」。何気ない雑談から新企画が生まれることも少なくない

【宿直室】 しゅくちょくしつ

　ラジオは24時間放送。そのため深夜勤務が必然となり、仮眠を取るための簡単なベッドと布団と枕が置いてるだけの宿直室が必要となる。ここを利用するのは、泊まり勤務のあるアナウンサーや報道部員、そしてマスター勤務の技術部員。24時間稼働しているためマスター勤務には泊まり勤務があり、多くは2名

で勤務し、交代で仮眠を取る。また深夜の地震や災害対応のためにアナウンサーか報道部員が泊まり勤務となる。中波局の多くはラテ兼営でテレビの夜のニュースがあるため、アナウンサーが泊まることが多く、単営局では、例えば文化放送は報道部員とアルバイト、ラジオ大阪では契約アナが泊まり勤務をしている。

【フリーアドレス】 free adress

　自分専用のデスクを置かず、社内の好きな席で働くワークスタイルのこと。新型コロナの流行によるリモートワークの普及で事務所が閑散となったことで、このシステムが一気に浸透した。放送業界では、IT化が進んだことでノートパソコンさえあれば仕事ができる環境が整ったことに加え、放送現場のデジタル化が進

み、それまで使っていたテープやCD、レコードがすべてデジタル化された結果、持ち物のかさが減り、個人の引き出しの中にすべてが収まるようになり、個人用のデスクが不要となったためフリーアドレスが進んだ。ただし、私物を入れておくための共用ロッカーの争奪戦が操り広げられているとか。

【サテライトスタジオ】 *satellite studio*

主調整室やスタジオのある建物や、その建物の敷地以外にあるスタジオのこと。ミキサーや音素材を再生させる機器（CDプレーヤーなど）が設置され、サテライトスタジオと主調整室との間に、無線・有線を問わない放送ラインを常時設置することで、そこから生放送を行うことができるようになっている。わかりやすく言うと、放送局内のスタジオを取り出し、離れた場所に設置したのがサテライトスタジオである。

一般的に放送局のスタジオはセキュリティ、安全性の配慮から自由に立ち入ることができず、リスナーが生放送を見学することは難しい。そのため、生放送中の様子が分かるようにガラス張りにし、生放送の音を外に流してリスナーや通りすがりの人に番組を見て楽しんでもらう目的でサテライトスタジオは設置されている。この理由から繁華街に設置されることがほとんどだ。

1962年11月3日、東京新宿駅西口に小田急百貨店新宿店が開業、その中2階にはニッポン放送のサテライトスタジオが設置され、開店初日から生放送を行っていた。そのスタジオは1階フロアから見上げる場所にあり、中が見えるようにガラス張りになっていた。これが日本初のサテライトスタジオである。このサテライトスタジオはテレビに押され気味だったラジオの起死回生の一打だっ

た。これ以降、ニッポン放送は浅草雷門、西銀座、秋葉原、池袋とサテライトスタジオを開設。1966年3月には東海地区初のサテライトスタジオ・栄町サテライトスタジオを東海ラジオが、1972年には人気番組『サテライトNo.1』の公開放送を行っていた広島初のダイイチ本店サテライトスタジオを中国放送が開設するなど、サテライトスタジオの波は全国に広がっていった。ちなみに栄町サテライトスタジオで生放送を務めていたのがレコードデビュー前のあべ静江。彼女見たさに中高生が殺到したという。

最盛期には日本各地に数多くのサテライトスタジオが存在していたが、昨今では管理維持が大変であるなどの理由から閉鎖されるサテライトスタジオが増えているようだ。

●県域局で公開収録、公開生放送があるおもなサテライトスタジオ

スタジオ名	放送局
浄土の館スタジオ（平泉町 浄土の館）	エフエム岩手
さくらホールスタジオ（北上市）	エフエム岩手
つくばラッキースタジオ（イーアスつくば）	LuckyFM茨城放送
スタジオアルシェ（大宮アルシェ）	Nack5
ユーカリスタジオ（ユーカリプラザ）	BAYFM
万代シテイ サテライトスタジオ（万代シティ）	FM-NIIGATA
Studio ViViD（FM FUJI東京支社一代々木）	FM FUJI
K-mix view-st.ole fujieda（ホテルオーレ-藤枝市）	K-MIX
view-st.Shizuoka "NOA"（新静岡セノバ）	K-MIX
マーサ21特設スタジオ（マーサ21）	ぎふチャン／FM GIFU
OKBスタジオ（OKBストリート郭町商店街）	FM GIFU
アーバンスタジオ（アーバンプレイス）	FMとやま
サテライトスタジオ77（Oh!Me大津テラス）	e-radio
RSKらじお本舗（表町商店街）	RSKラジオ
FM岡山アリオ768（アリオ倉敷）	FM岡山
Oスタジオ（JR新山口駅）	FM山口
エミスタ（エミフルMASAKI）	FM愛媛
FM FUKUOKA JR HAKATA CITY studio（JR博多シティ）	FM福岡
マークイズ福岡ももちスタジオ（マークイズ）	CROSS FM
かもめスタジオ（アミュプラザ長崎）	FM Nagasaki
スタジオ「サラン」（パークプレイス大分）	大分放送／FM大分
鶴屋百貨店サテライトスタジオ（鶴屋本館）	熊本放送／FM熊本

※2024年1月現在　※本社併設のサテライトスタジオ除く

【スペイン坂スタジオ】 スペインざかスタジオ

1993年6月19日にパルコとの共同プロジェクトとして誕生した東京渋谷の渋谷パルコpart1の1階にあったTOKYO FMのサテライトスタジオ。2016年8月7日をもって閉鎖、その後パルコの建て替え工事でスタジオの痕跡はすべて消し去られ、今は当時の面影さえも偲ぶことができなくなってしまった。

1993年にスペイン坂スタジオができた背景には、ルーズソックスを履いた女子高生が渋谷の街に溢れ、J-POPの流行でCDが爆発的に売れ始めたことがあったと考えられる。ラジオと若者と音楽、その3つが結びついた象徴がスペイン坂スタジオであった。

スタジオが稼働していた23年間に約3500組のゲストが出演。記念すべき第1回のゲストは福山雅治、最多出演アーティストはスガシカオの40回以上、最

も多くの観客を集めたのはSMAPで、その数はなんと3万人以上。

そんなスペイン坂スタジオの最終日となった2016年8月7日は数々の番組がそこから生放送を行い、そのトリをとったのが、マンボウやしろがパーソナリティを務める『Skyrocket Company』。300人のリスナーが詰めかけスペイン坂スタジオの最後の勇姿を見届けた。

スペイン坂スタジオ最後の日には大勢のギャラリーが押し寄せた

【打ち合わせスペース】 うちあわせスペース

ラジオの場合、昔から会議室やロビー、制作部のデスク周り、そしてサブスタジオで打ち合わせが行われ、今でもそれを踏襲している局は多い。しかしデジタル化に伴ってスタジオの改装が行われ、独立した打ち合わせスペースを設ける局が増えた。例えば文化放送やCBCラジオなどでは、スタジオが四方を囲

み、その真ん中のスペースにデスクを置き、そこを打ち合わせスペースとして使うようにしている。筆者（※薬師神）が現役の制作部員の時によく言われたのが「営業が見えるところで打ち合わせをやれ」だった。そうすることで番組内容や出演者を営業部員が理解でき、番組売り込みの材料となるからだった。

【東京支社（支局）】 とうきょうししゃ（しきょく）

中波各局の東京支社は銀座、築地辺りに集まっている。これは東京支社一番の仕事、スポンサー獲得に便利なよう、代理店最大手の電通の近くに支社を構えたからである。現在の電通の本社は汐留にあるが、その前は築地、そしてその前は銀座にあった。中波各局はラテ兼営局が

多く、ラジオだけでなくテレビの営業にも便利なことを考慮して銀座や築地界隈に支社を構えた。

しかし地方FM局はJFNからのネット番組が多いため、半蔵門にほど近い東京麹町にあるJFNセンターの中に東京支局を構えている局が多い。

【バック便】　バックびん

　本社と東京支社の間で行われる輸送手段。1日に1便が基本で、支局で収録された番組、CMなどの音素材を本社へ送ることが主な目的である。実はこのバック便、新聞社や通信社が本社と支局の間で原稿などの輸送手段として使っていたものが始まり。戦後、民放誕生に新聞社が関わっていたため、新聞社で使われて

いたシステムが放送局でも使われるようになったと思われる。

　ところでバック便は「バッグ便」がなまったものだという説がある。筆者（※薬師神）が学生時代バイトをしていた通信社の先輩から「当時は丈夫な麻袋に入れて輸送していたからバッグ便と呼んだ」と聞いている。

【公開スタジオ／ホール】　こうかいスタジオ／ホール

　リスナーを集めて公開放送を行うために作られたスタジオ。ニッポン放送局舎の地下にあるイマジンスタジオ、KBS京都の放送会館内にあり定員約1000人を誇るKBSホール、『CBCこども音楽コンクール』などに使用されているCBCホールなどが現在も稼働している。

　現在はなくなったものとしては、石ノ

森章太郎がデザイン・命名、宇宙をイメージしたニッポン放送のラジオハウス銀河、旧TBS放送局舎内にあり、桂三枝（現在の六代目桂文枝）がパーソナリティを務めた『ヤングタウンTOKYO』やミュージシャン発掘に貢献した『赤坂ライブ』などの番組が公開されたTBSホールなどがあった。

【受付】　うけつけ

　20世紀のラジオ局ではセキュリティ管理が今ほど厳しくなく、受付と顔なじみになればほとんど顔パスで入れていた。しかしながら21世紀の今、セキュリティ管理は厳しくなり、入館証がなければ、局舎の入り口を解錠することができない。つまり部外者は局の中に入ることができない仕組みとなっている。入館

証のない来訪者は受付を通じて面会先の社員に連絡してもらい入館させてもいいかを確認。OKが出るとゲスト用の入館証が発行され入館が許される。ただし昨今、受付が有人であるラジオ局は数を減らしている。電話が置いてあり、面会する社員を呼び出し、玄関まで迎えに来てもらう局が増えている。

【演奏所】　えんそうじょ

　演奏所といっても決してコンサートホールのことではない。放送局全体の中で演奏設備のある場所のことである。電波法の基準では、演奏設備とは「主調整装置、演奏室、演奏装置などとする」とある。主調整装置はマスター・コントロールルーム、演奏室はスタジオ、演奏装置は副調整室のことで、これらを設置して

いる場所、つまり演奏所とはいわゆる放送局のことなのだ。

　演奏所は本社と同じ場所にあることがほとんどだが、ラジオ日本の場合、本社は横浜市内にあるが、演奏所は本社と東京都港区にある東京支社にある。現在本社と演奏所が分離しているのはここだけである。

【送信所】 そうしんじょ

電波を送信するための設備を設置した施設のこと。具体的には、放送局の主調整室から無線及び有線回線で送られてきた放送音声を電波に乗せ、その電波を発射するための施設のことをいう。AM放送とFM放送では周波数帯が大きく異なるため、送信所の規模やアンテナの形状は違ってくる。

AM放送の場合、出力の大小に関わらず、アンテナの高さは100mクラス。この高さのアンテナを設置するためにはかなり広い土地が必要となる。この広い土地を有効活用するために各局はいろいろと知恵を絞っている。例えばRSKラジオでは3万平方メートルの送信所の敷地にバラ園を開設、450品種1万5千株のバラが植えられ、地元住民の憩いの場となっている。またメガソーラーを設置する放送局も増えている。これを最初に行ったのはMBSラジオである。

民放だけでなくNHKも送信所の土地利用を行っている。例えば300kWの出力を有するNHK東京第1、500kWの出力を有するNHK東京第2の送信所は埼玉県久喜市にあるが、こちらのアンテナは第1が245m、第2が215mと巨大。そのため送信所の敷地はかなり広く、野球場とテニスコートが設置され、久喜市に在住、在勤、在学者に限り有料で使用することができる。

また、送信所は高出力の電波を出すために多くの電気を必要とするのだが、SDGsが叫ばれる今、TBSラジオでは2018年12月から毎週土曜日に送信所が使う電気を再生可能エネルギーに換えて送信を行う「TBSラジオ・クリーンサタデーキャンペーン」を行っている。

このAM放送の送信所に対し、FMの送信所は広さよりも高さが必要となる。そのため、山の上にタワーを設け、そこをアンテナとする場合が多く、大概の送信所はテレビの送信所と一緒に設置されている。首都圏のようにエリア内に山が無い場合は東京タワーや東京スカイツリーのような電波塔を設置し、そこを送信所としている。このようにAMとFMとでは設備の規模がまったく違ってくる。もちろん維持費も桁違いである。これこそがAMラジオ局がFMに転換したい最大の理由なのだ。

ところでAMラジオの送信所はかなりの出力があるため、送信所の近隣ではいろいろと不思議な現象が起こることがあるようだ。自動扉や電車のドアが勝手に開閉されたという噂話もよく聞くが、真偽のほどは定かではない。

ラジオ日本の送信所と送信アンテナ。AMでは大地もアンテナの一部として機能するため、河川敷や河口付近など設置抵抗の低い場所が選ばれる

【電波塔】 でんぱとう

電波を発信するアンテナを保持している構造物のことをいう。AM放送の場合、ほとんどの送信所では円管柱アンテナと呼ばれる高い一本の棒のようなアンテナを使用している。この円管柱アンテナには、アンテナを3方向から支える支線（ステーワイヤー）が張られ、頂上には頂冠と呼ばれる円形の金属部品を乗せている。これは円管柱の高さを5%から10%増大させる効果がある部品。円管柱アンテナの場合、波長の1/2の高さが必要と言われており、例えば1242kHzのニッポン放送の場合、300000÷1242＝242mが波長となるため、その半分の121mの高さが必要となる。実際にニッポン放送のアンテナの高さは122mある。またそれよりも周波数が低いNHK東京第1放送（594kHz）の場合では、300000÷594÷2＝253mだが、実際のアンテナの高さは245mで、足りない分は頂冠が稼いでいることになる。

小出力の中継局の場合、広い場所を確保することが難しく、1/4波長の円管柱アンテナとなることが多い。それでも1kW以下で45mから100m、10kW以下で65mから130mもの高さとなっている。旅行先で100mを超すような赤白に塗り分けられた棒のような高いアンテナを見つけたら、それはまさしくAMラジオ局の電波塔である。

このようにAMラジオの円管柱アンテナはとんでもない高さになるが、それ以上に標高も必要となっているのがFMラジオの電波塔。周波数はAMラジオに比べてすごく高くなるため、波長は短くなり、アンテナ自体はAMラジオのような大型ではない。しかし電波の性質上、見通し距離にしか届かないため、電波塔の標高を高くしなければならない。このためFMラジオのアンテナは、丘や山の上に設置されたタワー型の電波塔に取り付けられることが多い。また東京のように高い山が無い場合には、東京タワーや東京スカイツリーのような標高を稼げる電波塔に取り付けられる。

ところで今ではラジオのアンテナ設備のことを「ラジオ塔」と呼ぶこともあるようだが、まだラジオが一般に普及していなかった時代、公衆にラジオ放送を聞かせるため、公園などに設置したラジオを内部に収めた塔を「ラジオ塔」と呼んだ。当時の人々はこのラジオ塔の前に集まり、ラジオ番組を楽しんだという。正式名称は「公衆用聴取施設」。しかし当時の人々は親しみを込めてこの塔のことを「ラジオ塔」と呼んだ。いわば街頭テレビのラジオ版。横浜市の野毛山公園、新潟市の白山公園、金沢市の兼六園などに現存している。

神奈川県横浜市鶴見区の三ツ池公園にある電波塔。テレビ神奈川の送信所に、interfm横浜中継局とラジオ日本のFM補完局が併設されている

【予備送信所】　よびそうしんじょ

　災害などによって送信所が被害を受け、そこからの放送が不可能になった場合、被害を受けた送信所に変わって放送を行う送信所のこと。ニッポン放送は現在千葉県木更津市に送信所を構えているが、これは1971年6月からのことで、それまでは東京都足立区に送信所があった。ニッポン放送はこの旧送信所を足立予備送信所としている。

　2019年に房総半島を襲った台風15号では、影響で9月10日8時半から22時半まで木更津送信所からの放送ができなくなったため、足立予備送信所から1kWの出力で放送を行った。また、それまで予備送信所のなかった山口放送では東日本大震災を機に予備送信所の設置を行った。

【中継局】　ちゅうけいきょく

　基幹放送用周波数使用計画（郵政省告示第六百六十一号）において、「『親局』とは、放送対象地域ごとの放送のうち最も中心的な機能を果たす基幹放送局をいう」とされており、中継局は「それ以外」の基幹放送局をいう。

　一般的には、主に地理的な要因から親局だけではカバーしきれない放送エリアを補う目的で設置され、親局と同一の内容を放送する。2014年から開始されたFM補完中継局も中継局の一種だが、地理的な要因ではなく、主に放送区域内で発生する「都市型難聴対策」を補う目的で設置される。FM補完中継局も含めて、コールサインは持たない。

　ただし、地理的な対象範囲が広く、大きな生活圏を複数抱える放送局の場合は天気やニュースなどの生活情報、CMなどについて、地域に特化した内容を求められるケースがある。その場合は中継局であってもコールサインの割り当てを受けることがあり、親局とは独立した内容を放送することが可能である。

BAYFMとNHK-FMの館山中継局。右側にある八木アンテナのうち上が送信用、下が受信用

【送信出力】　そうしんしゅつりょく

　無線局から発射される電波の強さを表す単位で、空中線電力ともいう。単位はW（ワット）。エネルギーの大きさを示す指標のひとつと考えると理解しやすく、一般に送信出力を大きくするほど受信地点における電波強度は改善する。

　しかし、FM放送のように周波数が高いと直線性も高くなる傾向にあり、見通し距離を超えると、出力の増大が受信状況の改善に直結しなくなる。また、周波数が同じ局に与える混信妨害も考慮しなくてはならないため、日本ではやや低めの送信出力を指定されることが多い。

　識別信号（コールサイン）や周波数などと並んで、無線局免許状に記載される指定事項のひとつである。

【FM補完中継局】 エフエムほかんちゅうけいきょく

AMラジオ放送の難聴対策として2014年1月31日に総務省が「AMラジオ放送を補完するFM中継局に関する制度整備の基本的方針」を公表。「都市型難聴対策」「外国波混信対策」「地理的・地形的難聴対策」「災害対策」を目的としたFM補完中継局の設置を認め、テレビが地上デジタル放送に移行したために空いた1chから3chまでの周波数帯（90〜95MHz）をそのFM補完局に割り当てることを決めた。これが現在「ワイドFM」の愛称で知られているFM補完放送の始まりで、その放送電波を発射するのがFM補完放送中継局である。ただし「外国波混信対策」としては既に北日本放送が1991年9月26日に新川FM中継局を開局している。その後も沖縄諸島で混信対策のためFM補完局が開局している。

2014年の12月1日、北日本放送と南海放送が初のFM補完放送の本放送を開始、翌年1月1日には南日本放送が本放送を開始し、以下全国で続々とFM補完放送の本放送が開始された。そしてその年の12月7日、TBSラジオ、文化放送、ニッポン放送の首都圏AMラジオ3局が本放送を開始、2016年3月19日にはMBSラジオ、ABCラジオ、ラジオ大阪の関西圏AMラジオ3局が本放送を開始し、一気にFM補完放送のエリアが広まった。

首都圏でFM補完放送の本放送が始まった2015年12月7日、在京AM3局は、3局同一の記念番組を12時55分から15時30分まで、FM補完中継局のある東京スカイツリーの展望デッキから生放送した。出演は当時の在京3局昼ワイドパーソナリティ、赤江珠緒、大竹まこと、大谷ノブ彦の3人とカンニング竹山、辺見えみり、ニッポン放送の東島衣里アナ、そして特別ゲストの藤井フミヤが出演。総合司会は文化放送の太田英明アナが行

った。この模様を取材に訪れたメディアは30社弱でテレビカメラ8台、スチールカメラは20台以上。放送では大竹まことがハイテンションで騒ぎまくり、それに煽られた赤江珠緒が「タマ○ン」発言をしてしまうなど、昼からAMラジオらしい発言が連発された。

AMラジオのワイドFM化により、ラジオを製造している電機メーカー各社もワイドFM対応の新機種を次々と発売、マンションなどの鉄筋住宅に住むことで都市型難聴に悩んでたリスナーがこれを多く買い求め、ワイドFM聴取人口は増えていった。これによりAMラジオ各局は中波からFMに乗り換えることを検討し始めた（【2028年問題】参照）。

●FM補完中継局の開局順（親局）

順位	放送局	放送開始日
1	北日本放送	2014年12月1日
1	南海放送	2014年12月1日
3	南日本放送	2015年1月1日
4	秋田放送	2015年3月2日
〜		
45	高知放送	2020年2月10日
46	西日本放送	2020年2月16日
47	ラジオ日本	2020年3月16日

●ワイドFMの愛称

秋田放送	ABSFM901（キューマルイチ）
東北放送	FM935（クミコ）
茨城放送	LuckyFM
栃木放送	CRT-FM
ニッポン放送	HappyFM93
東海ラジオ	くっつくFM
ラジオ大阪	FMクイック
中国放送	RCC-FM
山口放送	エフエムKRY
南海放送	Fnam（エフナン）

【指向性（アンテナ）】 しこうせい（アンテナ）

光や音、電波などのエネルギーが空間に放出されるとき、方向によってその強さに差が出る性質をいう。ビームともいう。電波では目的の相手（エリア）に対して効率的に電波を届けたり、希望する放送局の受信状況を改善したりする目的で利用される。

理想状態の点から電波が放射される場合、その点を中心とする球体状に均一に伝わっていく。完全に指向性の無い状態であり、これを無指向性、または等方性という。このような仮想アンテナのことをアイソトロピック（等方性）アンテナといい、すべてのアンテナの理論上の基準（絶対利得、単位はdBi）となっている。一方、実際の測定では、主に1/2λのダイポールアンテナを基準（相対利得、単位はdB、または、dBd）とする方法が用いられる。相対利得（dB）＝絶対利得（dBi）－2.15の関係にある。

指向性の形状や鋭さはアンテナによって異なるが、水平面に関してみていくと、例えば、ホイップアンテナは無指向性であり、ダイポールアンテナは双指向性（8の字特性）、宇田・八木アンテナは単一指向性である。

八木アンテナのような単一指向性を持つアンテナにおいて、目的の方向に対する指向性をメイン（主）ローブ、後方に対する指向性をバックローブ、側面方向に対する指向性をサイド（副）ローブという。また、メインローブの中心から少しずつ向きを変えていき、利得が半分になる（3dB低下する）角度を2倍（反対側もあるため）したものを半値角（3dBビーム幅、または、単にビーム幅）という。用途によっては、サイドローブやバックローブは無用な漏れ電波といえるが、これらを完全に無くすことは不可能である。

一般的にアンテナの指向性は水平面のみで語られ、受信だけであればそれで問題ない場合が多い。しかし、前述のとおり電波は立体的に伝わるため、垂直方向の指向性も考慮しないと目的の結果が得られない。たとえば、ローカル放送では空に向かって行われる放射はムダだが、海外向け短波放送では空に向かって行われる放射が重要となることもあるのだ。

●水平面指向性

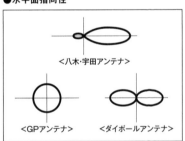

<八木・宇田アンテナ>

<GPアンテナ>　　<ダイポールアンテナ>

【ギャップフィラー】 gap filler

山間部や地下街、あるいはビル陰などのラジオ放送受信困難地域で、それを解消するために市町村や地下街など、放送局以外の者が設置する小出力の中継設備のこと。東日本大震災以降、ラジオのネットワークの強靱化が叫ばれ、地元自治体がラジオの受信困難地域に向けて設置するケースが多くなった。対象となるラジオ放送の多くは、地元コミュニティFMだが、福島県広野町などではNHK福島第1やラジオ福島、ふくしまFMを対象としている。また東京都の八重洲地下街や神奈川県川崎市のアゼリア地下街、名古屋駅地下のエスカ地下街でも地元ラジオ局のギャップフィラーを行っており、地下でもラジオを聞くことができる。

【コールサイン】 *call sign*

放送局を識別するために割り当てられたアルファベットと数字の組み合わせ符号のこと。識別信号ともいう。国ごとにコールサインの最初の1文字から3文字が決められている。これによってコールサインの最初から3文字目までを見れば、どこの国の放送局であるかが分かる。この部分をプリフィックスと呼ぶ。ちなみに日本にはJAからJSまでと、7Jから7N、8Jから8Nが割り当てられている。このプリフィックス以下の文字列はその国で決めることができ、割り当ても国が行う。

日本の場合、まずラジオ局にJOのプリフィックスが国によって割り当てられた。戦前はNHKしか放送局はなかったため、続く2文字にAK、BK、CK…が付与された。ちなみに一番最初に開局したNHK東京のコールサインがJOAK、続いてNHK大阪がJOBKとなったのは「東京は愛宕山のA、大阪は馬場町のB」（NHK東京放送局は愛宕山、NHK大阪放送局は馬場町にあった）とまことしやかに囁かれた。もちろんこれは噂に過ぎず、単純に予備免許の交付された順番である。NHK-FMについては、AM局のコールサインの後ろに-FMをつけることにしている。

戦後、民間放送が開局することにな

り、コールサインはJOAR、JOBR…が公布された。これも予備免許の発行順。しかし高知放送のJOZRでおしまいになったため、次からは4番目のアルファベットをFとしJOAF、JOBF…とした。

その後、民放FM放送にはJOAU、JOBUが割り当てられ、JOZUの次はJOAV、JOBVと続いている。

ところで総務省令無線局運用規則第138条第1項で「地上一般放送局は、放送の開始及び終了に際しては、呼出符号又は呼出名称を放送しなければならない」としており、このためラジオ局では放送開始時刻と終了時刻に放送局名とコールサイン、周波数と出力をアナウンスしている。また同条第2項では「地上一般放送局は、放送している時間中は、毎時一回以上自局の呼出符号又は呼出名称を放送しなければならない」としている。番組の中で1時間に1回以上放送局名をアナウンスしているのはこのためである（例えばCM明けなどに「ニッポン放送『オールナイトニッポン』をお送りしてます」）。TBSの元局アナの大沢悠里は、番組中に番組名だけでなく必ず「JOKR」というTBSラジオのコールサインを入れていた。しかも昔ながらの日本語読みで「じぇい・おう・けい・あーる」と発声していたのが印象的だった。

●コールサインの法則

コールサイン	内容	例
JO＊R	最初期に開局した中波・親局	JOAR （CBCラジオ）
JO＊F	1953年10月以降開局した中波・親局	JOLF （ニッポン放送）
JO＊O	JO＊Rの支局	JOUO （NBCラジオ佐賀）
JO＊W	JO＊Rの支局	JOBW （KBS滋賀）
JO＊L	JO＊Fの支局	JORL （ラジオ日本小田原局）
JO＊U-FM	1988年までに開局したFM局	JOAU-FM （TOKYO FM）
JO＊V-FM	1988年以降開局したFM局	JOAV-FM （J-WAVE）
JO＊W-FM	外国語FM局	JODW-FM （interfm）

【エリア】 area

コミュニティFMを除いたラジオ局は全国放送、広域放送、県域放送という3つの放送対象地域に分類される。

全国放送にはNHKラジオ第2放送と日経ラジオ社があり、全国を対象として放送を届けている。広域放送には関東広域圏（NHKラジオ第1・東京、TBSラジオ、文化放送、ニッポン放送）、中京広域圏（NHKラジオ第1・名古屋放送局、CBCラジオ、東海ラジオ）、近畿広域圏（NHKラジオ第1・大阪、MBSラジオ、ABCラジオ、ラジオ大阪）があり、それぞれ3都道府県以上に放送を届けている。県域放送は前述以外の放送局が1都道府県または2県を合わせた地域を対象に放送を届けている。

放送エリア内の各地域にどの程度の強さの電波を届けるかは、「基幹放送局の開設の根本的基準（電波監理委員会規則第21号）」と「総務省告示第284号（AMラジオ放送）と285号（FMラジオ放送）」によって規定されている。都市雑音の強さに応じて雑音区域（高／中／低）が定義されているほか、市区町村単位での電界強度まで定められている。これを「指定電界強度」、または「法定電界強度」という。

●電界強度の範囲（単位はmV/m）

区域	AMラジオ放送	FMラジオ放送
高雑音区域	10以上、50以下	3以上、10以下
中雑音区域	2以上、10未満	1以上、3未満
低雑音区域	0.25以上、2未満	0.25以上、1未満

【無線従事者】 むせんじゅうじしゃ

電波法に定める「無線設備の操作又はその監督を行う者であつて、総務大臣の免許を受けたもの（第一章第二条の六）」をいう。無線設備の技術操作を行う「無線技術士」、無線設備の通信操作を行う「無線通信士」、など、その操作範囲に応じた23の資格がある。

ラジオについて見ていくと、第一級陸上無線技術士は送信機の操作を制限なく行えるが、第二級陸上無線技術士と第一級総合無線通信士が操作できるのは出力が2kW以下の送信機に限定されている。また、コミュニティ放送局（臨時災害放送局を含まない）については、電源スイッチのON/OFFなど電波の質に影響を及ぼさないものに限って、第二級以上の陸上特殊無線技士や第二・第三級総合無線通信士でも操作が可能である。

【主任無線従事者】 しゅにんむせんじゅうじしゃ

電波法に定める「無線局（アマチュア無線局を除く）の無線設備の操作の監督を行う者（第三十九条）」をいう。主任無線従事者として選任を受けた者の監督下であれば、資格が必要な無線設備の操作を無資格者（下位資格者含む）でも行うことができる。

主任無線従事者になれるのは、その無線局の無線設備を操作可能な資格を持つ無線従事者に限られ、無線設備の操作や監督について過去5年間に3ヶ月以上の実務経験があればよい。また、選任後6ヶ月以内、5年以内ごとに、指定講習機関（日本無線協会）による主任無線従事者講習を受けなくてはならない。

操作を行う無資格者について明確な規定はなく、たとえば、電波法に違反して従事停止処分を受けている者であっても主任無線従事者の監督下であれば、倫理上はともかく、法律上は操作可能である。

【開局】 かいきょく

　放送局が新しく業務を始めること。NHKと違い民放は広告で経営資金を調達するため、スポンサー獲得は必須。1951年から1954年にかけ38局ものラジオ局が開局したが、一番苦労したのがスポンサー探しだったようだ。

　それまでラジオはCMのないNHKのみ、CMとはどんなものか誰もが想像がつかなかった。当時の資料は「空気を売っているようなものだ」と表現している。また日本短波放送（現在のラジオNIKKEI）の場合、戦時中、短波ラジオを持つことはスパイ行為と見なされていて、国内に短波ラジオがなかったため、開局前に全国行脚をして短波ラジオを普及させることから始めたという。

【閉局】 へいきょく

　放送局が業務を停止すること。廃局ともいう。これまで国内では合併や経営移譲などで閉局した例はあった。例えば1954年10月18日にラジオ佐世保がラジオ長崎（現在の長崎放送）に合併吸収、1956年2月14日には財団法人日本文化放送協会が株式会社文化放送に改組、1959年11月20日にラジオ東海と近畿東海放送が合併し東海ラジオが新設された。

　ところが2010年9月30日にRADIO-i（愛知国際放送）が民放県域局で初の閉局をし停波、世間に衝撃を与えた。また、2020年6月30日には2014年にRADIO-iの跡を継いだRadioNEO、新潟県の2番目のFM局のFMPORT（新潟県民エフエム放送）が立て続けに閉局し停波した。

【予備免許】 よびめんきょ

　電波法では、本免許がなければ放送業務を行うことができないと定められているため、本免許取得前に機器の調整等のために電波を発射することを認める免許を予備免許という。

　この予備免許はあくまで機器調整のために交付されたものであるため、営業放送を行うことは許されておらず、試験電波の発射しか行うことができない。

　この予備免許を交付された放送局は機器の調整を行い、設備が基準に達していることを確認した段階で工事落成届けを提出、その後、総務省の検査を受け、検査に合格すると本免許が交付され、開局となる。放送局を開局するためにはこのような手順を踏まなければならない。

【サービス放送】 サービスほうそう

　開局前に行われる1週間から1ヶ月ほどの試験放送のこと。サービス放送というものの、ほぼタイムテーブル通りに番組が放送される。

　サービス放送の目的は、①番組制作者や出演者の練習、②技術担当者のマスタールームなどにある放送機材操作訓練、③リスナーに対しての本放送前の宣伝、が挙げられる。

　本放送ではなく、あくまでサービス放送のためCMゾーンではスポンサーのCMは流すことができないため、代わりに番組宣伝スポットや公共広告が流される。ちなみに日本初の民放ラジオ局中部日本放送は5日間、J-WAVEはおよそ1ヶ月間、サービス放送が流された。

【編成局員】 へんせいきょくいん

放送局の仕事の中で一番分かりにくいのが編成だろう。管理部門である総務と経理、番組などを売る営業、番組を制作する制作、放送機材を管理する技術、これら以外が編成の仕事といえる。番組配置を行い番組・CMスケジュールを作る番組編成、その編成通り放送が行われるように関係部署の交通整理する運行業務、番組表の印刷配布や各メディアへのリリース、取材窓口となる広報業務、スポンサーやCMが放送基準に合っているか審査する考査業務、リスナーの窓口となる窓口業務、番組内容の充実と向上を目指す番組審議会の開催などなど編成の仕事は多岐に亘り、それを担っているのが編成局員である。

【技術局員】 ぎじゅつきょくいん

放送の送出管理、送出に関する機材の保守点検、国内の放送機材の保守管理、スタジオの管理などを行う社員のこと。放送局にあって唯一の理系部門の部署に所属する社員である。マスタールームと送信所の管理運営、送信関係の機材を操作するには送信出力に応じた陸上無線技術士の免許が必要であり、技術局員の多くはこの免許を取得している。

ちなみに、扱える出力に制限のない第1級陸上無線技術士の免許の合格率は令和2年度で26.8%と、かなりの難関であり、工学部系の大学でかなりの成績優秀者でないと合格しないと言われている。

【営業局員】 えいぎょうきょくいん

言わずと知れたカネを稼ぐ部署に所属する社員。番組にスポンサーを付けたり、スポットCMを売ったりするのが基本。しかし放送だけでは売れる本数に限りがあるため（番組内で流れるCMは放送時間の1割）、イベント企画やネットを活用した企画、ポッドキャスト企画など、放送時間以外で収益を上げることが求められている。

以前は番組企画書を持って広告代理店やスポンサーを回っていたが、最近はスポンサーニーズに合う番組企画を考え、それでセールスをすることが多くなった。売ることだけでなく、時代を読んで番組を作るセンスも求められているのが最近の営業局員なのだ。

【日大芸術学部放送学科】 にちだいげいじゅつがくぶほうそうがっか

多くのアナウンサーや放送関係者を輩出している学校。東京の西武池袋線の江古田駅から歩いて1分の好立地にある。1年生の後期から「ラジオ制作」や「アナウンス」など7つの分野に分かれた専門分野を実習形式で学んでいく。これは筆者（※薬師神）の個人的な感覚なのだが、ここの卒業生はアナウンサーも含め、制作会社やフリーランスのディレクター、放送作家のように、放送から離れることを避け、現場での仕事を続けていきたい人が多い気がする。

ちなみに2023年現在この学科に在籍する森中慎也教授は元STVアナで、深夜の人気番組「アタックヤング」で人気を博していた。

【日本工学院】 にほんこうがくいん

東京の蒲田と八王子にキャンパスを持つ専門学校。放送やアニメーション、声優にCGクリエイター、コンサートの裏方、IT関連、スポーツビジネス系など様々な分野を学ぶことができる。ここの卒業生は、ラジオ業界ではミキサーやテクニカルディレクターで活躍している人が多い。専門学校ということで、実践的な授業が多く、卒業後は即戦力で活躍している。

日本工学院 TOTAL GUIDE 2024 ─東京案内─

日本工学院専門学校 日本工学院八王子専門学校

日本工学院の総合パンフレット

【放送研究会】 ほうそうけんきゅうかい

各大学にひとつはあると言われいてる放送系サークル。放送研究会出身のアナウンサーは数多くいて、就職に有利との理由でアナウンサー志望の学生が集まることで知られている。

放送研究会出身者をアナウンサーとして各局が採用する一番の理由は、既に基礎的なアナウンスの訓練をサークルで受けているためだと思われる。中には高校時代から放送コンクールの全国大会に出場経験のある学生もいてアナウンスのレベルは高いといえる。反対に既に色がついているという理由で、放送研究会出身学生を特別視しない採用者もいることは事実である。

文化放送の水谷加奈アナは元毎日放送アナの母親から「アナウンスの勉強はする必要ない」と言われ、放送系サークルにもアナウンス学校にも所属しなかったという。

就職に関してのアナウンス訓練の善し悪しはさておき、放送研究会でのアナウンス練習はかなりマジであることは事実だ。特にスポーツ実況では大学野球の試合をバックネット裏で実況している姿をよく見かける。また放送研究会の良いところとしては、先輩から代々受け継がれた放送局でのアルバイト（主にAD）をすることで、職場体験ができることが挙げられる。放送局が自分に合っているのかどうか体験できるのは大きいといえよう。

●立教大学放送研究会出身のアナウンサー
土居まさる（文化放送）
宇都宮基師（南海放送）
遠藤泰子（TBS）
みのもんた（文化放送）
林正浩（TBS）
上柳昌彦（ニッポン放送）　ほか

【社員／局員】 しゃいん／きょくいん

放送局には数多くの人が働いているため、社員数は多いとみられるが、実は契約社員や派遣社員、アルバイトなどが多数いて、正社員となるとそれほど数は多くないようだ。

特にラジオ局の場合、経営状態の厳しさもあって、正社員の採用が少なくなっている。その少なくなった人員をカバーしているのが、社員以外の人材。最近では放送現場は制作会社にアウトソーシングし、番組を統括するプロデューサーに社員を配置することが多くなっている。またその傾向は編成・広報などの部門にも波及しているのが現状だ。

【契約社員】 けいやくしゃいん

今ではどこの企業でも契約社員がいるのが当たり前となっている。それはラジオ局も同じで、すべての部署で契約社員が活躍している。特に経理のような専門知識が必要となる部署では、経理経験者を契約社員として迎えることがある。

アナウンサーも例外ではなく、契約アナウンサーがいる局は多い。特に女性ア

ナウンサーは、番組アシスタントやニュース、CM読みなど、メインで番組を担当することが少ないこともあり、契約社員が増えてきている。実際、ラジオ、テレビを問わず、いくつかの局で契約社員として局アナを務めてきた女性アナウンサーは多く、「あれ、この人昔は…」とリスナーが気づくケースも少なくない。

【嘱託社員】 しょくたくしゃいん

平成25年度以降、定年を迎えた社員が雇用の継続を希望する場合、会社はその者を雇用し続けなければならない「継続雇用制度」が実施されるようになった。このように正社員が定年後も引き続き雇用される場合、彼らのことを一般的に嘱託社員と呼ぶ。アナウンサーの場合も嘱託制度はあって、定年後に嘱託アナ

ウンサーとして活躍している人はNHKに多い。民放ではシニアアナウンサーとして残る場合もあるが、嘱託にならず、フリーとして出演契約を結んだり、役員待遇としてそのまま局に残ってアナウンス業務を続ける人など様々だ。特にラジオの場合、経験の豊富さが求められるため、現場に残る人は多い。

【局アナ】 きょくアナ

文字通り、局員のアナウンサー。モノの辞書には「テレビ局・ラジオ局に正社員として所属しているアナウンサー」とあるが、契約社員や嘱託社員も増えてきた現在、「放送局と雇用契約を結んでいるアナウンサー」と言ったほうが正確であろう。これに対し、局に属さないアナウンサーは一般に「フリーアナウンサー」と呼ばれる。

局アナはサラリーマンであるため、常に低予算を求められるラジオ業界にとってはなくてはならない存在である。タレントやフリーのアナウンサーを使うと別途発生する出演料がかからないため、貴重な番組予算を喰わないのが大きい。したがって新人時代からワイド番組のラジオカー担当などでデビュー、タレントパーソナリティのアシスタントで話術を学び、昼の若手アナ持ち回りの番組やナイ

ターオフ枠のお試し番組などでひとり喋りも体験、そこで才能を認められ、20代後半で夜の30分枠で初の冠番組！のようなケースも決して珍しくはない。

ラテ兼営局の場合、分社化が進み、テレビ局のアナウンサーが出向扱いで番組出演する形となる。ラジオ単営のAM局では契約社員や関連会社から出向してきている局アナがここ数年で増えてきた印象。また、FMラジオ局では局アナの数が激減している。アナウンサーをしながらディレクターなど仕事を兼務することが当たり前となっている。

そんな中、radiko時代に入り、BSS山陰放送の森谷佳奈アナウンサーやLucky FM茨城放送の菊地真衣アナウンサーなどのように、全国規模で聴取される女性アナウンサーの活躍が目立つようになったのは明るい話題である。

【コミュニティFM/コミュニティ放送】 *Community FM*

総務省の規定によると「市区町村内の一部の地域において、地域に密着した情報を提供するため、1992年1月に制度化された超短波放送局（FM放送局）」、そして「主として一の市町村（特別区を含む。）の区域の一部において受信されることを目的として行われる地上放送」とある。県域局ではカバーできないような地域に密着した細やかな情報発信が求められ、特に災害時に役立つことが期待されており、「防災」がコミュニティFMの第一の存在意義と言ってもよい。

コールサインはJOZZ＋地域を示す数字＋申請順でアルファベット2文字（AAから開始）＋FMで構成され、最大出力は1992年は1Wと微弱だったものが、1995年に10W、1999年に20Wに増力された。

制度化された1992年の12月24日に開局したFMいるか（北海道函館市）を皮切りに各地で続々とコミュニティ局が生まれ、1996年から3年間で一気に92局も増えるなど開局ラッシュとなった（2023年12月現在、全341局）。出力が増えたことも加わり、都市部では混信等の理由で周波数割り当てが困難となり、開局希望をしても実現に至らないケースもあった。

経営形態は非営利法人（NPO法人）も1割強ほどあるが、多くは営利法人であり、さらに純粋な民間企業と地方公共団体の出資を受けている第三セクターの局とに分けられる。また当該地域に開局希望がないケースに限ってはケーブルテレビ局が参入でき（※規制緩和の動きあり）、ケーブル兼営局は2023年4月現在、18局となっている。これら民間企業であっても「地域密着」という大前提があるため、それぞれの地方自治体（市区町村）との関係性は深く、行政にかかわるような「市民だより」などの情報を密に届けている。

コミュニティ局はどこも少人数で運営され、営業、編成、制作などいくつもの役を兼務していることも多く、スタッフの外注はもちろんのこと、いわゆる「手弁当」状態でボランティアに頼っているケースも。番組の自社制作率はまちまちだが、コミュニティFM向けに配信しているミュージックバードやJ-WAVEの番組を再送信している局がほとんどだ。

1998年のエフエムこんぴら以降、経営難や代表死去による引継ぎ困難などの理由で閉局したコミュニティFMは30局以上。2023年には全国で2番目に開局したFMもりぐち（FM HANAKO）が自治体からの放送業務委託料の打ち切りを理由に閉局、歴史ある局だけに業界に激震が走った。

一方で野球、サッカーなどの地元球団のスポーツ中継、地元の祭り・花火大会などの名物ともいえるイベントへの参画など、地域色を活かしたオリジナルコンテンツを届けている局は概して経営も順調で、多くの固定リスナーも獲得している。なお、大半の局がサイマル放送を実施している。

●歴史のあるコミュニティFM局ベスト10（2024年1月現在）

順位	局名	開局日
1位	FMいるか（北海道函館市）	1992年12月24日
2位	やしの実（愛知県豊橋市）	1993年11月27日
3位	湘南ビーチFM（神奈川県逗子市）	1993年12月3日
4位	FMりべーる（北海道旭川市）	1993年12月23日
5位	FM SUN（香川県坂出市）	1994年3月31日
6位	FM Haro（静岡県浜松市）	1994年5月15日
7位	FM湘南ナパサ（神奈川県平塚市）	1994年7月1日
8位	ラジオチャット（新潟県新潟市）	1994年7月15日
9位	FMくしろ（北海道釧路市）	1994年11月1日
10位	FMブルー湘南（神奈川県横須賀市）	1994年12月3日

【ミュージックバード】　MUSIC BIRD

CSデジタル音声放送を行う放送事業者。TOKYO FMグループに属し、スタジオは半蔵門の同じ建物の4階にある（事務所はJFNセンターにある）。個人向けの衛星デジタル音楽放送（2024年2月に終了）もあったが、ここではコミュニティFM向けの番組を制作、配信を行うサービス「MUSIC BIRD for Community FM」について説明する。

2023年5月現在、全体のおよそ半数のコミュニティ局が契約しており、半蔵門のFMセンターからCS、IP回線、ファイル配給を通じて送出された番組を自由に編成することができる。

朝に「Morning Community」、昼に「アフタヌーンパラダイス」（※FM世田谷と共同制作）、夜に「大西貴文のTHE NITE」という生ワイド番組を配信して

おり、特に「THE NITE」は2004年スタートという長寿番組。DJを務める大西貴文が自ら選んだ良質な音楽と大人なトークが人気である。

また、「アニメ関門文化学園」（カモンエフエム）、「本牧ヤグチ」（マリンFM）、「今夜もととのいたい！」（MID-FM）などのように逆にコミュニティFM局が制作、ミュージックバードを通じて全国に配信されている番組もある。

ミュージックバードは番組供給以外にも、開局支援コンサルティング、AIアナウンサーシステムの販売、「JCBAサイマルラジオ」の運営など幅広くコミュニティ局をバックアップしている。特にサイマルラジオに関してはスマートフォンアプリ「Radimo」をリリースし、聴取可能な局数を増やしているところだ。

【JCBA／日本コミュニティ放送協会】　Japan Community Broadcasting Association

全国のコミュニティ放送局の相互啓発、放送倫理の向上等を目的に設立された団体。1994年に全国コミュニティ放送協議会として設立、有限責任中間法人を経て、2009年に一般社団法人に。JCBAの会員社数は全337局のうち244局（2023年4月現在）。無線従事者資格取得補助や音楽著作権物管理4団体への

音楽著作物等利用料の徴収代行なども行う。入会金、年会費が必要。

サイマルラジオ事業も行い、「JCBAインターネットサイマルラジオ」と呼称される（2012年開始）。サービス提供にはJCBAへの加盟が条件だが別料金が発生する。そのため加盟局ではあるが別のサイマル放送を行う局も存在する。

【CSRA】　Community SimulRadio Alliance

「サイマルラジオ」の実現、運営を目的として設立された任意団体。詳細は【サイマル放送】を参照してほしいが、どこよりも先んじてインターネットサイマル放送を実現。特に問題となった音楽著作権の問題も、湘南ビーチFM代表であった木村太郎の尽力もあり最低で年5万円（当時）という低価格で著作権団体との

調整も成功、2006年にスタートした。当時の標準的ソフトWindows Media Playerでの聴取を前提に作られており現在の環境にはそぐわないため、おもにListenRadioなどが補完。局名をクリックするとListenRadioへリンクされる局も多く、CSRA版「SimulRadio」のサイトは役目を果たした感もある。

【ListenRadio】 *リッスンラジオ*

おもにCSRA所属のコミュニティFM局86局（2023年5月現在）のサイマル配信が無料で楽しめるWEBサイト、およびスマホアプリ（Android/iOS）。コミュニティFMのサイマル放送を開始したのは2013年から。

かつてコミュニティFMの音楽番組が楽しめるという「音楽まとめチャンネル」が存在していたのだが、本来の許諾を超えたものとして権利団体が警告。これを不服としたコミュニティ局側が2015年に訴えを起こしたものの裁判所にその主張が退けられた。現在はまとめチャンネルなどはなくなり、純全たるコミュニティ局のサイマル配信サイト（アプリ）という位置に収まった。

【FM++】 *エフエムぷらぷら*

株式会社スマートエンジニアリングが運営するコミュニティFM向けのインターネット配信プラットフォーム。PCのほか、スマホアプリ（Android/iOS）も備える。各局別にそれぞれのアプリをリリースしていたが、「FM++」アプリに統合。現在はそこから放送局を選択する形となっている。アプリのアイコンを放送局のものに変更できる謎の機能はそのなごりである。アプリ版ではメッセージフォームから番組宛へメールが送れたり、災害や防犯、交通などの文字情報をPUSH型で配信する機能も備えており、シンプルなインターフェースでありなが

ら、痒いところに手が届く作りとなっている。また、防災に強い印象で、熊本地震の災害FM2局のアプリを手掛けたり、名古屋の「MID-FM」と名古屋市役所からの防災文字情報を合わせたオリジナルの「名古屋市防災ラジオ」という名称で配信も行っている。

2023年5月現在68局が聴取可能。スマートエンジニアリングが鹿児島の企業ということもあり、九州・沖縄の局が多い傾向にある。JCBAはJCBAサイマルラジオ、CSRAはリスラジというイメージがあるが、両団体の加盟局であってもFM++を選択する局も増えている。

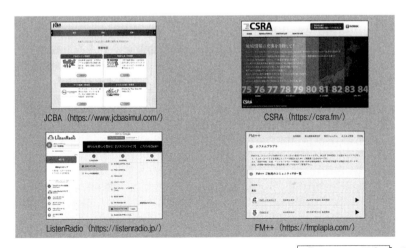

JCBA（https://www.jcbasimul.com/）

CSRA（https://csra.fm/）

ListenRadio（https://listenradio.jp/）

FM++（https://fmplapla.com/）

【日本放送協会（NHK）】 にほんほうそうきょうかい

　1950年5月2日に公布、同年6月1日より施行された放送法に基づく特殊法人として1950年6月1日に設置された放送局。ちなみに特殊法人とは、法令の規定に基づいて設立された法人のうち、独立行政法人、認可法人、特別民間法人のいずれにも該当しないものであり、NHKの他、日本中央競馬会（JRA）や日本年金機構、放送大学学園などがある。

　放送法の第三章日本放送協会の第十五条に「協会は、公共の福祉のために、あまねく日本全国において受信できるように豊かで、かつ、良い放送番組による国内基幹放送を行うとともに、（中略）あわせて国際放送及び協会国際衛星放送を行うことを目的とする」と定められ、目的達成のため、国内の中波放送（AMラジオ）、超短波放送（FMラジオ）、テレビの国内放送、在外邦人向け、外国人向けの国際放送（NHKワールドJAPAN）を行っている。2022年現在、国内に54の放送局、14の支局があり、各放送局からそのエリア内にラジオ・テレビ番組が放送されている。

　営利を目的としない特殊法人であるため、運営は国民の支払う受信料で賄われている。NHK設立当初はラジオ放送しかなかったため、ラジオに対する受信料であったが、テレビ放送が始まった9年後の1962年「ラジオ・テレビ両用」と「ラジオのみ」の2種類に分けられ、1968年4月、ラジオの受信料は廃止された。

【NHKラジオセンター】 NHK RADIO CENTER

　1984年4月に設置されたNHKのAM・FMの国内ラジオ番組とNHKワールド・ラジオ日本の番組を制作する放送総局内の部署名。東京都渋谷区神南のNHK放送センター本館の13階にある。ラジオセンターの隣にある生放送対応のCR131スタジオ、CR132スタジオは放送設備の大規模交換が行われた2013年春に改装され、スタジオ内のデスクが副調整室に対して平行で、ミキサーと向かい合う他局には見ない珍しいレイアウトになった。

【民間放送局】 みんかんほうそうきょく

　民間の資本で設立された放送事業体のことをいい、日本初の民間放送は1951年9月1日に愛知県の中部日本放送によって行われた。その日の午前5時30分、名古屋市東新町の本社第3スタジオ（現在のCBC放送センターのある場所）と愛知郡鳴海町伝治山（現在の名古屋市緑区鳴海町伝治山）にある鳴海送信所の両放送設備に電源が入れられ、1時間後の午前6時30分、宇井昇アナウンサーによる民間放送第一声が発せられた。

　戦前の日本では、1915年に制定された無線電信法で電波の使用が逓信省（現在の総務省）によって厳しく制限され、ラジオ放送は社団法人日本放送協会（現在のNHK）だけに許されていた。

　ところが終戦直後の1945年9月25日、当時の東久邇宮内閣は、逓信院総裁・松前重義氏による日本放送協会存続と民間放送開設を柱とした「松前構想」を閣議決定し、GHQ（連合国軍最高司令官総司令部）に提出、新しい国づくりに必要不可欠として民間放送設立の考えを示した。しかしGHQは「NHK独占、民法却下」の考えでこの願いを却下した。しかし1947年、日本国憲法が施行された

のを機に放送と電波に関する法律の見直しがGHQ内部で起こり、1950年6月1日、電波法、放送法、電波監理委員会設置法のいわゆる「電波三法」が施行され、日本での民間放送が行われる運びとなった。

【実験局】 じっけんきょく

電波に関して実験や試験、調査などを行う無線局のことで、現在は実験試験局と呼ばれる。そして実験や調査などで実用化のメドがつき、実際に実用化されるまでの間は実用化試験局と呼ばれ、実験試験局では認められていない営利行為が認められ、CMを放送して収入源とすることができる。ラジオに関する実験試験局や実用化試験局といえば、FM放送が挙げられる。1957年12月にNHK東京が実験試験局としてFM放送をモノラルで放送を始めた。また民放では、東海大学が1958年12月に実験局として放送を開始、翌年に実用化試験局のFM東海として放送を続け、1970年にFM東京に業務を引き継ぎ、FM東海は閉局した。

【イベント放送局】 イベントほうそうきょく

国や地方公共団体が主催、協賛する博覧会や国体などの催し物で、臨時に6ヶ月以内に設置され、イベント情報や会場周辺の交通情報などを放送するFM放送局のこと。

これが制度化されたのは1988年10月1日。それ以前に同じ目的で設置された臨時の放送局、例えばつくば市で開かれた科学万博の「ラジオきらっと」は実験局として開局している。ちなみに「ラジオきらっと」が活動していた1985年は、カーラジオの多くがAMだけだったため中波放送となり、文化放送が運営していた。最近の例としては2005年に愛知県で開催された「愛・地球博」のFM LOVEARTH（CBCとZIP-FMが共同運営）がある。

【AFN】 *American Forces Network*

American Forces Networkの略で、海外駐留のアメリカ軍に対してアメリカ政府が行っているテレビ・ラジオ放送のこと。日本では太平洋戦争終結後に在日米軍向けに1945年から放送されいてたFEN（Far East Network）が存在していたが、1997年にAFNに統合され現在に至っている。ラジオ放送は東京(810kHz)、三沢、岩国、佐世保（以上3局いずれも1575kHz)、沖縄（648kHz、89.1MHz)から24時間放送されている。FENが発足する以前は、東京、別府、鹿屋、小倉、熊本、大分、沖縄、大阪、札幌、佐世保、仙台に米軍による放送局が設置、後にこれらの放送局全体をFENと改称した。

FENは1950年代から1970年代のアメリカのヒットチャートを、国内の放送局が紹介するより前から流していたため、当時の音楽好きの若者の間でよく聞かれ、大瀧詠一、山下達郎、細野晴臣など多くのミュージシャンに影響を与えた。特に日本のリバプールと呼ばれ、多くのミュージシャンを排出している福岡には、米軍基地のあった板付（現・福岡空港）にFENがあり、そこから流れてくるアメリカの最新音楽が影響を与えたと言われている。また小林克也のように、FENを聞いて音楽に接し、後にDJやパーソナリティとして活躍する人物も多く、日本のラジオ界にも多大な影響を与えた。

【略称】 りゃくしょう

　放送局のアルファベット3文字の略称にはいくつかのパターンがある。そのひとつが英語表記の社名の頭文字を使ったもので、「県名や地域名/Broadcasting/Co.,Ltd.かSystem」で表されている。これには北海道放送（HBC）、秋田放送（ABS）、IBC岩手放送（IBC）、山形放送（YBC）、東北放送（TBC）、信越放送（SBC）、山梨放送（YBS）、福井放送（FBC）、静岡放送（SBS）、岐阜放送（GBS）、京都放送（KBS）、和歌山放送（WBS）、大阪放送（OBC）、九州朝日放送（KBC）、大分放送（OBS）、長崎放送（NBC）、南日本放送（MBC）、琉球放送（RBC）が挙げられる。

　また、「Broadcasting System of 県名または地域名」というパターンもあり、これには新潟放送（BSN）、山陰放送（BSS）がある。

　また局名をそのまま英語表記してその頭文字を使ったものとしてラジオ福島（RFC。CはCo.,Ltdの頭文字）がある。またラジオ局とテレビ局が分社化したTBSラジオ、CBCラジオ、MBSラジオ、ABCラジオはすべて旧局名の略称を頭に付けているが、これはすべて英語表記の頭文字を使っているパターンである。

　次のパターンは発足当時の略称をそのまま使っているもの。青森放送（RAB/Radio Aomori Broadcasting）、山陽放送（RSK/Radio Sanyo K.K.）、中国放送（RCC/Radio Chugoku Company）、西日本放送（RNC/Radio Nishinippon broadcasting Company）、山口放送（KRY/Kk.Radio Yamaguchi）、南海放送（RNB/Radio Nankai Broadcasting）、高知放送（RKC/Radio Kochi Company）、RKB毎日放送（Radio Kyushu Broadcasting）、

●AMラジオ局の一般的な略称

正式名称	略称
北海道放送	HBC
STVラジオ	STV
青森放送	RAB
秋田放送	ABS
IBC岩手放送	IBC
山形放送	YBC
東北放送	TBC
ラジオ福島	RFC
茨城放送	IBS※
栃木放送	CRT
TBSラジオ	TBS
文化放送	QR
ニッポン放送	LF
アール・エフ・ラジオ日本	RF
新潟放送	BSN
信越放送	SBC
山梨放送	YBS
北日本放送	KNB
北陸放送	MRO
福井放送	FBC
静岡放送	SBS
東海ラジオ	SF
CBCラジオ	CBC
岐阜放送	GBS

正式名称	略称
京都放送	KBS
和歌山放送	WBS
MBSラジオ	MBS
朝日放送ラジオ	ABC
大阪放送	OBC
ラジオ関西	CRK
RSK山陽放送	RSK
山陰放送	BSS
中国放送	RCC
山口放送	KRY
四国放送	JRT
西日本放送	RNC
南海放送	RNB
高知放送	RKC
RKB毎日放送	RKB
九州朝日放送	KBC
大分放送	OBS
長崎放送	NBC
熊本放送	RKK
宮崎放送	MRT
南日本放送	MBC
琉球放送	RBC
ラジオ沖縄	ROK

※IBSは現在使用していない。

熊本放送（Radio Kumamoto K.K.）。

コールサインの下2文字を使ったものとしては栃木放送（CRT/JOCRと栃木のT）、文化放送（QR/JOQR）、ニッポン放送（LF/JOLF）、ラジオ日本（RF/JORF）、北陸放送（MRO/金沢局JOMRと七尾中継局JOMOを合わせた）、東海ラジオ（SF/JOSF）、ラジオ関西（CRK/JOCRと神戸のK）、四国放送（JRT/JOJRと徳島のT）がある。

民放FM局では愛称で呼ばれることが多く、略称としてはエフエム青森（AFB/Aomori Fm Broadcasting）、エフエム秋田（AFM/Akita FM）、エフエムナックファイブ（NACK5）、エフエム東京（TFM）、横浜エフエム（YFM）、エフエム愛知（FMA）、エフエム大阪（fmo）、岡山エフエム（VV-FM/JOVV-FMから）、広島エフエム（HFM）、エフエム山口（FMY）、エフエム熊本（FMK）がある。

【ステーションカラー】 *station color*

「カラー」には2つの意味がある。ひとつが「色」でもうひとつが「特色」である。まず「色」としてのステーションカラーでは、多くのラジオ局では局のブランドカラーを決めていないようだ。しかし局のロゴや番宣写真のバックボードに使われている色が統一されていることは多く、例えばラジオ日本の場合、バックボードはオレンジ色と白の市松模様。また局名ロゴの「日本」の「日」の真ん中がオレンジの丸。ステーションカラーとは言えないまでも、オレンジがラジオ日本のイメージカラーとなっているようだ。現在、ステーションカラーを公言している局は、ブルーのTBSラジオと青と緑を融合させた「ヒュージョングリーン」の熊本放送がある。

次に「特色」としてのステーションカラーの例として思い出されるのが「ABCラジオは阪急百貨店、MBSラジオは阪神百貨店」。これは1990年頃、ラジオ大阪の人から聞いた言葉。阪急百貨店は百貨店全体のイメージを重視し、阪急カラーに合わない店舗や品物は、いくら空きがあっても入れなかった。反対に阪神百貨店は何でもござれ。ABCラジオはABCカラーを大事にし、MBSはとにかく面白ければ何でもOK。かつてはそういうステーションカラーがはっきりしていたが、今はどこも同じような気がする。

●ロゴマークの色の系統

青系（青、水色、紺色）	青森放送、東北放送、TBSラジオ、新潟放送、北日本放送、静岡放送、CBCラジオ、KBS京都、MBSラジオ、ラジオ関西、四国放送、西日本放送、南海放送、高知放送、南日本放送、エフエム青森、FM GUNMA、NACK5、bayfm78、FMヨコハマ、FM GIFU、エフエム大分、FM Nagasaki、FM沖縄
赤系（赤、オレンジ、ピンク）	STVラジオ、栃木放送、文化放送、ラジオ日本、KBCラジオ、長崎放送、FMノースウェーブ、レディオ・ベリー、FM NIIGATA、K-MIX、ZIP-FM、KissFM KOBE、FM宮崎
緑系（緑、黄緑）	福井放送、熊本放送、宮崎放送、FM岩手、FM山形、ふくしまFM、エフエム山陰、エフエム山口

【ステーションネーム】 *station name*

　局名、略称とは違う局の愛称のこと。中波局では茨城放送が唯一「LuckyFM茨城放送」を名乗っている。

　FM局ではその数は多く、例えばエフエム仙台の愛称は「Date fm」。これは開局15周年の1997年に愛称を一般募集し、仙台藩主伊達家の伊達をローマ字表記した「DATE」が採用された。この「DATE」には最新の意味を持つ「up to date」の意味も込められている。この他にもエフエム北海道が「AIR-G'」、エフエム山形が「Rhythm Station」、エフエム栃木が「RADIO BERRY」、横浜エフエムが「FMヨコハマ」、静岡エフエムが「K-MIX」、エフエム三重が「radio3（レディオキューブ）」、エフエム滋賀が「e-radio」、エフエム京都が「α-STATION」、兵庫エフエムが「Kiss FM KOBE」、エフエム山陰が「V-air」、エフエム高知が

「Hi-Six」、エフエム宮崎が「JOY FM」、エフエム鹿児島が「μFM」と呼ばれている。

　横浜エフエムが社屋を現在の横浜ランドマークタワーに移した1993年、愛称を「ハマラジ」（YOKOHAMA RADIOの略）に変更。しかしこの愛称が予想したより浸透しなかったため、開局10周年の1995年に現在の「FMヨコハマ」に変更した。またラジオ関西は現在の送信所が完成した1994年に愛称を「AM KOBE」にしたが、2004年12月31日にその愛称を廃止した。

ソニーICF-EX5には旧ステーションネームの名残りが。

【ラテ兼営局／ラジオ単営局】 ラテけんえいきょく／ラジオたんえいきょく

　日本初の民放が開局したのは1951年9月1日のこと。当時はまだテレビ放送はなく、中波のラジオ放送のみであった。その後、1953年に日本テレビが開局し、日本初の民放テレビ放送が始まる。当時ラジオのみだった民放各局は、次々とテレビ放送の準備を始め、1955年には東京放送（TBS）がテレビ放送を開始。以降、ラジオだけだった多くの民放各局はテレビ放送を開始する。こうしてラジオ放送とテレビ放送の両方を行う局が出てきた。これをラテ兼営局という。これに対し、テレビ放送を行わずラジオ放送のみの局をラジオ単営局という。このようにラジオ局から出発し、後にテレビ放送も行うようになるのが一般的である。しかしこの逆、テレビ局からスタートし、後にラジオ放送も行うようになった局がひとつだけある。それが

STV札幌テレビである。1959年4月1日にテレビの本放送を開始、1961年に中波放送の予備免許を申請し1962年12月15日にラジオの本放送を開始し、北海道で2番目のラテ兼営局となった。しかし2005年に分社化してSTVラジオが独立したためラジオ単営局となった。

　現在民放中波局は47局あるが、そのうちラテ兼営局は31局。当初から単営局であった11局と分社化によって独立した5局を合わせた16局がラジオ単営局である。

●開局当時からの中波単営局
ラジオ福島、茨城放送、栃木放送、文化放送、ニッポン放送、ラジオ日本、東海ラジオ、和歌山放送、ラジオ大阪、ラジオ関西、ラジオ沖縄

【分社化】 ぶんしゃか

　2000年5月、改正商法が成立、企業の分割に関する法制度が整備された。電波法もこれに関連する部分が改正され、「法人分割により事業を承継した法人は、総務大臣の許可を受けて免許人の地位を承継することができる」ようになった。これらの法律は2001年4月から施行され、ラテ兼営局がラジオ局とテレビ局に分かれ、新しくできたラジオ局に免許を承継することができるようになったのである。

　この分社化第1号となったのがTBSラジオ（分社化当時はTBSラジオ＆コミュニケーションズ）で、2001年10月1日にTBSから免許を承継し、ラジオ単営局としてスタートした。分社化の理由は、ラジオ事業を発展、活性化するためにはラジオ部門を完全独立の会社とし、独自の権限と責任でラジオ事業を運営することが最適だと判断した、としている。

　その後、2005年10月にはSTVラジオ、2013年にはCBCラジオ、2018年にはABCラジオ、そして2021年にはMBSラジオがそれぞれ分社化した。これら分社化したラジオ局に共通しているのが、局アナを自社雇用せず、例えば「TBSラジオはTBSテレビから」「CBCラジオはCBCテレビから」と、関連テレビ局の局アナを出向させて起用していることである。

【通信社】 つうしんしゃ

　ラジオやテレビ、新聞などの報道機関向けにニュースを提供する組織。国内では、一般社団法人共同通信社、株式会社時事通信社など。国外では、ロイター、AP通信、フランス通信社（AFP）などが有名。ニュースの配信は専用端末やメール、FAXなどで行われ、各放送局では必要に応じてニュースを放送する。中でも共同通信社は音声によるプッシュ型のニュース速報を行っており、契約先の放送局には専用のスピーカーが設置されている。なにか事件が起きると、夜中であろうと音声で速報が流れるのである。その時のアラーム音を「ピーコ」と呼ぶが、実際には受信機器の起動音のようである。さらに重要度が高い速報の場合には「ピーコ音」に加えて「チャイム（テンポの速いウエストミンスターの鐘）」が流れる。当直者はこれを恐れるのである。

　最近では、インターネット上に流通する情報（Xなど）をニュースソースとして速報につなげる株式会社JX通信社に注目が集まっている。ニュースの収集と分析はAIが行う、次世代の通信社である。

【FM新局ラッシュ】 FMしんきょくらっしゅ

　1982年までは東京、大阪、愛知、福岡だけにしかなかった民放FM局だったが、それ以降、民放FM局がなかった都道府県で毎年開局が相次ぐ。これがFM新局ラッシュである。そのラッシュの最中の1988年10月、初めて同一都道府県内に2つめの民放FM局が開局した。これがFMジャパン（現在のJ-WAVE）である。

　当時はバブル景気の始まりで、大学生の就職が売り手市場となっていた。そのため企業は学生獲得のために、若者に人気のあった新FM局で番組を持つようになる。FM新局ラッシュの背景にはこういった企業のリクルート対策もあったのだ。

【リスナーの愛称】 リスナーのあいしょう

ラジオ聴取者を日本ではリスナーと呼ぶ。しかし局や番組によってはリスナーのことを別の名称、いわゆる愛称で呼ぶことがある。

例えば1978年4月9日から1989年10月1日までラジオ大阪で放送された日曜深夜（24時〜26時30分）のトーク番組『鶴瓶・新野のぬかるみの世界』では、番組リスナーのことを『ぬかる民』と呼んだ。ちなみに、この番組のタイトルにある「ぬかるみ」には、この番組にはまり込んだら抜けられなくなってしまうという意味が込められている。『ぬかる民』以外にもこの番組には番組でしか通用しない多くの隠語があった。番組リスナーである『ぬかる民』しか分からない言葉は、仲間意識を高めるのに有効である。リスナー

の愛称はそういうラジオ独特の仲間意識を高めるのに役立ったと考えられる。

全国ネットで中高生に人気のあるTOKYO FM『SCHOOL OF LOCK!』では『生徒』、同局の『Skyrocket Company』では『社員』とリスナーのことを呼ぶ。

また番組単位ではなくその局のリスナーのことを愛称で呼ぶ局もある。ZIP-FMでは『ZIPPIE（ジッピー）』、Kiss-FM KOBEでは『Kissner（キスナー）』、と呼ぶ。

●リスナー（ネタ職人）愛称例

番組名	愛称
鶴瓶・新野のぬかるみの世界（ラジオ大阪）	ぬかる民
誠のサイキック青年団（ABCラジオ）	サイキッカー
オードリーのオールナイトニッポン（ニッポン放送）	リトルトゥース
有吉弘行のSunday Night Dreamer（JFN）	ゲスナー
ミルクボーイの煩悩の塊（ABCラジオ）	生産者

【株主】 かぶぬし

放送局の株主の多くは地元の新聞社や電力会社や銀行、電鉄やバスなど、地元の有力企業が名を連ねている。

例えば徳島県をエリアにする四国放送の場合、筆頭株主は地元紙の徳島新聞社、その他には阿波銀行、徳島バスなどが名を連ねているが、日本テレビ放送網も大手株主となっている（2021年3月31日時点）。これは四国放送が日本テレビをキー局とするNNNに加盟しているためである。

このように自局以外の放送局が株主となっているのは珍しくない。例えば北海道放送の場合、北海道銀行や北洋銀行など地元金融機関が大手株主として名を連ねている中、東京放送ホールディングスやMBSメディアホールディングス、中部日本放送、RKB毎日ホールディングスと系列の放送局も大手株主となって

いる（2021年3月31日時点）。

面白いのがJ-WAVEの株主。ここには朝日新聞社や中日新聞社などの新聞社や、みずほ銀行や三菱UFJ銀行などの銀行の名前があるが、ニッポン放送も大株主である（2023年6月29日時点）。中波とFMという電波の違いがあるものの、放送エリアは同じという、いわばライバル企業。放送局ではこういう株主構成となっていることは珍しくない。

上場企業の大株主例

●KBCグループHD
朝日新聞社、九州朝日放送従業員持株会、昭和自動車、テレビ朝日HD　ほか

●RKB毎日HD
MBSメディアHD、毎日新聞社、麻生、TBSHD、福岡銀行　ほか

【2028年問題】 *2028ねんもんだい*

2021年6月15日、全国の民放中波ラジオ局が合同で記者会見を行い、全47局のうち44局が2028年秋を目途にFM局への転換を目指すと発表、これが発端となって中波局が中波を停波することが話題となった。

中波に比べFM放送で使用されている超短波は、ビルなど中波では届きにくかった場所でも届きやすく、家電などから発生するノイズなどの影響が少ないため、現在すべての中波局では、難聴取対策としてワイドFM（FM補完放送）を行っており、中波停波後もこのワイドFMを使って放送を届けるとしている。また電波を管轄する総務省もホームページなどで中波に対してのワイドFMの優位性を示すなど、ワイドFMの推進を奨励しており、民放中波ラジオ局のFM波への全面移行は固いとみられる。

このようにFM波への移行は難聴取対策とされているが、実は民放中波局の経営難がその背景にあると言われている。ご存じの通り、中波送信所は水辺近くの広大な土地に設置されており、電気代も含め維持費がかさむ上、設備の老朽化も進み、その改修費も高額となる。これら送信所に関わる経費を圧縮することで経費を削減し、経営の健全化を図るためにFM波への移行が必至であるのだ。ここには、免許事業である放送局は絶対に潰れないという神話が、Radio NEOやFM PORTなどの停波で崩れ去ったことも影響していると思われる。

総務省では2024年2月以降、中波を停波してFM波だけで放送する実証実験を行っており、13社34局が順次参加していく（次ページ・停波実験スケジュール参照）。停波されるのは中継局が中心となるが、山口放送のみ本局（周南）含めすべてのAM放送が停波されることとなる。

このようにいいことだらけのように見えるFM波への移行だが、問題も表面化している。それが災害などの緊急時に安定した放送を続けることができるかということである。阪神・淡路大震災や東日本大震災でラジオが果たした役割を考えると、災害時にはラジオが必携のメディアであるとは間違いない。そのためには安定した送信が必要となってくる。中波の場合は大きな送信所ひとつあれば、

すでにFM補完中継器が整っている山口放送は中波の本局も2024年5月27日で減力、同年7月29日で停波される予定だ（山口放送HPより）

AM局の運用休止に係る特例措置に関する基本方針（案）について

●特例措置の概要
ラジオ事業者が、6か月以上の期間AM放送局の運用を休止することを可能とする。

●特例措置の期間
1）AM局の運用休止は、再免許時の2023年11月1日から、住民への周知広報や問合せ窓口の事前運用に要する3か月を経た2024年2月1日以降に開始し、1年以内に終了とする。
2）特例措置の適用期間中に、総務省はAM局休止に伴う、住民及び事業者の経営への影響を検証。
3）検証結果や事業者の要望も踏まえ、AM局の休止継続またはAM局廃止に関する所要の制度整備等を行う。

電波の性質上、かなり広い地域がカバーできる。ところがFM波の場合、山かげなどアンテナから見通されない場所には電波が届かないため、多くの中継局が必要となってくる。その中継局が災害でダウンした場合、そこがカバーしていた地域ではラジオが聞けないことになって

しまう。関東平野にある首都圏は東京スカイツリーや東京タワーだけでもエリアほとんどをカバーできるが、それ以外の地域ではいくつかの中継局が必要である。「災害時にはラジオ」と謳っている以上、この問題をどう解決するかが重要課題といえよう。

●2024年停波実証実験スケジュール

開始日 (2024年)	参加局
2月1日	IBC岩手放送(田野畑)
	LuckyFM茨城放送(土浦、県西)
	南日本放送(阿久根、川内、大口)
2月5日	新潟放送(長岡、柏崎)
	福井放送(敦賀、小浜)
	山口放送(須佐田万川)
	RKBラジオ(行橋)、KBCラジオ(行橋)
	長崎放送(佐賀、唐津、伊万里、有田)
	熊本放送(荒尾)
2月19日	山口放送(萩)
3月4日	山口放送(山口)
4月1日	北陸放送(七尾、山中、輪島)
	南海放送(新居浜、宇和島、八幡浜)※減力は2/1から
4月29日	山口放送(岩国)※減力は4/1から
5月27日	山口放送(下関)※減力は4/29から
7月1日	東海ラジオ(下呂、恵那、上野)
7月29日	山口放送(周南)※減力は5/27から
8月1日	東海ラジオ(新城、豊橋)

放送局で働くのに必要な資格は?

　営業や編成、広報など、いわゆる事務方について、必要な資格はない。英検や簿記、運転免許などは持っていた方がいいかもしれないが、一般的な会社と変わらない。アナウンサーや番組制作についても同様で、ずばぬけた得意分野があった方が有利ではあるが、これは、他人との競争ではなく、自身の活動の軸とするためである。

　技術職で上を目指すのであれば、「無線従事者(第1級陸上無線技術士)」の資格は必須である。制度上、送信機の出力によっては第2級でもよいが、主任無線技術者制度(放送局では第1級所持者が任命される)

が広く活用されるようになったため、第2級所持者と免許を持たない者との差がなくなってしまったのである。

　そのほか、必須ではないが、電話回線の工事が可能な「電気通信の工事担任者」、電源に関する工事が行える「電気工事士」、非常用発電機に使う燃料の保管(ガスを除く)に必要な「危険物取扱者(甲種、または、乙種第4類)」、電気設備の保守・監督が行える「電気主任技術者」などは、持っていると活躍の幅が広がるだろう。加えて、今後は、サーバーやネットワーク、AI関連の資格も重要視されるようになるはずだ。

2章

番組制作

【DJ】 *Disc Jockey*

ディスクジョッキー（Disc Jockey）の略。本来はディスク＝レコード盤をジョッキー＝騎手のように巧みに操る人のことを指した。具体的にはミキサーとターンテーブル（CDプレイヤー）を自分で操作して、イントロに乗って曲紹介をしたり、曲をBGMにしてその曲の解説をしたりと、まさに自由自在にレコード（CD）を操ってノリの良い番組を演出する人のことをこう呼ぶ。

誰彼構わずラジオでしゃべってる人のことをDJと呼ぶ傾向にあるが、少なくとも自分で選曲し、自分で機器を操作しなくとも逆Qで出しなどのタイミングをミキサーに指示できる人が本来のDJである。

【パーソナリティ】 *personality*

ラジオ番組の進行役を務める出演者を指す。ゲストや出演者を際立たせるために個性を殺して進行に専念する司会者やMCと違い、個性を全面的に出し、その個性でリスナーを惹き付けるしゃべり手のこと。この言葉は1950年代頃のアメリカで使われ始め、日本では1965年前後に使われるようになったという。それまでは丁寧な「です・ます調」のしゃべりが当たり前だったが、その頃から親しい友人に語りかけるような言葉遣いのしゃべり手が増えていき、そういうしゃべり手のことを、アメリカに倣ってパーソナリティと呼ぶようになった。定着したのは「おはようパーソナリティ中村鋭一です」（ABCラジオ）から。

【アシスタント】 *assistant*

番組のパーソナリティの話し相手として登場するしゃべり手のこと。パーソナリティが男性の場合、女性アナウンサーがアシスタントとして就くことが多かった。その関係は昔の日本の夫婦のように、アシスタントはパーソナリティの陰に隠れて支えるという夫唱婦随が理想とされていた。当時の番組でのアシスタントは、自分からしゃべり出すことはほとんどなく、パーソナリティから話を振られ、それに答える形でしゃべることがほとんど。あとはハガキやメール、プレゼントの宛先、次回の予告やゲストの紹介など、あらかじめ決められた原稿を読むことがメインの仕事だった。

しかし、2000年代頃から、パーソナリティを支えるアシスタントという考え方は時代にそぐわなくなり、同等のしゃべり手として見なされるようになった。

そのため呼び名も変化。アシスタントに代わり「パートナー」と呼ぶようになったり、両者共をパーソナリティと呼ぶようにもなった。その他の例としてはTBSラジオの朝の情報ワイド番組『森本毅郎・スタンバイ!』では森本毅郎の相手役の遠藤泰子は肩書きがなく「遠藤泰子」と表記。文化放送の朝ワイド『おとなりさん』では日替わりのパーソナリティに対し、相手役は局アナのためサイト上では「アナウンサー」と表記されている。

●代表的な女性アシスタント

遠藤泰子（森本毅郎、永六輔）
小俣雅子（吉田照美）
桜井一枝（浜村淳）
小山乃里子（馬場章夫）
小高直子（つボイノリオ）
田中美和子（笑福亭鶴光）

※ ()はメインパーソナリティ

【アナウンサー】 *announcer*

　アナウンサーとは、自分の声で不特定多数の人に情報を伝える職業である。そのため、誰でも聞き取りやすく理解できる正しい日本語で話す技術、つまり標準語のアクセント、鼻濁音、母音の無声化が求められる。これができていないしゃべりは聞き取りづらく、かつ理解しづらい。噛みぐせよりもこちらの方が致命的な問題と言えよう。

　また同時に、ニュース原稿を正しく読めることもアナウンサーの条件と言える。これも噛まずに読めることよりも、重要なポイントを自分で探し出し、そこを立てて読む（その部分を強調して読む）ことの方が大事だ。明らかにそちらの方が聞き取りやすくわかりやすい。

【AIアナウンサー】 *Artificial Intelligence announcer*

　実際にアナウンサーが読んだ膨大なニュース音声を人工知能エンジンに学習させ、自然な発音やアクセント、イントネーションを使ってテキスト原稿を読み上げるバーチャルアナウンサーのこと。現在、NHKや各民放、コミュニティFM局のニュースや気象情報などで出演している。昔は機械がしゃべっている感じだったが、今ではほとんど違和感がない。

　テキスト原稿さえ準備できれば、アナウンサーはもちろん、ディレクターもミキサーも必要なくニュースが送出できるし、24時間態勢で緊急ニュースに対応できることから、人員不足に悩むラジオ局にとっては救世主的な存在として今後需要が増すことは間違いないだろう。

【ナレーター】 *narrator*

　ラジオの場合、主にCMや朗読を行う人のことを指す。また一般的にはパーソナリティが行うハガキや手紙、メールの読み上げを、パーソナリティに代わってすることもある。

　原稿やハガキなどに書かれている内容を正確に聞き手に伝えることはもちろん、そこに描かれている空気感や世界観、書き手の思いや意図、感情までもを伝える能力が求められるのがナレーターである。そのため、話し方や声質、抑揚を巧みに使い分け、自分が語るナレーションの内容を、聞き手の心の中に難なくイメージさせることがナレーターには最低限要求される。まさに言葉を自由に操り人の心を揺さぶる職人である。

【初鳴き】 はつなき

　新人アナウンサーが初めて放送でしゃべること。研修を兼ねた試用期間（3ヶ月が多い）が終了した後の初鳴きでは、正式配属後にニュースや天気予報などで原稿を読むことが多い。

　しかしいきなり生放送に出演と言うこともある。例えばラジオ大阪の藤川貴央アナの場合がそれ。彼は4月1日に入社し、その数日後の研修期間中、とある番組の見学をしていた。するとその番組のパーソナリティ、元ラジオ大阪アナの中井雅之が突然「ラジオ大阪20年ぶりのアナウンサーが見に来てんねん。ちょっと入っといで」と誘ってきた。藤川アナは言われるままスタジオに入り番組に出演、これが彼の初鳴きとなったのだ。

【リポーター】 *reporter*

ラジオのリポーターはスタジオを飛び出して、外からの中継を担当する人のことを指す。中波で外からの中継を行う時には、移動中継車と呼ばれる中継設備を搭載したクルマを利用することが多い。このクルマには運転手と放送設備を操作する無線技師、そしてディレクターとリポーター（多くが女性）が乗って中継現場まで移動する。局によっては運転手と放送技師とディレクターとレポーターひとりでこなす女性キャスタードライバーがいて、FMカーと呼ばれる中継車で現場に駆けつけ、そこでアンテナを立てて中継機器を調整し、中継本番までに取材を行い、放送時間になるとスタジオとつないで現場からのリポートを行う。

全国各局のFMカーおよびレポーターの総称として、愛称がつけられている。例えばHBCラジオはトピッカー、STVラジオはランラン号、RKBラジオはスナッピー、YBSラジオはスコーパー、KBCラジオはアイタカー、MBCラジオはポニーと呼ばれている（詳しくは【ラジオカー】参照）。キャスタードライバーは局と契約している場合や局の子会社所属の場合などがある。キャスタードライバーを経歴としている有名人としては、放送作家であり芸能コラムニスト・コメンテーターの山田美保子（TBSラジオキャスタードライバー）、かつて文化放送のアナウンサーだった長麻未（KBCラジオとRKBラジオの両方を経験）などがいる。

RBCiラジオのラジオカー。リポーターはこれに乗って中継先に向かう

【定時ニュース】 ていじニュース

ワイド番組内のほぼ決まった時間帯や、番組と番組の間の5分程度の箱番組として放送されるニュース番組。系列の新聞社や地方新聞社、あるいは共同通信や時事通信から送られてくる放送原稿の中から報道部員、ニュース担当のアナウンサーが速報性、その地域での重要性などを考慮し、放送時間内で読み切れる分量のニュースを取捨選択して放送する。NBCラジオやMBCラジオのようにワイド番組内で正時前10分間をニュースの時間帯に充て、『50ニュース』（○時50分から始まるので）と題している局がある。これだとニュースの時間が決まっているため、リスナーにとっては分かりやすい。

【演者】 えんじゃ

番組に出演する人のこと。この言葉の対義語は裏方やスタッフ。

元来、舞台で演じる歌舞伎役者、寄席の落語家、漫才師、曲芸師、奇術師などを指していたが、ラジオやテレビの出現で、そこに出演する人のことも演者と呼ぶようになった。しかし今は遣われることがほとんどなくなった。

言葉の響きから、自分の芸を持ち、それを観客に見せる人のイメージがあり、その人の芸に対する尊敬の念がこもっているよい言葉である。話術を駆使するラジオでは、「出演者」よりもこちらを遣う方がいいような気がする。

【アクセント辞典】 アクセントじてん

公共放送の役割である「豊かな放送文化を創造する」ことを実現するために必要な調査研究を行っているNHK放送文化研究所が編集し、NHK出版が出している「NHK日本語発音アクセント新辞典」のこと。NHKのアナウンサーだけでなく、今の日本で多くの人が実際に使っているアクセントを調査し、75,000語の「放送で用いるのにふさわしいことばの発音・アクセント」を収録した辞典。この辞典のキモは昔からある正しい発音・イントネーションではなく、今実際に使われ、多くの人が認めている発音・アクセントであるということ。言葉は時代と共に変化しているため、版を重ねる度に内容が変わっている。

ちなみに日本語におけるアクセントとは音の強弱を意味する英語のそれと違い、音の高低を言う。

このアクセント辞典はしゃべりを生業とする人にとっては必携のものであり、仕事上、アクセントに疑問が生じたときは必ず調べるのが常である。アクセントをひとつ間違うことで、聞き手に瞬間でも疑念を生じさせることはしゃべり手にとって致命的である。なぜなら聞き手が「?」と疑念を挟めば、次以降の言葉は耳に入ってこず、しゃべり手が意図したものが正しく聞き手に伝わらない可能性が大きいからだ。

用例	
パ＼ンダ ▶	[パ]のあとで下がる。頭高型
ニオ＼イ ▶	[オ]のあとで下がる。中高型
ユキ＼	助詞が付いた場合に、[キ]のあとで下がる。尾高型
サクラ—	下がり目がない（助詞が付いても[ラ]のあとで下がらない）。平板型

【提供クレジット】 ていきょうクレジット

その番組にお金を出しているスポンサー企業の名前を読み上げること。略して「堤クレ」と呼び、番組の冒頭で「○○の提供でお送りいたします」というのを「前クレ」、番組終盤で「○○の提供でお送りしました」というのを「後クレ」と呼ぶ。

スポンサー企業はその番組にお金を出すことで、提供クレジットと番組内での自社CMを流すことができる。それだけに提供クレジット読みに噛むなどの不体裁や読み間違いがあることは断じて許されない。このため提供クレジットは生読みにせず、事前に番組パーソナリティかアナウンサーが読んだものを録音して流すことが多い。

【ブレス】 bless

息継ぎのこと。人間は肺呼吸をしているため、必ずセンテンスの切れ目で息継ぎをする。もしセンテンスの切れ目で息継ぎが聞こえなかったら、すごく不自然なしゃべりとなってしまい、聞いている人には違和感が残る。このためしゃべりを編集する際は、息継ぎを消さないように注意しなければならない。編集でつないだ場合、しゃべりのテンポの不自然さを無くすために、他から息継ぎを探してきて、つなぎ目にその息継ぎを挿入する場合もある。しゃべり手のテンポと間を考えながら、自然なブレスを意識することが編集のキモである。ブレスを意識しない編集はリスナーに話の内容は残らず不快感だけを残す。

【プロデューサー】 *producer*

番組を統括するトップの地位で、番組企画から出演者交渉、イベントや特番などでの対外交渉、営業など他部署との交渉、予算の配分など、番組に関わるすべてのことのマネージメントを取り仕切る総責任者。テレビや映画と違い、所帯の小さなラジオの場合は、帯番組を担当する複数のディレクターの内のひとりが兼務することや、そもそもプロデューサーがいない場合も多い。またプロデューサーは局の社員が務め、実際の番組を制作するディレクターを、制作会社のディレクターやフリーのディレクターといった外部スタッフが務めるケースも多くなってきた。

プロデューサーに求められる資質は、情報収集力と人脈の広さ、そして先を読む力だと言える。あらゆる所にアンテナを張り、人々が何を求めているかを常に追い求め、いいしゃべり手の発掘を常に行い、放送業界や芸能界だけでなく、他業界の人たちとの交流を深めることで常に世の動きを素早くキャッチし、出演者、コメンテーターのリサーチを常に行い、それまでに集めた情報分析から担当番組の今後の方向性を導きだし、新しいヒット番組の企画を考え出す。これがプロデューサーの仕事である。と同時に、時間を作ってはスタジオに顔を出し、出演者やスタッフとのコミュニケーションを取ることも大事な仕事のひとつ。とにかく忙しい職種である。

【ディレクター】 *director*

番組の制作責任者であり、番組の総指揮者。番組には出演側としてパーソナリティ、アシスタントやゲストがいて、裏方にはミキサー、構成作家、ADなど複数の人間が関わり、ひとつの番組が作られている。この複数の人間たちに指示を与え、番組を完成させていくのがディレクターの仕事である。

本番の前に構成作家やADと打ち合わせをして、番組内容を決めて作家に構成を考えてもらい台本を作らせる。本番当日は出来上がった台本を見ながら番組の流れを示すQシートを作成し、出演者と番組の流れを確認する。そして本番が始まると時計を見ながら進行の進みをチェックし、「巻き」や「伸ばし」の指示を出す。またパーソナリティの言い間違いや、話の内容へのアドバイスをトークバックで行ったり、ADに対しての曲出しの指示やミキサーに対してのミキシングレベルの指示もディレクターの仕事で、言葉だけでなく指を使って音量の上げ下げや音出しのタイミングを指示するさまは、まさに指揮者そのもの。そしてトークが長引いた時、用意していた曲のカットやコーナーを飛ばすなどの判断を即座に行い、番組が破綻することなく、より面白くなる方向へ導くこともディレクターの仕事だ。その上で一番大事な仕事は、パーソナリティが気持ちよくしゃべることができる環境を作ることである。

ラジオNIKKEIのオンエア風景

【ミキサー（スタッフ）】 *mixer*

スタジオで機材のセッティングやミキシング・コンソールを操作するなど、技術的な仕事をする専門職のこと。局によってはテクニカルディレクター（TD）と呼ばれる。マイクやCD、レコード、また中継回線や電話回線の音量および音質調整などを自己の判断とディレクターの指示に従って行い、生放送の場合、主調整室に送り出すまでの、収録番組の場合、録音機材に送り出すまでの音に関する責任を負う。

生放送を行う場合、ミキサーは本番前にすべての機材が正常に作動することを確認し、次にキューシート（進行表）に目を通し、使用するマイクの本数、音楽、ジングル、SEなどの音素材の使用箇所、CMのタイミング、中継や電話、交通情報など外からの回線使用の確認などをディレクターと共に行う。その後、出演者がスタジオ入りし

た後にそれぞれが使用するマイクチェックを行い本番を待つ。本番中はしゃべり手の声に注意を傾け、聞き取りやすいように音質を変えたり、極端に音量が変わらないようにフェーダーを細かく操作する。またディレクターの指の動きを見ながら音楽やジングル、SE出しのタイミングやその音量調節などを行う。まさに耳と目と指先を駆使した音作りのコンダクターである。

【AD】 *Assistant Director*

番組制作における雑務係。「アシスタントディレクター」のこと。ディレクター、ミキサー、構成作家の補助業務が主な仕事で、それ以外にも飲み物や弁当、お菓子の買い出し、メールやファックス受け、本番中に急に必要となった機材やCDなどの音源を取りに行くなど、まさに番組の縁の下の力持ち的存在（かつて某有楽町の局の深夜の番組では牛丼弁当を買いに行くことが一番重要な仕事だった。今は知らんが…）。とは言え、大きな局の生ワイド番組以外で専任のADが就くことは、予算の関係上稀である。

本番前の仕事としては、キューシートや台本のコピー、出演者のための飲み物やお菓子、本番中に使用する小道具（鳴

り物など）の準備、番組で使用するCDやレコード、そして取材音源の準備とそのセッティング。またゲストが大人数の場合や生演奏がある場合、ミキサーの指示に従って機材セッティングの手伝いも行う。

本番中には音源の頭出しやスタート、電話出演者がいる場合にはその人への電話がけと放送への接続準備、道路交通情報センターや気象協会への連絡、ゲストが到着した時の出迎えなどがある。本番終了後にはスタジオの片づけを速やかに行う。

番組によっては録音機材を担いでの取材、その音源の編集なども任されることもある。

【構成作家】 こうせいさっか

番組の内容に関してディレクターを補助する役割を果たす人のこと。具体的には番組の立案、番組内容（コーナーやゲスト）を考え台本を作成、リスナーからのメッセージの取捨選択、本番中のスタジオ内で番組進行の手助け、番組で取り上げる話題の取材（音源の編集も）などが主な仕事。以前はフリーの構成作家が多かったが、最近では事務所（作家だけの事務所やタレント事務所）に所属する人も多い。ただしラジオの場合、キー局や準キー局以外で構成作家が番組に就くことは稀である。構成作家が就かない番組ではディレクターが内容をすべて考え、台本を書く。

生放送の場合、構成作家はパーソナリティの向かい側に座ることが多い。これはひとりしゃべりに慣れていないパーソ

ナリティの場合、目に見える聞き役となり、うなずきや笑いという反応を返すことでしゃべりやすくするためである。また本番中に届いたメッセージを取捨選択してパーソナリティに渡したり、ディレクターからの指示を受けてパーソナリティにカンペを書いて知らせるのに便利であるためだ（ディレクターがトークバックでパーソナリティに直接指示を出すと、パーソナリティがその指示に直接答え「はい分かりました」などと答えてしまうため、ラジオに慣れていないパーソナリティの場合、構成作家を間に挟む）。

付け加えるなら、本番中のパーソナリティの目の前に座り、パーソナリティの心の動きを敏感に察知し、パーソナリティに的確なアドバイスを送ることも、構成作家の大事な仕事のひとつである

【テクニカルディレクター】 technical director

おもにテレビにおいて、よりわかりやすい番組にするために映像や音声、照明など技術的な分野を総合的に指揮する技術責任者のことを指す。略してTD。ラジオの場合は音声だけのため一般的にはミキサーと呼ぶことが多いが、スタジオでのミキサー業務だけでなくマスター業務や中継業務なども行う技術的責任者の

ことを、TBSラジオなどはTDと呼び、具体的には番組の中継コーナーのディレクターなどと企画段階から参加し、無線を使うのかIPを使うのか、連絡線はどうするかなど、技術アドバイスなどを行う。ミキサー卓だけを扱う人はミキサー、それ以外の技術的な仕事を行う者はTDと呼ぶ。

【気象予報士】 きしょうよほうし

1993年、気象業務法改正で誕生した国家資格で、この資格を得た者は予報業務を行うことができる。現在、多くの局アナやフリーアナ、タレントがこの資格を得て、番組での天気予報を行っている。またウェザーニューズやウェザーマップなどの予報業務許可事業者に所属し

ている気象予報士が番組に出演して天気予報を行う場合も多い。一方、東北放送や南日本放送などの放送局が予報業務許可事業者として許可を受け、独自予報を行うケースもある。この場合は、気象予報士の資格を持っている者が現象の予想を行うことが条件となっている。

【打ち合わせ】 うちあわせ

打ち合わせとは番組の段取りを出演者とスタッフで確認する作業である。キューシートと呼ばれる番組の流れをまとめたものを見ながら、当日のメッセージテーマ、ゲストコーナーの流れ、入中や交通情報、天気予報などスタジオの外とつなぐコーナーの確認、告知事項の確認などを行う。放送事故を起こさないために

も綿密な打ち合わせをすべきという声がある反面、綿密な打ち合わせは予定調和で進まないラジオの良さを殺してしまうという声もある。少なくともスタッフ間の打ち合わせは事故防止のために綿密に行い、パーソナリティとの間の打ち合わせは、パーソナリティの性格によって変えるべきであろう。

【ケータリング】 catering

やれ津多屋ののり弁が旨いだの、喜山飯店のエビチリが美味しいだの、「やった！ 今日は今半の牛肉弁当だ」と喜ぶのはテレビ局の世界。予算も出演者やスタッフの数も少ないラジオでは、ケータリングで弁当を頼むことはまずない。ADが使い走りで買ってくる牛丼かコンビニのおにぎりサンドイッチがぜいぜ

い。バブル全盛期でも、強力スポンサーの番組で営業が面倒を見てくれる場合に限り、赤坂ざくろ（しゃぶしゃぶの超高級店）の赤だし付きステーキ弁当が出ることもあったが、自腹で近くの喫茶店や定食屋からの出前が普通。縛りの多いテレビにはケータリングが必要だが、縛りと予算のないラジオには必要ないのだ。

【ブッキング】 booking

出演者やゲストのスケジュールを押さえて番組に出演させることをいう。ブッキングとは帳簿に記入するという意味で、そこから転じて予定表に記入することをブッキングと呼ぶようになったようだ。ブッキングで一番気をつけなければならないことは、ブッキングした相手に出演日の数日前までに必ず確認を取ることである。出演日を忘れてすっぽかされることがあるからだ。ゲストを呼んで話を伺うことがメインである番組では、このミスは致命的。しかしながら前日に確認を取り、「大丈夫」という返事をもらっても、当日姿を現さない人もいる。実はブッキングは気が抜けない胃の痛む作業なのだ。

【仕込み】 しこみ

本来は、本番で使用する素材を整え準備して、本番に間に合うようにセッティングしておくことを言う。例えば本番中に流す取材テープの編集、ゲストブッキング、リスナーからのメッセージの選び出し、番組でかける楽曲をレコード室から借りてくる、出演者が飲むお茶やお菓子の買い出しなどなど。しかし最近は

「やらせ」の意味で使われることも多くなった。例えばスタッフがあらかじめ準備しておいた人が、たまたま街頭を歩いている人を装ってインタビューを受けるとか、スタッフが書いたメッセージをさもリスナーから届いたものとして紹介するとか。しかし元来はポジティブな言葉だったのだ。

【発声練習】 はっせいれんしゅう

主に本番前にしゃべり手が行う口の周りの筋肉と声帯などの発声に使用する部位のストレッチング。人によっては朝起きたときに行う人もいる。

よく使われるのが北原白秋が書いた「五十音」という詩。「アメンボのうた」とか「あいうえおの歌」などとも呼ばれるもので「あめんぼ　あかいな…」で始まる。また滑舌をよくするために「あえいうえおあお　かけきくけこかこ…」とア行からワ行まで続けるものもあり、「あっ　えっ　いっ　うっ…」のようにスタッカートを意識して声を出すと効果的。長いものだと二代目市川團十郎が演じた台本を基にした「外郎売（ういろううり）」もあるが、8分ほどかかるため憶えるのが大変。

【下読み】 したよみ

台本やニュース原稿、告知文やメールなど、番組中に読まなければならない原稿を本番前に目を通し、実際に声に出して読んでみること。書いてる文字を間違いなく、噛まずに読むためだけでなく、固有名詞の読み方、例えば「○○研究所」は「けんきゅうしょ」なのか「けんきゅうじょ」なのか、「日本××」は「にほん」なのか「にっぽん」なのかを調べることも下読みである。

またニュース原稿で、どの部分を立てる（強調する）かを判断することも下読みの大事な作業である。これが上手くいくとニュースの理解度がグンとアップする。これはメールやハガキを読む時にも応用できる。

【採用／不採用】 さいよう／ふさいよう

メールやSNSのないハガキ時代の採用率アップのテクニックは、丁寧な文字（綺麗な文字ではない）、色使い、イラスト、レイアウトだった。つまりひと目見て、好感が持てる印象を与えることにあった。そういう意味では、今のメールやSNSでの投稿は見た目に差がなく、投稿の本質である中味勝負にかかっていると言えよう。とは言え、面白ければいいというわけではない。いくら抱腹絶倒の深夜ネタでも、朝や昼の番組では採用されない。TPOが大事である。また朝や昼の番組では、面白すぎるものは敬遠されがちだ。むしろ誰でも書ける程度で、そこからパーソナリティが話を膨らませられるものが採用されやすい。

【入館証】 にゅうかんしょう

ひと昔前は顔パスで入れたのに、今や入館証がなければ中に入ることができないラジオ局が多くなった。社員は入館証が与えられているので問題はないが、それ以外の人はどうしているのか？

まずレギュラーで局に出入りする出演者、スタッフ、バイトなどには社員同様に顔写真付きの入館証が発行されている。それ以外の臨時で局内に入る人については臨時の入館証が与えられ、首から提げるなど常に提示することを求められる。しかしこれはキー局のような大きな局の場合。受付がいない多くの局では、そこに置いてある電話で訪問先に連絡し社内に入れてもらう場合が多く、特に入館証は用意されていない。

【とちる】 とちる

元々は浄瑠璃や歌舞伎の世界で使われていた言葉で、舞台上でうろたえてしまいセリフや仕草を間違うことを言った。それが明治以降、舞台の世界で使われるようになり、一般的にも「失敗した」という意味で使われるようになった。台本や原稿を読み間違ったり噛んだりすることが多いが、中には自分の担当コーナーなのに気づかず周りから声をかけられて初めて気づき、出遅れてしまう「出トチ」もある。また、転じて「遅刻する」という意味でも使用される。

人間に失敗はつきもの。他の出演者がとちった時、場の雰囲気を壊すことなくとちりを笑いに変えることができるかどうかがパーソナリティの技量である。

【音出し】 おとだし

本番で使用する音素材、番組テーマ曲、番組ジングル、CD、効果音、取材音源などの頭出しを本番前に行っておき、本番中にディレクターの指示でプレイボタンを押し、実際にその音を本番で出すこと。かつては本番前にこれらの音源を実際に出し、それらの音が正しく出るかをチェックすることも「音出し」と呼んでいた。しかし現在では「サウンドチェック」と呼ぶことが多い。例えば「ADさん、街頭インタビューの素材の音出しお願いしますね」と使う。この場合はディレクターの指示でADが素材音源の入った再生機のプレイボタンを押すことになる。音素材が多い番組では、このやりとりが頻繁になって、サブは戦場と化す。

【リハーサル】 rehearsal

テレビと違い、ラジオの生放送でオンエア前に通しでリハーサルを行うことはまずない。ジャズのようにその場のノリを大事して、予定調和で進まないことを是とするラジオとしては、リハーサルは必要としない。ただし、ラジオドラマはそれが録音でもリハーサルを行う。

とは言うものの、新番組の場合、初回放送前にオープニングからエンディングまで、本番と寸分違わないリハーサルを行うことが多く、このリハーサルをランスルーと呼ぶ。番組がどういう流れで進んでいくかを本番さながらに体験することで、しゃべり手も裏方も番組勘を掴むことと同時に、修正点を見つける目的もある。

【オンエア】 on air

「放送中」という意味の英語。"on air"の"air"は電波という意味。多くのラジオ局ではスタジオの入り口に「オンエア」と「スタンバイ」のランプがあり、生放送前になると「スタンバイ」のランプが灯り、放送開始時間になると「スタンバイ」ランプが消え「オンエア」が灯る。スタジオによってはスタジオ内にも「オンエア」ランプが設置されている場合もある。ただししゃべり手やスタッフはこのランプのことを気にしたことはない。と言うか、このランプのあることを知らない人の方が多いのではないかと思う。生放送対応となっていないスタジオにはこの「オンエア」ランプはなく、代わりに「収録中」ランプがついている。

【キュー】 *cue*

「キュー」とは「きっかけ」「合図」を意味する単語で、ラジオの場合、ディレクターがしゃべり手に向かってしゃべり出しの合図を送ることを「キューを振る」という。ここでは番組が始まる時のキュー振りを解説する。

まずオンエア時間になったところでディレクターがミキサーに指示を出し、テーマ曲を流す。そしてしゃべり出すタイミングの数秒前にトークバックで「では参ります」というスタンバイの指示をし、手を30度〜45度くらいに上げ、掌をしゃべり手に向けてじゃんけんの「パー」のように開く。この時、しゃべり手とミキサーはディレクターの手をじっと凝視している。そしてしゃべり出しの1秒前にディレクターは手を後ろに引く。この時しゃべり手は息を大きく吸う。次にディレクターが引いていた手を前に突

き出す。この瞬間にしゃべり手はしゃべり始め、ミキサーはしゃべり手のマイクのフェーダーを上げ、同時にテーマ曲のフェーダーをBGMのレベルまで下げる。これが正しいキューの振り方である。

昨今は手を優しく差し出すキューが増えているが、これは間違い。曲に乗ってしゃべる場合、ここぞというしゃべり出しのポイントがある。そのタイミングを逃さないためのキュー振りなのである。どこでキューを振るか。これでディレクターのセンスが分かる。

写真はしゃべり手としても活躍する佐藤健一氏のキュー

【逆キュー】 *reverse cue*

しゃべり手からサブにいるスタッフに対して送られるキューのこと。音楽番組で多く見られる。しゃべり手のアナ尻に次の曲をぶつける場合、アナ尻に合わせてしゃべり手がサブに向かってキューを振り、それに合わせてサブで曲を出す。これが決まると番組がノリ良く進行できる。音楽番組は番組自体にリズムがあ

り、そのリズムが一番良く分かっているのがしゃべり手。その一番分かっている人間が番組のリズムに合わせて曲出しをするのが一番いいわけで、そのための逆キューなのである。

しゃべりと曲のタイミングがいい番組ではこのような作業がスタジオで行われている。

【ハンドサイン】 *hand sign*

パーソナリティのいるスタジオとディレクターがいるサブとの間にはガラスの入った壁があるため、本番中、ディレクターが指示を出すために使うのがハンドサイン。一番よく使われるのが「巻き」と「延ばし」だろう。残り時間が少なくなって進行を早くしてほしい「巻き」のサインは、手をぐるぐる回す。ゲストが

遅れているなど、何かの都合で時間を延ばして進行を遅らせてほしい「延ばし」のサインは、五本の指で紐を掴んでいるように曲げた左右の指先をくっつけた状態から左右に広げるように腕を何度も動かす。ちなみに大晦日の某歌番組では、放送開始と同時にフロアディレクターが腕をぐるぐる回しているという。

【キューシート】 *cue sheet*

オープニング～エンディングまで、時間軸に沿って番組構成を書いた設計図のようなもので、番組の総指揮を執るディレクターが作成することが多い。

一般的なキューシートの作り方は以下の通りである。

①一番左側に放送開始から終了までの時間軸を書く。

②その時間軸の右側にオープニングやエンディング、そして各コーナー、CMゾーンなどを書く。例えば放送開始時間が13時でオープニングが13時5分までだとすると、時間軸の13時5分の所に横線を引く。そうすると5分間のオープニングのハコが出来上がる。

③以下同じように、各コーナーやCMゾーンのハコを時間軸に合わせて書いていく。

④次にそのハコの中でしゃべり手がどういうことをしゃべるのかを箇条書きにし、その番組でかける曲やジングル、効果音などの音素材がどういうタイミングで流れるかを書き込んでいく。また提供クレジットのように毎回必ず言わなければいけない文言や、CMやコーナーテーマ曲が流れるきっかけとなるQワードなども書き込まれる。

以上のことをオープニングからエンディングまで順番に書き込んでいくとキューシートが出来上がる。これを見ればしゃべり手、ミキサー、ADは何をすればいいかが一目で分かる。

現在キューシートはパソコンで作られており、フォントにはゴシック体が使われることがほとんど。細い明朝体より視認性がよいからだ

朝やお昼のワイド番組は番組コーナーだけでなく、ニュースや道路交通情報、天気予報ととにかくコーナーが細かく分かれている。このためB4やA3縦書きのキューシートでも1枚に30分くらいしか書けない。ところが深夜の番組となると、ニュースや道路交通情報、天気予報はなく、番組コーナーも15分以上のものがほとんど。そのためキューシートは1時間で1枚程度。しかもそもそもがフリートークが信条の深夜番組、朝や昼の番組だとこのコーナーではどういう話をするのかが箇条書きにされているのだが、キューシートに書かれているのは提供クレジットにメールやハガキの宛先、かける曲の曲名くらい。昔は「弾けるトーク」とか「爆笑フリートーク」としか書かれていないキューシートが多かった。

なお、番組によっては、キューシートを作らず台本のみで進行する場合や、キューシートのみで台本を作らない場合もある。

キューシート例。制作者はそれぞれ雛形のデータから作り上げるが、局によってはオリジナルのフォーマットがある

【台本】 だいほん

フリートークが信条のラジオではあるが、台本は存在する。ここで言う台本とは、単にしゃべり手がしゃべる言葉だけを記したものではなく、場面設定や感情補足、効果音などが書かれているものであり、構成台本とも呼ばれる。ニュース原稿や告知原稿など、ただしゃべる言葉のみを記したものは原稿と呼び、それらについては「原稿」の項目で説明する。

台本が存在する例としてはラジオドラマやラジオショッピングなどがある。ラジオドラマの場合、状況設定や登場人物の紹介をセリフで処理しなければいけない。とは言え「君は僕の友だちの○○君だね」などというセリフはどう考えてもおかしい。さりげなく自然に状況を説明するセリフを考えるのがラジオドラマ台本の難しさである。

一方、複数の人が登場するラジオショッピングの場合、商品の説明やセールスポイントなどに間違いがあってならないし、時間内にその説明をすべて行わなければならないとなると、どうしても台本が必要となってくる。出演者が不規則な発言をして時間が押してしまわないためにも台本は必要なのである。

一般的に番組の頭から終わりまで、全てが台本に書かれている番組はない、と断言はできない。なぜならオープニングからエンディングまで、パーソナリティのしゃべりが台本化されていた人気生ワイド番組がかつて存在していたからだ。スタジオの近くに小部屋に構成作家が詰めていて5分後の台本を手書きで書き、それをスタジオのパーソナリティに渡し、それをパーソナリティが自然な調子でフリートークのごとく読み上げていた。このような番組は極めて希である。

【原稿】 げんこう

ニュースや告知など、リスナーに正確に伝えるために、しゃべる内容を一言一句文字に直したものを原稿と呼ぶ。ニュースや告知以外、例えば資格受検のための講座番組、語学番組などは、決められた放送時間内にその日の単元、テーマについて不足のない説明をしなければならない。そのため時間内に収まる原稿を用

意する必要がある。この場合、出演する講師が原稿を書き、それを読み上げるのが一般的である。ただし、世の中には例外がつきもので、大学の通信教育番組を担当していたある教授は一切原稿を作らず、言い淀むことのないフリートークで正味25分半の収録を±10秒の誤差内に納めていた。

【ペーパーノイズ】 paper noise

キューシートや原稿、台本などの紙によって生じる雑音のこと。このノイズは主に紙をめくる際に発生するため、しゃべり手は読み終わった原稿を、そっと横にずらすようにして取り除き、そのまま床に落とす。こうすれば読み終わった原稿で机の上が散らからない。

メールやハガキを読む場合、マイクに

向かってしゃべることを意識して、紙やハガキを机の上から目の高さまで持ち上げて読む人がいるが、紙やハガキがマイクを叩いたり、持ち上げる際に発生した風音がマイクに入ることがある。これはラジオに慣れている人でもやりがちな失敗。紙やハガキは机の上に置いて読むのが無難である。

【スタジオノイズ】 *studio noise*

誰もスタジオにいない状態でマイクが拾う「サー」というノイズのこと。例えばしゃべり手が「あ」と発声するのを録音すると、「スタジオノイズ」→「あ」→「スタジオノイズ」という順番で再生される。実際は「あ」の部分にもスタジオノイズは録音されているのだが、それが微かなためノイズ自体は聞こえない。ス

タジオノイズを意識しておかないと、編集の時に困ることになる。言葉を詰める場合、ノイズまで切ってしまうと、言葉と言葉の間が無音になってしまい、かなりの違和感が生じる。その場合はスタジオノイズだけ録って、それをつなぎの部分に入れる。編集の際にはスタジオノイズの存在を意識しておく必要がある。

【プレイリスト】 *play list*

プレイリストとは、番組でオンエアされた楽曲のリストを指す。例えばJ-WAVEの場合、局のサイトのトップに現在オンエア中の楽曲のタイトルとアーティスト名が"NOW PLAYING"として表示されるだけでなく、オンエア日時でオンエアされた楽曲が検索できるようになっている。他のFM局でもこれと似たようなサービスを行っている。また、最近ではradikoでも表示される（写真）。

ところで80年〜90年代はエアチェックのためにオンエア前にプレイリストをFM誌が掲載していた。当時、レコードが高くて買えない中高生リスナーは、これを見てエアチェックしたい曲をリストアップして録音の準備をしたものだ。

【アナ尻】 アナじり

アナ尻とはアナウンスのお尻、つまりしゃべりの最後の言葉を指す。例えば提供クレジットの「○○の提供でお送りしました」のアナ尻は「お送りしました」である。

「アナ尻は58分40秒でお願いします」とディレクターから言われることがよくある。これは「58分40秒までにしゃべり終わるように」という意味である。キューシートには必ずアナ尻の時間が示されており、これを守らなければ不体裁や放送事故となる。アナ尻の時間を守ることは基本である。

また「アナ尻『以上、○○のコーナーでした』で、CMに行きます」とディレ

クターから指示されることもある。これは「そのアナ尻をきっかけでCMを流す」を意味している。これを間違うと番組進行がガタガタになり、不体裁や放送事故を誘発する可能性がある。ところが人間は間違いを犯すもの。ベテランと言えども、事前に指示されたアナ尻の言葉を忘れてしまうことは充分考えられる。そこでそれを防止するために、指示通り「以上、○○のコーナーでした」としゃべった上で、手サインや逆キュー、視線を使って「今のがアナ尻ですよ」と伝えるしゃべり手は意外と多い。ちなみにキューシートへのアナ尻の書き方は、「〜以上○○のコーナーでした」である。

【尺】 しゃく

テレビのバラエティ番組で「尺が足りない」などとタレントが使うようになったお陰で「尺＝時間」が一般に広まった。ラジオでも時間のことを尺と呼び、例えばエンディングの長さを聞くときに「エンディングの尺は？」と尋ねる。この尺とは元々映画界が使っていたフィルムの長さに由来する。映画では1秒でフィルムが24コマ流れ、長さにすると1.5フィートとなる。1フィートは304.8mm、1尺は303.03mmと値が近かったため、映画界では映像時間を尺で呼ぶようになった。ちなみに一般的な放送用オープンリールテープは1秒間に19cm、高音質で収録する場合には1秒間に38cm流れる。

【上がり時間】 あがりじかん

番組やコーナーなどが終了する時刻のこと。例えば「このコーナーの上がり時間は13時38分40秒です」と使い、「このコーナーは13時38分40秒までに終わらせろ！」ということを意味している。「上がり」には物事が終わるという意味があり、番組やコーナーが終わる時間を意味して使われていると推察される。「バイトの上がりは17時です」というのと同じである。それにしても「上がり時間」というのは不思議な言葉だ。「時間」というのは時の長さを指す言葉。正確に言うなら「上がり時刻」のはずなのだが、「今の時間は？」と時間と時刻が曖昧に使われていることはよくある。これもその例と言えそうだ。

【巻く／押す】 まく／おす

「巻く」とは予定していた時間より早く進行している状態を指す。「3分巻いてます」とは予定より3分早く進行しているので3分余裕があるという意味。この反対に進行が遅れている時には「押す」を使う。「3分押しです」は3分も遅れているからとっとと終われの意味。こういうふうに遅れている場合の指示は「巻いてください」。この場合の「巻く」は急いで進行しろの意味。逆に時間が余ってる場合は「つなぐ」や「延ばす」を使い、「3分つないで（延ばして）」は何とかして3分間場をもたせろという意味。「巻く」や「つなぐ」「延ばす」にはハンドサインもあるので、詳しくは【ハンドサイン】の項を。

【きっかけ】 きっかけ

元々は歌舞伎の世界で使われた言葉。舞台で俳優が登場したりはけたりする合図、効果音や音楽を流す合図、照明を変える合図など、舞台の進行に関わる様々な変化や転換などを行う際の合図のことをいう。ラジオでは曲や取材の音声データを出す場合、「○○さんの『聞いてもらいましょう』」をきっかけで曲を出します」という具合に使う。舞台の場合は俳優の動作がきっかけとなることもあるが、ラジオは音声だけのメディアなので、きっかけはしゃべり手が発する言葉である。番組でパーソナリティが「ここで曲にいきます？」などとディレクターに確認することがあるが、これはきっかけを忘れたか、決めなかったかだ。

【ありもの】 ありもの

「取りあえずのありあわせのもの」という意味から、すぐに準備できて使うことのできる歌や音楽、音素材のことを言う。例えば「人混みのSEだけど、ありものでいいので至急用意しといて」という具合に使う。わざわざ外に録りに行くのではなく、これまでに使ったことのあるSEでいいので用意しとけよ、という意味である。

生本番中に急に使いたくなったとか、準備期間が短くて新しく作る時間がない、という理由からありものを使うことが一番多いような気がするが、番組予算が少ないため、金銭的に新しく作ることが難しいという理由からありものに頼ってしまうことが結構ある。

【どなり】 どなり

怒鳴る＝叫ぶという意から大きな声を出すこと。「CM明けでコーナータイトル、どなりでね」という具合に使う。転じてタイトルコールそのものを指すことも。似たような言葉に「張る」がある。これは「声張ってね」という具合に使い、大きな声で発声するという意味。「どなり」と「張る」の違いは、人それぞれ解釈の違いがあって定まった定義はない。筆者（※薬師神）の場合、「どなり」は綺麗な音にならなくてもいいから目一杯大きな声を出すことを意味し、「張る」は綺麗な音が保てる範囲内で大きな声を出すことを意味すると解釈している。最近は「どなり」より「張る」を使うことが多いように感じる。

【呼び込み】 よびこみ

観客を集めるために、劇場や寄席の入り口で通りすがりの人に呼びかけて誘うこと、という本来の意味から、メッセージやプレゼント応募、リクエスト受付など、リスナーの参加を促すために、メールアドレスやハガキの宛先、FAX番号や電話番号、Xのハッシュタグを知らせること。「このところメールが少ないから、ここで再度、メールの呼び込みやってね」と使う。

ラジオはリスナーからのメッセージが命。リスナーとのやりとりで番組が進行していくラジオにとって呼び込みは大事な作業なのである。そのため呼び込みをスムーズに行えるよう、呼び込み用の原稿を準備している番組は多い。

【送り】 おくり

例えば曲の終わりに「ただいまの曲は○○の××でした」と曲名とアーティスト名を言ったり、「以上□□のコーナーでした」とコーナー名を言うことを「送り」といい、前者は「曲送り」、後者は「コーナー送り」と呼ぶ。この送りがきっかけとなって、次のCMや曲、コーナーがスタートする。

これらの中でもセンスが問われるのが「曲送り」。静かな曲のアウトロに抑えめの曲送りを乗っけてそのままジングルやCMへ行くとか、ノリのいい曲の2番以降のサビに曲送りを乗っけて、そのアナ尻にぶつけるように次の曲を入れ、すぐさま曲紹介などなど、曲送りひとつで番組の雰囲気はガラッと変わる。

【締め】 しめ

番組やコーナーを終了させること。例えば「このコーナーを締めた後、中継に行きます」という具合に使う。似たような場合に使われる「送り」は、この言葉で終了させるという風に具体的な終わり方を示す場合に使い、「締め」は終わらせ方の具体的例示はなく、とにかく終わらせろという時に使う。番組が押している時に「このコーナーをあと1分で締めて」というディレクターの指示には「このコーナーを1分以内で終わらせなければ、お前の首を絞めるぞ」という意味が隠されている。……というのは「不適切にもほどがある」表現であるが、とにかく「締め」という指示に逆らうことは許されないのは、令和の時代も同じだ。

【鳴く】 なく

「鳴く」には大きく分けて2つの意味がある。ひとつが人間の声で、もうひとつが物が立てる音。

人間の声の場合、番組タイトルやコーナー名を大きな声で叫ぶことを意味する。また「初」の字を頭に付けてアナウンサーが初めて放送でしゃべることを意味する「初鳴き」はこの分類に入る。

物が立てる音の場合、例えばしゃべり手が座っている椅子がきしんで音を立て、それをマイクが拾っているときに「椅子が鳴いてるよね」と使う。またこれまでは音を立てていなかった放送機材のモーター部分が音を立てているときに「鳴いてる。修理に出さなきゃヤバいな」と使う。

【カンペ】 cheating paper

カンニングペーパーの略。舞台や映画、テレビで本来なら記憶しておかなければならないセリフを、大きな紙に書きだして演者の前に掲げることがある。この紙のことをカンペと呼ぶ。映像や客席の前での演技ではカンペの存在は重要だが、画のないラジオでカンペというのはちょっと違和感があるものの、打ち合わせにはなかった番組展開が発生した場合、その場をどう取り繕うか、反対にもっと外れた方向に進むための方法など、急いでしゃべり手に指示しなければならない時に、ディレクターがその方法を紙に書いて見せる場合がある。その紙のことをカンペと呼ぶ。また「締めて」とか「巻いて」とか「あと1分」といった一般的な指示を紙に書いて示すことがあるが、この指示を書いた紙のこともカンペと呼ぶ。NHKや山梨放送などでは、ディレクターが書いたカンペをビデオカメラで撮り、それをスタジオ内のモニターに映し出すシステムが採用されている。

デジタル化が進みペーパーレスが叫ばれている中、台本や原稿も紙からタブレットやPCに代わっているように、カンペもタブレットやPCに代わり、ディレクターがペンタブで書いた文字がそのまましゃべり手のタブレットに映し出されるデジタルカンペの時代となっている。

コンパクトなホワイトボードも使用される

【テレコ】 てれこ

テレコには大きく分けて2つの意味がある。そのひとつがテープレコーダーの略。今ではスタジオにテレコの姿はないため、ほぼ死語となってしまった。ふたつ目は互い違いに、という意味でのテレコ。これは2つの異なる筋をひとつの筋書きにまとめ、一幕おきに交互に進行させることを歌舞伎で「てれこ」と呼んだ

のが由来。矢継ぎ早に音素材を出さなければならない場合、昔は2台のテープレコーダーを準備し、交互に音素材を出していて、これを「テレコにする」と呼んでいた。いまならボタンひとつで瞬時に音素材が出せるため、このテレコも死語となりつつある。単に「あべこべ」という意味で使われることも。

【ミキシング】 mixing

マイク、CD、事前収録の音声ファイル、中継、電話など、番組で使用する様々な音源を放送音源としてバランス良くまとめること。そのためにそれぞれの音源の音量バランスを取るだけでなく、よりよい効果を上げるために、コンプレッサーやリミッター、イコライザーなどを使

用して音源を加工したり、リバーブやディレイなどのエフェクト処理を行う。ステレオ放送の場合は、パン・ポットを使って定位を自由に変えることで、空間の奥行きと左右の広がりを作り出すことも大事な作業のひとつである。

【トークバック】 talk-back

パーソナリティのいるスタジオとディレクターなどスタッフのいるサブスタジオの間には厚い壁と2重の窓があって、お互いの部屋の音はまったく聞こえない。そのため、ディレクターがパーソナリティに指示を出すのに使われるのがトークバックである。このトークバックにはヘッドホンにだけ声が流れるヘッドホン・トークバックとスタジオ内のスピーカーから声が流れるスピーカー・トークバックの2種類があり、後者はマイクがオフになっている時にしか使わない。トークバックを使う時は、まずミキサー卓のトークバックスイッチを押し続け、トークバック用のマイクに向かってしゃべり、指示が終わるとスイッチから指を離す。トークバックを使う時の注意点はタイミング。いきなりヘッドホンからディレクターの声が聞こえてしまうので、びっくりしてしゃべりが止まったり、ディ

レクターの指示に「あ、はい」とか「すみません」などと応えてしまうことがあるからだ。しゃべり手が突然言い淀んだり、しゃべるのを止めた時は、トークバックが使われたと思って間違いはない。こういうことが起こらないように、ディレクターは短く、タイミング良くトークバックで指示を出すことを心がけなければならない。

時々、小さな音でトークバックの指示が聞こえることがある。トークバックは本線に乗らないように設計されているため、ディレクターの声が聞こえることが絶対にないのだが、ヘッドホンやイヤホンから漏れた音をマイクが拾ってしまうことがないとは言えない。ディレクターによっては演出として、わざとトークバックの音をリスナーに聞かせることがある。今はベテランのフリーアナとして活躍している人が、まだ駆け出しの局アナ

の頃、とある深夜の生放送のパーソナリティを務めていた。その番組ではトークバックの声が微かだが確実に聞こえていた。そのパーソナリティはディレクターの指示が聞こえる度に「はい」と応えたり、ディレクターからの叱責に「すみません」と謝ったりしていて、それがすごく面白かった。おそらく使っていないヘッドホンをマイクの側に置き、そこから漏れるトークバックをマイクに拾わせて

いたのだろう。またトークバックの音を漏らさず、パーソナリティがトークバックでディレクターと話しているところをそのままオンエアしている場合もある。「え、そうなの?」「ふーん」「じゃあそういうことね」とパーソナリティの声だけがオンエアに流れるのだが、これは内輪感があってすごくラジオっぽい演出といえる。トークバックは使い次第ではディレクーの強い武器とすることができる。

スタジオによってはしゃべり手がイヤモニの音量調整ができるようになっている

【飛ばす】 とばす

　時間が押してしまい、当初予定していた曲やメッセージ紹介、コーナーなどを取り止め、次に進めること。「時間が押してるんで、次の曲は飛ばします」などと使う。ここで気をつけなければならないのが、絶対に飛ばせない告知やコーナーがあること。もしそういう告知やコーナーを飛ばそうものなら、始末書どころか減

給などの処分が待っている。残り時間から今後必要な時間を差し引き、あとどれくらい余裕があるかを確認し、絶対にマイナスにならないようにディレクターは常に意識しておかなければならない。とは言え、時間ばかり気にしていたのでは、いい番組作りはできない。あらゆる所に目配りしてこそのディレクターである。

【不体裁】 ふていさい

　当初予定されていた体裁から外れていること。機材の不良で音が出ない、ノイズが入る、カフの切り忘れで流れてはいけない声が流れてしまう、録音番組で編集前の音源がそのまま流れてしまうことなど、不体裁の原因はいろいろとある。中でも民放では、CMが頭から出ない、あるいは途中で切れてしまう、音量が小

さすぎるなど、スポンサーに関する不体裁は絶対避けなければならない。以上のような機器の不具合や人為的ミスで起こるものだけではなく、不適切な言葉や表現、いわゆる放送禁止用語を使った場合も不体裁と見なされる。不体裁が発覚した場合、局はすみやかにその原因を究明し、再発防止に努めなければならない。

【放送事故】 ほうそうじこ

【不体裁】の項で説明したような放送内容が体裁をなしていない場合を世間では「放送事故」と呼んでいるが、放送内容に関するトラブルは正確には「不体裁」と分類され、「放送事故」とは放送自体が行えない状態にあることをいう。

ただし「不体裁」のものでも、音があまりにも小さすぎて受信する側で一定時間無音状態が続いたり、電波法で禁じられているわいせつな通信を行ったり、遭難の事実がないのに遭難信号（SOSなど）を発したケースなどは「放送事故」として扱われる。

しかしこれらのトラブルは事前にCDやレコードをチェックして音量が小さすぎないか、不適切な表現や遭難信号が入っていないかをチェックしておいたり、一定時間無音状態が続いた場合は音楽が自動的に流れるようにしたり、しゃべり手に対して放送では不適切な言葉や内容を事前に認知させ、本番前の打ち合わせでもそのことを再確認させれば済むことで、この手の放送事故は避けられる。また放送機材に対して日々の点検を行っていれば、放送自体が行われなくなるようなトラブルは避けられる。事実、ラジオの親局での放送事故は最近ではほとんど起きていない。

【放送コード】 ほうそうコード

放送法第5条によって規定されている放送事業者が独自で策定・公表している放送基準のことで、放送事業者は国民の共有財産である電波を使っているため、他のメディアに比べて公共性が高いと考えられ、放送の内容に対して何らかの規制が必要であるとして生まれたものである。つまり放送事業者が自主規制の形を取った番組の内容や表現に関する規則・規範である。それゆえこれにそぐわない内容や表現があったとしても法的に罰せられることはない。

放送基準で禁止されている内容は以下のとおり。

①電波法で定められている「特定の者が利益や損害を得るような虚偽」「遭難の事実がないのに遭難信号を発すること」「日本国憲法またはその下に成立した政府を暴力で破壊することを主張する通信を発すること」「わいせつな通信を発すること」

②個人情報が特定されるおそれのあるもの

③差別を助長するおそれのある言葉や表現

④暴力や犯罪を肯定的に扱う言葉や表現

以上のようなもので、具体的な言葉や表現が示されているわけではない。

出演者が間違って放送基準に反するような言葉や表現を発した場合は、現場判断で訂正、お詫びを流すようにしている。

放送事故防止のために

もっとも知られた放送事故は「無音」状態になること。楽曲によっては途中で無音状態になるものがあり、要注意楽曲として注意が払われている。なお、局によって違うが、決められた秒数の間、無音になると自動でフィラー用音楽が流れるようになっている。13秒、20秒あたりに設定されていることが多いようだ。

【お詫び】 おわび

　単なる言い間違いから不適切な表現まで、放送上修正が必要な事柄に対して、局が主体的に行う謝罪。形式は決まっておらず、しゃべり手本人が行う「欅坂46と言っちゃったんですけど、櫻坂46でした。ごめんなさい」といったフランクなものから、局アナが登場して行うものまでさまざま。こういった場合には「お詫びして訂正いたします」が常套句である。その場で間違いに気付いて言い直すのが理想だが、スタッフや聴取者から指摘されて初めて誤りに気付くこともあり、その場での対応は難しい。住所やメールアドレス、電話番号の間違いなど、誰かに迷惑をかける可能性がある場合は、速やかな対応が求められる。

【訂正放送】 ていせいほうそう

　放送法9条に定める「放送事業者が真実でない事項の放送」を行ったことについて、「訂正又は取消し」のために行う放送をいう。

　誤った放送によって権利の侵害を受けた「本人又はその直接関係人」からの請求で調査が行われ、「真実でないことが判明したとき」は、2日以内に「その放送をした放送設備と同等の放送設備」によって訂正放送を行う。

　請求の期限は放送から3か月以内とされているが、放送事業者自らによって「真実でないことが判明したとき」は、権利者からの請求がなくても訂正放送を行わなくてはならないと定められている（放送法9条の2）。

　権利侵害の程度や権利者の意向によっても変わってくるため、お詫びで済むか、訂正放送に至るかについての明確な線引きは難しい。

　そのため、訴訟となることもあるが、2004年、最高裁は「真実でない放送により権利の侵害を受けた本人等は、放送事業者に対し、訂正又は取消しの放送を求める私法上の権利を有しない（事件番号平成11（ネ）502）」という趣旨の判断を示した。訂正放送は、あくまで放送局の自律的な義務であり、民事訴訟の判決をしても命令することはできないのである。

【ワンオペ】 one operation

　「ワンマンオペーレーション」の略。ラジオの場合はしゃべり手が放送に関わるディレクター、ミキサー、ADの仕事をひとりでこなして番組を制作することをいう。ワンマンDJとも呼ぶ。このためワンオペ用のスタジオは普通のスタジオとは違い、スタジオの中にミキサーやCD・レコードプレイヤーなどの機材が置かれている。しゃべり手はしゃべりながらミキシングし、CDやレコードを準備し、メッセージを選んで読み上げ、時計を睨みながら時間通り進行していく。日本で最も有名なワンマンDJはかつて『オールナイトニッポン』で活躍した糸居五郎だ。アメリカの放送局ではワンオペがポピュラーな放送スタイルである。

アメリカの放送局ではワンオペがポピュラーな放送スタイルである。写真は南海放送の第3スタジオ

【走る】　はしる

　録音機材が正常に作動していること。録音番組収録中、ディレクターがADに録音されているかどうかを尋ねるときに「走ってるかどうか見てくれる？」という具合に使う。現在のデジタルレコーディング以前は、オープンテープを使っての録音だったため、テープレコーダーが作動しているかどうかは、テープが走っているかどうかを見れば分かった。おそらくこれが「走る」の由来であろう。一方、進行が少しだけ早く進んでいることも「走る」と言う。これは音楽用語でテンポが早くなってしまうことを「走る」と表現することから来ていると考えられる。いずれにせよスタジオ内で誰かが走っている訳ではない。

【入り中】　いりちゅう

　外からの中継のこと。「13時5分に入り中行きます」という具合に使う。多くの場合、FMカーが中継現場に行き、そこから中継を行う。かつては朝・昼・夕方のワイド番組には必ずと言っていいほど、中継コーナーがあり、その時間の街の空気を伝えていた。しかし経費削減や人員削減が叫ばれるようになってからは、その姿は消えていった。今でも残っている中継コーナーの多くはスポンサーが付いており、例えばそのスポンサーのお店に出向き、その日のお買い得商品やキャンペーンなどを店長さんなどに伺うなどの内容となっている。

　中継で一番大事なことは、周りの音、ノイズを大事にすることである。外からの音が遮断されたスタジオとは違い、様々な音に囲まれているのが中継現場。画のないラジオであるため、その音をまずは聞かせ、リスナーにその場所をイメージさせることが重要なのである。かつて久米宏は中継に出る度に身の回りにあるいろんなものを叩いて音を聞かせてきた。ただ「壁があります」だけではなく、その壁を叩いて音を聞かせることでどんな壁がなのかをリスナーの想像させることができる。こういう見えないものをリスナーに見せる工夫が中継では大事だと言える。

「ミュージックプレゼンツ」(TBSラジオ) の中継の様子 (2008年頃)。

【吹く】　ふく

　しゃべる時の息がマイクに当たってノイズを出すこと。これを防ぐにはマイクから離れてしゃべるようにするか、マイクに風よけのポップガードやウインドスクリーンを取り付けるかである。ポップガードはマイクの前に取り付ける網状の幕のこと。レコーディングのシーンでマイクの前に置かれる丸く黒いものがポップガードである。ウインドスクリーンとはマイクに被せるスポンジのことで、放送局ではこちらの方がよく使われる。マイクごとにヘッドにかぶせるウインドスクリーンの色を変え、どのしゃべり手がどの色のマイクを使っているか、ミキサーが一目で識別できるようにしていることが多い。

【リモート】 *remort*

　新型コロナ禍ですっかり定着した感があるのがリモートである。新型コロナの流行で三密を避けることが叫ばれたため、ほとんどの局ではスタジオの人数をひとりに制限し、共演者はリモートでの出演となった。この時に使われたのがインターネットを利用したZoomなどのビデオ会議用ツールである。電話に比べ音質がいいだけでなく、相手の顔が見えることで、スタジオでしゃべっているのと同じ感覚でお互いしゃべることができる。このため瞬く間にこの方式によるリモート出演が広まった。

　普段はスタジオに向かい合わせに座っていて、お互いの目を見ながらしゃべりのタイミングを図っているだけに、目での会話ができなくなるといつものしゃべりができなくなってしまう。その問題点を解決し、これまでと変わらないトークを続けることができたのは、まさにビデオ会議用ツールのお陰であった。回線が混んでいる時などは音が切れたり、間延びした音になったりしたが、ほぼ問題なく番組を続けることができた。

【近接効果】 きんせつこうか

　マイクに近づけば近づくほど低音が強調される現象のこと。指向性の強いマイクで、おおむね30㎝以内まで近づいたときに起こりやすい。指向性とは音の拾いやすさのことをいい、指向性が強いほど、周りの音を拾いにくくなる。スタジオで使われるマイクは、他の人の声を拾うこと（音かぶり）を防ぐため、指向性の強いものが使われる（音かぶりをすると声が歪む）。そのために近接効果が起こってしまう。これを防ぐには、イコライジングをして音を補正する必要がある。

【エンド合わせ】 エンドあわせ

　完奏で終わるエンディングテーマ曲を使用している番組で、その曲を完奏させたところで番組が終わるように曲をスタートさせること。曲の完奏と番組の終了を合わせることからこのように呼ばれる。例えば番組が12時58分58秒までで曲が3分で完奏する場合、曲の終わりが番組終わりの2秒前、12時58分56秒になるように12時55分56秒スタート。但し、このスタート時間にエンディングが始まっていない場合、曲だけスタートさせ（空スタート）、音は流さないようにし、エンディングに入ったところで曲をBGMレベルで流すようにする必要がある。

【番組考査】 ばんぐみこうさ

　放送法5条は「放送事業者は、放送番組の種別及び放送の対象とする者に応じて放送番組の編集の基準（以下「番組基準」という。）を定め、これに従って放送番組の編集をしなければならない」と規定している。この規定に従って放送局は各自で番組基準を定め、それに従って番組を作っている。この基準に従った番組であるかを審査することを番組考査と言い、多くのラジオ局は編成部内で行っている。とはいえ、番組制作者が番組基準を十分に理解し、それに則った番組を作ることが一番重要である。なお各局の放送基準はホームページで確認できる。

【番組審議委員会】 ばんぐみしんぎいいんかい

放送番組の適性を図るために設けられた学識経験者で構成された第三者による委員会。放送局が設置する。多くのラジオ局の番組審議委員は5名で、ほぼ月1回、審議会は開催される。審議委員は毎月決められた番組の試聴を行い、その感想や提言を行うほか、局が行った活動報告への質疑や提言などを行う。この審議会の議事概要は社員に報告されるだけでなく、ホームページなどで一般に公表される。ただ構成員はその局が選ぶため、自局に好意的な人選（例えばかつてその局のパーソナリティを務めていた、など）になりがちなことが多いようだ。公共の財産である電波を使っている以上、このような評価が求められているのだ。

【BPO】 ビー・ピー・オー

NHK、日本民間放送連盟とその加盟局によって出資、組織された任意団体、放送倫理・番組向上委員会のことで、英語表記（Broadcasting Ethics & Program Improvement Organization）の頭文字で略称としている。言論と表現の自由を確保しながら、聴取者の基本的人権を擁護するために、番組への苦情や放送倫理上の問題に対応して協議し、正確な放送と放送倫理の高揚に寄与することを目的としている。

しかしながら委員の選出方法や審議基準の不透明さから、BPOの中立性を疑う意見や、BPOを恐れるがあまり現場が必要以上の自主規制をしてしまうなどの意見があることも事実である。

【道路交通情報】 どうろこうつうじょうほう

日本で初めての道路交通情報は1957年、文化放送が始めた『交通ニュース』であったと言われている。ただしこの番組で放送された交通情報は「○○で道路工事を行っているために××通りを避けてください」といった内容のもので、現在のような現況を伝えるものではなかった。その後1961年3月からニッポン放送が『交通ニュース』として主要道路の混雑状況を流すようになったとされている。1963年3月には警視庁と大阪府警本部に交通情報センターが開設、在京・在阪の各放送局のブースが設けられ、そこから交通情報が流されるようになった。そして1970年には道路交通情報を専門に扱う日本道路交通情報センターが設立され、現在では日本各地の放送局へ交通情報を提供している。

日本道路交通情報センターには管轄内の道路状況がリアルタイムで示されるスクリーンが設置されていて、キャスターはそれを見て、決められた尺に合わせて交通情報をしゃべるのだが、ワイド番組内で流れる交通情報は開始時間と尺が日によって違ってくる。そこで放送時間の前にスタジオから「○時□分頃から1分半です」という連絡が入る。それを受けた担当キャスターはその尺に収まるように情報をまとめ、時計を睨みながら尺に合わせたしゃべりをする。まさに神業である。

TBSラジオの場合、専門のアナウンサーを都内港区にある警視庁をはじめとする首都圏各県の交通管制センターに常駐させ、そこから交通情報を入れている時間帯がある。

【緊急地震速報】 きんきゅうじしんそくほう

全国に張り巡らされた観測網を用いて、大きな揺れが到達する前に警報を出せる仕組み。地震が起きると、到達速度が異なる初期微動（P波）と主要動（S波）が観測されるが、このふたつの時間差から、震度と到達予測時刻を計算する。気象庁によって2007年から運用されている。

一秒を争うためシステムは自動化され ており、放送対象地域において、NHKでは震度5弱以上、民放各局では震度5強以上の揺れが予想される場合、通常放送に割り込んで緊急地震速報が送出される。

なお、あの独特のチャイム音は、ゴジラのテーマ曲でおなじみの作曲家・伊福部昭氏の甥で、東京大学名誉教授の伊福部達氏がNHKの依頼で作成し、一般化したものである。

【緊急警報放送】 きんきゅうけいほうほうそう

地震や津波など、大規模災害が発生するか、または、その恐れがあるときに、待機状態にある受信機の電源を自動的にONすることによって目的の放送を受信させる、いわゆるプッシュ型の放送。その歴史は古く、1985年から、NHKと一部の民放局で導入され、広く普及した。英語の名称であるEmergency Warning Systemの頭文字を取って、EWSともいわれる。

緊急警報放送は、警戒宣言が発令された場合、知事や市町村長から要請があった場合、津波警報（大津波警報を含む）が発令された場合にのみ、それぞれ行われる（無線局運用規則第百三十八条の二）。

受信機の起動は、独特のピロピロ音によって行われ、それ自体が緊急警報放送の告知音になっている。ピロピロ音の正体は640Hzと1024Hzの64bps 2値FSK（周波数偏移変調）信号である。信号は、開始信号である第一種信号（強制受信）と第二種信号（津波警報で使用されるため、内陸部などで不要な場合は受信側で受信するかどうかを選択可能）、終了信号、試験信号（終了信号と同一だが、開始信号なしで単独放送された場合は試験信号として扱われる）の4種類に分かれている。第一種信号と第二種信号には、地域や時刻を示す情報が含まれており、必要な場所の受信機にのみ情報を届けられる。

【Jアラート】 J-Aleart

弾道ミサイルの発射や緊急地震速報、大津波警報の発令など、速やかに伝達すべき情報を国から国民に伝達するシステム。正式名称は「全国瞬時警報システム」で、総務省消防庁が運用している。消防庁では人工衛星を使ってJアラートの情報を配信しており、各自治体などでは人工衛星からの信号を直接受信している。セキュリティが高いこともあり、設 定ミスによる誤配信などもたびたび発生している。

大手放送局では共同通信社によるJアラート受信システムを利用。情報の受信から通常放送への割り込みまで、自動化されている。コミュニティFMでは、自治体の防災行政無線と連動した割り込み放送によりJアラートを放送している例もみられる。

【ニュース速報】 ニュースそくほう

定時ニュースや番組内ニュースコーナーまで待てないような速報性のあるニュースに限り、番組を中断して速報として流すことがある。その場合、ニュースの重要度によってニュース速報の入れ方が変わってくる。重要度が低いものは出演者が、高いものはアナウンサーや報道記者がそれぞれ原稿を読み上げる。緊急の場合は番組の途中でアナウンサーか報道記者が割り込んできてニュースを読み上げる。全国ネットの番組で、ニュースの対象が全国でない場合は、番組内で楽曲が流れている時にアナウンサーが割り込んできて当該地域だけにニュースを流すことがある。曲が流れない番組では音声をカットするなどしてニュースを流す。

【地震コメント】 じしんコメント

地震が発生した場合やJアラートが発令された場合、番組出演者は速やかにその事実と対処方法を放送する。そのため、スタジオにはその時のための定型文がデスクの上や壁に貼ってあり、出演者はそれに従ってしゃべる。

地震の場合、まずはスタジオで揺れを感じたことを告げ、局に設置の地震計の数値を読み上げ、定型文の地震に対する注意喚起を読み上げる。気象庁から情報が入り次第、それを読み上げ、注意喚起を繰り返す。

地震の規模が大きく被害が出ている場合、すぐに緊急特番態勢となるので、それまでの間、地震情報と注意喚起を繰り返し伝える。

【叩く】 たたく

テープレコーダーやレコードプレイヤー、CDプレイヤーなど音素材を出す機器をスタートさせること。ADに対して「合図したらCD叩いてね」などと使う。

昔の放送機器のボタンは多少の力を入れて押し込まなければスタートしなかった。そのため間違いなくスタートさせるために「叩く」という表現を使ったと考えられる。

しかしながら1990年代以降は軽く押すだけで作動するスイッチが採用され、力を入れる必要はなくなった。むしろ力を入れて押すことは損傷の原因となるとされている。

【リアタイ】 Real Time

「リアルタイム」を意味する略語。もともとは、ネット配信の視聴者が、アーカイブではなくリアルタイムで視聴することをよしとしたところからSNSで広まった。ネット配信では、リアルタイムでないと配信者とコメントによるやりとりができないため、時間を共有することに大きな意味があったのである。

これはラジオにも通じるところがあり、リスナーは放送を聴いて、パーソナリティにメールを送り、稀に読まれて歓喜するのである。またSNSでハッシュタグを通じてほかのリスナーと意見も交換できる。radikoのタイムフリーが一般的になった今でも、リアタイはラジオの醍醐味なのだ。

【同録】 どうろく

番組を放送と同時に録音したもの。番組を聴くだけなら放送前の素材でもかまわないのではという疑問も生じるだろうが、実際の放送では、ニュースが差し込まれたり、緊急情報の割り込みが入ったり、機材トラブルにより音声が途切れたり、さまざまな不確定要素が入る余地がある。よって、実際に放送された内容を記録に残すことが重要なのである。

一方、放送局には、番組の放送後3か月間は番組を保存しなくてはならない義務があり（放送法第10条）、これは、放送法9条に規定する「権利の侵害」があったかどうかの確認ができるよう担保するため。権利の侵害があるとして訂正放送の請求をされた場合、解決まで、「六箇月を超えない範囲内」において保存をすることになっているが、これは、著作権法第44条（放送事業者等による一時的固定）に、「公的な記録保存所で保存を行

う場合を除き、6ヵ月を超えて保存できない」と規定されており、その整合性を取ったものと考えられる。

ちなみに、損害賠償請求などが行われて同録が証拠として提出された場合、その証拠は公的な管理下に置かれるため、保存期間の上限はなくなる。

一昔前までは6ミリのオープンテープを超スロー回転させて長時間の同録を録っていたが、1990年頃からはVHSの3倍速で音だけ録るようになった。これだとテープの保存に場所を取らないうえ、録音された時刻も記録されるので、後からの確認に便利であった。今はデータ音声で保存されている。

【逆電】 ぎゃくでん

スタジオからリスナー宅へ電話すること。メールやFAXのなかった時代、その日のメッセージテーマやリクエスト曲、プレゼント応募など、その場でリスナーからの反応を受け付ける方法は電話しかなかった。当時、電話はハガキ同様、リスナーから来るものだと認識されてい

た。そのため、スタジオからリスナーへ電話をかけることを逆方向の電話という意味で「逆電」と言っていたのだ。

リスナーから電話を受け付けることのなくなった今でも、この言葉だけは生きているが、さすがに若い制作者は使わないようだ。

【素材】 そざい

番組を構成するあらゆるものを分解していった最小単位。単に、音素材ともいう。パーソナリティの声も、テーマ曲も、ジングルも、楽曲も、BGMも、加工前のものはすべてが素材である。ただし、現場によって、その意味が限局的になる場合がある。例えば、ニュース番組の現場で素材といえば、「インタビューの素

材」や「政治家の答弁（スピーチ）の素材」を指すことが多い。スポーツ中継の現場で素材といえば、得点シーンなどにおける「実況中継音声の素材」や「選手や監督の声の素材」である。

似たような言葉に「音源」があるがラジオにおいて「音源」は楽曲を指すことが多い。

【アナログレコード】 *analog record*

円盤に溝を刻み込むことで、音声を記録するメディア。円盤の材料には、塩化ビニールが使われており、ビニール盤（ヴァイナル盤）と呼ばれることもある。

プレスによる大量生産が可能なため、CDや配信などのデジタル音源が出現する前は、音楽を届ける方法として広く普及していた。具体的には、カッティングマシンを使って、原盤となるラッカー盤に溝を刻み込む。刻まれた原盤に金属メッキを施して剥がすと、プレス原盤（マザースタンパー）ができあがる。この原盤でプレスを作成していくのである。

ちなみに、現在、ラッカー盤を作れるメーカーは世界で一社のみ。長野県上伊那郡宮田村にあるパブリックレコードという会社がそれだ。

シングルレコード（ドーナツ盤）、LPレコード、EPレコード、12インチシングル、SPレコードなどさまざまな形状があるが、SPレコードだけはシェラックと呼ばれるカイガラムシ由来の樹脂を使っている。ほかにも、LPレコードの盤面にアーティストの写真などを挟み込んだピクチャーレコードや、薄くて軽量で安価に作れるため雑誌の付録などに活用されたソノシートもアナログレコードの一種である。

CDの普及とともに淘汰されるのではないかと思われたアナログレコードだが、ここ数年、レコードの生産量は右肩上がりで、特にコロナ禍以降は倍増している（2020年の20億円から2022年には43億円へ。日本レコード協会調べ）。スタジオのデジタル化とともに、多くのレコードプレーヤーがスタジオから姿を消していったが、ここへ来てその重要性が見直されている。

【回転数（レコード）】 *かいてんすう*

現在流通しているアナログレコードの回転数（RPM）は、1分間あたり、33回転（33と1/3回転）、45回転、78回転の3種類。プレイヤーの中には78回転に対応していない製品もある。

一般的に、回転数が遅いほど記録時間を長くでき、早いほど記録時間は短くなる。音質については、回転数が早いほど情報の密度が上がって良い音になりそうな気がするが、そう単純ではない。例えば同じ回転数であっても、レコードの内周と外周とでは溝の通過速度が変わってくる。33回転の外周と45回転の内周を比較した場合、前者の方が早くなっている。音質にとって重要なのは時間あたりの「溝の通過速度（溝の長さ）」である。

【ドーナツ盤】 *ドーナツばん*

1949年にRCAビクターが発売したレコードで、真ん中に大きな穴が空いているのが特徴。形状がドーナツに似ているため、ドーナツ盤と呼ばれた。

サイズは7インチ、回転数は45回転で、収録時間は最大でも片面に7分程度（楽曲の種類や音量によっても異なる）と言われている。中央に空いている大きな穴はジュークボックスでの連奏に便利だったから。穴が小さいと再生機側に精度が要求されるうえ、レコードが摩耗してゆるくなることで偏心が生じてしまうのだ。しかし、通常のプレーヤーで演奏するときは無用の長物であるため、EPアダプターを使って穴を小さく変換する必要がある。

【レコード針】 レコードばり

アナログレコードの盤面に直接触れることによって溝を読み取る、レコードプレーヤーの心臓部。レコード針の先端、アームのように伸びているものを「カンチレバー」といい、その先端の小さな部分を「スタイラスチップ」という。

スタイラスチップの材質は、ほとんどが工業用ダイヤモンドで、最近ではほとんど見かけなくなったが、以前は、安価なサファイアを使った針もあった。アナログレコードの溝はLP盤1枚でおよそ2.5キロにも及ぶといわれており、耐摩耗性が最重要視される。

レコード針は消耗品で、針圧や盤面の傷や汚れにもよるが、寿命は200〜500時間程度と言われている。スタジオにおける現在の使用頻度だと、数年に1度交換する程度であろう。ちなみに、世界で使用されるレコード針の9割は、山形県

東根市の「NAGAOKA」が生産している。

スタイラスチップとカンチレバーが直接接着されているものを「無垢針」といい、間に金属を挟んだものを「接合針」という。後者はダイヤモンドが節約できてコストダウンが可能だが、余分なひずみの発生が否定できず音質面ではやや不利と言われている。

一般的な交換針。NAGAOKAのDJ-44G

【カートリッジ（レコード）】 cartridge

レコード針が読み取った盤面の溝は、振動としてカンチレバーを伝わってくる。その振動を電気信号に変換するまでが「カートリッジ」である。

カートリッジにはMM（Moving Magnet）型とMC（Moving Coil）型があって、両者とも内蔵された磁石とコイルの動きによって電気信号（音声信号）を再生する仕組みまでは同じである。大きく違うのは、MM型はその名前の通り「磁石が動く」のに対して、MC型は「コイルが動く」という点だ。

MC型では、コイルを動かすために20ミクロン（日本人女性の髪の毛の太さが80ミクロン）とも言われる極細線をカンチレバーの反対側に巻いていく必要があり、その繊細な構造ゆえに原則として針単体での交換ができない。一部のオーディオマニアはMC型を好むが、スタジ

オで使われるのは、そのほとんどがMM型である。

ところで、多くのカートリッジではステレオ再生が可能だが、それはレコードの溝が左右対称ではなく、Vの字に刻まれた片方の斜面が左の音、もう片方の斜面が右の音になっているから。それぞれの斜面は直交しており、互いに影響しない構造になっている。そのため、カートリッジからは、右（+/-）と左（+/-）の4本の線が出ているのである。

NAGAOKAのMM型カートリッジ・JT-80

【針圧】 しんあつ

　レコード盤に対して、針が接触するときの圧力。針ごとに、適正針圧が規定されており、トーンアームの後端にあるバランスウェイトを使って調整する。一般的な適正針圧は1.5〜2.0グラム程度だが、音飛びが激しい場合やDJプレイに使用する場合などは適正針圧の高い針（4.0グラム程度）を使用して針圧を高く設定することがある。局のレコードはヒット曲ほど頻繁に使われ、こすり倒されて音飛びしやすいものが少なくない。ただ、勝手に針圧を変更すると怒られる場合もあるし、うまく戻せないとドツボにハマるので、カートリッジの上に一円玉を乗せてその場を凌ぐことも。針圧を測定したい場合は、専用の「針圧計」がある。

【レコード会社】 レコードがいしゃ

　音楽作品が録音・録画されたメディア（CD、DVD、Blu-rayなど）を専門に、宣伝・流通・販売の代理店業務などを行う事業者をいう。一般的に、音楽はレコード会社が作って売っていると思われがちだが、レコード会社が行うのは、原則として宣伝・流通・販売のみである。小規模なレコード会社ではレーベルを持たずにすべてを自前で行うところもあるが、原則として、アーチストと契約するのも、商品企画を立てるのも、レコーディングするのも「レーベル」の役割。

　古いCDだと、発売元と販売元が別々に明記されていることがあり、この場合発売元がレーベルで、販売元がレコード会社である。

【サンプル盤】 サンプルばん

　レコード会社が宣伝のために無償貸与する音源。プロモーション盤ともいう。レコード会社の営業マンである「プロモーター」は常に最新の音源を持ち歩いており、放送局を訪ねてはディレクターにサンプル盤を配りつつ演奏を依頼するのが常であった。専用に作られたサンプル盤もあったが、その多くは、サンプル盤と書かれている以外、パッケージも含めて市販のものと同じである。リリース前の音源には、「○月○日解禁」などと記載されていることもある。

　基本的には貸与であり、レコード会社の所有物である。管理用の番号も振られているが、解禁日を破ったりしないかぎり返却を求められることはない。ある種の紳士協定といえる。

　音楽配信の普及とともにCD化されない音源も増え、音源がメールに書かれたダウンロードURLで届くことも珍しくなくなった。また、放送利用目的に限定して、専用サイトによる音源のダウンロード提供を開始したレコード会社もある。

サンプル盤。「貸与品」としっかり明記され管理番号もある

【CD】 *Compact Disc*

　コンパクトディスク（Compact Disc）の略で、CD-DAともいう。ディスク上に記録されたデジタルデータをレーザー光線を使って読み取る、光ディスクの規格。アナログレコードの次世代を担うメディアとして、ソニーとフィリップスが共同開発した。史上初の音楽CDは、1982年に発売されている。

　材質はポリカーボネートにアルミを蒸着したものが主流で、ディスクの製造にプレス技術を活用できるため大量生産が可能である。機器調整用などの特殊なケースではガラス製のディスクも存在する。保存期間について、当初、「100年は保存できる」とうたわれていたが、10年ほど経過した段階で、再生不良が目立つようになった。これは、ポリカーボネートの透湿性が想定以上だったことと、ディスクの外周側面の処理が不完全なディスクが出回った結果アルミが錆びて膨張し、剥離を起こすことが原因である。湿度が低い場所に保管すれば、より長期間の保存が可能である。

　開発当初の収録時間は74分42秒で、これは、当時、ソニーの副社長で声楽家でもあった大賀典雄氏が「オペラ一幕分、あるいは、ベートーヴェンの第九が収まる収録時間」にこだわった結果と言われている。

　音楽は、ビット数16bit、サンプリング周波数44.1kHzのリニアPCMとして収録されており、理論上は22.05kHzまでの録音／再生が可能である。このフォーマットは、今日のデジタル音楽の礎ともなった。

　パソコンなどを使って、音楽をデジタルデータのまま劣化せずコピーできるようになると、権利者やレコード会社も黙っておらず、コピー防止機能を搭載した「コピーコントロールCD（CCCD）」なるものが登場する。しかし、CDプレーヤーでは演奏できるがパソコンのCDドライブでは読めないというトリッキーな仕様としたため、パソコンに不要なプログラムをインストールされたり、ドライブそのものを破壊させたりしてしまうなど、トラブルが多発。さらに、コピーコントロールCDをうたいながら、CD-ROMドライブによっては問題なく読めるケースもあったため廃れていった。

　デジタルデータとして650〜750MBもの容量を持っているため、エラー補正機能を強化したうえでデータ保存用としたCD-ROMや、読み書き可能なCD-R、CD-RW、高音質化を図ったSuper Audio CD、Blu-specCDなども発売された。

　放送の現場でもCDはいち早く導入されたが、アナログレコードと違って頭出しが容易なこと、再生時間／残り時間が表示できること、音飛びが少ないこと、高音質であること、CD-Rを使えば番組のテーマ曲やジングルなど任意の音源をポン出しできることなどから重宝されている。

●CDの種類

CD	一般的なディスク。直径12cm。シングルとして使われる場合、マキシシングルと呼ばれる。
シングルCD	小型サイズのディスク。直径8cm。主に縦長のパッケージで売られていた。
CCCD	PCへの取り込みができないよう特殊加工されたディスク。2000年代前半ごろ流通していた。
CD-ROM	CDと同じプレス技術で作れるデータ用ディスク。読み取り専用で、書き込みや削除はできない。
CD-R	音楽やデータを書き込むディスク。「音楽用CD-R」には私的録音補償金が上乗せされている。
CD-RW	音楽やデータを読み書きできるディスク。削除や消去が可能なため再利用できる。

【MD】 *Mini Disc*

ミニディスク（Mini Disc）の略。デジタルオーディオのメディア規格で、アナログカセットテープの代替を目的にソニーが開発。1992年に製品化された。

録音できることが特徴で、ディスクはカートリッジに封入されているため傷やほこりに強く、可搬性にすぐれている。音声はATRACというコーデックを使ってCDの1/6まで非可逆圧縮したうえで、光磁気ディスクに書き込まれる。

ヘッドホンステレオで培った小型化技術が遺憾なく発揮された結果、数多くのコンパクトなレコーダーが発売され、インタビューなどの音声取材でも録音機として活用された。

録音ごとにトラックを分けられるだけでなく、すでに録音したトラックについて、移動（ムーブ）・分割（ディバイド）・結合（コンバイン）・消去・タイトル書き込みなどの操作が可能であり、その特性を生かしたMD編集機も発売された。

音質の劣化が少なかったことや、CD同様の利便性、さらにタイトルによって素材名を確認できるという安心感から、各放送局ともこぞって導入した。

しかし、iPodが発売され、音楽の制作から再生まで、デジタルデータのまま取り扱うことが一般的になると、放送の現場でも同様のイノベーションが起きた。それまで、テープでも、MDでも、音声データの録音（書き込み）と再生（取り出し）に実時間かかるのは当たり前だと思われていたところに、ドラッグ＆ドロップで一瞬で済むシステムが登場したのだから、結果は明白であった。

【DAT】 *Digital Audio Tape*

デジタルオーディオテープ（Digital Audio Tape）の略。ビデオカセットテープを小型化したようなスタイルで、ビデオと同様、回転ヘッドを使ってデータを記録する。音声の符号化はビット数16bit、サンプリング周波数48kHzのリニアPCMを標準とするが、CDと同じ16bit/44.1kHzのリニアPCM、録音時間を倍に延長できる12bit/32kHzのノンリニアPCMに対応する機器もあった。録音できる、CDを超える高音質である、テープでありながら絶対時間が記録できる、各トラックの頭など任意の場所にIDを記録できるなど、現場でも重宝されたが、テープの宿命ともいえる「たるみ」が原因で偶発的に素材を失うこともあった。

DATのテープはどのメーカーでも生産が終了している

DATプレーヤー

【定番曲】 ていばんきょく

　クリスマスといえば「クリスマス・イブ／山下達郎」や「恋人たちのクリスマス／マライア・キャリー」、結婚の話題のあとならば「本気でオンリーユー（Let's Get Married）／竹内まりや」や「One Love／嵐」といった具合に、ディレクターは季節や場面に応じた「お約束」を持っている。

　ステレオタイプと言ってしまえばそれまでだが、リスナーもある種の予定調和を好む傾向があり、定番曲が使われる場面は多い。

　しかし、定番曲といっても、その多くは10年以上、場合によっては、30年以上も前の楽曲がほとんど。ある種の"クラシック"と考えれば許容範囲も広くなるが、そこに驚きや新鮮味はなく、ラジオがオールドメディアと評される一因にもなっている。

　イブのホテルを予約するために必死で電話をかけまくったバブル崩壊直前世代と、恋人と過ごすよりは家族や友人と過ごすことの多い世代のクリスマスが同じであるはずがない。世代を超えて変わらないものもあるだろうが、若手ディレクターが、自身の経験に基づいた新しい定番曲を切り拓いていってくれることを願ってやまない。

● 季節ごとのド定番曲例

季節、日付など	曲名（アーティスト）
降雪日	粉雪（レミオロメン）／雪の華（中島美嘉）
2月14日	バレンタインデー・キッス（国生さゆり）／チョコレイトディスコ（Perfume）
2月22日（猫の日）	猫（DISH//）
3月9日	3月9日（レミオロメン）
桜開花宣言日付近	さくら（独唱）（森山直太朗）／SAKURA（いきものがかり）
	SAKURAドロップス（宇多田ヒカル）他多数
夏休み開始日（7月21日前後）	あー夏休み（TUBE）／夏休み（吉田拓郎）
夏の甲子園大会開催（8月初旬）	宿命（Official髭男dism）
地元花火大会開催日	HANABI（Mr.Children）／花火（aiko）／打上花火（DAOKO×米津玄師）
9月1日	September（Earth, Wind & Fire）／SEPTEMBER（竹内まりや）
10月5日（レモンの日）	Lemon（米津玄師）
10月14日（鉄道の日）	TRAIN-TRAIN（THE BLUE HEARTS）
11月23日（勤労感謝の日）	労働讃歌（ももいろクローバーZ）
12月24−25日	クリスマスソング（backnumber）／Last Christmas（Wham!）
	メリクリ（BoA）／クリスマス・イヴ（山下達郎）他多数
年末帰省（12月28日前後）	雪が降る町（ユニコーン）

【インスト】 instrumental

　インストゥルメンタルの略。歌のない、演奏のみで構成された楽曲のこと。器楽曲とも呼ばれ、ピアノやギターの独奏曲を指すのが本来の意味だが、一般的にはクラシック音楽もこれに含まれる。カラオケと同じ意味として使われることがあるが、ボーカル入りの楽曲を「ボーカル（アカペラ）」と「楽曲」とに分け

た状態の楽曲は、主旋律がない、または、薄いのが一般的であり、この状態は「カラオケ」である。インストゥルメンタルは本来、主旋律を含んでおり、それ単体でひとつの楽曲として成立していなくてはならない。CDのカップリング曲として「インストゥルメンタル」と書かれたトラックはほぼカラオケである。

【イントロ／アウトロ】 *intro/outro*

イントロ（Intro）とは、ボーカルが入った音楽における前奏、すなわち、演奏開始から歌い出しまでの部分をいう。英語のIntroductionが語源。

いかにイントロをうまく使ってトークできるかはDJの技の見せどころでもあるので、放送前には、必ず、楽曲を確認する。キューシート上、イントロは「0-17/23-33」といった表記で表現されることが多い。この場合は、「演奏開始から17秒間イントロがあり、17〜23秒はコーラスなどがあってトークには適さないが、23〜33は、再びトークすることが可能」という意味である。

アウトロ（Outro）は、ボーカルが入った音楽における後奏、すなわち、歌い終わりから演奏終了までの部分をいう。Outroは、曲の始まりである「In」に対して、「Out」をあてて作った造語である。

DJがトークするタイミングをはかるだけでなく、ディレクターが楽曲を大切にしながら少しでも進行を早めたいときに重要な情報だが、音楽番組以外では省略されることも多い。

アウトロの書き方もイントロと同様だが、「3:23-55」や「3:23/3:55」といった感じでディレクターによってバラツキがある。いずれも、「3分23秒から3分55秒までがアウトロ」という意味である。

いずれにせよ、ひとつひとつの「楽曲の構造」を理解しながら番組制作を行うことは、聴いていて気持ちいいテンポある番組を放送する上で、とても大切なことなのだ。

【頭出し】 *あたまだし*

瞬時に再生できるよう、各素材の無音部分をスキップして、音の「あたま」に再生位置を合わせておくこと。同様に、（あたまではないが）素材の途中にある「再生を開始したい箇所」に再生位置を合わせておくことをいう。

昨今の機材は、音が始まる箇所を自動的に見つけて待機する「オートキュー

（Auto CUE）」機能が発達したため、手動で行う「頭出し」は珍しくなった。しかしレコードやアナログテープを使用する場合は、針やヘッドを音のあたまから「ほんの少し前」に合わせておく必要がある。本当にピッタリだと頭切れしてしまうため、機材の立ち上がりに合わせて「ほんの少し前」に合わせておくのだ。

【テンポ】 *tempo*

音楽や楽曲の早さをいう。1分間あたりの拍数を数えたBPM（Beat Per Minute）という単位で表現される。一般的に、楽曲と楽曲のテンポは近いほどミックスしたときの違和感が少ないし、完全にテンポが一致していれば、DJプレイのように曲が変わったのに気付かないようなミキシングも可能だ。最もシンプルなのぱ表拍を重ねていくことだが、裏拍（たとえば、「1、2、3、4、」というリズムの「、」に当たる部分）に表拍を重ねたほうがよい結果を生むこともある。

リズムがつながっていく様子から、番組が滞りなく進行していくことを「テンポがいい」、またその逆を「テンポが悪い」と評することもある。

【ノーマライズ】 *normalize*

　デジタル録音した音声データについて、一定の規則に基づいてレベルをそろえることをいう。DAWの機能。

　規則としては、「ピークレベル」を使う方法が一般的で、音声データの最大ピークをどこに合わせるかを設定する。ピークで-20dBぐらいしか振れないインタビュー素材があったとして、それを、「ピークレベル0dB」でノーマライズすると、波形がクリップしてしまわない最大レベルまで一気に音量を上げることが可能。「ピークレベル-3dB」でノーマライズすると、ヘッドルームを3dB空けた状態の波形となる。ほかに、「RMSを使う方法」、「ラウドネスレベルを使う方法」などがある。

【カットイン／カットアウト】 *cut in/cut out*

　音楽などの素材を再生するとき、音量を絞ることなく、一気にスタート／ストップさせる方法を指す。辞典らしからぬ言い方をすれば、まさに、「ドン！」で始まって、「ドン！」で終わることをいう。カットイン（Cut In）は「C.I.」、カットアウト（Cut Out）は「C.O.」と表記する。

　スマートフォンやCDプレーヤーなどで音楽を聞くとき、一定の音量で再生／停止が行われ、音が勝手に大きくなったり小さくなったりすることはない。通常、意識することはないが、ふだん聞いている音のほとんどはカットイン／カットアウトである。

【フェードイン／フェードアウト】 *fade in/fade out*

　素材を再生するとき、音量をゼロからなめらかに上げていくことをフェードイン（Fade In）といい、音量をゼロまでなめらかに下げていくことをフェードアウト（Fade Out）という。フェードインは再生する素材の始まりを、フェードアウトは終わりをソフトにする効果がある。

　インタビュー素材などでは、本人の声と比較して背景音（ノイズ）が大きい場合があり、そのまま再生すると音による衝撃が不快なものとなる可能性がある。このような再生時にフェードインを使うことで、その衝撃を和らげる効果が期待できる。また、楽曲などをかけるのに十分な時間がない場合には、フェードアウトを使うことで違和感を最小限に抑えつつ時間調整を行える。

　レコードにしてもテープにしても、アナログ機器の場合は再生／停止に物理的な回転を伴うため、速度がゼロから100パーセント、または、100パーセントからゼロにいたるには時間が必要で、わずかながらフェードイン／フェードアウトがかかっていた。したがって、適当なところで再生／停止しても音による衝撃が発生しにくかったのである。

　ところが、デジタル機器では、突然音が始まって突然止まるため、その急峻なレベル変化が「ブチッ」というノイズとなって現れることがある。

　仕事がていねいなディレクターは、それがぶつ切りのインタビュー素材であっても、必ず素材を作る段階で最初と最後にフェードイン／フェードアウトをかけておく。こうすれば、本番のスタジオではポン出しするだけできれいに音が出る。また、素材の終わりがきれいで明確になることで、パーソナリティもフォローのタイミングをつかみやすくなるのである。

【スニークイン／スニークアウト】 sneak in/sneak out

フェードインよりもさらにゆっくりと音量を上げていくことをスニークイン（Sneak In）、フェードアウトよりもさらにゆっくりと音量を下げていくことをスニークアウト（Sneak Out）という。

何秒以上のフェードをスニークと呼ぶべきか時間の長さによる明確な定義はないが、気がついたら音が始まっていた、気がついたら音が消えていたというのがスニークイン／アウトである。ここでは「気がついたら」というのがポイントになるだろう。

文字通り蛇足にはなるが「スニーク」であって「スネーク」にあらず。「スニーク」は「こっそり」という意味を持つのだ。ヘビのカラダのように長い時間をかけて音量を上げ下げするのは間違いないが、誤解のないように。

【クロスフェード】 cross fade

フェードアウトとフェードインを同時に行い、素材を入れ替えていくテクニック。「オーバーラップ」ともいう。素材Aから素材Bに入れ替える場合、クロスフェードにおける素材Aのフェードアウト時間と素材Bのフェードイン時間は必ずしも同じである必要はない。ただし、双方の時間に差があると音量のゆらぎが生じてしまう。例えば、素材Aを素早くフェードアウトしながら、素材Bをゆっくりフェードインさせた場合である。逆に音量差がある素材同士のクロスフェードでは双方の時間を調整することもある。

クロスフェードに限らず、しっかりと音を聞きながら違和感が出ないようにミックスしていくことが肝要だ。

【BGM】 BackGround Music

バックグラウンドミュージック（Background Music）の略。背景音楽。それ自体を音楽として楽しむのではなく、楽しむべきものが別に存在する状況で背景として流される音楽をいう。広義では、店舗でかかっている有線放送や病院でかかっているクラシック、スキー場でかかっているポップスもBGMである。単に「BG（ビージー）」と略される。

ラジオにおいては、番組やコーナーのカラーを鮮明化したり、パーソナリティのトークをサポートしたりする役割が大きい。ステレオタイプなたとえになるが、ジャズはオシャレなイメージがあるし、クラシックはアカデミックなイメージが、フュージョンは活動的なイメージがある。BGMをそろえることによって、番組全体のトーンを統一できるのだ。逆に、例えばリスナー投稿のコーナーだけ他と差別化したコミカルな楽曲を使って雰囲気を和らげたり、ゲストのコーナーではゲストの楽曲を使ってゲストの存在感をより引き立てたり、効果的な演出に使うこともできる。

また、パーソナリティやゲストのトークに「間」が多い場合、その「間」を大切にしつつ無音になってしまうのを防ぐ効果や、背景雑音が多いスタジオや素材において雑音を目立たなくするマスキング効果も期待できる。

似たような役割を果たすものにSE（効果音）があるが、SEがひとつひとつの「音」なのに対して、BGMはあくまで「楽曲」である。

【ジングル／SS】 *jingle／Sound Sticker*

楽曲と楽曲の間やコーナーの切り替わり、CMの前後など、番組の節目に挿入される短い音楽やフレーズの総称をいう。放送局によって、「サウンドステッカー（SS）」「アタック」などと呼ばれることもある。もともと、ジングル（Jingle）とは、英語で「チリンチリンと鳴る音」のこと（海外ではそのような音が場面転換に使われていた）。

一般的に、ジングルは音楽＋番組名などのフレーズで構成されており、長さは数秒〜数十秒ほど。場面転換が主な目的ではあるが、番組名、放送局名、キャッチフレーズ、メールアドレスなど、さまざまな情報を含んでいることがある。

ジングルは、番組ディレクターやAD手持ちの音源を使って作ることが多いが、ジングル専門の制作会社やミュージシャンに依頼して制作することもある。珍しい例では、ジングルが一般公募されることがあり、aikoのANNでは「ジングル大作戦」というコーナーが放送されていたほか、ライムスター宇多丸のウィークエンド・シャッフルで行われたジングル公募企画では、正体を隠して「スーパースケベタイム」というラジオネームで応募していた星野源の作品が採用された。

ジングルは何かあったときにすぐ送出できるエマージェンシー素材の意味合いも持っているため、「ボタンを押せば確実に出る」ことが重要。アメリカなどでは、古くから専用のカートマシン（ボタンを押すと音源が送出、終わるとエンドレステープが頭出しされてスタンバイする。Sonifex社製が有名）が使われていた。日本では6mmテープ、CD-R、MDと変遷し、現在ではポン出し（サンプラー）やデジタルプレーヤーが多く使われる。

【ブリッジ】 *blidge*

ジングル同様、番組の節目に挿入される楽曲。ジングルとの区別は明確ではないが、比較的主張の強くない楽曲が選ばれ、番組名などのフレーズは含まれていないことが多い。番組の節目に挿入されるのが一般的であり、場面転換よりも時間調整を主な目的としているのが特徴である。

アイドル番組などではトークの時間管理が難しく、指定した時間通りしゃべってくれるとは限らない。また、トークの編集では、規定時間より長くできないので、どうしても短めにまとめることになる。そのような場合、番組の前半と後半の間で時間調整を行うことがあり、ブリッジが使われる。

【ID】 *identification*

局名アナウンスのこと。地上基幹放送局は、無線局運用規則第138条において「放送の開始及び終了に際して（同1項）」と「放送している時間中は、毎時一回以上（同2項）」、自局の呼出符号又は呼出名称を放送しなければならないと定められている。

「自局であることを容易に識別することができる方法をもつて自局の呼出符号又は呼出名称に代えることができる（同3項）」とあるため、パーソナリティやジングルによる局名＋番組名のアナウンスでOK。IDのうち、放送開始時に流すものをオープニング、終了時に流すものをクロージングといい、これらをまとめてジャンクションとも呼ぶ。

【SE】 *Sound Effect*

効果音。サウンドエフェクトの略。本来は、演劇やドラマなどにおいて、場面の状況や登場人物の心理を表すために使用される音で、雨の音や風の音、足音、鼓動、雑踏、悲鳴などがそれである。

ラジオでは、前述のものはもちろん、○×クイズの「ピンポン」「ブー」に始まり、テーブルーレットの「キュルキュル」という早送り音、スベったときに鳴る「チーン」という鐘の音、放送できない言葉を隠す「ピー」音まで、番組の演出に使われる音全般を指す。

著作権フリーの効果音素材がCDや配信などを通じて広く販売されているため、人気のSE音源はいろいろな放送局で耳にすることがある。

【ポン出し】 ぽんだし

ラジオ番組や舞台など、リアルタイム性が要求される場面でタイミングよく音を出すこと。また、そのための装置。

楽曲やBGMなど、ある程度順番が決まっているものは、プレーヤーにスタンバイしておいてタイミングに合わせて再生ボタンを押せばよい。しかし、より繊細なタイミングを要求されるものや繰り返し使われるもの、進行と関係なく必要となる素材は、常に出せるよう立ち上げておく必要がある。かつては、サンプラーやサンプリングキーボードを使ってポン出ししていたが、ポン出し専用機が流通し始め、現在ではパソコンのソフトウェアによるポン出しが主流。プレーヤーの中にはポン出し機能を持ったものもある。

【食う】 くう

素材と素材がかち合ってしまうこと、また、かち合いそうになること。興味を引かれる話に人は「食い気味」になるが、同じように、音が前のめりになってしまい、せわしない印象を与えてしまう。

ただし、ギリギリ食わない絶妙なタイミングで素材を出したり、先行する素材の音量を調整して「食っているがケンカしない状態」を作り出したりすることで、テンポの良さを演出できる「もろ刃の剣」でもある。

それとは別に、時間がかかることを「時間を食う」ともいうが、「渋滞で時間を食う」「会議で時間を食う」など、なぜかネガティブなイメージで使われることが多い。

【デシ】 *decibel*

デシベル（dB）のこと。0dBを基準として、音の強さや音圧レベルを対数によって表した単位。大切なのは、0dB＝ゼロ（無音）ではないということ。例えば、気温は0度を基準にプラスもマイナスもあるが、デシベルも同じ考え方である。

スタジオでは、「マイクを1デシ上げて」「BGMを3デシ下げて」のように使われる。ディレクターが明示的に指示を出すことで、ミキサーがスムーズにオペレーションができる。なお、信号レベルを6dB変化させると、プラス方向では音量が2倍、マイナス方向では音量が1/2倍になるので覚えておこう。デシベルと名のつく単位は多く、電圧や電波の強さ、アンテナの利得などがある。

【あおる/突く】　あおる／つく

素材の一部だけ、規定の音量よりも上げて聞きやすくするミキサーのテクニックのひとつ。

一般的に静かな部屋やヘッドホンで聞かれるCDや配信と違い、ラジオは雑音を含めた生活環境の中で聞かれるのが一般的だ。また、楽曲の中には、アーチストの意向によって、あえて小さい音量で収録された「ささやき」のようなものも珍しくない。それらをそのままラジオでかけると、せっかくおいしいポイントである「ささやき」などがさまざまな雑音に埋もれてしまい、聞こえないといったことが起きる。それを防止するため、ディテールを壊さない範囲で楽曲の一部を持ち上げ、聞こえるようにするのである。

例えば、竹内まりやの「今夜はHearty Party」の冒頭には、木村拓哉による「ねえ、パーティーにおいでよ！」というフレーズが収録されているし、ジョン・レノンの「Happy Xmas (War Is Over)」の冒頭には、ジョン・レノンとオノ・ヨーコが互いに「Happy Christmas, Kyoko」「Happy Christmas, Julian」とお互いの連れ子に対するメッセージが収録されている。

これらは、ほとんど間髪入れずに楽曲本編が始まるので、それまでに規定レベルに戻せるよう、素早く、かつ、なめらかに音量をコントロールしなくてはならないのである。

「今夜は Hearty Party」
（竹内まりや）

【著作権】　ちょさくけん

ラジオで著作権が問題となるものは、番組で流される楽曲と朗読番組やドラマで使用される小説やエッセイ、脚本などで、その著作権者やJASRACなどの著作権を管理する団体との間で使用許諾と使用料の支払いが行われている。

一方、番組自体も放送局が著作権を持っているため、放送局の許諾なしにネットに上げることなどは禁じられている。このため、出演者が違法アップロードで番組が聞けると発言することはあってはならない。また放送事業者は著作隣接権を認められているため、著作権者の許諾を得た上で再放送などができる。

【JASRAC】　ジャスラック

著作権管理の委託契約を結んでいる音楽著作権者に替わり、音楽著作権の集中管理事業を行っている一般社団法人日本音楽著作権協会のこと（英語名のJapanese Society for Rights of Authors, Composers and Publishersの頭文字から）。

一般的に使用した楽曲一曲ごとに使用料を払わなければならないが、ラジオ局は包括的利用許諾契約をJASRACと結んでいて、年間事業収入の一定割合に、局の楽曲使用割合を反映させたものを使用料としてJASRACに支払っている。そのため局は楽曲の使用状況をJASRACに報告している。番組が終わるごとにディレクターは使用曲を書き出してたが、現在は自動報告されるシステムもある。

【著作権フリー楽曲】　ちょさくけんフリーがっきょく

著作権使用料込みで販売されている楽曲のこと。CMのBGMに使用されていることが多い。ポッドキャスト配信を行うラジオ番組が増えているが、そこで問題となるのが著作権。ネットで配信する場合、楽曲に関しては放送とは別途著作権の許諾と使用料が発生する。そのためテーマ曲やBGMなどが削除されていて、物寂しさを感じることがある。そこで最初から番組のテーマ曲やBGMを著作権フリー楽曲にしておくと、オンエアと同じものを配信で流すことができる。

【放送禁止歌謡曲】　ほうそうきんしかようきょく

正確には1959年に日本民間放送連盟が定めた内規「要注意歌謡曲指定制度」で指定を受けた「要注意歌謡曲」のことで、かつてそれらはリスト化されていた。この制度は1983年に廃止されたが、要注意の指定から5年間は経過期間として指定効力が継続するとされていたため、1987年になってようやく「要注意歌謡曲」は消滅した。つまり現在ではかつて存在した放送で使用しない楽曲のリストは存在しないことになる。かつては放送禁止とされていた楽曲が最近になって放送されることがあるのはこのためである。ただし、現在は「放送音楽などの取り扱い内規」があり、公序良俗に反するものや、児童や青少年に悪影響を与えるもの、人種や民族の誇りを傷つけるもの、個人や団体の名誉を傷つけるもの、人種や性別・職業・信条などで差別するもの、反社会的な言動を肯定的に扱うもの、わいせつなものなどを放送で使用することは差し控えるとしている。つまり「要注意歌謡曲」のリストは消滅したが、放送事業者や番組担当者の判断により、放送すべきではない楽曲は存在している。

ちなみに「要注意歌謡曲」以外にも、放送局独自の判断で不使用とされていた楽曲もあった。とある放送局では高石ともやのシングル盤「受験生ブルース」のB面は放送禁止としていた。ライブ録音となっているB面のアドリブの歌詞がかつての株主を揶揄する内容だったためだと思われる。

> ●放送が自粛された楽曲例
> 「金太の大冒険」(つボイノリオ)、「自衛隊に入ろう」(高田渡)、「イムジン川」(ザ・フォーク・クルセダーズ)、「ブラインド・バード」(ザ・モップス)、「関東流れ唄」(渡哲也)、「サマータイム・ブルース」(RCサクセション)

【ヘビーローテーション】　*heavy lotation*

短い期間に同じ曲を何度も繰り返しかけること。元々、中波局では「今週の推薦曲」や「○○（番組名）の応援曲」と呼んで集中的にかけ続け、ヒット曲を生み出してきた。ところが1989年開局のFM802がアメリカから「ヘビロテ」を取り入れた後瞬く間に全国に広がり、FM局を中心に使われるようになった。その後、「パワープレイ」「パワープッシュ」という言葉も生まれた。

選ばれる曲は、局やパーソナリティの推薦が多数を占めているが、中にはレコード会社が宣伝の一環として宣伝料を支払って持ち込む場合がある。

【特定商品名】　とくていしょうひんめい

NHKは登録商品名を放送すること
を極力避けているため、一般商品名へ
の言い換えが行われていることはよく
知られている。例えば「テトラポッ
ド」は「消波ブロック」という具合に。

では民放で言い換えはないのか？
実はあるのだ。例えば日清食品以外の
カップ麺を販売している会社がスポン
サーに付いている場合、例え一般的な
カップ麺の意味で使ったとしても番組
内で「カップヌードル」と言うことは
NG。フリートークでつい言ってしま
いがちなだけに、パーソナリティには
常日頃から使わないよう、耳タコで注
意している。

また、各局に番組を販売する制作プ
ロダクションでは、各所で軋轢がでな
いよう、できる限り特定商品名が出な
いよう注意されるケースも多い。

●特定商品名の言い換え例

特定商品名（企業名）	一般名称
セロテープ（ニチバン）	セロハンテープ
テトラポッド（不動テトラ）	消波ブロック
宅急便（ヤマト運輸）	宅配便
ウォシュレット（TOTO）	温水洗浄便座
クレパス（サクラクレパス）	クレヨン
万歩計（山佐時計計器）	歩数計
マジック（内田洋行）	フェルトペン
サランラップ（旭化成）	ラップ
バンドエイド（ジョンソン・エンド・ジョンソン）	絆創膏
ピアニカ（ヤマハ）	鍵盤ハーモニカ
エレクトーン（ヤマハ）	電子オルガン
QRコード（デンソーウェーブ）	二次元バーコード
ヤクルト（ヤクルト）	乳酸菌飲料
タバスコ（マキルヘニー）	チリペッパーソース
ワンカップ（大関）	カップ酒
ジップロック（旭化成）	チャック付きポリ袋
タッパー（タッパーウェア）	食品保存容器

【タレント事務所】　タレントじむしょ

キー局が大手事務所のタレントを起用
するのは当たり前だが、地方局でもタレ
ントを起用することは多い。ローカルタ
レントを抱える事務所はその地方の放送
局と太いパイプがあるため、バーター的
に新人のタレントを売り込む例もみられ
る。また、最近では吉本興業の「住みま
す芸人」が各地で活躍している。

ラジオの場合、特にアナウンサーや
MC、アシスタント、レポーターに特化
した事務所が重宝され、東京ではセント
フォースやホリプロ、ジョイスタッフ、
名古屋ではNTB、巣山プロダクション、
大阪ではオフィスキイワード、エムシー
企画、セイプロダクション、福岡ではパ
インズ、ランドマークスあたりが有名。

【制作会社】　せいさくがいしゃ

ラジオ番組は局員が制作する場合もあ
るが、たいていの場合、外注の制作スタ
ッフを入れている。ディレクターだけ、
ミキサーだけといったこともあるが、番
組まるごとを外注することもある。

放送局のグループ会社が担うケースも
多いが、独立系の制作会社も数は減った
が今でもいくつかあり、かしわプロダク

ション（別掲）、すばるプランニング等
は自前の収録スタジオを持ち、番組をイ
チから制作、その番組を販売している。

なお、すばるプランニングの制作番組
では、『元気印!チータdeマーチ』『大月み
やこのいい歌・こんばん話』『水野浩二の
アジアステーション』などが挙げられる。

【かしわプロダクション】 かしわプロダクション

ラジオ番組の制作会社。設立は1964年と古く、当初はCBC、RNB、HBC、SBCなど12局からスタート、現在は全国の民間放送局へ番組を供給している。

企画立案からタレントのブッキング、各局の編成状況に合わせて尺を調整し完パケで納品するという販売スタイルは、人材面、コスト面の問題で自社制作に限界がある地方局にとってはなくてはならない存在で、容易に他社がマネできるものでもない。例えば、元は同じ素材であっても月〜金曜5分の帯番組にも30分の枠にも対応可能で、その最たるものがナイター中継のクッション番組「ミュージックブルペン」。野球中継の延長を考慮し、最大60分から5分まで、5分区切りで対応できる作りになっている。

港区芝公園近くのマンションにオフィス、スタジオを構えている。ローカル局が東京で番組を制作する場合はかしわプロのスタジオを借りるケースも多く、あらゆる面でローカル局と関係が深い制作会社である。

●かしわプロダクション制作のおもな番組（2023年現在）

番組名	おもな放送局
ミュージックブルペン	SBS、NBC、RKK他
吉田照美の森羅万SHOW	CRT、IBC、KRY他
島田秀平の開運ラジオ	KBC、RFC、WBS他
八神純子MUSIC TOWN	RAB、RSK、MBC他
岡村孝子あの頃ミュージック	GBS、JRT、MRT他
由紀さおりハッピーモーニング	RKC、KBS、FBC他
純烈・スーパー銭湯!!	ABS、SBC、BSN他
鈴木康博 フォークソング・メモリーズ	KBS、JRT、IBC他

【JFNC／㈱ジャパンエフエムネットワーク】 ジェイ・エフ・エヌ・シー

ネットワークであるJFN＝全国FM放送協議会（別項参照）加盟局の番組を制作、供給する制作会社。TOKYO FMのグループ会社で、加盟局の共同出資により1984年に設立された。ネットワーク名との区別のためJFNCと略される。

JFN各局に専用回線を通じて常時ネットワーク送出される番組（主に生放送）のうち、TOKYO FM制作のネット番組はAライン（日曜の日中など）、JFNC制作の番組はBラインと呼ばれていたが（別項参照）、現在も純粋なJFNCの番組はB1プログラム、TFMのスタジオを通してのJFNCネットはB2プログラムと呼ばれる。東京の番組（A）とはまったく違った路線で、特にB1プログラムは基本的に東京で放送されないため、『有吉弘行のSunday Night Dreamer』のようにそれがかえって独自の魅力を生んだ番組も多い。60分以下の録音番組はJFN独自のシステム「ファイル配信」でやりとりされ、受けた先では自動番組送出システムを通して編成されるほか、専用の端末での編集操作も可能。

2020年、JFNCがineterfmを子会社化し、同社の番組も供給している。麹町のJFNセンターにオフィスを構え、半蔵門のFMセンターにも専用スタジオを持ち、「Audee」も運営する。

●JFNC制作のおもなラジオ番組

B1・B2プログラム
OH! HAPPY MORNING、レコレール、デイリーフライヤー、PEOPLE、From Athlete!、有吉弘行のSUNDAY NIGHT DREAMER 他

ファイル配信番組
山田五郎と中川翔子の『リミックスZ』、川谷絵音の約30分我慢してくれませんか、GENERATIONSのGENETALK、Chageの音道 他

【関連会社／子会社】 かんれんがいしゃ／こがいしゃ

　放送局は関連会社・子会社を持っていることが多く、これらはおもに番組制作、技術、イベント、通信販売、ライセンス事業、音楽出版に特化した会社に分類される。また、その放送局の色に合わせた会社もあり、例えば文化放送の関連会社「文化放送エクステンド」はアニメ・ゲームの強さを活かし、超！Ａ＆Ｇ＋の番組制作のほか、ゲームリリース、声優イベントの開催などを行う。

　ラテ兼営局の関連会社は、ゴルフ、ハウジング事業など多ジャンルにわたり、珍しいところではホラーに特化した「株式会社闇」（毎日放送）、キャンプブームを反映した「ABC Glamp&Outdoors」（朝日放送）などが挙げられる。

【ミックスゾーン】 Mixzone Inc.

　ニッポン放送のグループ会社。2018年、主にアナウンサー、タレントのマネジメントや番組制作を行うエル・ファクトリーと、音響・技術を扱うサウンドマンが合併。ディレクター、アナウンサー、ミキサーとラジオのプロを多数抱える総合的なラジオ番組制作会社に生まれ変わった。ニッポン放送の『上柳昌彦 あさぼらけ』『オールナイトニッポン』『オールナイトニッポンZERO』などニッポン放送の番組はもちろん、NHKラジオ、JFN、bayfmなど他局の番組も制作、またラジオCM、イベント運営、デジタル音声コンテンツ制作など事業は多岐にわたっている。アナウンサーは上柳昌彦、坂本梨紗、田中美和子らが所属。

【TBSグロウディア】 TBS GLOWDIA, Inc.

　TBSホールディングスの連結小会社。永六輔や若山弦蔵の番組を制作した「ティーエーシー」と、『ストリーム』『X-Radio（バツラジ）』『JUNK』などを担当した「テレコム・サウンズ」が合併し「TBSプロネックス」となり（2012年）、さらに「TBSサービス」「TBSトライメディア」などと合わさり「TBSグロウディア」となった（2018年）。

　ラジオ番組制作部門は『生島ヒロシのおはよう定食（一直線）』『森本毅郎・スタンバイ!』『JUNK』などをはじめとしてTBSラジオの番組を一手に制作しているほか、映像コンテンツ、イベント、グッズ販売、通販（TBSラジオショッピング含む）など事業内容は幅広い。

【サウンズネクスト】 Soundsnext,Inc

　TOKYO FMのグループ会社。1972年に設立されたラジオ番組制作会社・エフエムサウンズが、2019年にCM音楽・CDの企画制作を行っていたサーティーズと合併、2022年に現在の「サウンズネクスト」に社名を変更した。

　TOKYO FM、JFNの番組はもちろん、FMヨコハマ、TBSラジオ、ニッポン放送、NHK-FMなど首都圏各局の番組も制作している。放送技術業務、著作権管理、CM制作、録音スタジオの貸し出し、広告代理業、イベント制作なども行うほか、TOKYO FM2階にある「TOKYO FMホール」を運営・管理する。おもな制作実績は『Skyrocket Company』『Blue Ocean』『JET STREAM』など。

【音】 おと

物体の振動によって生じた空気の振動。音響ともいう。その振動が鼓膜を震わせることによって、内耳にある聴神経を刺激し、音として聞こえる仕組みである。音が空間を伝わっていく様子を音波、音が鳴っている空間を音場という。その振動の大きさによって人は音の大小を感じ、その振動の早さによって人は音の高低を感じる。個人差や年齢差も大きく関係するが、人間の耳に聞こえるのは、だいたい20〜2万ヘルツ（Hz）といわれている。音の三要素としてよく挙げられるのは、音の「強弱」「高低」「音色」であるが、ある種の音が単独で用いられることは珍しく、その多くは、複数の音の重なりである。

【ステレオ】 stereo

複数のスピーカーを使って立体的な音場を再現する手法。立体音響。ステレオフォニック（Stereophonic）ともいう。

生録音の場合、例えば、3つのマイクで収録した音を3トラックのレコーダーに録音し、3つのスピーカーで再生することによって成立する。ただし、複数スピーカーを使ったサラウンドが台頭してきたこともあって、立体音響を再生するために必要な最低限のシステムである2スピーカー（ウーファーを除く）のものをステレオ、3スピーカー以上のものをサラウンドと呼ぶようになった。

ミキサー卓には、個々の音を左右に振り分けるためのパンポット（Pan-pot、パンともいう）や楽曲などステレオ素材の左右音量を調整するバランス（Balance）が備わっている。しかし、古いレコードで録音状態が悪かったり、針の状態が悪くて左右に音量差が出たりする場合や、大勢のゲストを迎えるため、あえて左右に振り分ける場合など、特殊なケースを除いてはセンターに設定されたままで、出番はあまりない。

これは音の広がりにとっては左右の音量差よりも、左右の耳で聞こえる時間差（位相差）の方が重要で音量だけをいじっても効果が薄いうえ、モノラルラジオで聴いている人にとって聞きにくい音になってしまう可能性があるからである。

現在、需要が高くないのか、ステレオスピーカー搭載のラジオは減ってきている（写真のアイワ AR-MDS25もすぐに生産終了に）。

【モノラル】 monaural

単一チャンネルの音を再生する仕組み。モノフォニック（Monophonic）ともいう。1960年ごろにステレオの仕組みが開発されるまでモノラルという概念はなく、ステレオに対する対義語として、モノラルという言葉が使われるようになった。重要なのは、仕組みの一部でもモノラルであればモノラルになってしまうという点である。したがって、音源はもちろん、途中の機器や伝送路がモノラルであれば、仮に複数のスピーカーで再生したとしても立体的な音場を再現することは不可能であり、モノラルとなってしまう。どちらかに優劣があるのではなく、適切なところで適切な音響方式を使うことが大切である。

【サラウンド】 *surround*

立体音響のうち、原則として3以上のチャンネルを使って、リスナーを包み込むような音場再現を目的とするものをいう。もともとは、映画館での臨場感ある音響効果を再現するために開発された仕組みである。

最も一般的なのが5.1chサラウンドであり、BSテレビ放送や地上デジタルテレビ放送の一部番組（クラシックコンサートや世界遺産など）でも活用されている。5.1chサラウンドの場合は、前面（左／中央／右）と背面（左右）の5つ

のスピーカーに加え、1つのサブウーファーで再生する。スピーカーの数が多いほど臨場感の精度が高まるとされ、6.1chや7.1ch、さらには9.2chやAuro 11.1といったものまで存在するが、費用対効果の面では疑問も残る。

V-Lowを使ったマルチメディア放送「i-dio」（別項参照）が、国内地上波ラジオとしては初となる「5.1チャンネルサラウンド放送対応」をうたっていたが、サラウンド放送開始には至らず閉局している。

【音量】 おんりょう

音響機器において、出力される音の大きさを調整する機能。ボリュームともいう。主にアンプの直前に設けられた半固定抵抗などによって入力電圧を調整することでアンプの出力を調節し、間接的に音の大きさを変化させている。実際に変化させているのが電圧であることから、音声信号の振幅をコントロールしている

とも言える。音声信号と空気の振動としての音には密接な関係があるものの、同じ振幅であっても周波数によって聞こえ方が異なるため、その関係は必ずしも直線的ではない。つまり「音量」と「音の大きさ」は別物である。音量は、その機器が最大出力時に出せる音の大きさを基準とした相対的なものである。

【音の大きさ／ラウドネス】 *loudness*

人の耳が感じる音の大きさを定量化したもの。単位はdB。空気の圧力変化（振動）を測定し、人間の耳で聞こえる限界の「最小可聴音」（20マイクロパスカル）を基準として比で表したものを「音圧レベル（SPL:Sound Pressure Level）」という。

感じる音の大きさは同じ強さでもその周波数によって異なるため、周波数が異なる音を比較するときは、1kHzの純音（サイン波）を基準に規格化された「純音の等ラウドネスレベル曲線（聴覚の等感曲線）」(ISO226)を使用する。

等ラウドネスレベル曲線といえば、1930年代に米国ベル研究所のフレッチ

ャー氏とマンソン氏が行った研究が有名である。しかし、実際にISOで規格化されたものは、1950年代に行われたNPL（英国国立物理学研究所）のロビンソン氏とダッドソン氏の研究成果に近く、帯域によっては15dBにも及ぶ誤差が見つかった2003年に改訂されている。改訂版を照らしてみると、フレッチャー氏とマンソン氏が行った研究に近似しており、彼らの研究の正確さがうかがえる。

現在、最も簡単に音の大きさを測定できる機器は騒音計であり、値（dB）を直読できる。フレッチャー氏とマンソン氏の研究を基にしたA特性と呼ばれる周波数曲線が応用されている。

【音質】　おんしつ

広義では、音が持つ質感のこと。硬い音、柔らかい音、丸い音、尖った音、豊かな音、乾いた音など、さまざまな言い回しで表現される。音響機器の世界では、音や声の品質の良し悪しを表すために用いられ、「音質がよい」「音質が悪い」などと表現される。基本的には、入力した音声信号を可能なかぎり歪ませること

なく維持したまま、増幅したり出力したりする能力が評価される。ラジオでいえば、スタジオでミキシングした音をそのままに再生できるラジオが「音質がよい」ということになる。ただ、音は嗜好品であるため、信号対雑音比や歪み率のように数値化されない部分で音質に差が出る場合もあり、なんとも奥が深い。

【ダイナミックレンジ】　*dynamic range*

その機器が出力できる音声信号のうち、識別可能な最小単位と最大単位との比を表したものをいう。ダイナミックレンジが広いほど、解像度が高く迫力のある音（＝情報量の多い音）を再生できるとされ、音響機器の性能を評価する指標のひとつとなっている。単位はdB。

リニアPCMによるデジタル音源の場合は、量子化ビット数がひとつ増えるごとに、ダイナミックレンジは6dB改善されていく。つまり、CDなど16bitの場合で96dB、ハイレゾ音源など24bitの場合では144dBにもおよぶ。ここから、ノイズに埋もれてしまう分を排除してその機器のダイナミックレンジが求められるわけだが、おおむね、最小ビットのON/

OFFで得られる振幅よりもノイズレベルが低く抑えられているため、音源のダイナミックレンジがそのまま機器のダイナミックレンジとして表示されていることも珍しくない。

アナログ機器の場合、デジタルデータと違って真のゼロ（無音）が存在せず、その仕組み上、媒体からの読み出しにともなって必ずノイズ（ヒスノイズやスクラッチノイズなど）が発生するため、デジタル機器よりもノイズレベルが高い。結果、ダイナミックレンジはカセットテープで50〜60dB程度、オープンリールテープで70dB程度、アナログレコードで65dB程度、FMラジオ放送が60dB程度といわれている。

【残響】　ざんきょう

周囲からの反射によって、音源が音を出すのを停止したあとも音が響いて聞こえる現象。リバーブ(Reverb)ともいう。エコー（Echo）ということもあるが、本来、エコーは反響やオウム返しを意味するもの。間違いではないものの、エコーが繰り返されて残響になっていくという考え方が自然である。

残響は、個々の反射音が識別可能な「初期反射」と反射が繰り返されて個々の反射音を識別できなくなった「後期残

響」とに分類できる。

直接音が発せられてから後期残響が60dB減衰するまでの時間を残響時間というが、残響時間が長いと音声が不鮮明になったり、遠くでしゃべっているような音になったりすることがある。部屋の大きさや構造、壁や床などの材質によっても影響を受けるため、スタジオを設計する段階で反射が起こりにくい形状にしたり、壁や天井に吸音材を貼ったり、床にカーペットを貼るなどの工夫がなされる。

【編集】 へんしゅう

番組の方向性を決めて、目的の内容となるよう調整すること。一般に編集というと録音された音源を切り貼りするイメージが強いが、それはあくまで手段であり、目的は方向性に沿った番組を作ること。したがって、編集という行為は生放送でも常に行われている。例えば、どの話題を話すか、どのメールを読むか、テーマに沿った番組であればどう進行してどう締めくくるか、などである。公正な報道や表現の自由を守るため、番組内容を自主的に決められる権利を「編集権」という。これが最終的に放送局に属するのか、制作者に属するのかは悩ましい問題だが、海外では「報道の内部的自由」という考え方が浸透しつつある。

【DAW】 *Digital Audio Workstation*

Digital Audio Workstationの略。パソコン上で、デジタル的に音声編集を行うシステム。「ダウ」「ディーエーダブリュー」などと呼ばれる。放送局向けには専用システムが納入されているほか、ディレクターや制作会社レベルでは、ProTools、WaveLab.、Adobe Auditionなどがよく使われる。

楽曲やBGM、ナレーションといったすべての素材がデジタルデータとして管理され、それを画面の時間軸上に配置していくことで編集を行う。テープと違って編集箇所を自由に決められるのが特徴であり、これをノンリニア編集という。また、トラックという概念を使うことでそれぞれの素材を個別にコントロールできるため、BGMにナレーションをのせたり、楽曲にジングルをかぶせたりといった操作も容易である。

本格的なスタジオで行うのと同等、もしくは、それ以上の高度な編集機能をノートパソコンなどでも利用できるため、デスクでも、カフェでも、場所を選ばずに編集作業が行える。その一方で、キーボードとマウスですべての操作を行うため、直感的な操作がしづらく、メニュー階層も深く煩雑になりがちである。その弱点を補うべく、ミキサー卓を模したハードウェアコントローラーも市販されており、よく使用されている。

Adobe「Audition」

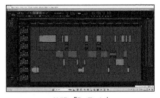

AVID「ProTools」

MAGIX「Samplitude」

【編集点】 へんしゅうてん

編集を行う時に実際に変更が加えられる点、または、そのタイミングをいう。ひとつの素材をカットすると素材が2つに分割され、新たな終点と始点が生まれる。テープで編集を行っていたときにはカットした素材をつなぎ合わせるカット編集が主流だったため、各素材における始点と終点が編集点だった。

DAWによる編集が広く行われるようになるとより自由度の高い編集が可能となり、各素材における始点と終点に加えて、DAWの時間軸上に自由に配置できるマーカーを編集点として編集を行うことも多くなった。

編集点に適した箇所は、音楽であればリズムの区切り、ナレーションであればブレスのポイントなどが挙げられるが、優秀なナレーターは、あとで編集しやすいように、原稿の意図を汲んだうえで適切な箇所にやや長めのブレスを入れておいてくれる。この行為を「編集点を作る」という。

【整音】 せいおん

音のレベルや音質を微調整すること。トラックダウン（Trackdown）、または、ミックスダウン（Mixdown）ともいう。

編集作業では素材の構成や内容を整えることが主目的となるが、おおむね組み立てられた番組の音量や音質を微調整するのが整音。編集時に気付かなかったノイズやマイクの吹かれ、レベル不足などを修正するチャンスでもある。番組編集における最終段階とも言えるが、最近では、DAWの各種プラグイン（レベル調整やノイズ除去、コンプレッサーなど）が進化していることもあって、編集時の簡単なチェックだけで省略されることも珍しくない。

【ダビング】 dubbing

素材や番組の複製を作ること。CMなどの重要な素材は完成と同時に複製を作成し、完成品をマスター、複製品をプリント（コピー）と呼んで両者を区別しておく。実際の放送にはプリントを使うことで、万が一にもマスター素材が失われてしまうことを防止するのである。

実際にダビングが行われていたのは、放送にテープが使われていた時代。編集ではさみを入れる前の下準備としてもダビングは行われていた。こう書くとアナログに限った話のように思う人もいるだろうが、ダビングはデジタルでも行われており、例えばCDからDATにダビングするようなこともあった。いずれにせよ、再生機で再生しつつ、録音機で録音していたため、ダビングには実時間が必要だったのである。

全国ネットの番組でテープネットの場合、ネット局の数だけプリントが必要となることもあり、番組制作者にとって大きな負担である。そこで、音声信号を分配して録音機の数を増やしたり、テープスピード19cm/sの素材をテープスピード38cm/sで倍速ダビングして半分の時間で済ませたりといった高等テクニックも使われた。

今は、ほとんどがデータでのやりとりのため、従来のようなダビングを行うことは珍しくなったが、オーディオキャプチャーを使ってアナログ素材をDAWに取り込む作業もダビングの一種である。

【波形】 はけい

オーディオデータについて、その振幅を時間軸に沿ってグラフ化したもの。縦軸が信号レベルで、横軸が時間である。デジタル音声編集の世界では音＝波形であり、波形を編集することは音を編集することにほかならない。よって、音声編集ソフトのことを波形編集ソフトと呼ぶこともある。慣れてくると、波形を見た

だけで、音声なのか、音楽なのか、音声であればどの言葉を発声しているのかなどがわかるようになり、効率よく編集作業を進められるようになる。ちなみに、放送局の音は送出レベルの上限（最大周波数偏移）に合わせてリミッターでレベル規正されているため、デコボコの少ない「羊羹」のような波形となっている。

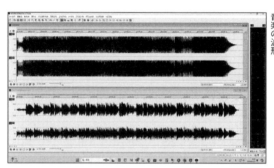

上が羊羹波形、下が一般的な音楽の波形

【フラット】 flat

音にクセがなく、低域から高域までの周波数特性が平たんであることをいう。

スタジオのマイクが拾った音は、手もとのラジオに届くまでの間に数多くの機器を経由する。各機材が少しずつでも音に色づけしてしまうと、その影響はどんどん蓄積し、最終的にはバランスの崩れた音になってしまう。そこで放送局の機

材には、入った音を色づけせずに出力する能力（フラットさ）が求められるのだ。各局とも自局のサウンドポリシーに合わせた「音への色づけ」を行っているが、これは送出の最終段階であるマスターで行われる。その色づけを濁ったものにしないためにも、それ以外ではフラットさが重要なのである。

【フリーズ】 freeze

機材や人間が固まってしまうこと。導入したてのデジタル機器や新人スタッフや新人パーソナリティに頻発する。最近はそうでもないが、以前のスタジオは見て覚えることが多かった。すべてがアナログだったため圧倒的に業務量が多く、細かく教えている余裕がなかったのである。すると、何をしていいかわからない

状況が起きて固まってしまう。

デジタル機器の場合は内部にCPUを積んでいるため、プログラムの不具合や環境要因（ノイズや電圧不安定など）によって導入直後には安定せず、固まってしまうことがある。このため、実績の少ないデジタル機器は全社一斉ではなく段階的に導入するなど、予防策を講じている。

【プラグド／アンプラグド】 *plugged/unplugged*

主に音楽用語で、電源が必要な楽器のことをプラグド、電源が不要な楽器のことをアンプラグドという。アンプラグドはアコースティックと同義である。

MTVが1989年にアコースティック楽器を中心とした音楽番組「MTVアンプラグド」を放送開始。人気番組となったことから一般化した。「アンプラグド」

は、MTVの登録商標である。

それまでアコースティック楽器に対して電子楽器といった言葉で表現されていたものが、「アンプラグド」の出現によって「プラグド」といわれるようになったのである。ここでいうプラグとはコンセントのことであるが、むろん電池を使用した楽器もプラグドに含む。

【AC／DC】 *Alternating Current/Direct Current*

電源において、交流をAC、直流をDCという。

交流は、0Vを中心に周期的・対照的にプラス方向とマイナス方向が入れ替わるものをいい、矩形波や三角波、のこぎり波も含む。このうち代表的なものは正弦波である。トランスによって昇圧／降圧が自由に行えるため、長距離の送電に適する。コンセントから供給されるものは正弦波交流であり、日本の場合は100V、または、200Vが一般的である。

直流は、時間の変化によらず電流の向きが一定のものをいう。電圧が変化するものを脈波というが、電圧の変化がハムなどのノイズ成分となり得るため電源としては適さない。最も一

般的なものは乾電池であるが、有線電話に使用される48V（正確にはマイナス48V）、コンデンサーマイクのファンタム電源に使われる48V（9Vや24Vも存在する）などが一般的だ。

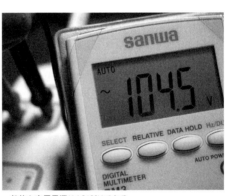

一般的な商用電源はAC100Vである

【ADコンバーター／DAコンバーター】 *AD converter/DA converter*

アナログである音声信号をデジタル量で表現するための変換器をADコンバーター、デジタル量をアナログの音声信号に変換する機器をDAコンバーターという。

デジタル音響機器においては、特に意識しなくとも、アナログ入力がある場合にはADコンバーターが内蔵されているし、アナログ出力がある場合にはDAコ

ンバータが内蔵されている。また、アナログ出力がなくてもヘッドホン端子がある場合には、DAコンバータが内蔵されている。

パソコン用のオーディオキャプチャーも外付けのADコンバータ／DAコンバーターであり、もはや、その存在が意識されないほど一般化しているといえる。

【サンプリング周波数と量子化ビット数】 *sampling frequency/quantization bit number*

アナログの音声信号は理論的には無限の情報量を持っているため、そのままではデジタル量に変換することができない。そこで、一定間隔で情報を切り取って標本化していく。すると、断片的ではあるが音声信号の傾向が見えてくる。この標本化のことをサンプリング（Sampling）といい、その間隔をサンプリング周波数（fs）という。さらにサンプリングの間隔を縮めていくと、より原音に近い音声信号が再現されるようになってくる。この時に再現可能な音声信号の周波数上限に相当する周波数をナイキスト周波数（fn）といい、fn=fs/2の式が成り立つ。サンプリング周波数44.1kHzのCDで周波数上限が22kHzほど、サンプリング周波数96kHzのハイレゾ音源の場合で周波数上限が48kHzほどと、符合しているのがわかる。ちなみに、ナイキスト周波数を超える周波数成分が入力された場合、ADコンバーターでは捉えきることができず、その誤差が折り返し雑音（エイリアシングともいう）となって現れてしまう。そこで、ADコンバーターの直前には、必ず、ローパスフィルターが挿入されている。

一方、個々の標本化をどの程度の分解能（細かさ）で行うかはその音声データの質を示すダイナミックレンジの値に直結する。この分解能のことを量子化ビット数というが、低すぎる（荒すぎる）と誤差が大きくなってしまうし、高すぎる（細かすぎる）とデータ量が膨大なものとなってしまい使い勝手が悪くなる。CDでは16bit、ハイレゾ音源では24bitが一般的である。

余談だが、CDが開発された1980年ごろはまだまだCPUやメモリーの性能が低く、扱えるデータ幅も8bitか16bitが関の山であった。そして、コンピューターの歴史に名を残すZ80（ZiLOG）や8008（Intel）といったCPUは8bitであり、今にいたるまでデジタル機器の多くがデータ幅において8bitがひとつの単位となっている。

仮に8bitで設計するとダイナミックレンジはFMラジオ放送以下の48dBしか確保できないが、ひと単位上の16bitであればレコードをはるかに超える96dBとなる。つまり、CDの量子化ビット数16bitは必然だったのである。8bitがひとつの単位となっているのは、より高音質のハイレゾ音源が24bitや32bitを採用しているところからも明らかである。

【エラーコレクション】 *error collection*

デジタル機器において、データにエラーが発生した場合にそれを検出し、必要に応じて訂正する仕組みをいう。この仕組み自体は、バーコードの読み取りからパソコンのハイエンドメモリーまであらゆるデジタル機器で活用されている。

例えば、CDは盤面のピットをレーザーで読み取って音楽を再生するが、盤面に傷が付いていたり、振動によってレーザーの読み取り位置がずれたりといったメジャーなエラー以外にも、実は、無数の細かいエラーが発生している。そこで、CIRC（Cross Interleave Reed-Solomon Code）というエラーコレクションが使われており、音楽の品質を保っている。

【雑音（ノイズ）】 *noise*

意図せず入り込んでしまった音のこと。一般的には、聴く者に不快感を起こさせる。雑音と呼ばれるものは多岐にわたり原因もさまざまであるが、広義ではSNSなどにおけるアンチも雑音といえる。ラジオに限定すると、スタジオ環境によるもの、機材によるもの、電波環境によるものに大別できる。

スタジオ環境によるものとは、パーソナリティによるリップノイズや吹かれ、ペーパーノイズ、防音不足による外音の侵入、空調の音、パソコンのキーボード音、スタッフの足音など、本来は放送に乗せないはずの音をマイクが拾ってしまうものである。

機材によるものとは、熱雑音由来でアンプを内蔵した機器の宿命でもある「サー」音（ホワイトノイズ）や機器の動作に伴うポップ音、電源由来のハム、ケーブルに発生する誘導雑音、テープのヒスノイズ、レコードのスクラッチノイズなどである。

電波環境によるものとは、混信、隣接妨害、マルチパス、電界強度不足、ステレオ分離（復調）ノイズ、違法電波の混入などである。

いずれも本来は不要なものであり、特に、機材や電波環境による雑音は技術的に解消可能なものがほとんどである。しかし、スタジオ環境によるものは、そもそもこれを雑音と見るか臨場感と見るかは意見の分かれるところであり、例えば外音の侵入も、サテライトスタジオや公開放送であれば、許容される範囲が広くなるだろう。

【ホワイトノイズ】 *white noise*

理論上、0（直流）から無限Hzまで、すべての周波数で同じレベルとなる特殊な雑音をいう。他との相関性や反復性がない完全に不規則なノイズがその本質である。可視光線のうち、広い周波数の成分（赤緑青）を同じレベルで含んだものが白であることから名づけられた。白色雑音ともいう。ただし、実環境において無限は存在しないため、一般的には、低域から高域まで広い範囲で同レベルの周波数成分を含むものをホワイトノイズと呼んでいる。乾いた「サー」という音が特徴。すべての周波数で同じレベルであることを利用して、音響測定などにも用いられる。無信号時にFMラジオから流れる雑音もホワイトノイズである。

【ピンクノイズ】 *pink noise*

エネルギーが周波数に反比例するノイズをいう。[1/fノイズ]「フラクタルノイズ」と呼ばれることもある。可視光線のうち、同様の周波数分布特性を持つ光がピンクに見えることからこう呼ばれる。

スペクトラムアナライザは、横軸（周波数）の測定幅がオクターブ単位になっているものが多いが、ピンクノイズはオクターブバンドごとのエネルギーが一定であるため、フラットに表示される。湿った「ザー」という音が特徴で、強い雨や滝の音に近い。ただし、自然の音はさまざまな成分を含んでいるため、-3dB/octのローパスフィルターにホワイトノイズを通して生成される。周波数に反比例する性質は「1/fゆらぎ」と呼ばれる。

【DRM（著作権管理）】 *Digital Rights Management*

　第三者による利用やコピーを困難にするデジタル著作権管理技術をいう。CDをはじめとするデジタルデータはコピーしても品質が劣化しないため、無制限にコピーされるなど著作権者の権利が侵害されやすい。そこで物理的特性を応用した「コピーガード」という仕組みを作ったが、本来再生されるべき機器でも再生できないなどの問題が生じたうえ、いったんパソコンに取り込まれると効力が及ばない。そこで、DRMではソフトウェア的な手法を使ってデジタルデータを暗号化、鍵を持つ正規ユーザーが復号処理を行いながら再生する方式が採用された。権限を個別に管理できるうえ、通常はコピーを作っても再生できない。

【SCMS】 *Serial Copy Management System*

　民生用のCDやDAT、MDなどのデジタル録音機器で採用されているデジタルコピー防止技術。デジタル接続によってコピーを行うとき、録音側の機器でオリジナルにはないコピービットを付加することによってそれがコピーであることを記録する。ただし、デジタル接続で入力された信号がオリジナルでない場合は録音を行わない。オリジナルから子(コピー)は作れるが、孫（コピーのコピー）は作れない仕組みとなっている。CD-RディスクやDATテープといったメディアの機能ではなく、録音機器の機能であることに注意が必要である。放送用機器ではSCMSが働くと業務に支障が出る場合もあるため、通常は搭載されていない。

【DRM（デジタルラジオ）】 *Digital Radio Mondiale*

　短波放送を中心に放送されている、デジタルラジオ規格のひとつ。デジタル・ラジオ・モンディエールという非営利団体が制定し、国際電気標準会議（IEC）からAM標準方式として認可された。

　最初から既存のAM送信機を利用してCOFDM（符号化直交周波数分割多重）変調を行う前提で設計されているため、占有周波数帯域も音声放送のそれに準拠しており、専用のエンコーダーを組み込むだけで送信システムが完成する。放送される音声データはMPEG-4のHE-AACが基本であるが、トークのみの場合にはCELPやHVXCの利用も可能である。また、デジタルなので拡張性も高く、多言語放送（副音声）が可能なほか、写真やテキストの電送、緊急放送にも対応している。

　海外ではDRM対応ラジオが市販されているものの国際的な流通量は少ないため、日本で簡単に手に入る対応受信機はPERSEUS（AOR取り扱い）ぐらいである。そのため、市販のラジオから中間周波数を取り出して可聴周波数帯域の12kHzに変換し、パソコンのサウンドカードから取り込んで復調するのが一般的である。復調には、「Dream」などのDecoderソフトウェアを使う。電波状況が良好で復調がうまくいけば、FMラジオ放送並みの音質で受信可能といわれている。

Dream入手先（https://sourceforge.net/projects/drm/files/dream/）

【デジタル出力】 *デジタルしゅつりょく*

　一般的な音声出力がアナログであるのに対して、デジタルで行われる音声出力をいう。民生機では、ソニーとフィリップスが共同で開発したSPDIF（Sony Philips Digital InterFace）規格が一般的で、光デジタル端子（Optical）と同軸デジタル端子（Coaxial）が使用される。前者はコネクターに角形と丸形があり、光ファイバーで信号を伝送する。後者は、RCAケーブルで信号を伝送する。

　放送用機器では、SPDIFが作られる以前からAES/EBUという規格（詳細は4章参照）があり、3ピンのXLRコネクターを使用し、マイクなどに使われるものと同じSTP（Shielded Twisted Pair）ケーブルで信号を伝送する。

【可聴周波数帯域】 *かちょうしゅうはすうたいいき*

　人間が耳で聞こえる音の周波数範囲をいう。おおむね、20Hz〜20,000Hzとされる。ただし、加齢によって徐々に高域の音（いわゆるモスキート音）が聞こえづらくなっていくほか、より低周波の音を振動として感じることもできるケースがあるなど、個人差が大きい。

　一般的に、20Hz以下を超低周波音、20,000Hz以上を超音波という。また、可聴周波数帯域のうち最もよく聞こえるとされるのが2,000Hz〜4,000Hzとされ、ちょうど人間の声の輪郭にあたる周波数である。

【ヘッドルーム】 *head room*

　音響機器において、音声信号レベルの取り扱い上限までの余白をいう。一般的に、上限を超えた音声信号はクリッピングを起こして音が歪んでしまう。そこで、クリッピングを防止するための安全措置が必要となる。

　アナログ機器の場合、VU計の0dBを超えて音声信号を入力した場合でもすぐにはクリッピングしないよう余白を取ってあり、その余白こそがヘッドルームである。

　デジタル機器の場合は、0dBFSという絶対上限があるため、そこから逆算して十分余白が取れるよう基準レベルを設定する。この時、音声信号のピークと0dBFSの差がヘッドルームとなる。

【LAN】 *Local Area Network*

　構内ネットワークのこと。局内や社内、家庭内など、限定した範囲内にあるコンピュータや通信機器などを接続し、互いに通信できるようにしたネットワークをいう。ネットワーク構成によって、スター型、バス型、リング型などに分類できる。それぞれにメリットとデメリットがあるが、柔軟な配置が可能で故障箇所の特定も容易なことから、スター形の普及が進んでいる。

　デジタルデータに変換すれば、数百チャンネルにおよぶ音声もLANケーブル1本で伝送でき、配線の工数を大幅に削減できることから、DANTEやMADI、REACといった音声伝送システムを使った構内音声配線のLANへの移行も進んでいる。

【WAN】 *Wide Area Network*

本来は、遠く離れたエリアとつながったネットワークを意味する。ただし、現時点で遠く離れたエリアとつながるオープンなネットワークはインターネットしか存在しない。WANとLANの境目にはルーターが配置されており、IPv4の場合、WAN側にはプロバイダから与えられたグローバルIPが、LAN側にはDHCPサーバー（ルーター内の機能を利用することが多い）から与えられたプライベートIP（ローカルIP）が割り当てられている。

一部のプロバイダではグローバルIPの代わりにプライベートIPが割り当てられていることがあり、ネットワークサーバーなどを設置するとき問題になることがある。

【サーバー】 *server*

物や情報を集中的に管理して供給する装置をいう。ファイルサーバーやメールサーバー、データーベースサーバー、WEBサーバーといったネットワーク機器に注目が集まりがちだが、広義では、小規模なオフィスでも見かけるコーヒーサーバーやウォーターサーバーもサーバーの一種である。

ここ数年、各放送局とも設備更新のタイミングでデジタル化を行うところが増えている。その中心となるのが、局内に設置された中央集中型のオーディオファイルやCMバンク、APS（自動番組制御装置）、EDPS（営業放送システム）、FTPサーバーといった各種サーバー群。もはや放送局自身がサーバーなのである。

【録音／レコーディング】 *recording*

音声を記録して媒体に固定すること。初期の録音は、エジソンの蓄音機（1877年）に代表されるように、空気の振動である音をそのまま物理的な振動として記録する方式を採っていた。電気的な手法こそ加わったものの、現在のアナログレコードも原理は同じ。その後、音声を電気信号に変え、色の濃淡としてフィルムに焼き付ける方法や磁気の変化として磁気テープに記録する方式が開発された。

現在では、音声を電気信号に変え、ADコンバーターでデジタル量に変えてデータとして保存するデジタル録音が主流。短期的には、HDD、SSD、メモリーカードなどに保存されているが、デジタル媒体の寿命はそれほど長くない。

【事前収録】 *じぜんしゅうろく*

生放送以外の録音放送全般をいう。リアルタイム性に縛られないため、内容確認や編集に十分な時間をかけた、クオリティの高い番組作りが可能となる。初期のFMラジオ放送は全国ネット用の回線がステレオに対応していなかったため、音楽番組では事前収録が主流。そのためエアチェック向けプレイリスト情報誌が数多く出版されていた。

リスナーはパーソナリティとのコミュニケーションを求めて生放送を好む傾向にあるが、生のワイド番組が増えたのは時間あたりのコストが削減できるからという側面もある。生放送と事前収録に優劣はなく、生放送でもゲストコーナーだけを事前収録で行うといったこともある。

【完パケ】 かんパケ

　編集が完了し、そのまま放送できるようになっている音源のこと。完全パッケージの略。NHKでは「完プロ」と呼ぶ。スポンサー付き番組の場合にはCMが挿入された状態で納入される。スポンサーがない番組の場合、CM枠ではフィラーが流され、各局でCMを挿入できるようになっている。CM枠を無音としないのは、各局がCM挿入作業を省略してそのまま放送しても放送事故に至らないようにするためである。

　番組の流れに沿って制作されているものの、納入にあたってBGMやCMを挿入するなど何らかの手を加えないと放送できないものは「半パケ」と呼ばれる。ただし、「半分パッケージ」とは言わない。

【録って出し】 とってだし

　収録から放送までの時間が短く編集が間に合わないため、収録した音源をそのままの状態で放送すること。事前収録の一種。速報性が重視される。従来であれば収録した素材をバイク便で運んでいたような音源であっても、通信技術の発達と共に一瞬で送れるようになった。また、スタジオを押さえなくてもパソコン上でさまざまな編集を行うことが可能である。そのため、編集を行わない真の意味での録って出しは珍しくなった。録って出しに近いもので、実際の放送と完全に同じ時間軸、CMやフィラーも含んだ同じ構成で収録することによって収録と同時に完パケを完成させてしまう手法を「同時パケ（同時パッケージ）」という。

【付箋／短冊】 ふせん／たんざく

　ハイライトシーンをリプレイするために、オープンテープに挟み込んで目印として使用する小さな紙をいう。スポーツ中継や記者会見などでは、記録用とは別にリプレイ用の録音デッキが常にまわっている。試合を左右するようなプレーや重要発言などがあった場合、テープの巻き取り側に付箋を挟んで目印にするのである。ひと区切りついた段階で付箋の部分まで巻き戻せば、肝心の部分をリプレイできるという仕組み。付箋には番号が振ってあり、目的の箇所をさかのぼることも可能であった。

　現在ではデジタル録音が主流なため、データ上にマーカーをつけて、ハイライトシーンの頭出しを行っている。

【テイク】 take

　ナレーションや音楽、ボーカルなどの収録において、ひとかたまりとなる録音を指す。録音回数を表すときにも用いられ、同じ文言を繰り返すとTake1、Take2…と数が増えていくが、文言やフレーズが変わるといったんリセットされて、あらためてTake1からのカウントとなる。

　うまくいった場合を「OKテイク」、うまくいかなかった場合を「NGテイク」などといったりもするが和製英語であり、英語圏においてOKの場合は単に「Take」、あるいは、「Print」という。日本でも、「OK!」と言う代わりに「頂きました！」というディレクターがいるが、その方が正しいといえる。

【ナレ録り／別録り】 ナレどり／べつどり

　ナレーションを録音すること。番組収録において、テーマ曲やBGMなどは後から編集で加えることにして、ナレーションだけを録音すること。番組を収録する場合、スムーズに行けば実時間（30分番組なら30分ほど）で完了する。しかし、パーソナリティが不慣れな場合、録り直しを繰り返しているうちに時間が経過してしまう。また、パーソナリティが多忙で収録時間を十分に取れないようなケースもある。そこで、ナレーションのみを録音することでパーソナリティの負担を減らしつつ、収録時間の短縮を図るのだ。そのほか、特定の地域向けのコメントなど、短いフレーズを差し替えるために収録することを「パーツ録り」という。

【抜き録り】 ぬきどり

　番組収録において、通常どおりナレーションとBGMなどをミックスした状態で進行させながら、実際にはナレーションのみを録音すること。ナレーションだけを抜き出して録音することからそう呼ばれる。パーソナリティによっては、時間どおりしゃべるのが苦手であったり、放送上適さない言い回しが多発することがある。そのような場合、ナレ録りで対応するのが一般的だが、無音の中でしゃべることになるので臨場感が出ず、テンションを維持しづらい。そこで、BGMやSEを流しながら、ミキサー卓の設定によってナレーションだけを録音し、後から編集できるようにするのである。ナレ録り同様、ディレクターの負担は増加する。

【パンチイン／パンチアウト】 punch in/punch out

　すでに録音された素材に対して、一部だけを上書きで差し替える手法のこと。主に、オープンテープで行われていた。例えば、電話番号を間違えた場合、テープを再生しながらナレーターに正しい声を合わせてもらい、間違えた箇所だけ録音状態にして差し替えるのである。このとき、再生状態から録音状態に切り替える事を「パンチイン」といい、録音状態から再生状態に戻す事を「パンチアウト」という。

　レコーディングスタジオではマルチトラックレコーダーが使用されるが、ボーカルに割けるトラック数は限られているうえ、テープの切り貼りによる編集は他のすべてのトラックに影響を与えてしまう。そこで、既存のトラックを上書きして差し替えを行ったのである。かなり高度なテクニックであり、ナレーターとオペレーターの息が合っていないと難しい。そこで、同様の結果を得るために、ラジオでは間違えた箇所を別録りして編集による切り貼りで差し替えることも珍しくなかった。

　DAWの時代になってからも、ソフトウェアにはパンチイン／パンチアウトの機能が搭載されている。しかし、間違えたトラックを再生しながら別のトラックに新しいテイクを録音し、あとから自由に編集するなど、より高度で安全な差し替えが可能となったため、上書きの危険を冒して同じトラックにパンチイン／パンチアウトすることはほとんどなくなった。

【素ナレ】 すナレ

　収録したまま、素の状態のナレーションのこと。ナレーションのみを放送すること。

　ナレーションは、通常、BGMをつけたり、番組の体裁にしたり、手を加えたうえで放送される。しかし、何らかの事情で手を加え直す必要が生じたとき、オリジナルのナレーション素材が必要とな

る。一方、通常はBGMを使用する番組中で、特別な効果を狙ってBGMやエフェクターを使わずにナレーションのみを放送することがある。重要な告知やお詫びなどで用いられる。

　なお、ニュースなど、最初からBGMを使わない番組では、あえて「素ナレ」という言い方をしない。

【Q信号】 キューしんごう

　ネットワーク放送時、キー局からローカル各局に対して自動的にCM送出を行うために送られる制御信号。差し替え信号とも呼ばれる。ローカル局はキー局からの番組供給を受けて放送しているが、ローカルCMは各社で独自に挿入している。しかし、番組の進行上、CMが定刻に入るとは限らないため、CMを確実に

放送する自動化された仕組みが必要であった。ネットワーク回線には番組音声本線と打ち合わせ線があるが、キュー信号は打ち合わせ線を使って送られる。録音番組の場合、完パケの中に「CM差し替え制御ラベル」とよばれるキューポイント情報（チャンク）が埋め込まれ、それにしたがってQ信号が送出される。

【1kc】 1ケーシー

　1kHzの正弦波トーン信号のこと。1972年に計量法が改正されるまで、日本では、周波数の単位に「サイクル(c)」や「サイクル毎秒(c/s)」を使用していた。その名残がそのまま使われている。1kc=1kHzである。

　さまざまな機器の基準信号として使われており、1kHzの正弦波トーン信号をアナログ入力から+4dBで入力したとき、アナログ放送機器では0VUとなるよう、デジタル放送機器では-20dBFS、または、-18dBFSになるよう設計されていることが多い。中継回線などでレベル合わせが必要な場合、送信側で0VU（アナログ機器の場合）、または、-20dBFS（デジタル機器の場合）にレ

ベル規正された1kcを受信側でも0VU、または、-20dBFSになるよう調整すれば、正確なレベル同期が可能となる。

　各種素材や完パケの冒頭に挿入する「レベル規正用信号」としても使われており、アナログ記録媒体では左右とも0VU、デジタル記録媒体では左右とも-20dBFSにレベル規正された10秒程度の信号として記録される。

　現在、番組交換は原則として音声ファイルで行われるため左右を間違うことはないが、アナログテープ時代は左右が逆になることもあったため、ステレオ音源のレベル規正用信号は、左5秒左右10秒のようなスタイルで録音するのが一般的だった。

【はさみ／デルマ／スプライシングテープ】 はさみ／デルマ／splicing tape

かつて、編集はアナログテープの切り貼りで行われており、「はさみ」、「デルマ（Dermatograph）」、「スプライシングテープ」がディレクターの三種の神器と呼ばれていた。

具体的な作業としては、再生しながら編集点を探し、デルマで始点と終点に目印を書き込み、目印を重ねながらはさみで切断し、スプライシングテープで貼り合わせ、スプライシングテープのはみ出した部分を切り取るというものである。慣れたディレクターは左手で編集点を重ねて右手で切るといった作業を連続的に行えたが、テープの幅に溝が掘ってありカッターで切断可能なスリットが用意された「スプライシングブロック」という専用の道具も使用されていた。

一般的なはさみは金属製であり、磁気を帯びると切断面にノイズが入ってしま

う。そこで、消磁器を使って定期的に消磁する必要があった。そのため、セラミックのはさみを使っているディレクターもいた。

デルマは、「ダーマトグラフ（三菱鉛筆の登録商標）」「デルマトグラフ」とも呼ばれる太めの色鉛筆。ドイツ語の皮膚科（Dermatorogie）に由来する。芯にはワックスを多く含んでおり、手術時に皮膚に目印を書き込むために作られた。テープやフィルムにも直接書き込めることから重宝されたのである。

【（素材の）搬入・搬出】 はんにゅう・はんしゅつ

放送用音源の搬入・搬出には、かつてアナログテープが使われていた。管理が面倒なため、音質を無視してコピーのコピーが使用されることもあった。また、搬入されるCM素材は広告主の持ち物であるため、放送期間が終わると返却しなくてはならないなど、煩雑な事務作業がついてまわった。

機材のデジタル化が進むと、今度は、3.5インチのMOディスク（光磁気ディスク）が使われるようになった。記録されているのは音声ファイルなので、局内でコピーしてしまえば自由に使用可能。登録作業さえ済めばMOディスクを返却できるなど効率も向上した。ところが、世間一般にMOが普及することはなく、2000年代後半にはドライブが、2018年にはディスクも製造が中止された。放送業界では、残ったドライブをかき集め、

MOディスクを再利用するなど涙ぐましい努力をしていたのである。

2017年には日本民間放送連盟と日本広告業協会が「ラジオCMオンライン送稿システム（通称：Radi Pos）」を稼働させ、CM素材については、すべてこのシステムを使ってやりとりするようになった。素材は10桁のCMコードで管理されており、民放各局は音源データをダウンロードするだけでやりとりが完了する。広告代理店が各局にCM素材を届けるプッシュ型から、各局が必要な素材をダウンロードするプル型へと大幅な効率化が図られた。放送音源については、各局でその搬入方法についてバラツキがあり、FTPサーバーへのアップロードやファイル転送サービスのほか、CD-R、DVD-R、CFカード、SDカードといった物理メディアも使われている。

【バルクイレイサー】 *bulk eraser*

強力な磁気を使って、オープンテープに録音された音声を一括して消去する装置。消磁器の一種。

テープレコーダーは、録音時、消去ヘッドで過去の音声を消したうえで、録音ヘッドで新たな音声を書き込む仕組みとなっている。したがって新たな録音をするだけであれば過去の録音が影響を及ぼすことはない。しかし、テープを搬入する場合など、新規録音部分以外に音声を残したくない場合はテープの残りの部分に実時間を使って無音を録音する必要があった。その場合、一般的な7号リールを38cm/sの速度で上書きして15分必要である。

しかし、バルクイレイサーであれば、リールのサイズにかかわらずものの数秒でテープ全体の消去が可能。本体の突起にプラスチックリールに巻かれたテープをセットして、電源をONし、1〜2回転させれば完了である。ただし、強力な磁気が発生して他の機器に影響を及ぼすことがあるため、腕時計などは外す必要があった。また、半径数メートルの範囲で金属類が置かれていない倉庫のような場所をバルクイレイサーの専用室として設定することもあった。

現在、放送の現場で使われることはほとんど無くなったが、機密情報を扱う現場では、HDDなどデジタル記録メディアの消去に応用されている。

TEAC製バルクイレイサーの取扱説明書より

【マスター（原盤）】 *master*

ダビングを行う前のオリジナル音源、および、その媒体。原盤ともいう。アナログ音源は、ダビングするたびに音質が低下していくため、マスターを使用するのが理想である。しかし、テープやレコードをはじめとする接触型の記録媒体は使用に応じて少しずつ摩耗が進んでいく。デジタル媒体の場合は品質低下が見えにくい傾向にあるが、仮に非接触媒体であっても使用に応じた破損のリスクはあるし、経年劣化による品質の低下が進めば、最終的には再生できなくなってしまう。そこで、マスターを他と区別したうえで保存用とし、放送ではマスターから直接コピーした音源（子コピー）を使うのが一般的である。

【コピー】 *copy*

ダビングによって生み出された複製。「プリント」ともいう。マスターから直接複製したものを「子コピー」、複製の複製を「孫コピー」と呼ぶ。アナログ音源は、ダビングするたびに音質が低下していくため、一般的に世代がよりマスターに近いほど音質の劣化が少ない。

音源データのデジタル化によってマスターと完全に同一のコピーを生み出すことが可能となったこと、DAWの普及によりマスターよりも重要な「編集データー」という存在が生まれたことなどから、最近では、マスターとコピーを区別する必要性が薄れただけでなく、概念そのものが揺らいでいる。

【マスター巻き】 ますたーまき

オープンテープにおいて、テープの再生後に巻き戻さずそのまま保管すること。化粧巻きとも呼ばれる。録音部分がリールの内側に来るため、保存性が高いとされる。CMや楽曲のマスターテープなど、価値が高い音源で使用された。早送りで送られたテープはわずかな上下のズレを生みやすく、それが片伸び（わか

め）の原因となってしまう。そこで通常の再生操作によって巻き取っていくのである。マスター巻きされたテープは空きリールに巻き取った上で再生しなくてはならないうえ、マスター巻きの途中で停止や早送りなどをしてしまった場合は最新から操作をやり直す必要があるなど、手間のかかる作業である。

【クリッピング】 clipping

音響機器において、信号レベルが高すぎて飽和してしまうこと。音割れを起こす原因となる。レベルオーバーによってクリッピングが発生すると、音声信号に歪みが生じる。わずかな場合は気付かないこともあるが、レベルオーバーが進むと信号のピークで「パチン」といった雑音が発生する。この雑音を「クリッピン

グノイズ」という。クリッピングが連続した状態が「音割れ」である。

いったんクリッピングが発生すると音質が低下するだけでなく、あとあとの音声処理に影響を及ぼしてしまう。DAWによっては「クリッピング除去機能（De-clip)」が搭載されているが、完全な修復は困難である。

【早送り／早戻し】 はやおくり／はやもどし

音響機器において、再生時に再生ポイントを進めたり（早送り）戻したり（早戻し）する操作をいう。

テープレコーダーの時代には、「早送り／巻き戻し」という言い方が一般的だった。テープを物理的に早送りしたり、巻き戻したりしていたためである。デジタル録音が一般的になっても、しばらく

はDATのようなテープも存在していたため変化はなかった。ところが、ハードディスクやメモリーカードを使った機器が一般化すると、ひっそりと、そして確実に「早戻し」ということばが定着していく。英語表記も「Fast Backward」だ。ひとつの時代が終わったようで寂しいと感じる人はベテランかもしれない。

【まわす】 まわす

録音が開始されること、録音中であることをいう。もともとは映画撮影の用語で、撮影時にフィルムのリールが回っている様子が語源となる。

録音においても、以前は実際にテープのリールを回して録音を行っていたため、同様に「回して！」「回しました！」という言い方が広く使われるようになっ

た。録音ミスを防ぐためにも、声をかけることは重要なのだ。ところで、「巻き戻し」の場合はテープを使わなくなったため「早戻し」へと変化したが、「まわす」ということばはテープを使わなくなった今も広く使われている。もしかしたら「まわす」に対応するスムーズな言い換え先が見つからないからかもしれない。

【BWF】 *Broadcast Wave Format*

　放送用に規定されたデジタル音声ファイルの形式。音声データはパソコンなどで使用されるWAVと同等だが、CUEポイントなどの各種チャンク情報が追加されている。日本では、EBU（欧州放送連合）が仕様策定したものをJPPA（一般社団法人日本ポストプロダクション協会）が日本向けに機能拡張したBWF-Jが使用

されている。2チャンネルのリニアPCMを基本とし、規格上、量子化ビット数は8/12/14/16/18/20/22/24bit、サンプリング周波数は11/22.05/24/32/44.1/48kHzの中から選択可能だが、16bit/48kHzの使用が一般的である。拡張子は「WAV」であり、通常のWAVファイルと同様にパソコンで再生できる。

【チャンク】 *chunk*

　ひとつのデータを構成する個々の要素（かたまり）をいう。BWFのチャンク情報という場合は、BWFファイルの各チャンクに付与される拡張情報を指す。

　チャンク情報には、制作会社名や制作者名、制作日時などの情報を含むbext chunk（Broadcast Audio Extension chunk）、ファイル形式やチャンネル数、量子化ビット数、サンプリングレートなどの情報を含むfmt chunk（Format chunk）、音声データ本体を含むdata chunk（Wave-data）といった必須チャンクと、音声データ中にCUEポイント

を設定できるCue-points chunk、BC$ラベルを使ってCUEポイントに対する再生制御やQ信号の送出を書き込めるPlaylist chunk、PDFやテキストデータを付加できるAssociated data chunkといったオプションチャンクがある。

　BC$ラベルには、音源全体の再生開始点を示すBC$START、番組本編の開始点（スタンバイポイント）を示すBC$STANDBY、CM差し替え制御ラベルとしてCM開始点を示すBC$CM、番組本編の終了を示すBC$ENDなどがある。各種情報の書き込みには専用ソフトが必要である。

【PCM】 *Pulse Code Modulation*

　パルス符号変調。アナログ信号をデジタルデータに変換する方法として、広く用いられる。アナログ信号を一定の周波数（時間間隔）で標本化（スライス）し、その時の電圧を量子化（測定）することによってデジタルデータ化する。この時の周波数を「サンプリング周波数」といい、量子化を行う細かさを「量子化ビット数」という。

　量子化の方法によっていくつかの方法があり、ゼロから最大値までを一定間隔で直線的に量子化する非圧縮の「リニアPCM（線形PCM）」、信号変化の差分と量子化の幅を信号の細かさに応じて変化

させることでデータを圧縮する「ADPCM（適応差分PCM）」などがある。

　そのほか、量子化に浮動小数点を使ったPCMも実用化されており、「Float PCM」などと呼ばれる。簡単にいうと、量子化ビットの中に「指数部」が含まれており、まさに指数関数的に大きな信号を扱えるようになる。ただし、32bit float PCMの場合で8ビット分が指数部に使用されるため、適正レベルで録音された通常の32bit PCMの方がより原音に近い。時折、「絶対に音割れしない」などとうたわれることもあるが、極めてクリッピングしにくいだけであり限度はある。

【マルチトラックレコーダー】 *Multi Track Recorder*

複数のトラックを扱えるレコーダー。MTR、多重録音機ともいう。Multiは複数という意味でありステレオレコーダーも含みそうに思えるが、通常、マルチトラックレコーダーというときには3トラック以上のものを指す。

音源ごとに独立したトラックに録音できるため音楽制作で使われることが多く、いったん録音した後で個々のトラックについてレベルや定位を調節したり、エフェクターをかけたりできる。また、個々のトラックごとに録音／再生できるため、リズムトラックを聞きながらほかの楽器を録音したり、リズムからボーカルまでをひとりで録音したりする「多重録音」も可能である。

トラック数の多さイコール使い勝手に直結するため、オープンリールのテープ（放送で使うものと同じ1/4インチ幅）を使った4トラックに始まり、1/2インチ幅のテープを使った8トラック、2インチ幅のテープを使った40トラックとトラック数競争が続いた。そこに終止符を打ったのは、S-VHSビデオテープに音声を記録し、単体では8トラックだが複数台の同期使用が可能で無尽蔵にトラック数を増やせるAlesisのADATというデジタルMTRであった。しかし、それもDAWの登場と共に消えていく運命であった。

ソニーのMD-MTR（型式MDM-X4）

【圧縮】 あっしゅく

数学的な手法により、データの本質を損なわずに量だけを削減すること。画像や音声のコンパクト化に用いられる。

圧縮には可逆圧縮と非可逆圧縮の2種類がある。可逆圧縮とは圧縮に伴うデータの損失がなく、復元を行っても完全に同一のデータに復元できる状態をいう。数値データやプログラム、リニアPCM音声などで使われる。非可逆圧縮とは、圧縮に伴うデータ損失をある程度許容し、完全に同一にはならないもののデータの本質を保ったデータに復元できる状態をいう。写真や動画、MP3やAACといった圧縮音源などで使われる。可逆圧縮と非可逆圧縮に優劣はなく、用途に応じた使い分けが重要である。

【フォルマント】 *formant*

音声の周波数スペクトルに現れる、周囲よりも強度が大きい周波数帯域をいう。人間の声の帯域は20Hz〜20,000Hz程度であるが、その周波数成分は平坦ではなく、いくつかの大きな山を持つ。その山のことをフォルマントといい、周波数が低い方から順に第1フォルマント（F1）、第2フォルマント（F2）と呼ぶ。

声帯によって発生した呼気の振動が、のどや口腔や鼻腔といった声道の複雑な形状に共鳴した結果、波打って特定周波数の強調として表れたものがフォルマントであり、声の個性の本質である。発声を分析することによって発声練習などに利用できるほか、個人差や男女差が大きいことから声紋鑑定にも応用されている。

【ワウ・フラッター】 _wow and flutter_

録音再生機において、主に回転機構のムラによって発生する再生周波数のゆらぎを表したもの。単位はパーセント（％）。ワウは長期的なゆらぎ、フラッターは短期的なゆらぎを意味する。

測定は、高度に安定した環境で作られた測定用媒体に記録されたトーン信号を再生し、水晶発振器を内蔵した周波数カウンターなどでその誤差を測定する。一般的なワウ・フラッターは、放送用のテープデッキやレコードプレーヤーで0.02％〜0.04％程度であった。テープレコーダーやレコードプレーヤーなどアナログ音響機器では、その仕組み上、回転機構のムラが直接音に影響するため重要な指針だったのである。

しかし、デジタル音響機器では、仮に回転機構で何らかのムラが発生しても、そのゆらぎはバッファーメモリーで吸収される。また、そもそも回転機構を持たないものも多くなり、測定自体が意味を持たなくなったのである。

デジタル音響機器においてワウ・フラッターの原因となり得るものは、現在、アナログ信号の出口であるDAコンバーターの動作クロックのゆらぎのみとなっている。音響マニアには水晶発振器をルビジウム発振器に置き換えるツワモノもいるが、そこまでいくと、聴取空間における気圧の乱れや空気の流れ、聴取者本人の体動の方が問題となるため、明らかにオーバースペックである。

【ジッター】 _jitter_

信号伝送における、時間軸上の短期的なゆらぎをいう。ビデオ用語であると誤解されることがあるが、信号伝送全般に発生しうる現象である。アナログ音響機器におけるワウ・フラッターもジッターのひとつといえる。インターネットに代表されるネットワークでは、レスポンス（応答時間）やレイテンシー（伝送時間）にばかり注目が集まりがちであるが、ストリーミングでは、それらの不安定さの結果であるジッターが問題となる。

中継などで使用する音声コーデックによる音声伝送でも、ジッターが原因でノイズが発生することがある。多くの場合、バッファーを大きく取ることで解決できるが、遅延が問題となることもある。

【トラッキング】 _tracking_

音響機器、映像機器において、記録媒体に対する読み取りが正しく行われるようヘッドやピックアップで追従する仕組み。DATやアナログビデオテープなどは回転ヘッドを使って磁気テープに対して斜めにデータを記録していくが、機器による誤差が問題となった。DATにはオートトラッキングが実装されていた

が、初期のビデオデッキではトラッキングつまみで再生時に手動調整する必要があった。CDやDVD、Blu-ray Discなどはオートトラッキングの実装を念頭に設計されており、1本のレーザー光線を回折格子で3本（主ビーム1、副ビーム2）に分け、副ビーム同士のレベル差で追従する「3スポット法」が多く用いられる。

【ドルビー】 *dolby*

ノイズリダクションやサラウンドなどでおなじみ、アメリカのドルビーラボラトリーズによって開発された音響システム全般をいう。

最も有名なのがノイズリダクションであり、業務機用のA、SRのほか、民生機用として開発されカセットデッキなどに採用されて広く普及したB、C、Sなど

がある。いずれも音声をいくつかの帯域に分けて圧縮／延伸することで、SN比とダイナミックレンジを改善するもの。録音／再生時には、原則として同じノイズリダクションを使用する。ほかにも「ドルビーステレオ」や「ドルビーサラウンド」「ドルビーアトモス」「ドルビーデジタル（AC-3）」などがある。

【ノイズリダクション】 *Noise Reduction*

雑音を取り除いて希望する信号のみを取り出そうとする仕組み。音声信号のみならず、映像信号から地震波にいたるまで、ノイズリダクションが必要となる場面は多い。音声信号においては、アナログテープレコーダーのヒスノイズに対する取り組みが始まりだった。ヒスノイズは高域に多く存在するため、録音時に原

音の高域を持ち上げておき、その分を再生時に下げる方法がベースとなっている。この方法は「プリエンファシス（送信側）」「ディエンファシス（受信側）」と呼ばれ、FMラジオ放送でも採用されている。最近ではさまざまな種類のデジタルノイズリダクションが開発され、DAWのプラグインとしても使用されている。

【自然音／人工音】 *しぜんおん／じんこうおん*

自然界に存在する音を自然音といい、人間が作り出した、または、人間の生活にともなって発生する音を人工音という。風の音や波の音、川のせせらぎなど自然音は周波数スペクトラムが広く、倍音を多く含んでいるのが特徴。また、スペクトル密度や音の間隔など、さまざまな場面で「1/fゆらぎ」が観測される。

人間を含む生物の生体信号も1/fゆらぎであるため、相性がいい、癒やしの効果があるなどと言われる。一方、サイレンや機械の動作音、楽器の音など人工音は単音を中心としているため周波数スペクトラムが狭く、倍音をあまり含まないのが特徴。ほとんどが規則性を持つ単調な音の繰り返しであり、耳に付きやすい。

【Dr値】 *ディーアールち*

隣り合う部屋どうしの遮音性能を評価する指標。日本産業規格（JIS A 1419）に規定されており、正式には「室間音圧レベル差等級」という。

測定は、隣室から125/250/500/1,000/2,000/（4,000）Hzを中心とするオクターブバンドの音を再生し、それぞれの入射音に対する透過音を測定して差分を

記録して最悪値を求める。それを等級曲線に当てはめればDr値が求められる。

Dr値は等級であり、Dr-30～Dr-60まで7段階が規定されている。単位はないが、数字が大きいほど性能は高く、Dr-60の場合、周囲の音をおよそ60dB減衰できる遮音性能と読み替えて差し支えない。

【集音】 しゅうおん

マイクによって音を集めること全般をいう。広義では、スタジオにおいてナレーションを収録することも集音といえるが、あまり一般的ではない。集音という言葉を使う場合、主に外録において、自然音や環境音などの微細な音を収録することを指す。

集音においては、マイクの感度を上げることよりも目的以外の音を減らすことが重要であり、ガンマイクやパラボラマイクといった超指向性型のマイクが使用される。人間が出す動作音や振動、呼吸音すら問題になることがあるため、三脚などにマイクを固定して離れた場所から録音操作を行うこともある。

【ビビる】 びびる

スピーカーやマイクの固定方法などが適切でないため、他との干渉が振動音となって表れることをいう。

スピーカーユニットはエンクロージャー（スピーカーボックス）と呼ばれる箱に入っているが、固定が不十分であったり、エンクロージャーの構造体にゆるみがあったりする場合、音の再生にともなう振動が不均衡に伝わり、干渉して不快な音を出すことがある。

一方、大きな音を収録するとき、空気の振動を捉える振動板のみならず、マイク本体やマイクスタンド、机などが振動してしまい、干渉することがある。それが振動板に伝わるとビビリの原因となることがある。

【防音／遮音／吸音】 ぼうおん／しゃおん／きゅうおん

外音が室内に入ったり室内の音が漏れたりするのを防ぐことを「防音」という。防音のための手段が「遮音」と「吸音」である。スタジオにおいて外音の混入は雑音でしかないため、防音のしっかりしたスタジオがいいスタジオの条件といえる。

遮音とは、外部と室内との音の伝わりを遮断することである。もっとも簡単なのは、音が通過しないよう強固な壁で覆うこと。木造よりも鉄筋コンクリートのほうが内部が静かなのは遮音性能が高いためである。ただし、内部の音が反響しやすくなるというデメリットもある。

一方、吸音とは、音を吸収することで音のエネルギーを弱めて通過や反響を防ぐことである。一般的には、グラスウールやウレタンフォームなどの多孔質素材に音を当てて内部に取り込み、拡散させるというものである。

遮音と吸音は、バランスが重要であり、理想的な防音環境作りには両者をうまく組み合わせる必要がある。

一般的な放送ブース内の吸音材。中にはスポンジやグラスウールが入っている

【MO】 *Magneto-Optical disc*

光磁気ディスク。磁気テープに変わる読み書き可能な媒体として研究が進み、1980年代半ばに実用化された。大きさは3.5/5.25/8インチのものが存在し、最も広く使われた3.5インチのもので2.3GBまで高密度化された。

光磁気ディスクは、常温では磁化されず、熱を加えることによって磁化する特殊な磁性体記録層を持った媒体である。レーザー光をあててピンポイントで加熱しながら磁気を与えることで情報を書き込んでいく。読み取りには、磁性体の向きによって反射光が変化する性質を利用している。

ランダムアクセスが可能であることから次世代の媒体として注目され、2017年にラジオCMオンライン送稿システムが稼働するまではCM素材や完パケ納入時の標準メディアとして使用された。しかし、CD-RやCD-RW、DVD-Rの方が安価であることやネットワークにおけるファイル転送が広く普及したことなどから、媒体としての役割を終えた。

【FTP】 *File Transfer Protocol*

ネットワークで接続されたサーバーとクライアントにおいて、ファイル転送を行うための通信プロトコル、および、そのシステムをいう。

FTPは、WindowsなどのGUIが開発される以前、MS-DOSなどのコマンドラインの時代からある通信プロトコルである。単にファイル転送を行うだけでなく、与えられた権限に応じて、削除やリネームなどのファイル管理やディレクトリ（フォルダ）による階層構造の管理ができるため広く普及した。

FTPサーバーを使用している放送局では、制作者ごとにディレクトリが用意されており、制作者はその中に番組ごとのディレクトリーを作成して納入を行う。

通信プロトコルとしてのFTPには暗号化通信機能がないなどセキュリティー面での懸念があるため、FTPS（File Transfer Protocol over SSL/TLS）やSFTP（SSH File Transfer Protocol）への移行が進んでいる。

【タイムコード】 *time code*

音声や映像において、同期が必要な場合に用いられる時間情報。放送局において単にタイムコードという場合は、「SMPTEタイムコード」を指す。これは、米国映画テレビ技術者協会（SMPTE）が制定したもので、のちに国際電気標準会議（IEC）によって標準化された。映像と音声との同期を目的としているため、規格上の最小分解能は60fps（1/60秒）だが、29.97fpsや30fpsが使用されることが多い。実際のタイムコード信号は可聴周波数帯域に収まるため、テープの音声トラックに録音したり、通常の音声と同じように分配したりすることが可能。マスタークロックの時刻情報をスタジオの子時計に分配するときに使われることも。

【多重録音】 たじゅうろくおん

DAWやマルチトラックレコーダーなどを使用し、音を重ねて録音していくこと。「オーバーダビング」、または、「重ね録り」ともいう。

トラック数が少ない場合などは、すでに録音した演奏トラックを再生しながら、ボーカルをミックスして新規トラックに録音していくことがある。音をまとめることでトラック数が節約できるからだ。また、ミュージシャンによっては複数の楽器をひとりで演奏し、ボーカルまで吹き込んでしまう強者がいる。これらは、実際に音を重ねないと成立しないため、多重録音といって差し支えない。

一方、一般的なレコーディングにおいては、まずはリズムトラックを収録し、それに合わせて他の楽器やボーカルを収録していくなど、トラックを分けたうえで音をひとつずつ追加していくことが多

い。広義では多重録音であるが、すでに一般化した手法であり、あえて多重録音を名乗らないことが多い。

一方、ライブ感を大切にするためにすべての音を一斉に録音する手法を「一発録り」という。すべての楽器を別トラックに録音してあとからミックスする場合も、そう呼んで差し支えない。

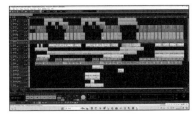

単に音を重ねるだけではなく、すでに録音した素材を再生しながら録音できるものも多重録音の特徴。DAWの普及でより一般化した

【音場】 おんじょう／おんば

目的の音が存在している領域をいう。時折論争になるが、読み方は「おんじょう」でも「おんば」でもよい。自然界において、空気が振動していない場所はない。つまり音が存在していない場所はないことになるが、音場という場合は、楽器やボーカル、スピーカーの音など、人工的に作り出した音がどう伝わるかとい

う視点が重要である。

スタジオやホール、ライブ会場などでは、目的とする範囲に必要な音を届けつつ、不要な範囲への音は少ないのが理想である。この目的とする範囲、または、音が届く範囲のことを音場という。しっかりとした音場設計が行われれば、両者の差は最小限で済むのである。

【自由音場／拡散音場】 じゆうおんじょう／かくさんおんじょう

壁や床、天井がなく、反射波の影響を受けない理想状態の音場を「自由音場」という。通過した音が消えてなくなるイメージだ。無響室は自由音場を模して作られており、反射波を減らすため6面すべてが吸音材で覆われている。

球体の壁で覆うなどした結果、音の進行方向が常に等確率となり、音のエネル

ギー密度にムラが生じないようにした理想状態の音場を「拡散音場」という。周囲に音が漂い続けるイメージだ。残響室は拡散音場を模して作られており、音のエネルギー密度を均一にするため不整五角形による七面体を採用することが多くなった。

【音像】 おんぞう

　音が持つ立体的な存在感のこと。スピーカーで音を再生したときに、まるで目の前にボーカルがいるような、演奏者が存在しているかのようなみずみずしさを感じることがある。このような音のイメージを「音像がよい」という。

　音像には、演奏時の場所、マイクの配置、録音方法、トラックダウンの技術、再生機の性能、スピーカーの音質、再生場所の音響特性など、さまざまな要素が絡み合い、互いに作用している。どれかひとつが欠けても正確な音像の再現はなし得ないが、あくまで人間の感覚を中心に表現されるものであり、単位をつけて定量的に表現できるものではないことに注意が必要である。

【定位】 ていい

　立体音源において音像が持つ要素のうち、個々の音における方向や距離の感じ方をいう。「音像定位」、または「定位感」ともいう。スピーカーで音を再生したときに、ひとつひとつの楽器がどこで鳴っているかをハッキリと立体的に感じられることがある。このような音のイメージを「定位がしっかりしている」という。

　人間は、音の定位を左右の音量差よりも時間差（位相差）で認識していることが多い。したがって、定位のしっかりした音とは集音から再生までの間における左右の位相誤差が少ない音といえる。

　ミキサー卓には「パンポット」というツマミがあるが、これは左右への音の振り分けレベルを調整するものであり、位相差をつけるものではない。定位のコントロールとしては不完全である。DAWやデジタルミキサー卓の一部には、サラウンド機能として定位をコントロールできるものがあり、こちらは左右の位相差まで考慮されている。

【時計（スタジオ）】 とけい

　生放送に限らず、番組は時間との勝負であるため、スタジオに時計は必需品である。しかもその時計は日本標準時に対応した正確なものでなければならない。

　正確な時刻と言えば電波時計でその基準となっているのが、JJYが福島県と佐賀県にある送信所から送信している長波である。電波時計はこの長波を受信して、正確な時刻を刻んでいる。実は放送局の時計もこのJJYを使って正確な時刻を刻んでいる。と言っても電波ではなく光回線を使っている。この光回線で送られてきた信号をマスターにある機械で受け、そこから各スタジオにある時計に信号で送り、その時計が正確な時刻を刻んでいるのである。

　スタジオにある時計はアナログの針式時計と数字で時刻を示すデジタル時計の2種類があるが、その両方を設置したスタジオが増えているものの、アナログだけのスタジオはまだまだ多い。

　デジタル時計は今の時刻を読み取るには便利だが、残り時間を把握するのに便利なのは、針の位置で直感的に時間を把握できるアナログ時計の方だ。針と文字盤の数字が作り出す扇型の面積が残り時間を視覚化しているのだ。これがアナログ時計が放送現場で生き残っている理由なのである。

【ストップウオッチ】 *stopwatch*

　放送現場で一番活躍しているストップウオッチはSEIKOのサウンドプロデューサーSVAX001。1994年の発売以降、一度もモデルチェンジすることなく30年を迎えた定番である。高さ116mm、幅58mm、厚さ26mmと小型のスマホ程度の大きさで、ストップウオッチ機能の他、時間の加減計算、タイマー機能、時刻表示ができるという現場に必要な機能が揃った優れものである。生放送で秒コンマ以下は必要ないため、液晶画面にはコンマ以下の秒数が出てこないという現場の心が分かっている優れもの。また操作音が出ないのも素晴らしい。そして何より優れているのが、時間の加減計算がテンキー操作だけでできること。曲の時間やコーナー時間など、あとやらなければいけない時間を全部足して終わり時間から引けば、残り時間が出てくる。生放送の切羽詰まった時にこれができるのは嬉しい。

　定価は税込みで16,940円（2024年2月現在）と、少々高価だがその価値はある。アナウンサーには針式の方が使いやすいという人がいるが、それは針と文字盤の文字が成す扇形の面積で時間を把握しているからだ。この面積を見ればあとどれくらいしゃべれるかを実感できるという。まさに職人技。ストップウオッチは放送職人を陰で支える重要な道具である。

SEIKOサウンドプロデューサー

【イヤホン】 *earphone*

　中波局のスタジオでパーソナリティが片方の耳にイヤホンをしてしゃべっている姿をよく見るが、このイヤホンからは「送り返し」と言って、放送されている音が流れている。しゃべり手は自分の声も入っているその音を聞きながら、実際に自分の声がどう聞こえているか、BGMとのバランスやノリはどうなのか、そしてゲストや相手役との声のバランスはどうなのかをチェックしながらしゃべっているのである。そして修正点が見つかればその場で修正するのである。またサブスタジオにいるディレクターからの指示があれば、このイヤホンから指示の声が聞こえてくる（トークバック）。まずスタジオに入ったしゃべり手はイヤホンプラグをイヤホンジャックに差し、マイクテストで自分の声が聞こえているか確かめ、音量を調整する。誰も使わない席にイヤホンがあった場合、そのイヤホンからの音漏れをマイクが拾わないよう、そのイヤホンをジャックから抜いておく。聞かれてはいけないトークバックからのディレクターの罵声がオンエアに乗ってしまうかもしれないからだ。

　使用されるイヤホンはどこにでも売ってるマグネチックイヤホンが一般的だが、ニッポン放送では片耳だけのASHIDAVOX製モノラルヘッドホンMT-3を使用している。

ASHIDAVOXのMT-3

【ヘッドホン】 *headphone*

【イヤホン】の項で「ニッポン放送では片耳だけのASHIDAVOX製モノラルヘッドホンMT-3を使用している」と書いた。普通のヘッドホンはハウジングと呼ばれるお椀のような形をした部品がヘッドバンドの両側に付いているが、モノラルヘッドホンは片方しかハウジングが付いていない。イヤホンと違って耳全体をハウジングが覆うので、外からの音が遮断されて聞きやすくなるのと、イヤホンのように耳の穴のサイズが合わなくて本番中に落っこちることがない。

FM局ではイヤホンではなく、ステレオヘッドホンを使うしゃべり手ばかりなのは、両耳を塞ぐことによって、ヘッドホンから流れてくる「送り返し」の音がよく聞こえ、自分の声の調整がやりやすくなるためだ。片耳だけのイヤホンでは、イヤホンをしていない耳から外の音

が聞こえてしまう。そのため最近では中波局のしゃべり手でもヘッドホンをしている人を見かける。「送り返し」を聞いて自分の声を調整することが目的なのだから、ヘッドホンの方が合理的と言える。

アメリカのDJはワンオペが当たり前なので、送り返しに集中できるヘッドホンは必需品。日本のパーソナリティがヘッドホンをしていると、格好を真似ているだけだと揶揄する向きもあるが、そこにはこういう背景があるのだ。

スタジオ備え付けのヘッドホン（FM三重）。オーディオテクニカ製。中にはマイヘッドホンを持参する喋り手もいる

【カフ】 *cough*

スタジオ内にあってしゃべり手がマイクのオン・オフを行うスイッチのこと。本番中に咳が出そうになった時、咳の音がマイクに入らないようにしゃべり手が一時的にマイクをオフするためのスイッチをアメリカでは「カフスイッチ」と呼んでいて、それが日本に輸入され、「カフ」と呼ばれるようになった。

「カフ」とは英語で「cough」と綴り、意味は咳である。NHKではこのスイッチのことを「フェーダー・ユニット（Fader Unit）」と呼び、普通は略して「FU（エフユー）」と呼んでいる。おそらくTBSラジオを除いてほぼ全ての局でカフは使用されている。

カフにはスタジオの机の上に置くタイプのものと、机にビルトインされているタイプのものがある。いずれのタイプのものも、マイクをオンにするには上方向

か前方向にスイッチを動かす。反対にオフにする場合には下方向か手前方向に動かす。これは今では各局統一されている。しかし2007年まで稼働していた毎日放送千里丘放送センターには上方向に動かすとオフとなり、下方向に動かすとオンになるという、全く逆の動きのカフが存在していた。調べたところこのカフはMBSだけ。なぜMBSのカフの動きが他局とは逆なのか、その理由は未だに分かっておらず、ラジオ界の大きな謎となっている。

ADgear製のカフ（AB-1L）。イヤホンもここに接続する

【アクリル板】 *Acrylic plate*

　コロナ禍で売れたのがアクリル板。飲食店にオフィスなど、呼気が直接かからないよう、日本中のあらゆる所にアクリル板は登場した。それはラジオ局のスタジオでも同じ。各局が競うようにしてスタジオ内にアクリル板を設置、本番が終わるたびにアルコールでアクリル板を拭く姿が見られた。

　このアクリル板を一番最初に導入したのはTBSラジオのようだ。2020年3月に新型コロナ対策に頭を悩ませていた社員がタクシーの防犯用アクリル板を見て思いつき、3月31日の昼ワイド『たまむすび』でスタジオ初登場。その当日の「刑務所の面会所のようだ」というパーソナリティのコメントが印象的だった。

コロナ禍ではすっかりお馴染みとなったアクリル板。写真はいち早く導入したTBSラジオのスタジオ

【温度計／湿度計／震度計】 *おんどけい／しつどけい／しんどけい*

　ワイド番組の生放送のオープニングで「このスタジオがある○○の気温は」と、気温、湿度、風の強い日は風速などをパーソナリティがしゃべるのをよく聞く。これはスタジオ内にある温度や湿度、風速、風向などの気象データを表示するモニターを見てしゃべっているのだ。このデータは放送局の屋上などに設置した計測器から送られてきている。

　また地震が発生した場合は、局内に設置された震度計のデータもスタジオに表示され、それを見て「ここ○○では震度×を観測しました」と放送しているのだ。ちなみに震度計が設置されている場所は局によって違い、報道部のデスク下やレコード室に設置されているところなど様々だ。

広報用になくてはならない
「バックパネル」とは

主にタレントの出演写真を撮影するときに使われる、放送局名入りの背景板。各番組とも、SNSでの情報発信やゲスト写真の投稿を行うことが一般的になったが、クレジット代わりに用いられる。放送局は写真を加工して放送局名を入れるなどの手間を省いてそのまま投稿できるし、タレントも番組に出たことを強く印象づけられる。多くの放送局では、共通スペースに専用の撮影場所を用意している。

各種イベントでも同様の背景が使われるが、ほとんどはスポンサー名が入ったもので、メディアに露出することで宣伝効果を高めるもの。名前も同じバックパネルだが、目的はやや異なっているのである。

なお、その他SNS用などちょっとした撮影にはスタジオや廊下の壁が使われるが、局によってはよっぽど適した場所が限られているのか、いつもお馴染みの背景になっていることもある。

3章

編成・CM

番組編成／番組の種類／ネット・放送網／
CM／イベント・広報／サイマル・配信／賞

【生放送】 なまほうそう

生放送の一番の特徴は「始まれば時間内で必ず終わる」だ。1時間番組なら1時間経てば必ず番組は終了する。反対に録音番組は納得できるまで何度でもやり直しが利く。つまり生放送と違い、終了時間が決まっていないのである。これは音楽のCDやレコードと、ライブの違いと同じである。CDやレコードを制作するためにミュージシャンたちはスタジオに籠もり、納得がいくまで録音やトラックダウンを行う。つまりもうこれ以上手の入れようがない最高の仕上がりがCDやレコードであるのに対し、ライブは当初予想もしなかったアドリブが入った

り、会場の雰囲気によって演奏が変わったりと、その場1回限りの再現不可能な演奏である。生放送はライブと同じで、当初ディレクターや構成作家が考えて作成した台本やキューシート通りに進行しないことがままあり、そっちの方が得てして面白い場合が多い。リスナーからのメール、ゲストとのトーク、出演者同士の何気ないフリートークなど、台本にはなかったちょっとしたノイズがきっかけで考えてもいなかった方向に番組が進んでいくのである。そのため生放送はかなりのエネルギーを必要とする。生放送は瞬発力、録音番組は持久力が必要となる。

【箱番組】 はこばんぐみ

毎週1回、同じ曜日の同じ時間帯に放送される1時間半以内の番組のこと。番組表では四角い箱が並んでいるように見えることからこう呼ばれる。

15分か30分の長さが一般的で録音番組がほとんど。民間放送がスタートした

頃は、ほぼ全日、箱番組が並んでいたが、ワイド番組の登場以降、その数は減り、現在では平日では夕方から深夜番組が始まるまでの時間帯に、土曜と日曜では自社ワイド番組以外の時間帯で早朝と夕方以降に多く並んでいる。

【ワイド番組】 わいどばんぐみ

タイムテーブルにおいて、横方向、または縦方向でワイドに存在する番組の総称。毎日同じ時間に放送される番組がタイムテーブル上でワイドに見えることからそう呼ばれるようになった。「帯番組」「ベルト番組」ともいう。

1951年に誕生した民放ラジオ局は、その真新しさからしばらくの間は広告収入を伸ばしていた。しかし1959年、後発の民放テレビに広告収入で抜かれると、制作費削減が叫ばれるようになる。そこに登場したのが、生放送による長時間番組であった。それまでの主流は15分や30分の録音番組であったが、それぞれにかかっていた制作費を一気に圧縮

できたのである。当然、営業の流れも「番組の販売」から「スポット枠（PT）の販売」へと変化していったが、これが思わぬ副作用を呼ぶ。それまでスポンサーが負担していた番組制作費を、放送局が負担（提供付きフロート番組を除く）しなくてはいけなくなったのである。かくして、長時間番組は更なる長時間化の道をたどることとなった。

このような理由から、横方向にワイドだったものが縦方向にもワイドとなり、縦横の区別が消滅。週に一度放送されるだけの長時間番組まで「ワイド番組」と呼ばれるようになった。現在はむしろそちらを指す言葉になりつつある。

【超ワイド番組】 ちょうワイドばんぐみ

　ワイド番組の中でも放送時間がすごく長い番組のこと。その時間に明確な定義はない。単発番組としては、ニッポン放送他が毎年12月24日正午から放送している『ラジオ・チャリティ・ミュージックソン』や開局記念日でのスペシャル番組などがある。変わったところでは、STVで9時間の公開生放送を35年に亘り放送してきた日高晤郎の芸能生活30周年を記念した32時間公開生放送『めぐり逢い・春夏秋冬』(1991年5月3日9時〜5月4日17時)、自身50歳の誕生日に50時間の生放送を行った糸居五郎のニッポン放送『50時間マラソンジョッキー』(1971

年1月17日13時30分〜19日15時30分)などがある。2023年10月現在、レギュラー長時間ベスト3はNACK5金曜9時〜17時55分『FUNKY FRIDAY』(8時間55分)、栃木放送土曜5時〜13時『サタデーとちぎ』(8時間)、栃木放送日曜5時〜13時『サンデーとちぎ』(8時間)。ただ午前中が『MORNING EDITION』、午後が『AFTERNOON EDITION』と分かれているものの、番組枠としてはひとつとなっているFM802土曜7時〜18時『SATURDAY A MUSIC ISLANDS』を一つの番組として考えるなら11時間となるため、この番組が一番長い超ワイド番組となる。

●おもな超ワイド番組 （2023年12月現在）

明石のいんでしょ大作戦！	STVラジオ	5時間
らじすく！エア	青森放送	5時間
土曜王国	LuckyFM茨城放送	5時間
サンデー／サタデーとちぎ	栃木放送	8時間
ビタミンとちぎ	栃木放送	6時間
ミキシング！	栃木放送	6時間
隆さま劇場	栃木放送	6時間
toybox	栃木放送	5時間45分
高原兄の5時間耐久ラジオ	北日本放送	5時間
FUNKY FRIDAY	NACK5	8時間55分
おひるーなフライデーひるうたマガジン	中国放送	5時間10分
アサデス。ラジオ	KBCラジオ	5時間30分
KBCサタデーミュージックカウントダウン	KBCラジオ	6時間
KBC Sunday Music Hour	KBCラジオ	6時間
ラジオ深夜便	NHK	5時間55分

【単発番組】 たんぱつばんぐみ

　1回だけ放送される番組のこと。スポンサーの付いた「特別番組」「スペシャル番組」もこの範疇に入るが、それ以外の1回だけ放送されるサス番組（P119参照）もこの中に入る。
　例えばスポンサーとの契約が満了して終わってしまった番組の穴埋めとして、次のスポンサーが付くまでの間、放送さ

れる番組がある。この場合、経費を使わずにアナウンサーが出演するケースがほとんどだが、たまにオーディションを兼ねて新人パーソナリティを試験的にしゃべらせてみたり、その先にレギュラー出演を予定している新人パーソナリティのお披露目＆慣れの場として放送されることもある。

【特別番組】 とくべつばんぐみ

タイムテーブルに掲載されているレギュラー番組を休止して放送される番組。例えば祝日や開局記念日、年末年始の長時間ワイド番組、リスナーを集めての屋外イベント会場からの放送、地元で行われる大きなイベントとタイアップしての放送といったような恒例となっているものなどがある。一方、恒例とはなっていないものの例としては、番組スポンサーが提供する新商品や新サービスの発表を兼ねた番組などもある。

いずれにせよ放送局としては営業のチャンスであり、リスナーとしてもいつもとは違う番組が聞け、しかもスポンサーが提供するプレゼントなどが当たるチャンスでもある。

【ローカル番組】 ローカルばんぐみ

地元局が制作し、その局のエリアだけで放送されている番組のこと。ネットワークのキー局制作の番組でも、その局のエリアだけで放送されている番組はローカル番組となる。

ラジオの場合はテレビと違い、全放送時間の半分以上はローカル番組で占められる。例えばある局のローカル番組を他局が放送したとしても、その番組はローカル番組である。

最近ではradikoのエリアフリーで聞くエリア外のリスナーが増えてきている。しゃべり手の魅力はもちろんのこと、その地方でしか流れないCMや、聞き馴染みのない地名を聞く楽しみが、ローカル番組にはある。

【帯番組】 おびばんぐみ

複数曜日の同時間帯に放送されている番組のこと。番組表では横に広く帯のように見えることからこう呼ばれる。別名ベルト番組。ほとんどの番組が月曜〜金曜に跨がることが多いが、最近は金曜のみ違う番組で、月曜〜木曜の帯番組が増えてきた。また同じ番組ながらもニッポン放送の朝ワイド「あなたとハッピー！」のように、金曜日だけ出演者が違うケースもある。多くの帯番組ではパーソナリティは全曜日通しで同じだが、曜日毎にパーソナリティが違う番組もある。後者の場合、通しで同じコーナーを放送するなど、曜日毎の箱番組ではなく、つながりのある帯番組であることを意識させる構成となっている。

【金曜編成】 きんようへんせい

多くのラジオ局では月曜〜金曜を平日編成、土曜と日曜を休日編成としている。2000年代に入ってから、いくつかの局で「金曜日は週末」というコンセプトで番組タイトルは変えずに（サブタイトルで週末の特別感を出すことが多い）パーソナリティと番組内容を変える番組が登場するようになった。

こうした背景には局アナの就労時間問題がある（いわゆる「働き方改革」）。担当を一曜日減らすことで、他番組への出演や休日のイベント出演が可能となる。またタレントパーソナリティに対しても、他の活動への影響を考慮して金曜日だけ別パーソナリティが担当することも多くなった。

【ネット番組】 ネットばんぐみ

　自局制作ではなく、他局や制作プロダクションが作った番組のこと。タレントや文化人といった知名度（と出演料）の高い出演者、ならびに大手スポンサーの確保が難しいローカル局のために、首都圏や関西圏にある局や番組制作会社が番組を制作し、それをテープで各局へ送る「テープネット」からネット番組はスタートした。

　その後、1965年に中波局によるJRNとNRNという2つのネットワーク網が作られ、プロ野球中継やワイド番組、深夜番組などの生放送でのネット番組配信が始まった。一方、録音番組はテープから音声データによる配信に代わっている場合がほとんどだ。

【自社制作番組】 じしゃせいさくばんぐみ

　ネット番組の対義語で、自社で企画制作した番組。テレビに比べラジオは圧倒的に自社制作番組の割合が高い。その理由は局の成り立ちにある。

　当初、民放ラジオ各局は他局との結びつきがない独立局として誕生した。しかしながらテレビはアメリカの3大ネットワークを手本とした系列ネット局として誕生していった。このためラジオはテレビに比べて自社制作率が高いのである。1980年代後半から1990年代前半にかけてのバブル時代、ラジオ各局は夜の時間帯に若者向け自社制作番組を放送したが、バブルが弾け、景気が後退したため、夜の時間帯はネット番組が中心となり、局の独自性が失われた。

【フロート番組】 フロートばんぐみ

　ワイド番組の中に登場する、番組コーナーとは違い、番組としての体裁が整っている5分から30分程度の番組のこと。フロート番組のパーソナリティはワイド番組のそれと違っていることが多い。別名「コーナー番組」とも呼ばれている。ワイド番組のパーソナリティにとっては貴重な休憩時間となっている。

　全国ネットのフロート番組には、JRN系列ネットの『話題のアンテナ日本全国8時です』のように、各局同時間帯に放送されるものや、文化放送制作でNRN系列ネットの『武田鉄矢・今朝の三枚おろし』のように、各局で放送時間がバラバラのものがある。フロート番組は提供スポンサーが付いてるケースが多い。

【雨傘番組】 あまがさばんぐみ

　プロ野球中継などが荒天のため中止になった場合に放送される予備番組のこと。別名レインコート（番組）。本来予定されていた番組のことをAプロ、雨傘番組のことをBプロと呼ぶこともある。

　ラジオの場合、予定されていた試合が中止になった場合は、試合が行われいてる他球場からの中継に切り替えられるため、雨傘番組が登場するケースは少ない。またドーム球場が増えたため、天候による中止は少なくなり、雨傘番組の登場も減った。雨傘番組は一般的にネットキー局が制作しネットワーク配信されるのだが、地元球団のあるラジオ局の場合は自社制作で地元球団を応援する内容の雨傘番組を流すこともある。

【再放送】 さいほうそう

テレビに比べてラジオの再放送はかなり少ない。それでもいくつかのローカル局では再放送が行われている。理由はいくつかあろうが、番組が急遽終了してしまい、次の番組が始まるまでの間だけ他番組を再放送として流すことも多い。テレビの場合は画面に「再放送」などとテロップが入るが、ラジオの場合、この放送が再放送であることを示すクレジット、例えば「この番組は再放送です」などと入れる局と、何も入れず本放送をそのまま流す局がある。本放送が夜の番組で再放送として朝に流れるときに、いきなり「こんばんは」と挨拶するのには驚かされる。リスナーの立場からすると、今聞いている番組がいつ放送された番組の再放送であるのかのクレジットを入れてほしいものだ。

【冠番組】 かんむりばんぐみ

番組タイトルに、番組パーソナリティ名やスポンサー名、あるいはスポンサーの商品名が付いた番組のこと。ラジオ番組はパーソナリティに負うところが多いため、ワイド番組を中心にパーソナリティ名を冠にした番組名が多い。『オールナイトニッポン』のように帯ワイド番組で日替わりパーソナリティの場合、『○○のオールナイトニッポン』と曜日単独にパーソナリティ名が付く場合もある。また箱番組でパーソナリティ名とスポンサー名の両方が冠として付くこともある（例：○○プレゼンツ△△の～）。これはFM番組が多い傾向にあるようだ。

【深夜放送】 しんやほうそう

ラジオ局の1日は朝5時に始まり、24時間後の翌日5時に終わる。このため曜日が変わる0時～朝5時までは前日の放送となり、この時間帯に放送される番組を深夜番組と呼ぶ。

民放は開局当時から深夜の番組を放送していたが、それは大人向けの番組であった。しかし団塊の世代が大学の受験勉強で深夜に起きていることが解り、文化放送が1965年に『真夜中のリクエストコーナー』を放送、ここから若者による深夜放送ブームが起こり、「深夜は若者の解放区」などと呼ばれた。

現在ではNHKによる中高年向けの『ラジオ深夜便』が人気で、深夜放送は若者だけに解放されたものではなくなった。

【パイロット版】 パイロットばん

英語の「pilot」には試写や試験という意味があり、映画やテレビドラマなどの映像作品で本作品よりも先に制作される作品のこと。このパイロット版が好評である場合に本作品として制作される。ラジオでも試験的に番組を作ることもあるが、パイロット版と呼ばれることはほとんどなく、「デモテープ」と呼ばれることが多い。番組で使いたいパーソナリティ候補がいる場合、ラジオではテーマを決めたひとりしゃべりや、短い番組をやってもらい、その録音を聞いて判断したり、既存の番組にゲストの立場で出演させ、リスナーからの反応を見ることがある。後者の例としては『オールナイトニッポン』でのタモリやビートたけしがいる。

【時報】 じほう

ラジオ局が毎正時に放送する時報には3つの基本パターンがある。①正時の3秒前から予報音を3回鳴らす「ポ、ポ、ポ、ポーン」、②正時の2秒前から予報音を2回鳴らす「ポ、ポ、ポーン」、③予報音なし「ポーン」。局によってこの3つのパターンにアレンジを加えている。例えばニッポン放送では予報音を3回鳴らすパターンなのだが、その予報音が鳩時計のように「ピポ」である。また予報音の代わりにオリジナルメロディを流す文化放送やTBSラジオの例もある。

多くの局では注目されやすい時報をCMに使っている。いわゆる時報CMである。スポンサー企業のキャッチコピーやサウンドロゴが流れ「（企業名）が正午をお伝えします」というアナウンスの後にその局の時報パターンが流れる。

このように時報には様々なパターンがあるが、各局は情報通信研究機構（NICT）が光回線で送ってくる信号（光テレホンJJY）を放送局用標準時計装置（例えばSEIKOのTMCHシリーズ）で受

け、その装置から各スタジオの時計に同調信号を流して正確な時刻を表示させている。

ところで時報の長さは局によってばらつきはあるが余韻を入れて2秒ちょっと。とある局の場合、時報後にスタートする番組は時報3秒後から始まる。そのためディレクターは「ポーン」と時報が鳴ってから「1」「2」とカウントして「3」のところでキューを出す。

マスタールームにある時報装置（ラジオNIKKEIの旧社屋より）。

【サス番組】 サスばんぐみ

サスティニング・プログラム（Sustaining Program）の略でスポンサーがついていない番組のこと。民放はスポンサーがつかない番組は放送しないのが建前であるが、スポンサーを付けない方がよいと判断した場合、経費を自局負担にして番組を作ることがある。

古い話になるがスタート当初の『オールナイトニッポン』がその例。『オールナイトニッポン』は当初、スポンサーがついていなかったのだ。スポンサーがつくことで番組に制約がかかるのを嫌っての判断だった。また社会問題を取り上げ、その問題に対する啓発活動の一環として制作される番組や、社会的に意義のある

番組なども、スポンサーがつくことで制約がかかることが考えられるためスポンサーを付けないサス番組として放送することが多い。

一方、放送したい番組企画があって営業をかけたものの、スポンサーが付かないケースがある。この場合、営業活動を続けながらサス番組としてスタートさせる場合がある。またどうしてもスポンサーがつかない枠があった場合は、穴を開けるわけにはいかないので、局アナを使い制作費をかけないサス番組とすることもある。

サス番組にはその局のいろいろな事情が隠されているのだ。

【ナイターオフ番組】 ナイターオフばんぐみ

一部の局を除いてほとんどの中波局では4月から9月までの期間を「ナイターイン」と称し、プロ野球中継を組み込んだ編成を行う。その反対の10月から翌年3月までの期間を「ナイターオフ」と称し、プロ野球中継が組まれていた時間帯に6ヶ月間限定の番組編成を行う。この時間帯の番組のことをナイターオフ番組と呼ぶ。

東京キー局では、現在TBSラジオがナイター中継を中止しているためナイターオフ番組はなく、文化放送とニッポン放送だけがナイターオフ番組を放送している。地元球団のない地方局では、東京のキー局が制作するナイターオフ番組を主にネットしている。

一方、地元球団のある地方局では、自社制作のナイターオフ番組を放送しており、その内容はレギュラー番組を持っていないようなアーティスト、お笑いタレント、アイドル、地元タレントらを起用し、放送期間も半年限りと言うこともあり、次世代パーソナリティを発掘する傾向の番組が多いようだ。かつて2010年代前半にTBSラジオがナイターオフに放送していたサブカル的な要素の強いバラエティ番組『ザ・トップ5』からジェーン・スーや高橋芳朗など、現在TBSラジオで活躍しているパーソナリティが誕生している。

●キー局の主なナイターオフ番組

年	ニッポン放送	文化放送
2023年秋	鶴光の噂のゴールデンリクエスト	好きがつながる！
2022年秋	鶴光の噂のゴールデンリクエスト	おいでよ！青春る
2021年秋	鶴光の噂のゴールデンリクエスト	カラフルオセロ
2020年秋	鶴光の噂のゴールデンリクエスト	卒業アルバムに1人はいそうな人を探すラジオ
2019年秋	ザ・フォーカス	みらいブンカvillage
2018年秋	オールナイトニッポンPremium	SHIBA-HAMAラジオ
2017年秋	オールナイトニッポンPremium	渋谷×文化ラジオ

【ワンフォーマット編成】 ワンフォーマットへんせい

ひとつひとつの番組をなくし、例えば月〜金曜の24時間をひとつの番組として捉えるような編成。まずKBCラジオが1990年4月から1993年3月までの間、名称をKBC-INPAXと変え、それまであった人気番組を休止させ、情報とニュースを中心としたワンフォーマット編成を行った。続いて1991年7月1日に開局したα-STATIONがスタート当初からしばらくの間、すべての時間帯で個々の番組のないワンフォーマット編成を行った。そしてZIP-FMでは2002年4月から2年間、24時間態勢でワンフォーマット編成を行っていた。

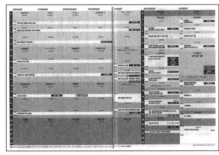

ZIP-FMのワンフォーマット編成（「ラジオ番組表2003年春号」より）。

【改編期】 かいへんき

プロ野球のナイター中継がドル箱だった中波ラジオは、プロ野球シーズンに合わせた編成を行っていた。それはプロ野球が開幕する4月から9月までの夕方から夜の時間帯にナイター中継を、そしてペナントレースがほぼ終了する10月から翌年3月までは、ナイター中継が行われていた時間帯にナイターオフ番組を放送するというものであった。これにより中波ラジオ局は4月と10月に大幅な番組改編が行うことが通例となった。

中波ラジオ局よりも後発のFMラジオ局ではプロ野球中継を行わなかったため（NACK5では土日のデーゲームを中継していた）、4月と10月に改編を行うという慣例はなく、テレビと同じ4月、7月、10月1月といった1クール（3ヶ月）ごとに改編が行われることもある。

一般的に番組終了の通告は1ヶ月以上前に行われるため、中波の場合、2月や8月頃にソワソワするパーソナリティが増える傾向にある。打ち切りが通告された場合、それをどのタイミングでリスナーに知らせるかが問題となる。週1回の番組では1ヶ月前くらいに番組を通じて公表し、「番組終了まであと○回」とリスナーと共に最終回へ向けて盛り上がっていくことが多い。

●番組改編の流れ

11月末／5月末	編成会議
12・1月／6・7月	出演者オファー・終了の告知
2・3月／8・9月	新番組会議、出演者打ち合わせ
4月／10月	新番組スタート

【オーディション】 audition

番組のパーソナリティを決めるためにオーディションを行うことは実は少ない。この人にしゃべらせてみたいということから起用することが多いためである。しゃべらせてみたい人が見つかった場合、例えばゲストに呼んだり特番に起用したりして、試しにしゃべらせてみて起用するかどうか決めることが多い。また今すぐに起用することが無い場合でも、デモテープを録って局内で次期候補としてストックしておくケースもある。一般的に言われるオーディションの形を取るのは番組アシスタントを採用する場合が多いようだ。

【災害編成】 さいがいへんせい

大地震や近年多くなった線状降水帯による甚大な大雨被害、日本海寒帯気団収束帯（JPCZ）による大雪被害など、不測の天災が起こった場合、ラジオは通常の番組を休止して、災害に関する最新ニュースや被災者のための情報を流すことを目的とした災害編成を組む。

東日本大震災のような大規模で広範囲に被害が及ぶような災害の場合、72時間の災害編成を行う局が多いようだ。災害編成時に放送される内容は災害に関する最新の情報、給水所や食糧配給に関する情報、被災者の安否情報などだが、ラジオから流れるいつもの声が被災者にとって一番の心の支えになってることは言うまでもない。

【電リク】 でんリク

「電話リクエスト」の略で、リスナーがリクエスト曲を電話で申し込む形式の番組。1952年12月24日のクリスマスイブにラジオ関西がクリスマス特番として放送したのが日本で最初と言われている。

生放送の時間中にリクエストを受け付ける方法として現在はメールやSNS、FAXがあるが、FAXが導入される前のリクエスト手段としては電話しかなく、ハガキよりも手軽にリクエストができることや、電話でパーソナリティと話すこともできるとあって人気番組となり、1950年代から1990年代頃までは各局が放送していた。リスナーからのリクエスト電話をオペレーターが受け、曲名、その曲にまつわるエピソードなどを聞き取りいったん電話を切る。それをADや作家に渡し、そこから直接電話で話してもらえそうなリスナーを選び、スタジオから電話してパーソナリティと話すというスタイルが一般的だった。

最盛期、リクエスト受付時間中は何度かけても話し中というくらい人気が高かった。しかし電話受けをするために多くの人員を揃えなければならず、その手間や経費の問題、そして家庭用FAX、電子メールが普及したこともあって、電リク番組は次々と姿を消した。2023年秋現在、電話でのリクストをメインにしている番組は全国で2つしかない。

●現存する電リク番組（2024年2月現在）
「演歌deリクエスト」
　四国放送 土曜13:00〜14:20

「電リクじゃんけん」
　RKBラジオ 土曜8:00〜12:30

【ラジオショッピング】 radio shopping

テレビの通販番組や雑誌や新聞の通販広告と違い、ラジオショッピングには商品を見せることができないと言う大きなハンデがある。それなのにラジオショッピングは品物の売れ行きは好調で返品率はテレビや雑誌などに比べ低いといわれている。何故ラジオショッピングはそれほど好成績を残しているのか。これについてMBSラジオの人気パーソナリティ・近藤光史は、ラジオショッピングの電話オペレーターが商品の説明を行おうとすると「コンちゃんが言うんやから説明はええ」とリスナーが言うと語り、かつて番組で分譲別荘を紹介したところ、十数件の問い合わせがあり、内1件成約したとも語っている。このように「好きなパーソナリティが紹介しているのだから間違いがないはず」と言う信頼感がラジオショッピングを支えているといえよう。

これはテレビや新聞・雑誌にはないラジオだけの特性である。そのため、出演する通販会社のMCも番組ファミリーとして認識されるよう努力している。例えばその日のメールテーマについて冒頭で語ったり、ラジオショッピング前に盛り上がっていた話に乗っかってみたりと、リスナーとの距離を縮める努力を怠らない。画がないからこそ生まれる信頼感、これに尽きる。

ジャパネットのラジオ用ブース。各局とはコーデックを使った専用線で繋がっている

【報道番組】　ほうどうばんぐみ

　放送法第5条に定められた放送番組の種別の一つで、報道やニュースに特化した番組のことをいう。ちなみに報道番組以外の放送番組の種別には、教養番組、教育番組、娯楽番組がある。

　NHKがラジオ放送を開始した当初、ニュースは新聞社から提供されていたものだった。そのため当時のNHKにはニュースの編集権はなく、すべてのニュース原稿は新聞社が書いたものであった。ラジオの速報性に脅威を感じていた新聞社は原稿をNHKに送らないこともままあったようで、「ニュースの提供がないため放送は取り止めます」というアナウンスが入ることはよくあったという。

　現在報道番組と呼ばれるものとしては、資本参入している地元新聞社や提携新聞社および通信社からのニュース原稿を基にした定時ニュースやワイド番組内でのニュースコーナー、系列各局が取材協力する全国ネット番組、JRNの『ネットワークトゥデイ』、NRNの『ニュース・パレード』などがある。

　放送法では「政治的に公平であること」「意見が対立している問題についてはできるだけ多くの角度から論点を明らかにすること」とされているため、ラジオの報道に対して各方面から様々な批判が寄せられていることは事実である。

> ●その他、報道色の強い番組例
> （2024年2月現在）
> 「tbcラジオ　東日本大震災報道番組
> 『3.11みやぎホットライン』」
> 　東北放送　月曜19:00～19:30
>
> 「荻上チキ・Session」
> 　TBSラジオ　月～金曜18:00～21:00
> 　他全国ネット
>
> 「石塚元章　ニュースマン!!」
> 　CBCラジオ　土曜7:00～9:00
>
> 「ニュース・タイムライン」
> 　ラジオ関西　月曜16:30～17:35

【宗教番組】　しゅうきょうばんぐみ

　広くは宗教をテーマにした番組のことを言い、一般的には特定の宗教団体が布教活動の目的で自らの宗教の教えを説く番組のことを指す。世界レベルで見ると宗教団体が自らの専門局を持つことは珍しくないが、日本では放送法によって布教活動を行う専門の放送局の設置は認められていない。そのため日本においては放送時間枠の買取による番組を放送するだけである。

　宗教番組のほとんどは早朝に放送されている。その理由は朝のお勤めとして聞いてもらうためと同時に、早朝枠の方が放送料金が安いためとも思われる。ただ最近になって、コストの面からラジオ放送からインターネットへ鞍替えするケースが増え、ラジオでの宗教番組は減る傾向にある。

　NHKラジオ第2で放送されている『宗教の時間』は布教を目的とせず、各宗教の解説を行う番組で、広い意味での宗教番組といえる。また教養番組や音楽番組、ワイド番組内のコーナーなどのスポンサーとして宗教団体が付く場合があるが、番組内容が宗教色のないものがほとんどで、宗教番組とは言えない。これらの番組やコーナーはスポンサーである宗教団体の一般リスナー向け広報活動だと考えられる。

【ラジオドラマ】 *radio drama*

現在レギュラーのラジオドラマは少なくなったが、1950年代には数多くの人気ラジオドラマが放送されていた。1952年スタートのNHK『君の名は』は「番組が始まる時間になると銭湯の女湯から人の姿が消える」と言われるほどの人気で、翌年には松竹で映画化された。また民放ではラジオ東京（現在のTBSラジオ）で『チャッカリ夫人とウッカリ夫人』『赤胴鈴之助』など多くのドラマが放送されていた。

1960年代に入るとテレビドラマの台頭でラジオドラマは急減したものの、1970年代後半辺りから若い世代向けのTBSラジオ『夜のミステリー』、ニッポン放送『夜のドラマハウス』や同局『オールナイトニッポン』内での「ラジオドラマ宇宙戦艦ヤマト」が人気になるなど、ラジオドラマは再びブームとなった。巨額の経費を使って描く映像ドラマと違い、声優の演技と音楽、効果音だけを使ってリスナーの頭の中にイメージを膨らませるラジオドラマは、映像作品を越えるダイナミックな世界をリスナーの心に描くことができる。それだけにドラマ制作者の音へのこだわりはすごく、そのシーンに合う音を見つけるために、その音を探して街中を歩き回ったり、何時間もかけて音を加工するなど、手間を惜しまない。

> ●放送中のおもなラジオドラマ（2024年2月現在）
> 「新日曜名作座」（NHK第1）
> 「青春アドベンチャー」「FMシアター」（NHK-FM）
> 「青山二丁目劇場」「鴨の音」（文化放送）
> 「下町ロケット」（KBCラジオ）
> 「ドラマってムジカ」（かしわプロダクション）
> 「NISSAN あ、安部礼司〜BEYOND THE AVERAGE〜」（TOKYO FM）
> 「BITS & BOBS TOKYO」（J-WAVE）
> 「西村まさ彦のドラマチックな課外授業」（FMとやま）

【株式市況】 *かぶしきしきょう*

日本初の株式市況放送は1925年3月23日、東京株式取引所（東京証券取引所の前身）での株価を東京放送局（現在のNHK東京）が放送したことに始まる。これは世界最古の株式市況放送である。戦後、午前の相場の終値を12時10分から、夕方17時からその日の概況と終値を放送していたが、現在は夕方17時からその日の終値を完全自動化された音声で放送している。

一方、1954年8月27日に開局した日本短波放送（現在のラジオNIKKEI）では、開局当日から東京証券取引所の株式市況放送を開始した。日本短波放送の当時の放送ブースは、証券会社の社員が売り買いを行う立会場を見下ろす場所に設置されており、壁の四方に掲げられた最新の株価を双眼鏡で読み上げる放送を行っていた。

しかしコンピューターによる株取引のオンライン化が進み、1999年には立会場が閉鎖、それまでノイズマイクを通して伝わっていた株価の動きによって巻き起こる立会場の熱気を放送することができなくなり、株式市況は淡々と数字を読み上げるものとなってしまった。その後2013年4月からラジオNIKKEIの株式市況は『マーケットプレス』となり、経済記者によるその日の株価動向を解説する番組となった。

【プロ野球中継】 プロやきゅうちゅうけい

日本初のラジオによるプロ野球中継は1936年2月9日、愛知県にある鳴海球場で行われた東京巨人軍対名古屋金鯱軍の試合を名古屋中央放送局（現在のNHK名古屋）が放送したものである。戦後になり民放初のプロ野球中継は1952年3月にラジオ東京（現在のTBSラジオ）が放送した読売ジャイアンツ対毎日オリオンズのオープン戦であったが、当時はまだレギュラー放送ではなかった。

日本で初めてのレギュラー放送でのプロ野球中継は日本短波放送『プロ野球ナイター』で、1956年5月5日からスタートした。この番組では番組を盛り上げるための様々な試みが行われたが、中でも画期的だったのが、球審にワイヤレスマイクを付けてもらい、グラウンドの音をダイレクトに伝えたことだ。その試合中に本塁上で両軍選手がもみあうこととなり、その騒動のリアルな音が番組では伝えられたという。

その後、地元球団のあるラジオ局が次々とレギュラーのプロ野球中継を始めるようになり、JRNとNRNが発足したことで、全国にプロ野球中継が届けられるようになった。当時のプロ野球中継は人気が高く、局にとってドル箱番組であり、スポンサー枠が空くのを待つ企業が多数あったという。

東京ドームの実況ブース

【スポーツ中継】 スポーツちゅうけい

プロ野球中継以外にも多くのスポーツ競技がラジオで実況されているが、一番の花形はオリンピック中継であろう。陸上、水泳、球技など、様々な競技の中継が行われてきた。日本初のオリンピック中継は1932年のロサンゼルス五輪大会まで遡る。当初、生放送での中継を予定していたのだが、放送料金の問題で急遽生中継ができなくなってしまった。そこで考え出されたのが、アナウンサーが競技観戦を行い、それをメモしてスタジオでその模様を再現するという「実感放送」。10秒ちょっとの陸上の100m競技の実況に1分以上かけたという。

【競馬中継】 けいばちゅうけい

日本で最初にレギュラーとしての競馬中継を行ったのは日本短波放送（現在のラジオNIKKEI）で、1956年10月27日から放送を開始した。現在の競馬実況のスタイルはこの局が確立したものだ。

実況アナはレース前日までに馬名と騎手の帽子の色と勝負服の柄を自分で塗った「塗り絵」と呼ばれる紙を、実況担当のレース分だけ準備し、それを頭に叩き込む。当日は双眼鏡でレースを見ながら実況するのだが、馬の胴に付けてあるゼッケンが見えないことがあるため、馬の識別は騎手の帽子と勝負服に頼るしかない。そのための「塗り絵」なのである。

【キー局】 きーきょく

ネットワークの中心となる局のこと。現在ラジオのネットワークは中波のJRNとNRN、FMのJFNとJFLの4つで、そのキー局はJRNがTBSラジオ、NRNが文化放送とニッポン放送、JFNがTOKYO FM、JFLはJ-WAVE（JFLにはキー局という概念はないが、ネット番組の多くを制作していることから事実上キー局といえる）であり、すべてのキー局が東京にあるため、在京キー局とも呼ばれる。

キー局の主な役割は、①番組を制作しネットワークを通じて全国の加盟各局へ配信する、②全国にネットされる番組にスポンサーを付け、その番組が放送された地方局に対してスポンサー料を分配する（ただし番組によってはスポンサー付きとスポンサーの付かない局とに分かれることもある）、③中波ではナイターシーズンにはプロ野球中継を行い加盟各局に配信する（ただし現在JRNキー局のTBSラジオがプロ野球中継から撤退したため、その代わりとしてNRNキー局が関東地域でのパ・リーグ主催試合などを配信している）。

ところでネット番組は基本的にキー局でもオンエアされるのだが、場合によってキー局ではオンエアされず、ネット局だけオンエアされる番組もある（【裏送り】参照）。キー局は自局ではオンエアされないこういう番組も制作している。

【準キー局】 じゅんきーきょく

ネットワークにおいてキー局に準ずる立場にある放送局のことで、一般的には在阪の局、広い意味では在名古屋の局も含める場合がある。ただしこれはテレビのネットワークで言われることで、実際情報ワイド生番組やドラマなど、大阪の局や名古屋の局が制作したものを全国ネットで流している。

しかしラジオのネットワークではキー局である在京局から地方局への一歩通行が基本である。このためテレビのような準キー局という表現はせず、基幹局と表現されるのが一般的で、北海道、愛知、大阪、福岡の局のことを言う（NRNでは宮城、静岡、広島の局も基幹局と呼んでいる）。

【ネットワーク】 network

ニュースや番組の配信を目的とした放送局同士のつながりのこと。具体的には各ネットワークのキー局が制作した番組を加盟各局に配信したり、加盟各局で取材したニュース音源をキー局がとりまとめ、全国ニュース番組として配信する。

ネットワークが生まれた背景には、著名なタレントや文化人を起用して制作した良質な番組を地方局でもオンエアできることと、その番組への大手スポンサーの付きやすさがあった。現在、中波ラジオにはTBSをキー局とするJRN（Japan Radio Network）、文化放送とニッポン放送をキー局とするNRN（National Radio Network、全国ラジオネットワーク）があり、FMラジオにはTOKYO FMをキー局とするJFN（Japan FM Network、全国FM放送協議会）と加盟各局の自主性と独自性を尊重するためにキー局を置いていないJFL（JAPAN FM LEAGUE）がある。

FMラジオの場合JFNとJFLの両方に加盟している局はないが、中波ラジオではJRNとNRNの両方に加盟している、い

わゆるクロスネット局が全47局中30局ある。これはJRNの成り立ちがニュースネットワークであったのに対し、NRNの成り立ちが番組配信をメインとしていたため、その両方を選択した局が多かったからであろう。

かつて中波局では開催のない月曜以外の全曜日にナイター中継が行われていた。当時クロスネット局の火曜、土曜、日曜のナイター中継はJRNの担当であったが、2010年度に土日はデーゲームが増えたことを理由にJRNがナイター中継を止め、2018年度からはJRNキー局であるTBSラジオがナイター中継から撤退したために火曜のナイターもなくなり、現在は水曜〜金曜にニッポン放送制作のNRNナイターを放送している。しかし、テレビが全国中継のナイター放送を行わなくなったため、ナイター中継を続けているラジオの存在は大きい。

JFNはTOKYO FM制作の番組と地方局向けの番組を制作しているジャパンエフエムネットワーク（JFNC）制作の番組を配信しており、前者をAライン、後者をBラインと呼んでいた。JFNC設立以前（1984年5月31日以前）に開局したFM局はAラインのみ、それ以降に開局したFM局はA、Bどちらのラインも放送できる。この背景には1980年代に起こった地方FM局の開局ブームがある。リスナー獲得のためには豊富なコンテンツ（番組）が必要であるが、地方FM局には自社制作番組を作るだけの余裕がなかった。そこでJFNCを新たに設立し、供給される番組の数を増やしたのである。

民放 AM 局系列

	JRN系	NRN系	独立局
HBCラジオ	●	●	
STVラジオ		●	
青森放送	●	●	
秋田放送	●	●	
IBC岩手放送	●	●	
山形放送	●	●	
tbcラジオ	●	●	
ラジオ福島	●	●	
LuckyFM茨城放送		●	
栃木放送		●	
TBSラジオ	●		
文化放送		●	
ニッポン放送		●	
ラジオ日本			●
新潟放送	●	●	
信越放送	●	●	
YBSラジオ	●	●	
北日本放送	●	●	
北陸放送	●	●	
福井放送	●	●	
SBSラジオ	●	●	
東海ラジオ		●	
CBCラジオ	●		
ぎふチャン			●
KBS京都		●	
和歌山放送	●	●	
MBSラジオ	●	●	
ABCラジオ	●	●	
ラジオ大阪		●	
ラジオ関西			●
RSKラジオ	●	●	
山陰放送	●	●	
RCCラジオ	●	●	
山口放送	●	●	
四国放送		●	
西日本放送	●	●	
南海放送	●	●	
高知放送	●	●	
RKBラジオ	●		
KBCラジオ		●	
大分放送	●	●	
長崎放送	●	●	
熊本放送	●	●	
宮崎放送	●	●	
南日本放送	●	●	
RBCiラジオ	●		
ラジオ沖縄		●	

JRN系→TBSラジオがキー局
NRN系→文化放送＋ニッポン放送がキー局

民放 FM 局系列

	JFN系	JFL系	独立局
AIR-G'	●		
FMノースウェーブ		●	
エフエム青森	●		
エフエム秋田	●		
エフエム岩手	●		
Rythm Station	●		
Date fm	●		
ふくしまFM	●		
レディオ・ベリー	●		
FM GUNMA	●		
NACKS			●
bayfm78			●
TOKYO FM	●		
J-WAVE		●	
interfm			●
FMヨコハマ			●
FM-FUJI	●		
FM NIIGATA	●		
FM長野	●		
FMとやま	●		
FM石川	●		
FM福井	●		
K-MIX	●		
FM AICHI	●		
ZIP-FM		●	
FM GIFU	●		
レディオキューブFM三重	●		
e-radio	●		
α-STATION			●
FM大阪	●		
FM802		●	
FM COCOLO		●	
Kiss FM KOBE	●		
V-air	●		
FM岡山	●		
HFM	●		
FM山口	●		
FM徳島	●		
FM愛媛	●		
FM香川	●		
HI-Six FM高知	●		
FM福岡	●		
cross fm		●	
LOVE FM			●
FM大分	●		
fm nagasaki	●		
FM佐賀	●		
FMK	●		
JOY FM	●		
μ FM	●		
FM沖縄	●		

JFN系→TOKYO FMがキー局
JFL系→J-WAVEがキー局

【独立局】　どくりつきょく

ネットワークに加盟していない局のこと。民放ラジオには中波局、FM局共に2つのネットワークがあるが、これらのネットワークに加盟していない局は中波局のラジオ日本、ぎふチャン、ラジオ関西、FM局のNACK5、BAYFM、FMヨコハマ、FM FUJI、α-STATION、FM COCOLO、LOVE FM。ラジオ関西は1965年の発足当時からNRNに加盟していたが、1978年に脱退し独立局となった。他の2局は開局当時からずっと独立局である。中波独立局3局は相互に番組供給を行うという密接な関係があり（囲み参照）、2013年には災害時支援協定を締結、緊急時の対応を互いに強化しあっている。

一方、FM独立局ではFM FUJIが開局時にはJFNに加盟していたが、1993年に脱退し独立局となった。FM COCOLO、LOVE FMはMEGA-NET消滅により

実質独立局に、それ以外の4局は開局当時からずっと独立局のままである。

独立局はネットワークからの番組配信を受けないだけで、他局や番組制作会社からの番組供給は受けている。独立局に共通しているのは、NACK5のようにFM局として初めてスポーツの実況生中継を行う、ラジオ関西のようにかなり以前からアニメ番組を制作する、あるいは地元に特化したキャンペーンを行うなど、特色ある番組編成を行っていることだ。

●**中波独立局間（RF、GBS、CRK）でネットされている番組例（2023秋）**
（RF制作）「クリス松村のいい音楽あります」「60TRY部」「タブレット純 音楽の黄金時代」／（CRK制作）「ANALOG CONNECTION」「KOBE JAZZ-PHONIC RADIO」

【JRN】　ジェイ・アール・エヌ

TBSラジオをキーステーションとする中波ラジオ局のネットワーク。正式名称は「ジャパン・ラジオ・ネットワーク（Japan Radio Network）」。略称のJRNは英語表記名の頭文字。

1960年代に入りテレビの隆盛が続き、ラジオは危機的状況に陥っていた。この状況を打開するため、ラジオ東京（現在のTBSラジオ）が当時既に発足していたテレビのニュースネットワークJNN（キー局はラジオ東京）をモデルにした、ネット加盟局へのニュースや番組を送るラジオのネットワーク構築を準備していた。そして1964年にラジオ東京、毎日放送、RKB毎日放送の3局でまずはネットワークの運用を開始、東北放送や新潟放送などがすぐにネットワークに参加、そして翌年の1965年5月2日にJRNが正式に発足した。

現在の加盟局は34局で、内訳は単独加盟局が4局、NRNにも加盟しているクロスネット局が30局。回線は伝送帯域が50Hz〜10kHzの本線が2本、伝送帯域が300Hz〜3.4kHzの打ち合わせ線が1本の計3本が用意されている。JRNの番組の多くは録音番組のため音声データで各加盟局に配給されるが、TBSラジオでも生放送されている番組はネットワーク回線を使って生で供給される。

●**JRNの代表的なネット番組（2023秋）**
（TBS制作）「ウィークエンドネットワーク」「ネットワークトゥデイ」「話題のアンテナ 日本全国8時です」「生島ヒロシのおはよう一直線」「地方創生プログラム ONE-J」／（ABC制作）「藤原竜也のラジオ」「中村七之助のラジのすけ」／（MBS制作）「GOGO競馬サンデー!」

【NRN】 エヌ・アール・エヌ

　文化放送とニッポン放送をキーステーションとする中波ラジオ局のネットワーク。正式名称は「全国ラジオネットワーク（National Radio Network）」。略称のNRNは英語名の頭文字。

　1960年代に入り、テレビが全盛を極めるようになってきたためラジオは危機感を感じていた。それに対抗するためにTBSがテレビのニュースネットワークJNNをモデルとしたラジオのネットワーク（JRN）発足を計画していた。それを察知した文化放送とニッポン放送はニュースネットワークを基盤としたJRNに対抗し、番組販売を基盤としたネットワークNRNを構築、JRN誕生の翌日、1965年5月3日に発足させた。

　現在加盟局は40局。その内訳は単独加盟局が10局、JRNにも加盟しているクロスネット局が30局。回線は伝送帯域が50Hz〜10kHzの本線が2本、伝送帯域が300Hz〜3.4kHzの打ち合わせ線が1本の計3本が用意されている。キー局が2つあるため、文化放送とニッポン放送は交互にネット番組を流している。例えば生放送を流している平日夜の時間帯だと22時〜24時がニッポン放送、24時〜25時が文化放送、25時〜29時がニッポン放送となっている。ちなみにNRNの事務局（ネットワークマスター）は文化放送とニッポン放送が2年交替で担当している。

> **●NRNの代表的なネット番組（2023秋）**
> （QR制作）「ニュース・パレード」「武田鉄矢・今朝の三枚おろし」「レコメン！」／（LF制作）「お早うネットワーク」「テレフォン人生相談」「黒木瞳のあさナビ」「オールナイトニッポン（MUSIC10他）」／（SF制作）「1時の鬼の魔酔い」／（KBS制作）「キョウトリアル！コンニチ的チュートリアル」／（OBC制作）「しあわせ演歌・石原詢子です」

【JFL】 ジェイ・エフ・エル

　民放FM局のネットワークの一つであり、正式名称は「JAPAN FM LEAGUE」。1993年10月1日に設立された。

　現在、加盟局は北海道のFM NORTH WAVE、東京のJ-WAVE、愛知のZIP-FM、大阪のFM802、福岡のCROSS FMである。いずれの局もエリア内開局2番目の民放FM局で、既存のJFNに対抗する形でネットワークを形成、その理念は「各加盟局ごとのステーションカラーの自主性・独自性を大きく尊重」すること。そのためにキー局という概念はないが、全局ネットの一部の番組を制作しているために、J-WAVEが幹事局として認知されている。

　各局の自主性や独立性を重んじているために企画ネット番組というスタイルのネット番組が多い。ちなみに企画ネット番組とは、番組スポンサー、番組タイトル、そして番組の基本構成だけを統一、それ以外は各局の独自企画で制作し放送している番組のことである。この例としては日曜午後に放送されている『HOT 100』が挙げられる（CROSS FM以外で放送）。

　またJFL加盟各局では、一定の条件を満たせば、コミュニティFM局が自局の放送を時間単位でそのまま再送信することを認めている。供給元はエリア拡大、コミュニティFM側は予算をかけずに番組が流せるメリットがある。

【JFN】 ジェイ・エフ・エヌ

TOKYO FMをキーステーションとするFMラジオ局のネットワーク。正式名称は「全国FM放送協議会（Japan FM Network Association）」で略称は英語名の頭文字から。1969年から1970年にかけて開局したエフエム東京、エフエム愛知、エフエム大阪、エフエム福岡の4局間では開局当初から、東京と大阪で制作された録音番組のテープを愛知や福岡に送るというテープネットが行われていた。なぜ専用回線を使わなかったかというと、当時はまだステレオ専用回線がなかったからである。

日本で初めてのステレオ専用回線は1978年にNHKが東京～名古屋～大阪間に引いたものである。それから2年後の1980年に民放FM局による専用ステレオ回線の使用が始まり、生放送をネットで送れるようになった。その翌年1981年5月20日にJFNを発足させ、生放送によるネット番組が放送されるようになった。その後、1982年から地方FM局が次々と開局、それまでNHK-FMしか聞けなかった地域で民放FMが聞けるようになった。しかしそこで問題が発生する。エリアが重なった地域が次第に増え、どちらも同じ時間に同じJFNの番組をオンエアするという事態が発生したのである。

自社制作番組を作れば問題は解決するのだが、地方の新規局には番組制作のノウハウも資金もない。そこで連日24時間（日曜深夜2時～5時は基本的に配信なし）地方FM局向けの番組をJFN専用回線で流す番組制作会社を作ることにし、1984年5月31日、株式会社ジャパンエフエムネットワーク（JFNC）が設立された。普通の放送局と同じように休む間もなく番組を送り続けるJFNCは送信設備を持たない放送局といえる。

従来からのエフエム東京、エフエム大阪からの配信をAライン、新規のJFNCからの配信をBラインと呼び、JFNC設立以前に開局したFM局はAラインだけ、以降に開局した局はA、B両ラインを使用できた。現在、かつてのBラインはJFNCが制作するB1プログラム、エフエム東京とJFNCの共同制作扱いの番組のB2プログラムに分かれている。AラインではスポンサーがつきのネットワークネットワークB1プログラムではスポンサーの付かないJFNC制作の番組を配信している。

現在JFNCが入っているJFNセンターには生放送が制作できるスタジオや、そこで作られた生番組を送出するマスター設備もないため、TOKYO FMが入居するFMセンター内のスタジオを使用し、そこから各地方局に向けての生放送が作られている。

JFNの代表的なネット番組

●TOKYO FM制作（かつてのAライン）
「ディア・フレンズ」「Yuming Chord」「SCHOOL OF LOCK!」「JET STREAM」「COUNTDOWN JAPAN」「福山雅治 福のラジオ」「ドリームハート」「桑田佳祐のやさしい夜遊び」「木村拓哉 FLOW」「いいこと、聴いた」「山下達郎のサンデー・ソング ブック」「SUNDAY'S POST」「あ、安部礼司～BEYOND THE AVERAGE」

●JFNC制作（かつてのBライン）
「OH！HAPPY MORNING」「デイリーフライヤー」「レコレール」「FRIDAY GOES ON! ～あっ、それいただきっ!～」「A・O・R」「LEGENDS」「AuDee CONNECT」「やまだひさしのラジアンリミテッドF」「坂崎さんの番組」という番組」「PEOPLE」「有吉弘行のSUNDAY NIGHT DREAMER」

【Aライン／Bライン】 エーライン／ビーライン

民放FM局の全国ネットワーク、全国FM放送協議会（JFN）が加盟各局に番組を配給する系統にはAラインとBラインの2種類あった。

ラインとは、放送用の通信回線を使って常時ネット番組が送られているものを指す。Aラインとはキーステーションであるエフエム東京、あるいはそれに代わるエフエム大阪が制作し全国に供給されるスポンサー付きの番組のことである。それに対しBラインとは株式会社ジャパンエフエムネットワーク（JFNC）が制作し、スポンサーが付かない、JFN加盟各局が任意に放送できる番組のことである。

現在、BラインはJFNC制作のB1プログラムとTOKYO FMとJFNCとの共同制作扱いのB2プログラムに分かれている。当初JFNはAラインだけだったのだが、1982年以降、地方FM局の開局が相次ぎ、番組供給量を増やすために番組供給会社JFNCが設立されBラインが誕生した。会社規模が小さく、従業員数も少ない地方新局が自社で番組を制作することは困難で、ネットワークによる番組配給が望まれた。中波局には既に2つのネットワークがあり、クロスネット局は過半数以上を占める。豊富な番組供給がラジオには必要不可欠なのである。

現在は「Aライン」「Bライン」という呼び方はしなくなったものの、2系統のラインを使い分ける運用は変わっていない。

JFNC制作番組はホームページで確認できる。

【MEGA-NET】 メガ・ネット

かつて存在した民放FM局のネットワークの一つ。外国語FM放送を行っている局によって構成されていた。大阪のFM COCOLO、東京のInterFMに続き、1999年12月、3番目の外国語放送局として開局した愛知のRADIO-iの開局と同時に発足した。その後、福岡のLOVE FMを加え4局ネットとなった。外国語FM放送の発展と価値の向上を目指し、日本での国際交流の発展に寄与し、日本国民と在日外国人相互の親睦と融和を図ることを目的として設立された。

1995年1月17日に発生した阪神・淡路大震災で、外国人向けの情報提供メディアが乏しいことが発覚し、その反省に立ってFM COCOLOが開局したことから、緊急時や災害時の放送協力や支援を加盟局同士が行うこともネット設立の目的とされていた。2002年に日本と韓国で共同開催されたFIFAワールドカップでは英語による実況中継を実施し、ネットワーク設立の理念である国際交流の発展に寄与した。

しかし経営不振でRADIO-iが2010年9月に閉局、引き継いだRadio NEOも2020年6月に閉局したため加盟局は3局に。FM COCOLOがFM802と1社2系統体制となり、さらには2020年9月にInterFMがJFNに特別加盟したことで、MEGA-NETは事実上消滅したと言われている。

【神奈川エフエムネットワーク】 かながわエフエムネットワーク

FMヨコハマ、湘南ビーチFMをはじめとする神奈川県内のコミュニティFM局、神奈川新聞社が、大規模災害時、お互いの情報交換により、放送・報道業務を協力しあって地域情報を共有して発信することを目的として設立されたネットワークのこと。略称はKFN。被災によっての機材破損や人員確保が困難な場合はお互いに支援し合う。2009年1月8日に県内FM局11社で結成。2011年の東日本大震災後には神奈川新聞社も参加。その後もコミュニティFM局が参加し現在18局が加盟。2020年10月にはKFNと神奈川県、そしてニッポン放送とが「災害時における相互協力に関する協定」を締結、ネットワークの輪が広まっている。

【中四国ライブネット】 ちゅうしこくライブネット

中国・四国地方の中波8局によるブロックネット番組。ブロックネットとは同じ地方のラジオ局が共同制作した番組や加盟局が制作した番組をネットすること。中四国ライブネットは2005年10月8日から毎週土曜日に放送を開始。RCC中国放送が幹事局となっている。当初はナイターオフ期間だけだったが、2010年4月から通年放送となり、現在は土曜日は休止、日曜18時〜20時だけの放送。

加盟各局が週替わりで地域にちなんだテーマで番組を制作しネットを通じて全局に生放送を行う。番組は持ち回りだが、決まったローテーションはない。年末年始や改編期前後は各局が特別編成を組むため休止となることが多い。

【逆ネット】 ぎゃくネット

通常はキー局から各加盟局へ番組が供給されるのがネットワークであるが、それとは反対にキー局以外の加盟局から番組を供給することをいう。例えば中波ラジオの場合、プロ野球中継で関西球団が地元球場で試合を行う時、キー局である在京局が関西の球場に赴かず、関西の局がその試合を中継する場合などがこれに当たる。

関西の局は日常的に地元球団の試合を放送しているため、地元向けの「○○（地元球団名）ナイター」がそのまま各ラインで全国に放送されることは少なくない。このため放送中に聞き慣れない関西のラジオ局所属のアナウンサーや解説者が登場する。

【系列外ネット】 けいれつがいねっと

在京キー局やそれに準ずる近畿広域圏や中京広域圏の局が制作する番組を、他系列ネットの局や独立局が番組販売によってネットすることをいう。

例えば中京広域圏における『オールナイトニッポン』。この番組はニッポン放送制作でNRN系列の局で放送されているため、通常であれば中京広域圏では東海ラジオが放送するのが原則である。しかしこの番組のネットを打診された東海ラジオには同じ時間帯ですでにリスナーから絶大な人気を得ていた『ミッドナイト東海』を放送していた。そのため、JRN系列のCBCラジオが系列外ネットでANNを放送するようになった。このような例は他にもいくつもある。

【裏送り】 うらおくり

キー局とローカル局で同じ番組、いわゆるネットワーク番組を放送する際、何らかの事情でキー局ではネットワーク番組を放送しないがローカル局ではいつものように放送することをいう。キー局でオンエアしている番組の裏側で、別番組をローカル局に送っているということからこう呼ばれている。

例えばナイターオフシーズン期までプロ野球ペナントレースが食い込んだ場合、通常ならばナイターオフ番組がキー局も地方局も放送されるのだが、在京球団が優勝に絡んだ時にはキー局だけその試合を中継する場合がある。このケースではネット局にナイターオフ番組が裏送りされることになる。

【乗る／降りる】 のる／おりる

自局の編成上の都合で、ネットワーク番組の放送途中からネット受けを始めることを「乗る」といい、反対に放送の途中でネット受けを終わることを「降りる」という。

ネット番組の途中、CM明けやジングル明けでパーソナリティが「ここからは○○放送のリスナーの皆さまにもお送り します」と言うことがあるが、これが○○放送が乗ったということ。反対に「この曲で○○放送のリスナーとはお別れです」と言った場合は、○○放送が降りたということだ。この「乗り」「降り」は、特にローカルFM向けのワイド番組に多い傾向にあり、番組途中で何度もこれらのコメントが流れることがある。

【火曜会】 かようかい

地方民間放送共同制作協議会の通称。東京都、神奈川県、大阪府、岡山県、そして北海道のSTVラジオ、福岡県のKBCラジオを除く北海道から沖縄までの道府県にある中波37局が加盟し、共同で番組制作に取り組んでいる団体。毎年ラジオ研修会を開き、番組企画制作の実践に役立つ講義や、制作現場の見学などを行い、ディレクターなど若手制作者の育成にも力を入れている。

初の民間ラジオ局が誕生した翌年の1952年に東北放送、北日本放送、秋田放送、北陸放送、RKB毎日放送などの東京支社長が情報交換の場として火曜毎に開いていた火曜クラブが火曜会の始まり。その集まりの中で、少ない予算で質のよい番組を共同制作することを決め、1953年から各局持ち回りで制作する『録音風物誌』がスタート（現在も放送中）。1957年には火曜会に改称し現在に至る。

JRNやNRNのようなキー局が存在しないため「キー局を持たないネットワーク」と呼ばれている。過去には文化放送が制作していた『全国歌謡ベストテン』や『全国ポピュラーベストテン』、そして柏村武昭や荒川強啓ら地方局アナを全国区にのし上げたナイターオフ期に放送の『飛び出せ！全国DJ諸君』を加盟各局へ配信していた。

●**火曜会制作番組（2024年2月現在）**
「録音風物誌」
「音楽☆とらのアナ」
「水森英夫のチップイン歌謡曲」※
「亀渕昭信のお宝POPS」
「芸人お試しラジオ デドコロ」

※制作はスバルプランニング

【フィラー】 filler

　一般的には空間や空白を埋めるものをフィラー（Filler）と呼ぶが、ラジオの場合は放送事故防止のために一定時間の無音状態（無変調状態）が続いた場合、マスターから自動的に音楽が流れるようになっており、この音楽のことをフィラーと呼ぶ。

　またネット番組のCMゾーンで流れる音楽のこともフィラーと呼ぶ。黒ネットのCMはすべての局で流さなければならないため、キー局から流れるCMをそのまま流すが、白ネットの場合、CMゾーンは各局に任されているため流すCMがない場合には、キー局から流れてくるフィラーの曲をそのまま受けて流している（『オールナイトニッポン』など）。

【番販】 ばんはん

　番組販売の略。番組販売とは放送局や番組制作会社が制作した番組を販売すること。民放ラジオ局はテレビと違い、その誕生時にはネットワーク系列がなく、局の独自性が高かった。そのためすべての番組を自社制作で賄うことは難しく、番販でタイムテーブルを埋めていた。特に在京、在阪以外の地方局では出演者の確保が難しく、在京・在阪局や番組制作会社からの番販は欠かせないものであった。ネット系列向けの番組でも系列外の局へ、あるいは中波局制作の番組がFM局へ番販されることもある。現在は音声データでやりとりされることが多い。

【民放連】 みんぽうれん

　日本民間放送連盟の略。正式名称は一般社団法人日本民間放送連盟。基幹放送（電波法の規定により放送をする無線局に専ら又は優先的に割り当てられるものとされた周波数の電波を使用する放送）を行う全国の民間放送事業者（コミュニティ除く）を会員とし、2023年現在、会員は208社に上る（うち、中波ラジオ単営局16社、ラテ兼営局31社、FM局50社、短波局1社）。

　民放連の目的は「放送倫理水準の向上をはかり、放送事業を通じて公共の福祉を増進し、その進歩発展を期すとともに、会員共通の問題を処理し、あわせて相互の親ぼくと融和をはかること」と定款にある。1951年7月20日、当時予備免許を受けていたラジオ局16社の代表が集まり、任意団体として創立したのが民放連の始まりで、翌1952年3月に公益法人の申請を行い、同年4月21日に正式に社団法人として誕生した。民放連の中には様々な問題を解決するための専門委員会が設置されており、ラジオに関してはラジオ委員会が組織されている。このラジオ委員会は「民放ラジオ統一キャンペーン」「NHK・民放連共同ラジオキャンペーン」などでラジオへの認知、普及を積極的に推進している。

【CM】 シー・エム

　ラジオCMの長さは20秒が一般的。それ以外にも30秒や40秒、60秒などがある。FMでは120秒や180秒といったドラマ仕立てのものも。ただしCMの長さは番組の1割以内という規定がある。例えば30分番組の場合は180秒以内となって

いる。CMの種類としては1社あるいは競合しない数社による時間枠買取の番組提供、PT番組やステブレで流れるスポットCMがある。番組提供では番組の前後に提供クレジット、番組中にタイムCMを入れることができる。また番組ではないが、ワイド番組内の道路交通情報や天気予報、フロート番組でも番組提供と同じように提供クレジットとタイムCMをその放送枠の前後どこかに入れることができる。

スポットCMの場合はどのPT番組、ワイド番組のどこのCMゾーン、どの時間帯のステブレにCMを入れるかを決めることができたり、時期や期間を決め、そこに集中して流すこともできる。ただしこのように決められた時間を枠取りするためには料金が割高となる。その反対に、料金を安くしたいのでタイミングは局任せという選択肢もある。

CMを出すことを出稿という。CM素材は大手スポンサーの場合、代理店が制作した持ち込みが多いが、場合によっては放送局が作ることもある。

【生CM】 なまシーエム

番組パーソナリティら出演者が番組の中でそのままCMのアナウンスを行うものをいう。原稿をそのまま読み上げるものもあれば、商品のセールスポイントやキャッチフレーズだけを箇条書きにし、それ以外はフリートークでまとめるもの、あるいは企業の宣伝担当者や商品開発責任者が電話で出演し、パーソナリティとやりとりをしながら商品の説明をしていくものなど様式は様々。普通のCMと違ってCM制作費がかからないこと、パーソナリティの信用度、人柄を生かして直接リスナーに訴求できることなどの利点がある。

1社買い取り枠の番組やコーナーの場合は、番組の途中、自然な形で生CMに行くことが多い（かつて全国で放送されていた『歌のない歌謡曲』がよい例）。これは提供クレジットでこの番組がスポンサー企業の提供で放送されていることが提示されているため、生CMがスポンサー企業のCMであることが分かるからである。しかし様々な企業やメーカーのCMが入るワイド番組やPT番組で生CMを行う場合は、ここからが生CMであることを分からせるため、「ここで○○（商品名や企業名）からのお知らせです」のようなクレジットを先ず入れ、最後は「○○からのお知らせでした」で終わることが多い。

【倍返し】 ばいがえし

何らかの事情でCMが放送されなかったとき、CMを、2倍、または3倍の回数放送することで行う補償をいう。ほとんどのCMがDAFから自動送出されるようになった昨今、CMの出し忘れは極めて珍しい。それでも、少ないながら生放送中に手動で送出（手差し）するCMは残っているし、機材トラブルでCMが出ないこともある。

スポットCMの場合は放送料金を差し引けばいいのだが、なんとか丸く収めたい、また、番組提供をグロスで行っているタイムの場合、CMの回数は決まっているものの単価が明確でない場合も多い。そこで放送料金を返す代わりに行われるのが、倍返しである。放送局にしてみれば返金のリスクを回避できるし、スポンサーにとってもCMが多く流れるのだから、双方にとってメリットがある解決策である。

【時報スポット】 じほうスポット

スポットCMの中のひとつで、時報の前に流れるCMのこと。正時20秒、30秒前からCMが流れ、その締めで「○○（スポンサー名や商品名）が○時をお知らせします。ポッ、ポッ、ポッ、ポーン」とクレジットが時報に溶け込んでいるため、時報スポットは記憶に残りやすい。

記念すべき日本初のラジオ時報スポットは、1951年9月1日に開局した日本初の民放ラジオ局・中部日本放送の午前7時のもの。午前6時半に放送を開始し、初の正時となった7時に「精工舎（現在のSEIKO）の時計が、ただ今、7時をお知らせしました」という時報スポットが流れた。時報スポットは民放開局時から始まったのだ。

【スポンサー】 sponsor

番組やステブレなど、放送の中で有料のCMを流すことができる企業や組織のこと。民間放送はスポンサー企業や組織が支払うタイム料金やスポットCM料などの広告料が収入源で、これがあるお陰で放送ができている。このためワイド番組内にあるコーナーやフロート番組にスポンサーが付いているものは、他のスポンサーなしのコーナーを短くしてでも必ず放送しなければならない。

また、局主催のイベントやライブ、演劇の公演にもスポンサーを付けることが多い。この場合、それらの告知手段として、スポットCM、イベントや公演の出演者を番組に出演させての告知などを行うことがある。

【一社提供】 いっしゃていきょう

番組スポンサーが一社で番組を買い切ること。民放ラジオ草創期には一社提供が原則であり、番組内容がスポンサー企業の理念やイメージと強く結びついたものも多くあった。一社提供の番組名にはその企業名や商品名がタイトルに含まれることが多く、番組はスポンサー企業のものという意識が強い。しかし高度経済成長に陰りが見え始めた1970年代になると、1社で番組を持つことは難しくなり、複数社提供、あるいはPT番組やスポットCMを基本としたワイド番組が主流となった。現在、一社提供の番組は1時間以内の箱番組か、10分以内のワイド番組内のフロート番組、道路交通情報や天気予報などでしか見られなくなった。

【CM考査】 しーえむこうさ

放送は免許事業であるため、放送される内容が正確な情報でなければならない。それは番組だけでなくCMについても同じである。そのためCM考査が存在する。CM考査は2種類あり、その一つがスポンサー企業の業態考査、もう一つがCMの表現考査である。

業態考査とはスポンサー企業が怪しくないかの身体検査。表現考査ではCMで扱っている商品が放送基準に抵触していないか、各種法令、公正競争規約などに違反していないかどうか、「日本初」「世界で唯一」といった商品の謳い文句が具体的なエビデンスに基づいているかどうかなどを細かく調査する。この厳しい考査によってCMの信頼性が担保されている。

【広告代理店】 こうこくだいりてん

広告主であるスポンサーとラジオ局の間を取り持つ企業のこと。広告代理店はラジオ局の営業から、番組企画書や空いている放送枠の情報をもらい、スポンサー探しを行う。逆に番組枠を買い取りたい企業からの要請がある場合は、その要望に合った局や時間帯を探す。

スポットCMを希望している企業がある場合、その企業と話し合って希望局と露出期間などを決め、それをラジオ局の営業に持っていく。そして契約通りに番組が作られているかやCMが流れているかまでをチェックするのも広告代理店の仕事である。

またスポットCMの制作を行うのも広告代理店の大事な仕事のひとつである。

【タイムCM／スポットCM】 タイムシー・エム／スポットシー・エム

番組枠を買い取り、その番組内で流れるCMのことをタイムCMと呼び、番組と番組の間のステーションブレイクやワイド番組などのPT番組で流れるCMをスポットCMと呼ぶ。

ラジオの場合、パーソナリティのフリートークが売り物であるため、おおよその時間は想定されているが、CMが流れる時刻は一定していない場合がほとんど。このようにCMが流れる時刻が決まっていない場合をアンタイムと呼ぶ。ちなみに反対に決まってる場合をフィックスタイムと呼ぶが、ラジオでは正時前や番組終了時のみがフィックスタイムとなる。トークが途中で切れて恥ずかしい思いをするのはこういう場合である。

【コマネット／サスネット】 コマネット／サスネット

コマネットとはコマーシャルが付いたネットワーク番組のこと。コマーシャルの「コマ」とネットワークの「ネット」をつないだ造語。キー局がネット局へCM付きの番組をネット配信し、ネット局へCM料金を分配する。その逆にCMなしのネット番組のことをサスネットと呼ぶ。「サス」とは「サスティング・プロ

グラム（Sustaining Program）の略で使用されているサス番組のサスである。

サスネット番組内にCMゾーンがある場合、ネット局がスポットCMや自社番宣やイベント告知を入れることができる。しかしながら生放送でそれがない場合にはキー局から流れてくるフィラー音楽が流れる。

【黒ネット／白ネット】 くろネット／しろネット

黒ネットとはコマネットのことでCM付きのネットワーク番組のこと。反対に白ネットとはサスネットのことでCMの付かないネット番組のこと。

生放送の白ネットでは番組内のCMゾーンは各局対応となっていて、自社でのスポットCMや番宣、イベント告知などを流せる。しかしながら生放送でCMゾ

ーンで流すものが何もない局がある。その場合、キー局のスタジオから送られたフィラー音楽がそのまま流れる。大抵の場合、毎回同じ曲が流れるのだが、キー局の担当ディレクターやパーソナリティらが考え抜いて凝った選曲になる場合もある。リスナーの中にはその選曲の妙を楽しみにしている人もいる。

【カウキャッチャー／ヒッチハイク】 *cow catcher／hitchhiking*

カウキャッチャー（CC）とは番組オープニング前のタイムCMのことをいい、ヒッチハイク（HH）はエンディング後のタイムCMのことをいう。それぞれ提供クレジットの前と後に流される。

例えば12時〜12時30分のステブレなしの番組にCCとHHが入っているとすると番組の流れは次のようになる。12時に、CC→番組オープニング→堤クレ→前CM→本編→後CM→堤クレ→エンディング→HH、終わりが12時30分。

通常は番組提供社のCMが流れるが、稀にタイム／スポット枠として使われることがある。時折、番組の前後に番組スポンサーと違うCMが流れてくるのはこのCCとHHなのだ。

【EDPS】 *Electronic Data Processing System*

「Electronic Data Processing System」の頭文字を取った略語で、日本語では営業放送システムと呼ばれる（略して「営放システム」）。民放ラジオ局が放送する番組とCMを一元的に管理するシステムのことである。民放ラジオ局では運行管理と営業管理を開局以来、別々に行っていた。これを統一してコントロールするために開発されたのがEDPSである。

具体的には、番組編成とCM枠取り（スポットCMの配置などを含む）を合わせた「運行管理業務」と、放送確認書・請求書の発行から入金確認までの「営業管理業務」を一括して行える。これにより、現場の事務負担が大幅に軽減。人為的なミスの減少にも貢献している。

【放送確認書】 ほうそうかくにんしょ

CMが間違いなく放送されたことを証明する書類。CM素材にはすべて10桁のCMコードが付けられている。CMが放送されるとその10桁コードを自動番組制御装置がEDPSに返送し、そのCMコードの入った放送確認書が発行される。

ここでいう自動番組制御装置とは、放送スケジュールに従って番組やCMを送信所へ送り出す装置であり、これはマスター・コントロールルームに設置されている。つまり放送確認書に記されたCMコードを見れば、そのコードを付せられたCMが放送されたことが分かるわけである。この放送確認書を広告代理店などを通じてスポンサーに提出することでスポンサーとの関係を築いているのだ。

【番宣CM】 ばんせんシー・エム

「番宣」とは番組宣伝の略で、自社番組の聴取率を上げるために流される番組宣伝CMのこと。「番宣スポット」ともいう。一般的な番組宣伝だけでなく、次回の番組内容やゲストの告知、あるいは番組イベントの告知など期間限定のものや、その番宣CMが流れる番組のリスナー向けに「○○をお聞きのリスナーの皆さん…」と言った番組限定のものまで様々なものがある。次回の番組内容の番宣CMは、その番組終了後にパーソナリティ自身の声で収録され、その翌週あたりから放送される。最近はナイター中継や朝昼ワイドなど、ラジオのゴールデンタイムの時間帯にも、これら番宣CMが目立つようになった気がする。

【ステーションブレイク】 *station break*

　番組と番組の間の1分程度の時間帯のこと。略して「ステブレ」と呼ばれることが多い。

　このステブレの時間は局によって異なる。かつてはすべての番組運行が手動で行われていたため、次の番組が時間通りに余裕を持ってスタートするために設けられた時間帯であったようだが、機械化が進んで番組運行が自動で行われるようになってからはスポットCMや番宣CMなどを流すゾーンとなっている。

　局によってはステブレを設置せず、前の番組が終了直後、すぐに次の番組が始まる「ステブレレス」が行われている。

【パーティシペーション／PT】 *participation*

　スポットCMの一種で、ステブレ以外の番組内で流れるがタイムCMのように提供クレジットがないもの。発音しにくいので、英語表記の「participation」から「PT」と呼ばれることが多い。

　提供クレジットがない番組はすべてPTである。ワイド番組の場合、スポンサーが付いていて堤クレがあるフロート番組や道路交通情報、天気予報以外の番組枠はすべてPTである。タイムCMの場合、番組制作費はスポンサー持ちだが、PT枠の番組制作費は放送局持ちである。PTは番組制作費も持たねばならないタイムCMに比べ出費が安くすむため、スポンサーが付きやすいという利点がある。

【聴取率調査】 ちょうしゅりつちょうさ

　ラジオ番組がエリア内のリスナーにどれくらいの割合で聞かれたかを人口比率で表した推定値を聴取率といい、その調査をいう。テレビの視聴率がテレビ受信機所有世帯への調査であるのに対してラジオの聴取率は、ラジオがパーソナルなメディアであることから個人を対象とした調査である。また視聴率調査がテレビに調査機器を取り付け、24時間365日の調査であるのに対し、聴取率調査はラジオ受信機やカーラジオ、スマホやパソコンなど様々なデバイスで聞かれるため、1週間限定の日記形式のアンケート調査となっている。

　首都圏や関西圏、中京圏で定期調査を行っているビデオリサーチでは以下のように調査を実施している。首都圏では偶数月の年6回、関西圏と中京圏では6月と12月の年2回。調査対象者はエリア内に住む無作為で選ばれた12才～69歳の男女で調査毎に対象者は変わる。目標標本数は5,000人。かつては調査対象者にアンケート用紙を配っていたが、現在ではスマホやパソコンに代わっており、調査対象者が入力する項目は「聴取局名」「15分単位の聴取時間」「聴取場所」と、分析に必要な調査対象者の年齢や男女別など個人プロフィールである。これ以外の地域では、不定期ではあるが各都道府県別に調査が行われているようだ。

　聴取率調査の目的はどのようなリスナーに（男女別や年齢・職業別）、どのくらい聞かれているかを知ることで今後の番組作りに反映させるという意味もあるが、一番はCM料金への反映であろう。数字の高い時間帯ほど料金を高く設定できる反面、以前より下がった場合は料金値下げにつながる場合もある。

　各局は聴取率調査期間中に「スペシャルウィーク」や「パワーウィーク」など

と銘打ち、豪華プレゼントや豪華ゲスト陣を用意してより多くのリスナーに聞いてもらえるよう働きかけており、このための予算も準備されている。また調査期間中、レギュラー番組を休止して特番を組む局もある。このようにお祭り騒ぎを行って聴取率の数字を上げようとするのは、数字が収入に直結しているからであろう。ただし、このような通常ではない期間での成績が番組の通信簿としての意味があるかどうかは意見の分かれるとこ

ろだ。そんな中、2018年11月からTBSラジオはいわゆるスペシャルウィークを廃止し、調査期間中も通常編制を行うことにした。この背景にはradikoのリアルタイム聴取者数が把握できるようになった事が挙げられる。ビデオリサーチもradikoのリアルタイム聴取者数データを利用して、毎日の聴取状況を推計する「ラジオ365データ」を首都圏エリアで2020年4月から実施を始め、現在では関西圏と中京圏でも実施している。

【リーチ】 reach

「リーチ」には「届く距離・範囲」という意味があることから、複数回放送された番組やCMに一度でも接触した（到達した）ことのあるリスナーの割合のこと。「累積到達率」、あるいは簡単に「到達率」とも言う。しかしながら「到達率」という意味で「リーチ」という単語が使

われるよりも、例えば「ラジオCMは生活に密着しているため、狙っているターゲット層が多く聴取している時間帯や番組を選択することでよりターゲットにリーチできる」という具合に、単に「到達」という意味で使われることの方が多いように見受けられる。

【フリクエンシー】 frequency

マーケッティング用語で、あるターゲットが特定の広告に接触した回数のこと。ラジオではCMの聴取回数のこと。1990年代半ばに民放連が「リスナーが同じCMを7回聞くと認知が強く定着する」というレポートを出したことがあり、そこから当時「7ヒッツポイント」という言葉がラジオ業界で話題となった

ことがあった。

事実、1日に30本近くのCMを流したところ、そのことでリスナーからクレームが入った局があったという。ザッピングのテレビと違い、1日中同じ局を聞き続けるリスナーが多いラジオだから「7ヒッツポイント」なのであろう。それ以上は過剰露出になってしまうようだ。

【セットインユース】 set in use

全局個人聴取率。ある瞬間における各局の聴取率をすべて足し合わせたもので、実際にラジオを聞いている人の割合を示す。調査では、時間帯ごとの平均値が発表される。「SIU」「セッツインユース」とも呼ばれることもある。

首都圏での聴取率調査は1953年5月から始まり、最初はTBSラジオ、文化放送、

NHK第1の合同調査で、1954年8月からニッポン放送も参加した。この頃のSIUの最高値がテレビ放送開始2年目にあたる1955年3月の46.8%。エリア内に住んでいる半数近くの人がラジオを聞いていたことになる。それが1979年5月には9.5%と1桁台なり、以降、現在まで1桁台を推移している。

【F層／M層】 エフそう／エムそう

広告やマーケッティング業界で使用されるターゲットを性別で区分した名称。F層のFはFemaleの頭文字で女性層を表し、M層のMはMaleの頭文字で男性層を表す。

このF層とM層を更に年代別に表したものがF0層～F3層、M0層～M3層で、数字の0は「13歳から19歳」、1は「20歳～34歳」、2は「35歳～49歳」、3は「50歳以上」を表している。例えばM3層は「男性の50歳以上」を表している。この他にもT層「男女の13歳～19歳」C層「4歳～12歳」という区分もある。ただし聴取率調査ではC層は調査対象外である。

またラジオでは高齢者の聴取率が高いため、M3層、F3層のような「50歳以上」という分け方はこの層の数字が高くなってしまうため、この層を分類してい

る場合がある。「この番組はM2層（35歳～49歳男性）の聴取率が高い」というような使われ方をする。

ただしこういう表現は業界内での使用に限られていて、聴取率調査の結果を一般向けの宣伝活動などに使う場合には「35歳から49歳の男性層」という表現となる。ただ「15歳間隔で刻むのは幅が大きすぎる」「男女という区別はいまの時代になじまないのでは」という意見もあり、今後、これらの表現が変わっていく可能性はある。

	男性	女性
4-12歳	C層	
13-19歳	M0層	F0層
20-34歳	M1層	F1層
35-49歳	M2層	F2層
50歳以上	M3層	F3層

【コア聴取率】 コアちょうしゅりつ

各局が重点ターゲットとしているコア層の聴取率のこと。コア層をどの年齢層にしているかは各局によって違っているが、一般的には購買意欲の高い層をコア層としているようである。

例えばTOKYO FMではコア層を「男女18歳から49歳」、FM802やZIP-FMでは「男女16歳から34歳」、エフエム仙台は「男女20歳から49歳」としている。概してAMよりFMの方が年齢層は低い。

【グロス】 gross

番組制作費やCM放送料、イベント制作費などをまとめた、トータルでかかる「費用の総額」を意味する広告用語。スポンサーは、個々の費用よりもトータルでいくらになるかを重要視する傾向があり、代理店も利益である代理店手数料を乗せやすいため頻繁に使われる。「全体」「総量」を意味するGrossからきている。一方、各費用の原価のみを表したも

のを「ネット（Net）」といい、契約時に選択可能である。

原価と代理店手数料率が同じであっても「グロス建て（総額基準）」か「ネット建て（原価基準）」とでは計算方法が異なっている。支払総額ではグロス建てのほうが高くなることや取り引き内容の透明化といった観点から、最近ではネット建てが増えつつある。

【タイムテーブル】 *timetable*

縦軸に5時から29時（翌日の朝5時）までの時間を、横軸に月曜日から日曜日を、それぞれ順番に記し、1週間に放送される番組名、出演者、コーナー名、スポンサー名やメールのアドレスなどの番組情報を網羅した表のこと。「番組表」ともいう。

これには、カラー刷りでパーソナリティの写真やイラストが掲載されているリスナー用と、1色刷りで番組名と出演者名、スポンサー名、そしてCMのタイム料金、スポット料金などが記されている社内用、営業用がある。

リスナー用のタイムテーブルにはパーソナリティのインタビューや番組紹介記事など、様々な情報が一緒に掲載されているものもあり、これらはタイムテーブルのついたフリーペーパーという位置づけのようだ。例えばTBSラジオは「TBSラジオプレス」、文化放送は「フクミミ」、ニッポン放送は「RADIO TIME TABLE」。タイムテーブルは各局の入り口や支社で入手可能。返信用切手を同封すれば郵送も可。局によっては提携した店舗や学校などにも置いてある。またTBSラジオのように目の不自由なリスナーのための点字タイムテーブルを配布している局もある。詳細は各局のホームページで確認できる。

最近は局のホームページにも番組表が掲載されていて、最新の情報（特番やパーソナリティ変更）が反映されている。PDFをダウンロードできる局もあり印刷物のタイムテーブルの需要は減っているという話だ。実際、それまでは毎月出していた局も、最近では2か月に一度の発行にしているようだ。

radikoはすべての局のタイムテーブルが見られ、そこから聞きたい番組を選べるようになっているが、これらのタイムテーブルは各局の担当者がradikoへ送ってきた7日先までのタイムテーブルのデータから作っている。またradiko上に表示されるおすすめ番組はリスナーの聴取動向をレコメンドエンジンが分析して自動的に表示、Xに表示されるおすすめ番組はradiko側で選び、その反応を分析して次にどんな番組をおすすめにすればいいのかを日々検討し改善している。

印刷物のタイムテーブルは、原稿を揃え、それをレイアウトして印刷所に入れ、校正をして完成となる。つまりこれだけの工程があるため、出来上がるまでにはかなりの日数がかかるわけだ。

中波ラジオ局の場合、4月と10月の改編期には新番組が並ぶ。このためタイムテーブルに必要な新番組のタイトルやパーソナリティ名などは3月の早い段階で分かっていなければ4月の番組表に載せることはできない。ところが新番組の調整に時間がかかり、番組名はおろかパーソナリティまで原稿締め切り日までに最終決定されない場合がある。自局制作の新番組であれば、担当者をせかせて仮タイトルくらいは出させることは可能だ。しかしキー局からのネットの場合、キー局の作業が遅れると予定していた新ネット番組の枠が真っ白のままや「新番組」と書かれただけで4月号のタイムテーブルとして発行されることがある。

【ラテ欄】 ラテらん

新聞に掲載されている「ラジオ・テレビ欄」を略した言い方。一般紙のラテ欄の始まりは1925年11月の読売新聞。おかげで購買数が伸びたという。

ラテ欄の原稿はプロデューサー、ディレクターなど番組スタッフが作成したものを局の担当者がチェックし、新聞社に入稿する。1950年代はラジオ欄が上で

テレビ欄はその下だったのだが、1960年代に入るとその位置が逆転、上がテレビ欄で下がラジオ欄に代わった。ラジオ欄のスペースは限られているため各局で書き方に工夫が見られる。首都圏の中波局ではTBSラジオと文化放送は番組名を優先、対してニッポン放送はパーソナリティ名を優先で書かれている。

【ラジオ祭り】 ラジオまつり

各ラジオ局が局を挙げて定期的に行うリスナー感謝イベントの総称。広い公園や広場を貸し切り、ステージを設けての公開生放送や公開放送の録音、歌やお笑いのライブなどが催される。また会場には様々なスポンサー企業のブースや物販ブース、飲食のキッチンカーなどが設置され、まさに会場はお祭り広場。局アナとの握手会などもあり、出演者と直接会えるイベントでもある。

このため各局の「ラジオ祭り」の動員数は10万人規模になるものも少なくな

い。実際、2023年11月3日に4年ぶりに開催された文化放送の「浜祭」には新型コロナの自粛明けということもあり、リスナーが10万4000人も駆けつけた。パーソナリティとリスナーの距離感が近く、番組がリスナーの生活の一部として溶け込んでいて、パーソナリティや出演者に対する親近感があるために、これほどの数のリスナーがわざわざ会場まで足を運ぶのだ。しかもほとんどの来場者がリピーターであることもこのイベントの特徴である。

【ノベルティグッズ】 novelty goods

番組ノベルティが送られてきた時、リスナーは宝物を手に入れたような喜びを感じる。「どこにも売っていない唯一無二のもの」「お金を出しても買えないもの」。これがラジオのノベルティの必要条件だ。

そういう条件に合って、しかも安価で製作できるものがステッカーだろう。パーソナリティの写真や似顔絵、パーソナリティが描いたイラスト、番組ロゴなどが印刷され、そこにパーソナリティ直筆のサインでも入っていれば最高である。

予算縮小の今では難しいだろうが、バブル期の番組ノベルティとして人気があったものが、番組オリジナルのTシャツ

やトレーナーと言った衣料品。これらにも唯一無二感がある。高価なものとしてはラジオがあった。ラジオ番組がラジオを贈るというのもヘンだが、市販のラジオにロゴやイラストが入っているだけで唯一無二感が出る。しかも番組からもらったラジオから番組パーソナリティの声が流れてくるのは特別感がある。

予算がなくノベルティを作れない番組では、局のタイムテーブルにパーソナリティがサインしたものをノベルティとしてリスナーにプレゼントするケースも。それでもリスナーは嬉しいもの。ラジオのノベルティは「唯一無二」がキーワードである。

【公開放送】 こうかいほうそう

　リスナーをスタジオや会場に入れての放送。生放送、収録どちらもある。公開放送には3種類ある。1つ目はスポンサーの店舗やスペースに人を集め、そこで毎回生放送や収録を行うというもの。有名な番組としてはRCC中国放送がスポンサーである家電量販店第一産業本店から日曜夕方に生放送していた『サテライトNo.1』がある。2つ目は局内の大きなスタジオにリスナーを集めての公開放送。有名なところではSTVが土曜に放送していた9時間の生放送『ウィークエンドバラエティ日高晤郎ショー』やラジオたんぱが平日夕方生放送していた『ヤロウどもメロウども Oh!』や『はしゃいで○○大放送』などがある。そして3つ目がイベントやレギュラー番組の特番として行われるものだ。

　公開放送で大事なことは現場の熱気をいかにしてラジオを聞いているリスナーに伝えるか。会場に詰めかけた観客の歓声や笑い声、拍手や手拍子、そして何より大事なのが人が集まることによって巻き起こるザワザワしたノイズ。これらの音を拾うのがノイズマイクであり、これが拾った音こそが熱気を伝えるために一番重要な材料である。本番前、観客に今日の放送の内容や諸注意を行う前説で、ノイズマイクを指さして「このマイクで皆さんの歓声や笑い声、拍手の音を拾い

ます。あのマイクに入るよう、大きくお願いしますね」と言って拍手や歓声の練習をさせることがよくある。これは観客も大事な出演者だから行われることで、パーソナリティやゲストらと観客が一緒になって盛り上がることで、会場の熱気がノイズマイクを通してラジオの向こうのリスナーの心に刺さるのである。

　公開放送はスタジオや公開ホールなどといった場所で行われるのが一般的だが、動く列車やバスの中で行われることもある。1988年1月18日の深夜、ニッポン放送『鴻上尚史のオールナイトニッポン』がリスナー136人を招待してJR新宿駅から大月駅までの中央線を走る特別列車の中から生放送を行ったことがあった。中央線は山間部を走るため、列車からの中継波が途切れる恐れがあるとして、途中の山頂2箇所に中継車を待機させ、そこを経由して中継波を送るという念の入れよう。それでも電波が途切れたときのために久本雅美がスタジオ待機していた。25時のオープニングは新宿駅のホーム。そして25時10分に特別列車はスタート。放送中、鴻上は列車内を歩き回り、リスナーに声をかけながら番組を大いに盛り上げ、沿線リスナーを巻き込んだ大騒動となった。途中電波が途切れて久本のフォローが入ったが列車は番組終了前の26時45分に無事大月に到着した。

【主催（イベント）】 しゅさい

　放送時間は24時間365日と限られているため、そこからのCM収益には限界がある。そこで考えられたのがイベントである。これならば放送枠が絡まないので収益は無限大に広がる。

　このため昔からラジオ局はイベントを行ってきた。リスナーとの距離が近いためリスナー動員がかけやすく、番組がら

みのイベントとなれば、集客数がある程度は期待できるし、ゲストブッキングもお手の物。また局アナや出演しているタレントの認知度をフルに活用したチャリティーイベントも放送局ならではのものだろう。毎年クリスマスイヴに恒例となっているニッポン放送他の『ラジオ・チャリティー・ミュージックソン』が有名。

【後援（イベント）】 こうえん

　イベントなどの後援にラジオ局の名前が並ぶことがある。後援とはイベントの後ろ盾となって、そのイベントの社会的な信頼性を高めること。ラジオは地元リスナーとの関係が密であり、地元住民からの信頼度も高いことから、放送局に対して後援依頼をお願いされることが多い。そのため放送局はホームページで後援依頼申請の方法について説明している。後援で多いのが音楽のコンサートやライブ、演劇、落語やお笑いライブ、スポーツイベントなど。

【キャラクター】 character

　ラテ兼営局のほとんどに局のキャラクターがいる。テレビは画像があるため、キャラクターのアニメ動画や着ぐるみなどで活躍する場が多いが、ラジオは音だけなので、タイムテーブルなどに印刷されている程度。したがってラジオ単営の中波局やFM局にはキャラクターがいない局は珍しくない。そんな中でもキャラクターがいる局としては、現在は分社化してラジオ単営局となったが、ラテ兼営局だった時のキャラクター「エビシー」を引き続き使用しているABCラジオや、ラテ兼営局時代のキャラクター「らいよんチャン」が子ども時代に遊んでいたぬいぐるみという設定の「らじおんチャン」をキャラクターにしているMBSラジオ、また2014年の開局60周年記念で「ムッシュ・マイク＆マダム・マイコ」、2019年の65周年記念で「ラーさん」「ジー子」「オーちゃん」をそれぞれキャラクターとした登場させたニッポン放送などがある。

　変わったところではラジオNIKKEIのキャラクター「ラニィ」がいる。ペガサスの血を引くというこのキャラクターは姿だけでなく、番宣番組『おすすめラニィちゃん』のパーソナリティとして実際にしゃべっているのだ。

●各局キャラクター名

放送局	キャラクター名	モチーフ	放送局	キャラクター名	モチーフ
HBC	もんすけ	サル	CBC	シェアシェア	パンダ
STV	どさんこくん	ウマ	MBS	らじおんチャン	ライオン
RAB	らぶりん	リンゴ	ABC	エビシー	ナマズ
ABS	ヨンチャン	？	RSK	アレすけ	？
IBC	ちゃおくん	イヌ	BSS	ラッテちゃん	ラテの泡？
YBC	ぷにゅん	？	KRY	マウ・ミウ	「山」の字
TBC	モリーノ	クマ	JRT	おもぞう	ゾウ
RFC	ラジふく君	ラジオ	RNB	ウィット	？
LuckyFM	いばらじおん	ライオン	RKC	R・ケイシー	ロボット
TBS	BooBo	ブタ	RKB	ももピッ！	？
QR	キューイチロー	九官鳥	NBC	れでぃお	鳥
LF	ラーさん、ジー子、オーちゃん	？	RKK	あるぼ	？
			MRT	ミーモ	？
RF	ダベエ	クマ	MBC	みなみ	バーチャルアイドル
BSN	ハレッタ	パンダ	NACK5	らじっと君	ウサギ
SBC	ろくちゃん	フクロウ	J-WAVE	J-me	おばけ？
KNB	ゆっちゅ	鳥？	FM山口	緑山タイガ	小学生
MRO	テミジぃ	？	FM福岡	熊野菊男	？
FBC	ピントン	ブタ			

【SNS】 エス・エヌ・エス

リスナーから届くまでに時間のかかるハガキに比べメールは即応性があると言われているが、これは番組側から何らかのリクエスト（メールのテーマやネタのコーナー）に応える形で送られてくるため、今この瞬間の素直なリスナーの反応はメールでは分からない。ところがX（旧Twitter）は、リスナーが番組で決めたハッシュタグを付けてポストすれば、番組を聞いた瞬間の反応を見ることができる。しかもメールは受け取った番組側しか見ることはできないが、Xはリスナーも見ることができる。また番組用のLINEのオープンチャットを開いている番組では、24時間リスナー同士が番組のことをチャットし合っている。

こうやって番組公式SNSを持つことで、リスナーの反応が即座に分かり、それを番組作りに反映することで、もっとリスナーの希望に沿った番組が出来上がる。番組公式のSNSというと、事前の番組情報や今のスタジオの模様、紹介した新商品の画像などを流すなど、これまでのラジオではできなかったリスナーへの情報サービスが浮かぶが、リスナー同士の結びつきを深め、リスナーからの反応をダイレクトに知ることができるツールとして番組はSNSを活用している。

ラジオ大阪タイムテーブルより

【サイマル放送】 simulcast

同一エリアに向けて同時刻に異なるチャンネル、方式で放送すること。広義ではFM補完放送や、大規模災害発生時などにNHKがテレビやラジオの垣根を越えて全波で同じ音声を流すケースもこれに当てはまる。ラジオの場合はインターネットでの同時配信、再送信を指すことが多く、おもに難聴取対策の意味合いが強い。

radikoがスタートする10年以上も前に、インターネットによる再送信に目をつけたのがコミュニティFM局。地域密着ながら、防災、災害放送という役目も担う上では、1W（設立当初、現在は20Wがベース）という出力はあまりに心もとないものだったため、自然とインターネットを頼ることに。1996年11月、神奈川県の逗子・葉山コミュニティ放送（湘南ビーチFM）が自サイトで「Real Audio」を使って生放送を始めたのが最初と言われている。ちなみに湘南ビーチFMといえばFNNのキャスターでもお馴染み・

木村太郎が当時の代表取締役。その後、彼が旗振り役となって任意団体CSRA（コミュニティ・サイマルラジオ・アライアンス）を設立。実証実験も経て、音楽著作権の障壁も乗り越えた、本格的なインターネットサイマル配信を行うサイト「SimulRadio（サイマルラジオ）」が2006年4月にスタートした。

このほか、県域FM局に限っては、ドコモユーザー向けのサービス「ドコデモFM」、auユーザー向けの「LISMO WAVE」など、一部有料で全国の放送が楽しめる携帯電話のサービスが乱立していた時期（2010年代前半）があった（※完全なサイマルではなく、厳密にはCMや曲がフィラーに差し替えられていた）。さらにはJFN系列局（＋LOVE FM）が聞ける無料のサービス・WIZ RADIO（ウィズレディオ）なども存在したが、radikoが浸透した2020年9月にはこの手の県域FM局が聞けるサービスはほぼ姿を消した。

【radiko】 ラジコ

Internet Protocol（IP）を利用し、県域ラジオ放送（民放99局＋NHK）をサイマル配信するサービス、または運営する会社を指す。

事の起こりは在阪ラジオ6局（ABC、MBS、OBC、FM大阪、FM802、FM COCOLO）と電通が2007年にスタートさせた「IPラジオ研究協議会」。"難聴取地域対策"と"新しいマーケットの開拓"を旗印に発足した組織で、2008年3月に大阪府のモニターに行われた実験放送からすでに「RADIKO」というサービス名がつけられていた。2009年12月、これに首都圏の7局（TBS、QR、LF、TFM、J-WAVE、InterFM、ラジオNIKKEI）が加わった「IPサイマルラジオ協議会」に発展、2010年3月には実用化試験配信が、同年12月には「株式会社radiko」として本格運用がスタートした。

ラジオ局の「聴取エリア」という聖域は聴取者のIPアドレスや位置情報で形式上は守られたわけだが、偽装情報などでエリア外から聴取を試みる者も散見され、特にエリアをすっ飛ばしてフリー状態で聴けてしまうお手軽な非公式Androidアプリが一部で流行、マニアが長年夢見てきた超クリアな遠距離受信が実現した瞬間でもあった。

2011年、東日本大震災発生に伴い、全国のエリア制限の一時解除や、「復興プロジェクト」と銘打ち被災地のラジオ局の全国配信を行うなど、「エリアフリー」が徐々に現実味を帯びてくる。実用化試験を経て各地でradiko加盟局が十分に増えた2014年4月1日についに有料サービス「radiko.jpプレミアム」（当時は「radiko.jp」が正式サービス名）によるエリアフリー聴取が実現。当時radiko配信をしていたのは68局、そのうち60局が聴けることとなった。ただ、このころは「聖域」への意識は未だ強く、radikoには参加するがエリアフリーはNGな放送局がいくつもあった。

エリアフリーと共に注目された夢の機能が2016年10月からスタートした「タイムフリー」。制限があるとはいえ、1週間以内であればいつでも遡って聞き直せるというのはラジオ文化が大きく変わった瞬間でもあった。これまではリアタイ聴取ができない場合は録音するしかなかったのだから、いきなり全録レコーダーを与えられたようなものである。ソニーなどのレコーダー機能付きラジオの売れ行きにも影響があったはずだ。

ラジオ局にも受信機メーカーにも、そしてラジオ文化にも大きく影響を与えたradiko。2017年11月に西日本放送が参加しAMラジオ全局達成、2019年4月にはNHK（第2除く）が聴取可能に、そして2020年9月にFM徳島参加でついに民放ラジオ全局参加が達成された。ここに至るまでサービス、システム両面での改良が行われてきただけに、今後は「タイムフリー期間制限の緩和」「番組情報のさらなる充実」「広告面での放送局への還元」などを軸にさらに発展していくはずである。

●radikoサービス開始まで

2007年4月	関西でIPラジオ研究協議会発足
2009年12月	IPサイマルラジオ協議会
2010年3月	実用化試験配信開始
2011年4月	首都圏、関西で実用化試験開始
2014年4月	radiko.jpプレミアムサービス開始
2020年9月	民放ラジオ99局全てがプレミアムサービスで配信

【radikoアプリ】 ラジコアプリ

radikoはPCはもちろん、スマホでもWebブラウザで聴取できるが、使い勝手もよく独自の機能が備わった専用アプリが無料で用意されている。

PC版との一番の違いはよく聞く番組を登録し、いつでも呼び出せる機能「マイリスト」の存在であったが、2023年1月末のリニューアルにより廃止され「フォロー」機能に刷新された。基本的に「マイリスト」と同じであるが、ネット番組が一元化されるなどシステム的に整理された。余談になるが、マイリストでは終了した番組であってもサムネイル画像が保持されたままであったが、「フォロー」への移行によってこれらもすべて削除されたことで「大切な思い出をどうしてくれるんだ！」と一瞬だけ炎上した。

新アプリ最大の特徴は、まだ自分が聞いたことのないラジオ番組を知るきっかけづくりが随所にちりばめられているところ。ライブ放送中の番組をスワイプすることでザッピング的に聞いたり、「おすすめ番組」「ランキング（人気番組、急上昇など）」のほか「#気軽に落語が楽しめる」「#投資が学べる」「#YouTuber出演」といったハッシュタグでさまざまなジャンルの番組がまとめられている。また、

「音楽」「ミュージシャン」「トーク」「アナウンサー」などジャンル検索をするとその日放送の該当番組がずらりと出てくるなど、気になった番組がすぐチェックできるような工夫がされている。

また、早戻しが「5秒」「60秒」ボタンがついてパワーアップしたり、番組で流れた音楽が「楽曲マイリスト」に登録できたりと細かい機能も追加。新アプリ移行時には「使いづらい」「前のほうがよかった」との意見も溢れたが、慣れてさえしまえば、ユーザーには申し分ない出来であったと言える。

radikoアプリ。ホーム画面では現在放送中の番組が表示される

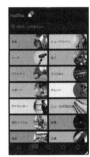

直接キーワードを入れて検索できるほか、ジャンルごとに番組を調べることもできる

【エリアフリー（radiko）】 erea free

有料サービス「radikoプレミアム」に加入することで使えるようになる機能。ふだんはIPアドレス、携帯基地局情報、スマホのGPS情報等から得られるユーザーの位置情報をもとにエリアが判断され、その地域のラジオ局の聴取に限定されるが、プレミアム会員は県名を選択することで目的の放送局が聞ける。

遠く離れたふるさとのラジオ局や、贔屓のプロ野球球団の地元局による実況中継を聞くのはよく知られた楽しみ方だ

が、名前も知らない地方タレントやアナウンサーの未知なるトークを楽しんだり、慣れない地名が連呼される交通情報などを聴いて旅行気分に浸れるなど、ザッピング的に楽しむユーザーも多い。

radikoのHP。radikoプレミアムに加入すると、自由に地域を選べるようになる

【タイムフリー（radiko）】 *time free*

最大1週間遡って番組が聞けるradiko
のサービス。2016年10月に実証実験ス
タート。それまでは再生した段階から3
時間経つと聴けなくなるという聴取制限
が設けられていたが、1年後の2017年
10月には再生から24時間以内であれば
合計3時間まで聴取可能と緩和された。

1週間の限定ではあるがある種の「全
録機能」とも言えるもので、これにより
ラジオ番組を録音するユーザーも減少し
たと思われる。

有料のエリアフリー機能と組み合わせ
れば、全国のラジオが1週間分いつでも

聞けるようになったことで、ユーザーは
もちろん、制作者も意識が大きく変わっ
たのは間違いないだろう。

【シェア機能（radiko）】 *share*

radikoのタイムフリー機能とともに実
装された機能。PCでは「友達に教える」
をクリック、スマホアプリではシェアア
イコン（画面下）をタップすることで、
X（旧Twitter）、LINEなどのSNS、メー
ルで好きなラジオ番組を共有できる。ま
た、再生ポイントを指定できるため、ナ
イター中継で印象的なシーンをピックア
ップしたり、「自分のメールが読まれた
よ」と友達に教えるなどの使い方が可能
となった。

なお、新アプリではシェアするポイン

トを「5秒」「60秒」ボタンで指定できる
るが、通常時は備わっていない「早送
り」も可能になるため、裏ワザ的に使用
するユーザーもいるとかいないとか。

【株式会社radiko】 *radiko Co., Ltd.*

IPサイマルラジオ協議会が元となり、
IPサイマルラジオの実用化に向けて設立
された株式会社。そのため設立当初の株
主は電通のほか、関西6社、首都圏7社
の計13社であった。2023年現在は、
ADKマーケティング・ソリューション
ズ、博報堂DYメディアパートナーズの
ほか、残りの首都圏＆関西の放送局、北
海道、東海地方、福岡、新潟、広島など
のラジオ局が株主として名を連ねてい

る。なお、radikoの配信プラットフォー
ムなど運用面を担当するのは「株式会社
メディアプラットフォームラボ」。こち
らはエヌ・ティ・ティ・スマートコネク
ト株式会社、株式会社radikoのほか、朝
日放送グループホールディングス株式会
社が株主である。2023年1月にアプリ
のUIが変更したときABCラジオがやた
らと宣伝・広報していたのはこのためだ
と推測される。

【ポッドキャスト】 *podcast*

音声コンテンツを配信する音声プラットフォーム、またその番組。サーバー上に音声データをアップロード、RSSを通じて公開。アプリは登録されたRSS情報を参照し、関連付けされた更新データを自動でダウンロードする仕組みとなっている。

「iPod」が語源であることからわかるとおりその歴史は古く、日本では2005年あたりにブログブームやiTunesの普及とともに一般に浸透した。ラジオ番組との親和性も高いため、ラジオ局も続々参入。既存番組を切り取ったり、ポッドキャスト用に「放送後記」的に収録したりとさまざまな形で配信を行っていた。当時、TBSラジオは「TBS RADIO podcasting954」を立ち上げ注力していたが、収益化の問題もあり2016年に終了、そのノウハウは「ラジオクラウド」に引き継がれた。

一時期存在感がなくなっていたポッドキャストだが、2018年頃にアメリカでポッドキャスト界隈の広告市場がにぎわったこともあり、徐々に日本にも波及。アップル、グーグル、そしてSpotifyをはじめとしたサブスク界隈を中心にデジタルオーディオ広告が盛り上がり、さらにはコロナ禍による需要の高まりなどが合わさった結果、2020年以降再ブーム的にポッドキャストが注目された。特にニッポン放送は「ニッポン放送Podcast Station」を立ち上げ、既存番組の再編集モノのほか、オールナイトニッポンの過去の音源の利用、オリジナル番組の制作などを精力的に展開、ラジオ局では目立った存在となっている。なお、2024年2月、radikoにポッドキャスト機能が追加された。ラジオ業界および広告業界が、いかにポッドキャストに注目しているかがわかる。

【AuDee】 オーディー

TOKYO FM、JFNC、JFN38局が運営するオーディオコンテンツプラットフォーム。旧名称は「JFN PARK」。無料の会員制でX（旧Twitter）やFacebookのアカウントでもログイン可能。既存ラジオ番組のコーナー切り抜き、スピンオフ、さらには人気アーティストのトークからラジオドラマまで完全オリジナルコンテンツなど700以上の音声番組が聞き放題となっている。

こちらも昨今のポッドキャストの盛り上がりの背景にあるデジタルオーディオアドに対応。スマートフォンでは専用のAuDeeアプリが必要となる。

【動画配信】 どうがはいしん

音声メディアであるラジオにおいて動画を付けることはある種「禁じ手」的な捉え方をされていた時代もあったが、インターネットやスマートフォン、さらには配信プラットフォームの普及により、より簡単に動画配信が行えるようになり、徐々に動画も楽しめる番組が増えてきた。

本編とは違ったおまけトーク、本編の切り抜きのほか、YouTube、ニコ生などを使った生配信を行う番組も。オールナイトニッポン（0や関連番組含む）に限っても、NOTTV、SHOWROOM、ミクチャ、smash.などさまざまな企業とコラボし、動画ライブ配信を行ってきた歴史がある。

【超!A&G+】 ちょうエーアンドジープラス

　文化放送が運営する、アニメ、ゲーム、声優に特化したインターネットラジオ。名称は地上波のアニラジゾーンに由来する。PCのブラウザから視聴できるほか、スマホの専用アプリもある。

　決められたタイムスケジュールに沿ってストリーミング放送を行っているため、聞ける機会は1度きり。以前はリピート放送が行われていたが、2024年2月現在は廃止されている（今後聴き逃しユーザーのための機能拡充も予定）。「A&G TRIBAL RADIO エジソン」など地上波と同時配信される番組もあるが、超!A&G+オリジナルのコンテンツも豊富。また、番組によっては動画配信を行っており、YouTube、ニコニコ動画（生放送）でも視聴可能な番組もある。「花澤香奈のひとりでできるかな？」「あさステ！」（※『よるステ』にタイトル変更）

のように超!A&G+で人気を得てから地上波進出した番組も多い。

超!A&G+のタイムテーブル

【らじる★らじる】 らじるらじる

　NHKラジオのサイマル配信サービス。radikoから遅れること1年半後の2011年9月にPCでのサービスをスタート（スマホアプリは2011年10月）。当時民放はradiko、NHKは「らじる★らじる」（以下らじる）と住み分けられていたが、2019年からNHKもradikoで配信されるようになった（一部地域は2017年から）。とはいえあくまでらじるが優先され、radikoでは制限されていることが多い。列挙すると、①NHK第2の配信、②放送局の選択、③一部番組の聴き逃しサービスとなる。つまりradikoではNHKの番組はタイムフリーもエリアフリーも実施されていない。

　①のNHK第2はradikoでも配信されていた時期もあったが現在はらじるのみで聴取可能（全国同一内容）。②についてはらじるの場合、第1とFMは札幌、仙

田、東京、名古屋、大阪、広島、松山、福岡の8局から選択が可能となる。独自のローカル番組を聞きたい場合はもちろん、「らじらー！」などアイドル番組のリスナーは、電車の遅延情報など緊急のニュースが割り込みやすい東京ではなく、松山放送局等で聴取するテクニックが知られている。③は第1、第2、FMから代表的な番組、もしくはたまに地方局制作の番組が選ばれ、1週間聞き直すことができる。これらは一覧となっており、放送日やジャンル、50音順で探せる。

【ギャラクシー賞】 *GALAXY AWARD*

放送批評懇談会が放送文化の質の向上を願い、優秀番組、個人、団体を顕彰する賞。1963年創設。テレビ、ラジオ、CM、報道活動の4部門制だが、ここではラジオ部門について記載する。

なかには委員会が推奨した作品が選ばれることもあるが、基本は放送局（NHK、民放県域局、コミュニティ局）が作品を応募する形をとる。毎月定例会が開かれ意見交換がなされ、上期、下期でそれぞれ入賞候補作品を8本選出、5月最終選考会で大賞1本、優秀賞3本、選奨4本を決定する。また、これとは別に優秀な喋り手にDJ・パーソナリティ賞が贈られる。

作品の傾向としてはドキュメンタリー色の強い特別番組などが多いが、レギュラー番組のとある日の放送回が選出されるケースも。例えば2022年度の第60回ギャラクシー賞ラジオ部門の大賞は、アメリカ占領下の沖縄で活躍したジャズシンガー齋藤悌子を扱ったRBCiラジオの特番「ダニーボーイ・齋藤悌子、ジャズと生きる」だったが、優秀賞の1本にはRKBラジオの「仲谷一志・下田文代のよなおし堂」が選出された。

またDJ・パーソナリティ賞は1993年から。それ以前は「個人賞」の選出であった。キー局、ローカル局、AM、FM、男女がバランスよく選出されている。

●DJ・パーソナリティ賞受賞

1993年	赤坂泰彦（TOKYO FM）
1994年	川村龍一（MBSラジオ）
1995年	中田美和子（AIR-G'）
1996年	小川もこ（JFN）
1997年	伊奈かっぺい（青森放送）
1998年	小島慶子（TBSラジオ）
1999年	やまだひさし（TOKYO FM）
2000年	SHINGO（KISS-FM KOBE）
2001年	鏡田辰也（ラジオ福島）
2002年	伊集院光（TBSラジオ）
2003年	うえやなぎまさひこ（ニッポン放送） ※当時ひらがな表記
2004年	ジョン・カビラ（J-WAVE）
2005年	水野晶子（MBSラジオ）
2006年	久米宏（TBSラジオ）
2007年	青山高治（中国放送）
2008年	ライムスター・宇多丸（TBSラジオ）
2009年	やのひろみ（南海放送）
2010年	ピストン西沢（J-WAVE）
2011年	吉田尚記（ニッポン放送）
2012年	ピーター・バラカン（interfm他）
2013年	西向幸三（エフエム沖縄）
2014年	横山雄二（中国放送）
2015年	荻上チキ（TBSラジオ）
2016年	星野源（ニッポン放送）
2017年	村山仁志（長崎放送）
2018年	鬼頭里枝（静岡放送）
2019年	爆笑問題（TBSラジオ）
2020年	落合健太郎（FM802）
2021年	森谷佳奈（山陰放送）
2022年	安住紳一郎（TBSラジオ）

【日本民間放送連盟賞】 にほんみんかんほうそうれんめいしょう

質の高い番組・CMの制作、技術開発の質的向上と、放送による社会貢献活動等の発展を図ることを目的に、民放連が1953年に創設した賞。番組部門、CM部門、技術部門に分かれ、ラジオ関係だと、「ラジオ報道」「ラジオ教養」「ラジオエンターテインメント」「ラジオ生ワイド」「ラジオCM第1種（20秒以内）」「ラジオCM第2種（21秒以上）」の種目がある。また、番組部門の中からグランプリ、準グランプリも選定され、毎年秋の民放大会で発表される。

4章

技術
（送信・送出）

ミキサー／機材・用具／テープ／音・音響／
音声信号伝送／送信所・中継局（送出）／
測定／中継／電波（基礎知識）

【ミキシング・コンソール】 *mixing console*

マイクや各種再生装置から出る音声信号を調整し、混合するための機器。ラジオ局のほか、レコーディングスタジオ、劇場、コンサート、イベント会場、会社や学校など、音を扱う場面では必ず使用される。「ミキサー」、または「卓」と呼ばれることが多い。

一般的には、縦の列が個々の入力に対応し、トリム、イコライザー、パンニングの調整ツマミやバスの選択ボタンなどが並んでいる。VUメーターやピークメーターも装備されており、フェーダーと呼ばれるボリュームを操作して各素材の音量を調整する。フェーダーを上げると各種再生装置が自動的に再生状態になるフェーダースタートや、フェーダーを上げる前に各素材をチェックできるキューボタンが装備されている。入力の数に応じて8/16/48チャンネルなど大規模な

ものも存在するが、基本的に同じものが8/16/48列並んでいるだけである。

出力はすべてのフェーダーからの音を混合するステレオ（PGM）アウトが基本。規模の大きなミキサーでは、バスを使った多チャンネル出力に対応しており、インターネット配信向けに特定の素材の音をカットしたり、音声だけを抜き出したりといったことが可能である。

内部構造の違いから、アナログ・ミキシング・コンソールとデジタル・ミキシング・コンソールに分類できる。

ヤマハのデジタルミキサー・QL1

【アナログ・ミキシング・コンソール】 *analog mixing console*

信号経路がアナログで構成されたミキシング・コンソール。すべてのツマミ類がコントロールパネル上に配置され、それぞれがひとつずつの機能を持つ。信号の流れが明確で状態を一覧できるのが特徴。構造がシンプルで、現在でも多くのミキサーはアナログで構成されている。ツマミやフェーダーの中を実際に音声信

号が流れているため、経年劣化による「ガリ」が発生しやすく、定期的なメンテナンスは欠かせない。その弱点を克服するため、フェーダーの中に音声信号を通すかわりにVCA（Voltage Controlled Amplifier）と呼ばれる可変利得アンプを採用し、フェーダーはその制御のために使用するタイプのミキサーも存在する。

【デジタル・ミキシング・コンソール】 *digital mixing console*

信号経路がデジタルで構成されたミキシング・コンソール。入力された信号は、ADコンバーターで数値化され、演算によってミキシングされる。最終的にDAコンバーターから出力されるまではデジタルデータとして取り扱われる。音質の劣化が少ないのが特徴である。頻繁に操作するフェーダーなどを除いてはツマミ

類が共通化され、より細かい操作は階層メニュー下に格納されている。シンプルに見える反面、状態を一覧しにくいのが短所。メモリー機能が搭載され、番組やその進行に応じたセッティングをメモリー可能。ムービング・フェーダーを搭載する機種ではフェーダーの初期ポジションを含めた状態をメモリーできる。

【フェーダー】 *fader*

音響機器やミキサーにおいて、レベル調整をするための操作子をいう。スライドさせて操作するリニアフェーダーが一般的だが、回転させて動作するロータリーフェーダーも存在する。

いずれも、内部の抵抗体上を摺（しゅう）動子と呼ばれる接点が移動してレベル（抵抗値）を決定する。放送機器では、抵抗体に導電性プラスチックを使用することで摩擦を抑え、耐久性を高めたプラスチックフェーダーが採用されていることが多い。

デジタルミキサーでは、タッチパネルやタブレット上の操作子を指でスライドさせて操作するフェーダーも珍しい存在ではなくなってきた。

【フェーズ】 *phase*

位相反転ボタン。ミキサーやDAWの入力段に配置され、入力信号の位相を反転させる機能を持つ。複数のマイクを使って音声を収録するとき、スタジオの環境によってはマイクの配置や話者との距離関係から音声がぼやけてしまうことがある。そんな時、干渉源となっているマイクの位相を反転させると改善する。

レコードやCDの中には、ステレオ音源の片チャンネルが逆位相になっている製品が存在する。定位の定まらない不安定な音に聞こえてしまうので、入力信号の片方だけを位相反転させてやると正常な音声に戻る。そのためステレオチャンネル用の位相反転ボタンは片チャンネルだけ位相を反転させる仕組みとなっている。

【トリム】 *trimming*

音響機器への入力レベルが適切となるよう調整する機能。ミキサーやオーディオインターフェースなどの入力段に配置される。「レベル」「ゲイン」「アッテネーター」などと表記されることもある。

特定の機器と接続する場合、一般的には出力と入力とで互いに基準レベルが決まっていて調整の必要がない。しかし、多種多様な機器を接続するミキサーやオーディオインターフェースなどでは、入力側の信号レベルを出力側の信号レベルに合わせる必要がある。入力レベルが不足する場合はSN比が低下するし、入力レベルが超過する場合には音割れ（クリッピング）や他チャンネルへのリークが

発生する場合があるからだ。ミキサーによっては、トリム機能の一部としてパッド（PAD）と呼ばれる減衰機能（アッテネーター）が装備されている。

放送機器では規定レベルが+4dBuと決まっているが、各音源とも信号レベルは録音時の環境に依存するため、必ずしもアテにならない。

デジタルミキサーの一部では、コントロールパネルからトリムを省略することで操作性を優先した製品もある。この場合でも、機能自体が省略されたわけではなく、メニューから呼び出して操作できるようになっている。

【ゲイン／利得】 *gain／りとく*

① アンプの増幅率をいう。入力に対する出力の比を求めたもので、単位はdB（デシベル）。一般ユーザーがアンプの増幅率を気にすることは少ないが、プロオーディオの世界では、一定の音質を維持するために入出力のレベル合わせが必須となる。そのため、レベル合わせに使用するアンプの増幅率が重要な意味を持ってくる。増幅率が低すぎてレベル不足になった場合はSN比が悪化するし、増幅率が高すぎてレベルオーバーになった場合にも、やはり、SN比の悪化やクリッピングの原因となってしまう。

例えば、開回路感度（単に感度ということもある）が-59dBVのマイクをミキサーのマイク入力(-40dBu〜+4dBu)に接続する場合を考えてみよう。同じ単位で比較する必要があるので、まずは、-59dBV+2.21=-56.79dBuを求める。このとき、-40dBu-(-56.79dBu)=16.79dBとなり、最低でも17dBほどの増幅率を持ったアンプが必要なことがわかる。開回路感度は負荷を接続するとやや落ちるので、実際には、少し高めのアンプを接続する必要がある。この場合、20〜30dBが目安となるだろう。

ゲインの計算方法は以下の通りである。

［電圧基準の場合］
Gain（dB）=20×log10（出力電圧／入力電圧）

［電力基準の場合］
Gain（dB）=10×log10（出力電力／入力電力）

例えば、30dBのアンプを使った場合、入力電圧に対する出力電圧は31.62倍であり、入力電力に対する出力電力は1000倍となる。

② アンテナの送受信感度を示す値。理想状態のアンテナに対する対象アンテナの感度の比を求めたもので、アイソトロピックアンテナを基準とした「dBi」と、1/2λダイポールを基準とした「dBd」がある。0dBd=2.14dBiの関係にあるが、単に「dB」といった場合、どちらのことか理解していないと誤った計算結果を招いてしまう。

利得の高いアンテナは、一般的に意識されがちな水平方向だけでなく、垂直方向の指向特性にも偏りを与えることによって、意図した方向に対する指向性を得ている。例えば、アマチュア無線に使う一部のグランドプレーンアンテナには無指向性なはずなのに12dBiを超える利得のものもある。これは水平方向ではほぼ無指向性だが、垂直方向には極めて強い偏りを持っていて、電波を飛ばしてもムダな天空や地面には電波が飛ばないように設計されている。

【ローカット／ハイパス・フィルター】 *low cut／high pass filter*

音声信号のうち、低域をカットするフィルター。話者の呼吸にともなう吹かれや机に触れる音、エアコンの動作音など、低域に存在する雑音をカットするために使用する。マイクに使用するのが一般的だが、ライブなど長いケーブルが必要な場面でハムが発生する場合、楽器の演奏に影響なければラインに使用することもある。

ラジオのスタジオでは、マイクのローカット・フィルターがデフォルトでONになっていることも珍しくない。しかし、低域が豊かな話者の場合は声質を変化させてしまうこともあるので、話者や環境に応じた使い分けが重要である。

【イコライザ】 *equalizer*

　可聴帯域の一部を増幅したり減衰させたりして用途に適した音声に調整する装置、または機能をいう。EQと略することもある。

　可聴帯域をLOW/LO-MID/HI-MID/HIGHのように3〜4分割してそれぞれ調整するパラメトリックイコライザーと、より多くの帯域で細かく分割して調整可能なグラフィックイコライザーがある。

　英語では、「等しくするもの、均一化するもの」といった意味であり、本来は聴取者に届く音の特性をフラットにするのが目的であった。しかし、音楽の高音質化と多様化によって、聴取者はより積極的な「色づけ」を求めるようになってきたのである。民生機においても、「ROCK」「POPS」

「CLASSIC」といったイコライザーの設定ができる製品があるが、イコライザーは、そのためのツールとしても使われている。

　一方、イベントやコンサートなどのPAでは、スピーカーから出た音がマイクに回り込んで起きる「ハウリング」が問題となるが、このハウリングは会場や観客の人数によって固有の周波数を持っている。そのため、特定の周波数だけを選択的に下げてハウリングを防止できるグラフィックイコライザーは重宝されている。

ソニーのグラフィックイコライザー・SRP-E210

【キュースイッチ】 *cue switch*

① ミキサーにおいて、フェーダーを上げることなく素材を検聴するためのスイッチ。PFL（Pre Fader Listen）と表記されることもある。

　キュースイッチがONになっている間は他の音声がすべてミュートされ、モニターからは、ONにしたチャンネルの音声のみが聞こえる。この時、モニター以外の音声（プログラムやバス）には影響を与えない。一般的には、複数チャンネルのキュースイッチを同時にONにすることも可能である。キュースイッチがONの間はモニター用のレベルメーターにも音声が送られるため、トリムを使って、送出直前にレベル調整を行える。
② サブとアナウンスブースとの間で意思疎通を図るために設置されたランプなどを点灯させるためのスイッチ。

　一般的にはアナウンスブースからサブ

が見通せるため、ディレクターの指示はハンドサインによるキューで行われる。しかし、スタジオの構造上見通しが悪かったり、照明や外光がガラスに反射したりしてキューが見づらい場合、ランプで指示を出すことがある。トークバックと併用されるため、キュースイッチは、トークバックスイッチのそばに設置されることが多い。

サブから合図を出すためのキュースイッチ

【パン／パンニング】 *panning*

音響機器において、任意の左右方向に音声を定位させる機能。モノラル入力に装備されていることが多い。ゲストが多い場合など、ゲストAはやや左、ゲストBはセンター、ゲストCはやや右といった具合に設定して左右差をつけることがある。しかし、一般的なアナログミキサーでは、単に音声信号の左右への振り分け量を調整しているだけであり、左右の時間差は考慮されておらず、あまりよい結果にはならない。

一方、デジタルミキサーやDAWに「サラウンドパンニング」というサラウンド機能がある場合は、左右の音量差だけでなく左右の時間差（位相変化）まで考慮されているため、より臨場感のあるステレオ感を得られる。

なお、最もパンを使用する機会が多いのは、中継放送などにおいてミキサーの

ステレオ入力が足りなくなったとき。モノラル入力を2ch使用して、片方のパンを左に、もう片方のパンを右に振り切って設定すれば、ステレオ入力の代わりに使用することが可能である。

上がアナログ卓、下がデジタル卓の「PAN」

【バランス（L/R）】 *balance*

音響機器において、音源の音量に左右差があって定位がズレている場合にその定位を補正する機能。ステレオ入力に装備されている。

録音された音源は、本来、左右差のないよう整音されている。しかし、録音時のミスや機材の調整不良、外録の音源を整音して素材に落とし込む時間がない場合など、時折、目的の音がセンターに定位せずズレた状態が発生する。

ツマミを左に回すと左の音量が上がって右の音量が下がり、ツマミを右に回すと右の音量が上がって左の音量が下がる。通常はセンターが定位置でほとんど触れる必要がないため、バランス機能を省略したミキサーも存在する。

【ミュート】 *mute*

特定のチャンネルの音を遮断する機能。テレビのリモコンにはミュート機能が付いているが、それと同じ機能がミキサーでは各チャンネルに装備されていると考えるとわかりやすい。フェーダーの位置はそのままに、音を遮断できるのが特徴。特定の音を今すぐ止めたいときはもちろん、ノイズの出どころを探りたい

ときや、パーソナリティ側に配線を延長したミュートスイッチを置いて簡易的なマイクカフとして使用する場合など、用途は広い。チャンネルのON/OFFスイッチと実質的な機能は同じ。放送用のミキサーでは、チャンネルのON/OFFスイッチを装備する代わりにミュートを省略するのが一般的だ。

【ディマー】 dimmer

① 機材のランプや表示パネルのバックライトなどの明るさを調整する機能。機材が出す明かりは単に明るければいいわけではなく、周囲の環境によっても適切な明るさが変化する。暗いと読みにくいのはもちろん、明るすぎても指示値がにじんで読みにくくなることがあるからだ。

② マイクをONにしたときにモニタースピーカーの音量を低下させる機能。ハウリング防止効果がある。サブとアナウンスブースが分かれている場合は、マイナスワンを使ってアナウンスブースにマイクの音声が戻らないようにしているため、ディマーは必要ないが、モニター音声に放送波を使っている場合や、ワンマンオペレーションで重宝する。

【送り返し】 おくりかえし

通常、音声は演者からミキサーに送られるが、逆にミキサーから演者に送られる音声のことを「送り返し」という。単に「返し」「モニター」ともいう。ディレクターからのトークバックを送るのにも使われる。

スタジオ環境では、話者が発した声がミキサーを経由してヘッドホンに返されるが、この時、聞きやすいようにBGMや他の素材よりも自身の声のレベルを上げて欲しいという要望を受けることがある。このような場合は、放送用のプログラムアウトとは別にバスを使って希望の音声を作って対応する。

中継（入中）では、通常、中継回線の上りを現場からの中継音声に使い、下りを送り返しに使用する。自身の音声がスタジオに届いていることを確認する大切な手段であり、スタジオと中継者をつなぐ生命線でもある。スタジオパーソナリティの音声だけでなく、ディレクターからの指示（トークバック）を直接受けられるようになっていることもある。

ライブ会場において、モニターに対するミュージシャンの要求は非常に繊細だ。PAが出す最終的なアウトとは別に各演奏者が希望する音声を届ける必要があるため、大規模なライブではミュージシャン自身がモニターレベルをコントロールできる仕組みを作ったり、専用のミキサーとモニターエンジニアを用意したりすることも珍しくない。

【マイナスワン】 minus one

モニター用の音声のうち、最終的なミキシング出力から特定の音をカットした状態のものをいう。N-1ともいう。カットする音が複数でも同じ。

例えば、サブからスタジオモニターに返す音声には、放送に使用する音声からマイクのみをカットした音声を使用する。もしマイクも含めて音声を返すとハウリングが発生する可能性があり、それを予防するためである。

電話を用いた中継においても、中継先からの音声をそのまま返すとハウリングの原因となるため、送り返しには中継先からの音声をカットしたマイナスワンが使用される。

昨今、radikoをはじめとするサイマル放送が広く行われるようになったが、おもに権利関係から「インターネットに流せない音源」も存在する。そこで、プログラムアウトとは別にマイナスワンを設定してインターネットへの送信が行われている。

【インサート】 *insert*

ミキサーなどにおいて、個々のチャンネルに外部（または、内部）のエフェクターを挟み込むこと。また、そのための端子。

大古のミキサーでは、個々のチャンネルにエフェクターをかけるためのSEND端子とRETURN端子があり、エフェクターをかけないときは両者をケーブルでつないでいた。その後、改良され、SEND端子に何もつながない時は内部で機械的にRETURN端子に接続されるようになったが、これらをひとつにまとめたものがインサート端子である。

ステレオ−モノラル変換ケーブルと同じ構造（片方がステレオフォンプラグ（TSR）、もう片方が二股のモノラルフォンプラグ）のインサーションケーブルを使用して、エフェクターを接続する。ステレオフォンプラグのTipがSEND、

RingがRETURN、SleeveがGNDである。

デジタルミキサーの場合、内部的なインサートを使ってひとつのチャンネルに複数の内蔵エフェクターをかけられるほか、ダイナミクス系と空間系のエフェクターを別々にかけられるケースも珍しくない。

インサーションケーブル

【プリアンプ】 *preamplifier*

① 音響機器同士を接続するとき、主にレベル不足を補う目的で使用されるアンプ。ヘッドアンプともいう。マイクやレコードのカートリッジ（MC型の場合、昇圧トランスを使う場合もある）、ギターのピックアップなど、出力レベルが小さくて入力規定レベルに満たない機器をそのまま接続すると、最終的なレベル不

足やS/N悪化の原因となってしまう。そこで、信号レベルに合わせたアンプの使用が必要となる。ミキサーなど、一部の音響機器ではゲイン可変型のプリアンプを内蔵し、ある程度低いレベルの信号まで入力できるようにしている。
② アンテナと無線機器との間に接続して受信状態を改善するためのアンプ。

【バッファアンプ】 *buffer amplifier*

信号の増幅を主目的とせず、入力と出力、または、他系統の出力が互いに影響を受けないように設置された緩衝用アンプをいう。ゲインは無利得（0 dB）か、あっても数dBである。オーディオ機器の入力段に内蔵されていることが多く、プリアンプとインピーダンス変換の役割を兼ねていることもある。

代表的な機器としてはオーディオディストリビューター（音声信号分配器）がある。パラボックスなどを使って単に音声信号を分配するだけでは接続された負荷の状況によってレベルが変動するため、緩衝用と分配ロスを補う目的でアンプが使われている。

【パワーアンプ】 *power amplifier*

拡声を目的とした、出力の大きいアンプ。スピーカーをドライブするために設計されているのがポイントである。ラジオやテレビなどスピーカーを内蔵した機器には必ずパワーアンプが内蔵されているし、ライブハウスやコンサート会場で何万人を相手にするときに使うのもパワーアンプである。

増幅方法の違いによって、A級、B級、AB級、D級などがある。最近増えてきたD級はデジタルアンプと呼ばれており、出力にPMW（パルス変調）を用いることで90％を超える効率をたたき出す。小型で熱が出にくい特徴がある。ちなみに、役割が似ているため、ライブなどで音響を担当するPAをPower Amplifierの略だと思っている人も少なくないが、Public Addressの略で意味が異なる。

【ファンタム電源】 ふぁんたむでんげん

コンデンサーマイクなど、電源が必要なマイクにケーブルを通じて電源を供給する仕組み。通常はミキサーのマイク入力に装備され、「+48V」などと表記されたスイッチでON/OFFを行う。ファンタム電源を装備していないミキサーのために、外付けのファンタム電源も用意されている。48Vが一般的だが、民生機では24Vや9Vの製品も存在する。

マイクとミキサーとの間に接続する一部のプリアンプなどは、この仕組みを利用して、本来はマイクに供給される電源を拝借して動作する。この場合、マイクへのファンタム電源はプリアンプなどが供給する。

【ライン入力／ライン出力】 らいんにゅうりょく／らいんしゅつりょく

ラインレベルの音声信号を扱う入力、または、出力のこと。ほとんどの音響機器がこれらの入出力を通じて音声信号のやりとりを行う。端子の形状は、XLRタイプコネクターをはじめ、RCAピン、3.5mmミニ、標準モノラル、標準ステレオ（TRS）まで幅広い。

業務機のラインレベルは+4dBuであり、民生機のラインレベルは-10dBVが一般的である。民生機のライン出力を業務機のライン入力に接続するようなケースは珍しくないが、稀に極端に音が小さくなることがある。これは出力側のレベル不足はもちろん、インピーダンス不整合が原因で音声信号がうまく伝わっていないからである。

【サイドチェーン】 *side chain*

DAWやデジタルミキサーにおいて、他チャンネルの音声をトリガー（キー信号）として自チャンネルにエフェクターをかける仕組み。また、そのトリガーをいう。コンプレッサーやダッキングなど、ダイナミクス系のエフェクターに用いられる。

音声信号がそのまま送られるのが特徴で、受け取ったエフェクターはその振幅によって動作を決める。したがって、特定のチャンネルの操作、例えば、フェーダーのON/OFFやミュートと連動しているわけではないことに注意が必要である。

【ダッキング】 *ducking*

サイドチェーンからのトリガー（キー信号）をきっかけに、自動的にチャンネルの音量を下げる機能。DAWやデジタルミキサーに標準搭載されていることが多いが、プラグインとして提供される場合もある。もともとは、ボクシングにおいて、相手のパンチをかわす目的で身をかがめた体勢を取ることが由来。一種のコンプレッサーであり、コンプレッサーの設定を調整してダッキング代わりに使うこともできる。

例えば、マイクからの音声をバス1、マイク以外（BGM、楽曲などすべて）をバス2にそれぞれまとめておいて、バス1をサイドチェーンとしてバス2のダッキングを動作させる。つまり、マイクの音声があるときだけダッキングが動作する仕組みである。これにより、BGMや楽曲などが、自動的に通常のOAレベルからBGMレベルにダウンする。

主なパラメーターは、動作しきい値を決める「スレッショルド」、動作してからダッキングレベルに到達するまでの時間を決める「アタックタイム」、動作時の減衰レベルを決める「ダッキングレベル」、動作が停止してから通常レベルに戻るまでの時間を決める「リリースタイム」である。

DAWの場合は音声を貼り付けるだけでボリュームカーブの多くを省略できるため効率的であり、ワンマンの場合は操作の手数を減らすことができる。

【VUメーター】 *VU meter*

人間が感じる音量感を示した測定器。指針のふれを目安として放送の音量感を一定に保つために使用する。ANSI（米国国家規格協会）S3.6-2004「Specification for Audiometers」、BS（英国規格）6840「Sound system equipment」、IEC（国際電気標準会議）60268-17:1990「Standard volume indicators」などに規定されている。

メーターの指示範囲は-20から+3で、単位はVUを用いる。1kHzの正弦波を+4dBmで入力したときに0VUを指示し、指針の応答速度は300msとなっている。応答速度が速くないため、信号のピークを把握するには向かないが、平均的な音量とダイナミクスの傾向はつかみやすい。

放送のミキシングでは「シチ、ゴ、サン（-7～-3)」「針を茶柱のように」などと教わることが多く、垂直付近が平均となるようVUメーターの針を振らせるのが理想とされる。AMラジオ放送では「やや控えめな振らせ方」をする傾向が強く、FMラジオ放送では「やや攻めた振らせ方」をする傾向がある。

機材同士を接続する場合は0VUを基準にレベル合わせを行い、時折0VUをオーバーするぐらいのレベルで信号を扱うと、クリップすることなくS/N的にも良好な結果を生むことが多い。

局内における音声信号のレベルはスタジオから送信機まで絶対的なものであるが、リスナーの受信状況は個々に異なっているうえ、さまざまなラジオを使って受信している。また、音量をいつでも自由に調整できてしまう。したがって、スタジオ側でいくら厳密にレベルをコントロールしても絶対的なものにはなり得ない。あくまで目安であることを理解しておくべきである。

【ホン／フォン】 *phon*

音の大きさを表す単位。人間の耳でギリギリ聞こえる最も小さい音（1000Hz, 20μPa）を0ホンとし、それに対する比を常用対数（dB）で表したもの。1997年に、国際単位系（SI単位系）に合わせた計量法の改正が行われ、ホンはデシベルと読み替えることになった。ホン＝デシベル（dB）である。

閑静な住宅地は40ホン、量販店の店内は60ホン、カラオケ店の個室は90ホン程度とされる。人間が耐えられる限界の音は130ホンといわれている。

【ラウドネスメーター】 *loudness meter*

人間が感じる音量感を示した測定器。周波数ごとの聞こえ方を採り入れた「等ラウドネス曲線」などを考慮しており、VUメーターよりも人間の聴感に近いとされる。単位は、日本やアメリカなどではLKFS（Loudness K-Weighted Full Scale）が使われ、ヨーロッパではLUFS（Loudness Unit Full Scale）が使われるが、名称が異なるだけで、両者は同じものである。

アルゴリズムなどは、ITU-R（国際電気通信連合無線通信部門）により、BS.1770「Algorithms to measure audio programme loudness and true-peak audio level」、BS.1771「Requirements for loudness and true-peak indicating meters」が勧告されている。

世界的なデジタル放送の開始にともない、番組やCMごとに音の大小に差があることが問題となった。日本でも、初期の地上デジタルTV放送ではほぼ無音から突然大きな音が出て驚かされるような場面も珍しくなかった。デジタル放送はアナログ放送と比較してS/Nが良好でダイナミックレンジが広く、音量差が顕在化しやすかったからである。

ちなみに、それまで音量感を規定する規格がなかったのは、アナログ放送環境においていくら送信側で厳密なレベルコントロールを行っても絶対値での伝送ができず、受信機器によって音量感が異なるのが理由でもあった。デジタル放送の場合は絶対値での伝送を行うため、環境が整ったのである。

ラウドネスメーターには針式とバーグラフ式、数字式があり、DAWソフトの中には、ラウドネスメーター機能を搭載したものもある。本来はデジタル放送で使用する機器のため、入力はAES/EBUが基本である。しかし、アナログラジオ放送でも導入する放送局があり、一部、アナログ入力に対応する機種もある。

●等ラウドネス曲線

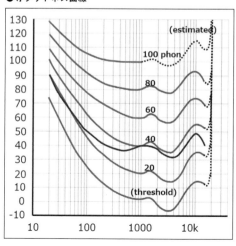

【OAレベル】 *on air level*

通常の放送に使用するレベルのこと。BGMレベルと区別するために用いられる。主に完パケに添付するキューシート上に、マスターへの指示として線で表記される。通常は番組の放送開始から1本の線として表現される。放送終了時、カットアウトの番組はそのままだが、フェードアウト指示がある番組の場合はアナ尻以降ななめにゼロまで線が引かれる。

これにより、放送時間とアナ尻の関係や番組の末端処理をマスターで確認できる。カットアウトの番組にフェードアウトをかけると微妙な尻すぼみになるし、フェードアウトの番組をカットアウトするとぶつ切りになってしまうため、確認は重要なのである。

【BGMレベル】 *BGM level*

BGMの放送に使用するレベルのこと。主に完パケに添付するキューシート上に、マスターへの指示として線で表記される。番組の構成上、完パケの送出途中で交通情報などを挟み込むケースがある。その場合、番組の放送開始から引かれたOAレベルの線は、交通情報の部分でBGMレベルまで下げられ、必要な時間分BGMレベルの直線となり、終了と同時にOAレベルまで戻される。この時、完パケの交通情報の部分には、規定時間分のBGMをOAレベルで入れておく。こうすることで情報枠の微妙な長さの違いを吸収してOAレベルに戻すタイミングを合わせられるし、情報枠が飛んだ時も不自然に音量が下がることを避けられる。

【ターゲットラウドネスレベル】 *target loudness level*

ラウドネスメーターを使用して放送する場合に合わせるべきレベルを示したもの。EBU（欧州放送連合）R128 「Loudness Normalisation and Permitted Maximum Level of Audio Signals」、ATSC（米国高度テレビジョン・システムズ委員会）A/85:2013 「Techniques for Establishing and Maintaining Audio Loudness for Digital Television」、ARIB（電波産業会）TR-B32 「デジタルテレビ放送番組におけるラウドネス運用規定」などに規定されている。

地上デジタルテレビ放送において、番組の平均ラウドネスレベルは-24.0LKFSとなっている。±1dBの差異は許容されるものの、「許容範囲を見込んだ番組制作を行ってはならない」と、かなり厳しい。

【音の三要素】 おとのさんようそ

人間が音を識別するときに必要な要素。「音の高さ（周波数）」、「音の大きさ（振幅）」、「音の音色（波形）」の3つをいう。

オーケストラがチューニングを行うとき、一般的には管楽器であるオーボエのA（ラ）の音が用いられ、各楽器がそれに合わせていく。Aの音は440Hzであり、各楽器が一斉に同じ高さの音を出すことになるが、どの楽器がどの音を出しているかは容易に判別できるはずだ。これは、音の大きさと音色が異なっているからにほかならない。

【音圧】 おんあつ

音の大きさを表す値、および、その感覚。単位はPa（パスカル）。音は空気の振動であり、その振動によって微細な空気の圧力変化が生まれる。瞬間的な圧力変化を瞬時音圧といい、その実効値を実効音圧という。単に音圧という場合は、実効音圧を意味する。

音が大きいほど振動が大きくなるため、圧力変化も大きくなる。この圧力変化が音圧の本質である。人間は鼓膜の内側と外側との圧力差を感知する能力を持っており、20μPa程度の変化まで捉えられる。

人間は、他と比較して「音圧が高い音をよい音である」と感じる傾向がある。そのため1990年代後半から、いかにして音圧を上げるかを競う「音圧戦争（ラウドネス戦争）」なるものが勃発した。コンプレッサーによって過度な圧縮を行うことはもちろん、イコライザーでレベルの大きい帯域を制限したり、場合によっては一部をクリップさせたりすることも厭わないなど、原音を犠牲にする過激なものであった。DAWの普及と音圧上げに特化したプラグインの登場も火に油を注いだ。当然、楽曲のダイナミクスは失われ、どの楽器も同じ音量で鳴っている立体感のないサウンドになるのだが、シンセサイザーが幅を効かし、ドラムスまでもが電子楽器に置き換わっていた当時の音楽とはマッチしていたのかもしれない。

実際の波形を見ると、ほとんど最大レベルに張り付いて抑揚のない、いわゆる「海苔波形」となっており、CDが出始めた1980年代ごろの音と比較しても平均レベルが10〜15dBほど高くなっている。現在でも、一部のCDや配信音源の中には海苔波形が散見されるが、時代がハイレゾをはじめとする高音質路線を求めていることから、不毛な音圧戦争はゆっくりと鎮静化に向かっている。

【ピッチ】 pitch

ある音が本来の音の高さ（周波数）と比較してどのような状態にあるかを表現するときに使う言い回し。「ピッチが高い」といえば高い音にずれている状態を指し、「ピッチが低い」といえば低い音にずれている状態を指す。

録音に対して、再生速度が速いと全体的にピッチが高い音になり、再生速度が遅いと全体的にピッチが低い音となる。レコードプレーヤーやテープレコーダーなどの回転機構を持った機器において正しい音で再生するためには、録音時と再生時の回転速度（＝再生速度）を精度よく合わせることが重要である。

ちなみに、テープから60分の完パケを送出する場合、ピッチがわずか0.5パーセント低くなっただけで18秒もオーバーしてしまう。そのため、長尺の番組では、制作の段階でアナ尻をやや早めに設定し、規定の放送時間以降もエンディングテーマを残しておくのが常であった。また、明らかにピッチが怪しい（音がおかしい）素材の場合は、完パケの冒頭に収録されている1kHzの信号が正しく再生されるよう回転数を調整した上で送出することもあった。

通常、テンポを上げるとピッチも上がり、テンポを下げるとピッチも下がるなど、両者には相関がある。しかし、音の高低を意味するピッチと拍の間隔を意味するテンポはまったく別のパラメーターなので、混同しないよう注意が必要である。

【ピーク】 *peak*

音声信号における瞬間的な最大値をいう。デジタル機器で音を扱う場合、一瞬でも許容範囲を超えるとクリップを起こして大きなノイズが発生してしまうため、ピークでも許容範囲に収まるよう、レベルを調節する必要がある。VUメーターやRMSメーターではピークを補足しきれないため、ピークメーターを使用する。

一般的なピークメーターは高速な動作で音声信号に追従してレベルをバーグラフで表示する。ピークを見やすくするため、ピークホールド機能が搭載されていることが多い。なお、VUメーターにピーク表示があるものは、入力レベルの上限を警告しているに過ぎず、どの程度マージンがあるかまでは読み取れない。

【RMS】 *Root Mean Square*

各瞬間における個々の値を2乗したうえでその平均を計算し、その平方根を求めたもの。実効値。二乗平均平方根ともいう。交流の代表ともいえる正弦波の場合はプラスとマイナスとが同じ振幅で交互におとずれるため、周期の境目で平均値を求めようとすると必ずゼロになってしまう。そこで2乗することによってマイナスを打ち消してやり、平均を取った上で平方根を求めると平均値と同様に扱える数値を求められる。それが実効値である。AC100VやAC200Vなど交流電源の電圧表示は実効値である。

音声信号を取り扱う場面では、ピークメーターの隣にRMSが表示されるケースが増えている。単位時間あたりの平均的な音の傾向を見るために用いられる。

【ガリ】 *ガリ*

フェーダーやスイッチなどの接点において発生する雑音。音声信号に「ガリガリ」という音が入るため、ガリと呼ばれる。主な原因は、経年劣化との異物の混入による接触不良である。

接点のある部品は、定期的に操作することによって自然に研磨され酸化膜形成を防いでいる。しかし、操作しないまま放置されると接点が酸化することがある。その後の操作で酸化膜が脱落すると、絶縁性の異物となってガリを発生させる。一方、フェーダーのように使用頻度が高い部品は、接点や抵抗膜が摩耗してカスがたまり、これがガリの原因となることもある。ガリを防ぐには、導入直後の段階から定期的にスイッチ類を動かして酸化膜形成を防止すること、機材の清掃をまめに行って異物の混入を防ぐこ

とが重要である。

以前は、フェーダーやスイッチなどの分解清掃が当たり前に行われていたが、現在の部品は分解に適した構造になっていないこともあり、一部のビンテージ機材を除いてほとんど行われない。フェーダーやスイッチなどを動かして接点を研磨する、異物をはじき飛ばすなどの消極的な方法はあるが、根本的な解決にはならない。唯一の解決方法は、部品交換である。

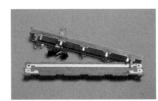

フェーダーを分解して掃除するのもかなりの手間だ

【VCA】 *Voltage Controlled Amplifier*

電圧制御増幅器のこと。VCAフェーダーという場合は、電圧制御増幅器を応用したフェーダーが使われていることを意味する。一般的なボリュームでは、音声信号が半固定抵抗器の中を通るときの分圧を利用して音量を調整している。一方、電圧制御増幅器を応用したボリュームでは、半固定抵抗器から与えられた電圧をもとにアンプの利得が変化することを利用して音量を調整している。音声信号が直接接点を通過しないため、理論上、ガリが発生しない。

ひとつのフェーダーから電圧を分配することで複数入力の一括コントロールが可能であり、このような仕組みをVCAグループという。

【インプット／アウトプット】 *input／output*

音響機器にはさまざまな信号の入口と出口があり、入力方向のものがインプット、出力方向のものがアウトプットである。

放送機器の音声入出力端子はXLRタイプコネクターが使われることが多く、通常はインプットがメス、アウトプットがオスになっている。ただし、例外もあり、オス－オス、または、メス－メスの変換ケーブルが必要になることもある。

一方、電源をはじめ、ある程度の電圧がかかった入出力では、インプットがオスでアウトプットがメスになっている。これは、逆にした場合、電圧が印加されている部分が露出することになり、感電の原因になるからである。

【AUX】 *auxiliary*

ミキサーにおいて、本線とは別に入出力できる補助端子、及びその信号系統をいう。民生機では単に外部入力を指すこともある。各入力チャンネルにAUX SENDツマミがあり、集約された音声がAUX SEND端子から出力される。外部のエフェクターなどを経てAUX RETURN端子から入力された音声は、AUX RETURNツマミでレベル調整をしたのちステレオ出力に戻されるようになっている。AUX SEND端子とAUX RETURN端子は独立して動作するため、入出力を増やす目的で使われることもある。大きいミキサーにはAUXが複数系統あり、複数のエフェクターが接続可能。AUXを使ってN-1を作ることも可能である。

【バス】 *bus*

ミキサーにおいて、ルーティング（どこに音声を送るか）を決める機能をいう。入力チャンネルごとにバスのスイッチが用意され、どのバスに音声を送るかON/OFFできるようになっている。メインのステレオ出力もバスのひとつであり、「STEREO」、または「PGM」と表記されている。

外部の機器と音声をやりとりすることが目的のAUXと異なり、バスは音声の送り先を内部的に決定するのが目的である。しかし、デジタルミキサーでは各バスへの送り量を調整できたり、バスの接続先を特定の出力端子に設定できたりするなど、AUXの機能を集約していく傾向にあるようである。

【スレッショルド】 *threshold*

しきい値のこと。もともとは、ある現象における変化の起点や境界を示す言葉であるが、電子機器では、判断が分岐する基準値を意味する。例えば、ある程度暗くなったら点灯する街灯があった場合、その「ある程度」がスレッショルドである。

放送でよく使うのは、コンプレッサー／リミッターやノイズゲートにおけるパラメーターとしてである。これは、基準となる音量（スレッショルドレベル）を設定することにより、動作を開始させたり、停止させたりするものである。

【スイッチON・OFFの順番】 *スイッチオン・オフのじゅんばん*

スタジオ機材には、スイッチを入れる順番がある。最近は主電源を入れると時間差で自動的にONになっていくスタジオもあるが、機材ごとにON/OFFする必要がある場合は注意。それは「音の入力側から電源を入れていき、スピーカーまわり（パワーアンプ）は最後に入れる」というものだ。マイクの信号はミキサー

で増幅され、パワーアンプでさらに増幅されてスピーカーから出力される。電源ON/OFF時にはポップノイズが発生するが、例えばマイクのファンタム電源を最後に入れてしまうと、ポップノイズがミキサーで増幅され、パワーアンプで増幅され、スピーカーを焼損させてしまう。電源OFF時は、逆の順番でOKだ。

【マイクロフォン】 *microphone*

音声を電気信号に変換する装置。音声による空気の振動（圧力変化）をダイアフラム（振動板）で受け止め、その機械的振動を電気信号に変換する。その変換方式の違いにより、ダイナミック型、コンデンサー型、カーボン型、リボン型、圧電（クリスタル）型、MEMS型、レーザー型など、多くの種類がある。このうち、コンデンサー型とカーボン型、MEMS型は電源が必要であり、MEMS型はスマートフォンをはじめ基板実装が必要な場合に、レーザー型は自動運転車におけるセンシングなど特殊な用途に使われる。

方向による感度特性の違いにより、無指向性（全指向性）型、双指向性（両指向性）型、単一指向性型、狭指向性型などに分類される。

用途別では、音声を捉えることに特化したボーカルマイク、インタビュー用に持ち手の部分が長く設計されたインタビューマイク、スタジオ収録や会議などで使用するグースネックマイク、机上に置かれ複数の話者の声を捉えるバウンダリーマイク、話者の胸元に固定して使うラベリアマイク（通称ピンマイク）、楽器に収録に活躍するインストルメントマイク、ステレオ収録が可能なステレオマイク、ヘッドホンと一体となっておりスポーツ中継などで使われるヘッドセット、アイドルイベントなどで頭に固定するヘッドウォーンマイク、指向性に特化して鉄砲のような形状となったショットガンマイク、人間の頭を模した形状で超越した臨場感を捉えるバイノーラルマイク（ダミーヘッドマイク）などがある。

【指向性マイク】　しこうせいマイク

広義では、無指向性以外のマイクはすべて指向性マイクである。しかし、一般的に指向性マイクを使用する場面では録音対象となる音が限定的でそれ以外はすべて雑音となるため、単一指向性型や狭指向性型を意味する場合が多い。

指向性の程度に応じて、単一指向性（Cardioid）、狭指向性（Super Cardioid）、超指向性（Hyper Cardioid）に分類される。一般的に、指向性が強くなるほど本体の長さが長くなる傾向があるが、これは、位相差による音波の干渉で指向性をコントロールしているためである。

その方法によって、干渉管型と二次音圧傾度型がある。干渉管型は物理法則のみで指向性を作り出すため極めて高度な設計と加工技術が必要でコストも高いが、電気的な雑音に強い。二次音圧傾度型は物理法則に加えて複数のマイクカプ

セルを組み合わせた電気的な手法によっても指向特性を作り出すため、安価だが雑音に弱い。

最近では、ビデオカメラに搭載できる指向性マイクのニーズが高くなっており、わずか数センチの大きさながら多くのマイクカプセルを搭載してデジタル的な手法で指向性を実現したマイクも現れ始めている。

指向性を持つコンデンサマイク。写真はドイツ AKG社製

【マイクスタンド】　microphone stand

マイクを設置するためのスタンド全般をいう。ライブなどで見かける棒に足が付いたシンプルなストレートマイクスタンドにはじまり、横方向のブームを加えたブームマイクスタンド、スタジオなどのデスクで使用する卓上マイクスタンドなどが有名。

ラジオでは卓上マイクスタンドの使用が一般的であったが、最近では、土台部分をデスクに固定して自由にマイクを取り回せるマイクアームや、マイクスタンドと呼んでいいか微妙だが天吊り式のものを使用する放送局も増えてきた。

【ウインドスクリーン】　wind screen

マイクに風が当たることによって発生する風切り音を予防するためのカバー。風防、ウインドジャマーともいう。

ウレタンやスポンジで作られた簡易的なものから、プラスチックの骨組みが入ったもの、全体が毛足で覆われており俗に「もふもふ」と呼ばれるもの、ショットガンマイク専用で樹脂や金属で強固に

保護されたものまでさまざまな種類が存在する。風がないはずのスタジオに設置されたマイクにもウインドスクリーンが付いていることがあるが、これは話者の呼吸による「吹かれ」を防止する働きがあるから。ミュージシャンなどが使用するポップガードもウインドスクリーンの仲間といえる。

【スピーカー】 *speaker*

アンプから受け取った電気信号（エネルギー）を空気の振動に変換し、音として放出する装置をいう。磁石、ボイスコイル、コーン、フレームから成り立っており、電気信号を受け取ったボイスコイルに発生した磁力が、磁石と反発し、または、引きつけ合うことによってコーンを振動させ、空気の振動である音を生み出す。コーンはコーン「紙」とも呼ばれるだけあって紙が主流だが、布や金属、木材、セルロースファイバーなど、軽量で共振性が低いものであれば使用可能である。

ラジオに内蔵された小型スピーカーはもちろん、低音の再生に特化したウーファーやライブイベントで用いられるようなPAスピーカーまでさまざまな規模や種類のスピーカーがあるが、スタジオに求められるスピーカーは特性がフラットでクセがなく原音に忠実なタイプである。これをスタジオモニターという。

ところで、ラジオ局のスタジオというと大きなスピーカーをイメージする人が多いはずだ。確かに細かい音を聞き分けるためにある程度サイズの大きなスピーカーも必要だが、多くのリスナーはポケットラジオやラジカセで聴いている。そのため、音にこだわりのあるラジオ局では、ラージモニターだけでなくスモールモニターやラジカセの実機をスタジオに置き、切り替えながら音のチェックを行っている。

大小のスピーカーを使ってリスナーの環境に近づける

【ICレコーダー（取材用）】 *IC recorder*

記録媒体にICメモリーを使用したレコーダー。録音した音声は、WAVやMP3といったデジタルデータとしてSDカードやCFカードに保存される。

それまで、取材音声はテープやMDなどの音声用記録媒体に録音されていた。DATにしてもMDにしても、録音がデジタルなだけでデータの複製には録音時間と同じだけの時間がかかっていた。つまり、60分の素材をDAWで扱うためには、60分かけて取り込む必要があったのである。

それが、ICレコーダーの登場によって一変した。ドラッグ＆ドロップによって、取材音声を一瞬にしてDAWに取り込めるようになったのである。また、それまでは、取材先からスタッフとともに記録媒体がスタジオに持ち込まれるのを待つ必要があったが、取材終了とともにデータを送れるようになった。

小型のICレコーダーであれば数千円のものから存在するうえ、従来のテープレコーダーやMDなどと比較しても高音質な録音が可能である。まさに、音声取材のハードルを一気に下げた立役者ともいえる。

最近では、多チャンネルの同時録音に対応したマルチトラックICレコーダーも発売されている。インタビュー先でひとりずつにマイクを立てて別トラックに録音しておき、あとでレベルを整えるような使い方までできるようになった。

プロ仕様のリニアPCMレコーダー、ソニーのPCM-D100

【デンスケ】 でんすけ

　まだオープンリールが主流だった1950年代後半から1960年代にかけてヒットした、ソニーの取材用テープレコーダーの商標である。1970年代になるとカセットテープを使った「カセットデンスケ」が発売され、民生機として大ヒットとなった。

　その音質と可搬性はすぐに放送用としても注目され、TC-D5 PRO（カセットテープ）やTCD-D10 PRO（DAT）のようなXLRタイプのマイク端子を搭載した機種を発売。古くから放送機器に取り組んできたソニーが競合他社に一歩先んじていたのである。そのため、放送業界で「デンスケ」といえば、取材用に使うテープレコーダーを指す代名詞のようになっていた。

　名前の由来は諸説あるが、横山隆一の漫画「デンスケ」の主人公が取材用テープレコーダーを携えて取材する姿が毎日新聞に連載され浸透していたからともいわれている。

　1959年に商標登録（登録番号第543827号）されたが、2006年にカセットデンスケの販売が終了すると、商標法第50条（3年以上の登録商標不使用）による取り消し審判を起こされた。被請求人であるソニーには反論の機会があったが、答弁を行わなかったため、2009年1月13日に商標登録の取り消しが確定（取消2008-301055）している。

ソニーのオープンデンスケ「TC-5550-2」

【USB/SD/CFプレーヤー（レコーダー）】 *USB/SD/CF player（recorder）*

　記録媒体にUSBメモリー、SDカード、CFカードなどの外部メモリーを使ったレコーダー。総称してメモリープレーヤーと呼ぶこともある。

　音声は、WAVやMP3といったデジタルデータで録音／再生される。録音するファイル形式にもよるが、いわゆるハイレゾに対応する機種もあり、仕様上はDATよりも高音化が進んでいる。

　音声はメモリーカードの中に直接録音されるため、そのまま持ち出してDAWに取り込めるなどパソコンとの親和性も高い。テープレコーダーやCDなどと違って録音／再生にメカニカルな要素がなく、物理的な故障が起きにくい。

　音声データのファイル名やタグ情報を表示できるうえ、オートCUEやオートREADYといった頭出し機能にも対応。送出時のタイムラグもほとんどなく、ポン出しにも使えるなど、放送に必要な機能がひととおり備わっている。

　当初、デジタル機器であるが故のバグや誤動作が懸念されたが、実際にはほとんど起こらず、その圧倒的な利便性から一気に放送用機材のスタンダードとなっていった。

TOAのCD-100SU。CDのほか、SD、USBメモリーの再生が可能

【オープンリール】 *open reel*

　磁気テープのうち、リールに巻いた状態で取り扱うメディアの総称をいう。このうち、放送局で使われるテープは1/4インチ（6.35mm）にステレオの片道録音を行うタイプのもの。テープの再生速度は19cm/sと38cm/sが主に使われ、通常の番組では19cm/sが、CMでは38cm/sが使われることが多かった。テープの幅から、「6ミリ」と呼ばれていた。

　オープンデッキで使用するときは、まず、左側の回転台にリールごとテープをセットして、ヘッド部分に正しくかけながら、あらかじめ右の回転台にセットしてあった空のリールで巻き取っていく仕組み。使用が終わったあとには、必ず巻き戻す必要がある。

　巻き取り側のリールは送り出し側よりも大きくないと最後まで巻き切れないため、途中で気付いてもあとの祭りである。この場合、手動で巻き取り側のリールを止め、テープを床に逃がすような処置で回避する。編集時にカットしたテープを捨てるための段ボール箱が近くにあれば、その中にテープをためておいて、あとで手動で巻き戻す。罰ゲームのような作業であった。

　ヘッドは、消去ヘッド、録音ヘッド、再生ヘッドの順にならんでおり、切り替えによって、録音ヘッドで録音した直後の音を再生ヘッドから確認できる。アナログテープには微妙な感度差があったため、録音しながらレベル調整するための仕組みである。

　DAWなどまだ存在していない時期であり、編集といえば、はさみを使ってテープを物理的に切断することを意味する。再生ヘッドを目印にテープを手動で動かしながら編集ポイントを決め、デルマで目印をつけて切断する。あとは、切断した編集点どうしをスプライシングテープでつなぐのである。慣れた人は手切りでバンバン切ってつないでいくが、精度よく切断・接合するためのスプライシングブロックがセットされたデッキも多かった。

　ヘッドが露出していることやデルマの使用によってカスがたまることもあり、頻繁なヘッドの清掃が必要。オープンデッキの近くには、必ず無水アルコールの入った小瓶とガーゼ（脱脂綿の場合もあったが、ガーゼのほうがホコリが出にくい）が用意されていた。

　メカ自体はシンプルで信頼性も高かったため、2000年代に入ってCD-Rやデジタルプレーヤー、DAFが普及し始めても、「提供クレジットだけはオープンテープで」というディレクターも少なくなかった。しかし、時代の流れには逆らえず、デジタル機器の安定とともに置き換わっていった。

DENON製オープンリールデッキ・DN-3602RG。放送局によっては今も片隅に置かれている（写真はラジオNIKKEIの旧社屋で撮影）

オープンリールテープのセット方法は特殊。現役ラジオマンでも扱える人は減っている

【サンプラー】 *sampler*

　音声を録音して編集し、自由に再生できるデジタルプレーヤー。音声を標本化（サンプリング）するため、サンプラーと呼ばれるようになった。もともとは録音した音を編集したり、ピッチを変えたりして演奏する楽器の一種であった。サンプラーが世に出始めた1980年代前半はメモリーの価格が高くごく短時間の音しか記録できなかったが、メモリーの価格がこなれ、容量が拡大し、HDDへのデータ保存が可能になると、一気にサンプリング可能な時間が拡大。演劇でのポン出しや放送でのジングル送出に使われるようになった。パッドの数が多いほどポン出しできる素材が増えるため、50個ものパッドを搭載した機種も登場している。

【カートリッジ・マシーン】 *cartridge machine*

　カートリッジを記録媒体としたレコーダー／プレーヤー。カートマシンとも言われる。カートリッジにはアナログのエンドレステープを使用しており、繰り返したい音源によって数秒から30分程度まで、さまざまな長さのテープが用意されていた。音声トラックとは別のキュートラックに録音されたトーン信号を検出して頭出しを行うCUE機能が付いているため、何度も同じ音源を再生するような用途に向いている。

　そのため、アメリカを始め多くの放送局で使われた。ジングルの送出はもちろん、繰り返しかけるヒット曲をカートリッジに入れておいたり、番組の進行に合わせたBGMを長尺のカートリッジに入れておいて順番に送出したりするなど、さまざまな場面で活躍していた。日本の放送局ではあまり普及しなかったが、実は身近なところで、バスの停留所案内の車内放送にはカートリッジ・マシーンが広く使われていたのである。

　DAFの普及にともなって現在ではほとんど使われなくなったが、パソコン上で動く放送用ソフトウェアの一部ではカートリッジ・マシーンの機能が再現され、その名残を残している。

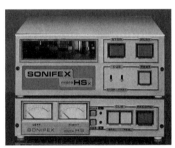

SONIFEX microHSx

【アウトボード】 *outboard*

　スタジオ機材のうち、外付けのハードウェア機器全般をいう音楽用語である。

　語源をたどってみると、どうやら、船のエンジンにたどり着く。客船のように船体の中にエンジンを積んだものを「Inbord」といい、モーターボートのように船外にエンジンがあるものを「Outbord」というのである。

　問題は、スタジオにおいてどこまでが船体にあたるのかであるが、一般的に、備え付けラックの中に搭載された機材もアウトボードと呼ぶことから、DAWとミキサー、レコーダー以外のエフェクターやコンプレッサーなどはすべてアウトボードだと考えてよい。

【ラック】 *rack*

スタジオにおいてラックという場合は、EIA（米国電子工業会）規格にのっとった19インチラック（幅482.6mm）をいう。サーバールームなどに置かれるコンピューター用ラックも同じ規格を採用しているため、音響機器のラックに配信サーバーを搭載するといったことも可能である。1.75インチ（44.45mm）を基準として1U（ユニット、または、ユー）

と呼び、機材を収容する部分の高さはその倍数となっている。ラックマウント可能な機材はこの規格に合わせて作られており、例えば、10Uのラックには、最大で3U×3台と1U×1台の機材が搭載可能。通常は放熱を考えて間隔を空けるが、いちいち仕様を確認して寸法を測らなくても搭載可能数がわかるのは非常に便利である。

【エフェクター】 *effector*

音に何らかの効果を与える目的で使用される仕組み全般をいう。手のひらに載るような小型の電子機材から、磁気テープを使用したもの、金属板やバネを使用したもの、エコールーム（残響室）のようなものまで、仕組みもサイズもさまざまである。

かけられるエフェクトの種類によって、エコーやリバーブ、ディレイ、パンなどの空間系、ディストーションやコーラス、ピッチシフトなどのモジュレーション系、ローパスやハイパス、ノイズゲートなどのフィルター系、コンプレッサーやリミッターなどのダイナミクス系、サンプラーと似た使い方ができるフリーズ系、そして、それらを組み合わせた複合系などがある。

多くは音楽制作の場面で使われるが、

エコーやディレイ、ピッチシフトといったエフェクターは放送でも使用されており、多くのエフェクターを1台で再現するマルチエフェクターは重宝された。なかでも、20bit処理を行うなど音質にすぐれ、デフォルトで80種類ものエフェクトが使えるヤマハのSPX990に代表されるSPXシリーズは多くのスタジオに採用され、「SPX」といえばエフェクターを意味する代名詞ともなった。

最近では、デジタルミキサーに内蔵されたエフェクターを使用することが多くなり、特にダイナミクス系はほとんどそれでこと足りるようになった。また、DAWにおいては、新しく開発されたプラグインはもちろん、ビンテージエフェクターの音をデジタル的に再現したプラグインも広く使用されている。

【ノイズゲート】 *noise gate*

無音時のノイズをミュートするエフェクター。スタジオの環境はさまざまで、無音に感じられる場所でも環境音やエアコンの動作音を拾ってしまう。そのような場合、話者が音声を発しているときのみマイクをONにしてやり、それ以外の間やブレスなどでマイクをOFFにできれば雑音を減らせる。具体的には、問題とな

るノイズよりもスレッショルドレベルをやや高く設定し、それを超えた音声だけを通すイメージ。音声が入力されたときの反応速度を設定するアタック、無音時の音声減衰量を調整するレンジ、音声が止まってから音声を開始するまでの猶予を決めるホールド、減衰する時間を決めるディケイなどのパラメーターがある。

【ハーモナイザー】 _harmonizer_

　原音にハーモニーを加えるエフェクター。ピッチを少しシフトした音を重ねてやることによって、楽器の音に厚みや存在感を与えられる。テンポを変えずにピッチだけを変えられるのが特徴。ピッチシフターともいう。

　ラジオでは、コーナータイトルを鳴く部分だけ、エコーでもディレイでもない

コーラスのような効果がかけられることがある。また、原音とハーモニーの割合を変えられるため、原音をゼロにした上で、匿名出演者の声のピッチを変えて誰の声かわからなくするときにも使用する。

　ハーモナイザーという名称はすでに一般名詞化しているが、米国Eventide社の商標である。

【コンプレッサー】 _compressor_

　音声を圧縮することによってダイナミックレンジを狭めるエフェクター。入力された音を高い方からつぶしていくため、適切にかければ音量差が少なく聞きやすくなる。

　例えば、レシオ（圧縮比）を2:1に設定した場合、スレッショルドレベルを超えた音の振幅を半分に圧縮する。重要な

のは、スレッショルドレベル以下の音は変化させないという点である。

　ラジオでは、マイクごとにコンプレッサーをかけることもあるが、各スタジオや完パケの音のバラツキを抑えつつ放送局としての音（音質、音圧）をコントロールするため、送信機の直前にはマスターコンプレッサーが設置されている。

【オプチモッド】 _Optimod_

　米国orban社の製品で、マスターコンプレッサーとして圧倒的なシェアを持つ。周波数帯域ごとにパラメーターを変えられるマルチバンドコンプレッサーとイコライザーを基本構成とし、平均変調度（音圧）を高くキープする。電波として出せる音声信号の振幅は決まっているため、他局より少しでも音を大きくして

存在感を出したい放送局のニーズと音の劣化を抑えながら圧縮する高度な技術がマッチした。1970年代後半に発売されたOptimod 8000以降、製品ラインナップがデジタル化された今にいたるまで、ラジオ放送からテレビまで広く使われている。音の圧縮感に独特の「オプチ臭さ」があるが、それを好むファンも多い。

Optimod6300

【テレホンハイブリッド】 *telephone hybrid*

電話の音声を放送するために使用する装置。電話出演者（ゲスト）の音声を拾うだけのテレホンピックアップと違い、スタジオ側の音声をゲストに送れるのが特徴である。エコーの発生を抑えるため、ゲスト側に送る音声は、ゲスト本人の音声を抜いたN-1が使用される。

テレホンハイブリッドには互いに声が戻ってしまうことを防ぐ機能（ループバック防止機能）が搭載されているが、回線の状況によってはうまく働かないことがある。電話出演でハウリングを起こすとき、その多くはゲスト側のラジオによる放送波を通じたループ形成が原因だが、ラジオを切ってもハウリングが続く場合は回線の影響が大きい。

【ドラフティングテープ】 *drafting tape*

仮止めを行うためのテープ。ドラテとも呼ばれる。放送用ではなくごく一般的なものだが、メモや原稿の貼り付けからコードの仮固定、イベントなどでの立ち位置の目印まで、場合によってはガムテープよりも多用される。

頻繁に使用されるのは、ミキサーに貼り付けて入力の目印にすること。例えば、特番などで中継先が多くなったり、通常とは違う機材をつないだりしたとき、通常は「TEL1」「TEL2」「TEL3」「AUX1」などと書かれたパネルにドラフティングテープを貼って、「新宿」「渋谷」「池袋」「DJ機材」などと書いておけば、ミスを減らせる。何度も貼り直すため、粘着力の弱さが武器になるのである。

【パッチ盤】 *パッチばん*

各機材の入出力を集約し、自由に変更できるようにしたもの。パッチベイ（Patch Bay）、パッチパネル（Patch Panel）とも呼ばれる。

一般的に、上下ひと組のジャックから成っており、同じものが横方向に多数ならんだ作りとなっている。前面は上の段が出力、下の段が入力として使われ、何も挿していない場合は上下が接続された状態となっている。ジャック同士を接続したり、ジャックに外部機材を接続したりするケーブルを「パッチケーブル」といい、上下段の接続を切るだけの目的で使われるプラグを「ダミープラグ」という。パッチケーブルを上段に接続すれば信号の分岐が可能であり、下段に接続すれば別の機材を使用することもできる。

接続方法の違いにより、前面の上下段どちらにプラグを挿しても上下の接続が切れるタイプを「ノーマル接続」、下段にプラグを挿したときにだけ上下の接続が切れるタイプを「ハーフノーマル接続」、上下段両方にプラグを挿したときにだけ上下の接続が切れるタイプを「ダブルノーマル接続」、そもそも上下が接続されないものを「ストレート接続」という。放送局では「ダブルノーマル接続」、または、「ハーフノーマル接続」が使用されることが多い。

ジャックの種類には、放送局で多く使われるバンタム、レコーディングスタジオや音響関係に多いTRSフォーン、古い放送局で使われていた110号（ひゃくとうごう）などがあるが、最近ではXLRタイプコネクターや光コネクターを使用したものも存在する。

【ケーブル】 *cable*

電気信号を伝えるもの全般のうち、絶縁電線を外装でカバーしたものをケーブルという。つまり、二重構造以上の保護があるものをいい、導体に絶縁性の被覆を施しただけのものはコードという。

放送局で最も多く見かけるのは、マイクケーブルとラインケーブルである。両者ともXLRタイプコネクターが両端につ

いているため混同されやすいが、ケーブルの構造は異なっている。マイクケーブルに使用するのは4芯のツイスト・シールドケーブルであり、ラインケーブルに使用するのは3芯のシールドケーブルである。前者の方がノイズに対して強いとされ、微細な信号を長距離伝送するステージイベントなどに適している。

【ケーブルの巻き方】 ケーブルのまきかた

特に訓練を積んでいない人が普通に行っているコードの巻き方を「順巻き」という。短いコードならそれでもかまわないが、長尺のケーブルになると、よじれが蓄積して途中からきれいに巻けなくなったり、ほどく段階になって絡んでしまったり、扱いに困る場面が出てくる。

そこで、放送やPAの世界では、長尺のコードを絡ませないで保管するための独特な巻き方が行われている。「逆相巻き

（8の字巻きと呼ぶ人もいる）」といわれるのがそれで、手もとで交互に巻く方向を変える（正相と逆相を交互に入れる）ことによってよじれの蓄積を防ぐのである。

さらに長尺のケーブルを扱う場合は、地面や床の上に8の時を描くようにケーブルをはわせて巻いていく「8の字巻き」が行われる。地面に置いて行うため「地8（じはち）」と呼ぶこともある。

【エンコーダー／デコーダー】 *encodeer／decorder*

物理量やデータを一定の規則に基づいて符号化することを「エンコード」といい、符号化されたものを元に戻すことを「デコード」という。また、そのための仕組みを「エンコーダー」、および、「デコーダー」という。その多くは、媒体サイズによる制限を拡張する目的や通信に

おけるデータ量を減らす目的で、ソフトウェアによって行われるが、PC上で動作するソフトウェアの場合はOSや他のソフトウェアによっても影響を受けやすい。そのため、専用のチップやハードウェアによって処理を行うハードウェアエンコーダー／デコーダーが開発された。

【3P→2P変換アダプタ】 さんぴーにぴーへんかんアダプタ

アース付きの3Pプラグを、一般的な2Pプラグ＋アース線に変換する為のアダプター。「ネマプラグ」「アドン変換プラグ」などとも呼ばれる。形状はさまざまだが、本来はプラグで接続されるべきアースを配線として取り出す仕組みになっているため、アース線は遊ばせておか

ず、アースに接続することが望ましい。

ちなみに、「ネマプラグ」は、アメリカ電機工業会（NEMA）が定めたNEMA規格に由来する。アメリカのコンセントの多くは、日本の3Pコンセントと同じ形状（ただし、電圧は120V）をしており、その変換に使うのである。

【ピカール】 PiKAL

日本磨料工業株式会社が製造販売する研磨剤入り乳化性液状金属みがきの登録商標。ごく一般的な研磨剤だが、以前は、どのスタジオにも必ず常備されていた。

古いスタジオでは、メッキではなく銅や黄銅（真鍮）が接点に使われていたため、定期的に酸化被膜を磨き落としてやる必要があった。特にパッチケーブルなどは手が触れやすく、すぐに変色してしまう。そこで駆け出しエンジニアやADがまず教わったのがこの研磨。乾いたぞうきんにピカールを少量付け、磨くの

だ。磨き終えたら乾拭きするのだが、少しでも研磨剤が残っていると悪さをするため、水拭きをして乾燥させて終了。見違えるほどピカピカになる。

写真は「ピカール液」と呼ばれるもの。クリーム状の「ピカールケアー」、金属専用の「ピカールネリ」などのラインナップがある

【テープ（磁気テープ）】 tape

音楽や映像、データなどの情報を磁気的に記録するためのテープ状の媒体をいう。HDDやCDと比較して、容量が大きく、情報密度が高く、長期保存が可能で信頼性が高いといったメリットがある。例えば、古いカセットテープはいまだに再生可能であり、CDが最大でも80分程度の収録なのに対してカセットテープには180分収録可能なものも存在する。デ

ータ保存の分野においては、1巻50TBの容量を持つテープ・ストレージ・システムが開発されているし、技術ベースでは1巻で580TBもの容量を持つ磁気テープもある。カビや湿度変化による劣化などの懸念もあるがそれは媒体全体の課題。弱点はランダムアクセスできないことぐらいだ。

【カセットテープ】 cassette tape

テープをカセットに収めた状態で使用する磁気テープ媒体。それまで、露出した状態でテープを使用していたオープンリールに対して、日本のソニーが、1957年に小型リールを2段重ねにしてマガジンに収めた世界初のトランジスタ式マガジンポータブルテープレコーダー「ベビーコーダーSA-2A」を開発した。しかし、世界的なスタンダードにはならなかった。

その後、1958年にはアメリカのRCA社がカートリッジを考案し、1962年にはオランダのフィリップス社がプラスチックきょう体にテープを収めたコンパク

トカセットを開発。手ごろなサイズ感と価格に加え、音質がよかったことから民生用音楽記録メディアのスタンダードとなった。

マイクロカセット、エルカセットなどいくつかの種類があるが、最も普及したのはコンパクトカセットである。

【リール】 reel

オープンテープを巻き取るために使用される円盤状の部品をいう。テープが巻かれているリールのほか、再生には空リールが必要であり、テープと同じサイズの空リールを使用するのが基本だった。

よく使用されるのは、5号（12.7cm）、7号（17.78cm）、10号（26.6cm）。10号リールの使用時だけは中心に入れるアダプターが必要である。短めの完パケやCMなどでは5号が、30分ものの完パケには7号が、60分ものの完パケには10号が使われたが、3号（7.5cm）はほとんど使われなかった。材質は、小口径のものはプラスチックだが、大口径になるとテープの重量もそれなりになるため、アルミなどの金属製が多くなった。

【ブランクテープ】 blank tape

なにも録音されていないテープをいう。新品である必要はなく、何度か使われていてもバルクイレーサーなどで音声を消去されているものはブランクテープと呼んでよい。

レコーダーの仕組み上、新たな録音を行うと前の音声は消去のうえ上書きされる。しかし、もしも上書きされなかったテープの後半に過去の録音が残っていると事故や情報漏えいを招く恐れがある。そのため、放送局では新規にテープを使用する場合は必ずブランクテープを使用する取り決めになっている。

ちなみに、過去に一度も使用していない新品テープのことはバージンテープと呼ぶ。

【リーダーテープ】 leader tape

磁気テープにおいて、テープの先端部に配置された白や透明のテープをいう。主な目的は巻き戻しによるショック防止で、磁気テープ部分よりもしなやかでショックを吸収しやすい素材が使われる。この部分への録音はできない。カセットテープの場合はA/B両面を使用するうえテープの先端がリールに固定されているため両端にリーダーテープが付いている。

一方、オープンテープの場合は、早送りにしても巻き戻しにしても巻き終わるとリールからテープが外れるため必要性は低い。ただし、CMなど重要度の高い素材には、先端部保護の目的でリーダーテープをつけることがある。この場合、スプライシングテープでつなぎ合わせる。

【ヘッド（磁気ヘッド）】 head

テープレコーダーをはじめとする磁気記憶装置において、磁気媒体に対して信号の読み書きを行う部分をいう。

電気信号を磁力変化として記録する記録（録音）ヘッド、記録されている磁力変化を電気信号に変換する再生ヘッド、磁力をそろえることによって磁力変化をなくして記録を消去する消去ヘッドなどがある。

基本構造はどれも同じで透磁率の大きいコアにコイルを巻いた作りとなっており、コアは、ギャップと呼ばれる間隙（かんげき）を持ったCの字形をしている。この独特な形状により、テープがギャップを通過するときに効果的な磁力変化のやりとり（読み書き）が行われる。

【バイアス】 *bias*

電子回路や磁気記憶装置において、目的とする特性で動作させるためにあらかじめ加えておく電圧や磁気のことをいう。アナログ量の観測や記録においては、動作の基準としての意味もある。

例えば、3V以上でようやく点灯する電球を使って±3V未満の電圧変化を観測しようとするとき、そのままでは点灯すらしない。そこで、あらかじめ6V程度の電圧をかけておけば、±3Vの電圧変化は+3V～+9Vとなって現れるため、明るさの変化として観測できる。これがバイアスの目的である。

磁気テープにおいては、感度にヒステ

リシス特性（変化の方向による特性のズレ。非線形ともいう）があるため、すぐれた直線性の得られる磁力レベルが限定される。録音時に高周波信号を重畳させることにより、直線性の得られる領域まで磁力レベルを持ち上げてやることで音質の大幅な向上が期待できる。これを交流バイアス法という。

磁気テープの特性によって必要なバイアスレベルが微妙に異なるため、マニア向けカセットデッキの一部には、バイアスレベルを任意に調整可能な機種もあったほか、調整を自動で行うオートチューニング機能を搭載する機種まであった。

【アジマス（角）】 *azimuth*

磁気テープの走行方向に対する、ヘッドのギャップの角度をいう。アジマスとは、英語で方位角を意味する。

テープレコーダーのようにテープを水平方向に走行させて記録を行う磁気記憶装置の場合、走行方向に対する磁気ヘッドのアジマスは90度（垂直方向）がベストである。

記録時と再生時のアジマスにズレがある場合、ヘッドの上端と下端で時間差（位相差）が生じる。時間差の影響は周波数

が高いほど大きいため高域特性の劣化として現れてしまう。また、ステレオ録音の場合は、トラックごとの微妙な読み出し時間差による定位のズレも発生してしまう。

調整はヘッドの脇にあるネジを回して行うが、調整用テープの録音時にアジマスのズレがあると正しく調整できないため、厳密にはメーカー提供のテストテープを使ったうえでオシロスコープで位相角を確認しながら行う必要がある。

【消磁】 しょうじ

磁性体が帯びた磁気を消し去ること。主にオープンリールのヘッドや編集用の金属製はさみが帯びた磁気を、消磁器と呼ばれる機器を使って取り除くことをいう。オープンリールのヘッドや編集用の金属製はさみは長時間使用していると磁気を帯びてくるが、そのまま使用すると音質の劣化やノイズ混入の原因となる。

そのため定期的な消磁を行う必要がある。

消磁器はコイルに交流電流を流すことによって、揃ってしまった磁性の向きをバラバラにし、これにより磁力が失われる。電源を切った瞬間に磁性の向きが固定されないよう、徐々に電圧を下げる（自動化された製品もある）か、手動で消磁器を遠ざけることによって完了する。

【キャプスタン】 *capstan*

テープレコーダーにおいて、テープに直接触れて走行速度を決める重要な部品。細い円筒形をしている。もともとは船舶においてロープやチェーン（錨）を巻き取るための装置をいう。

キャプスタンは、ヘッドなど読み書きを行う部分の先にあって、一定の回転速度と張力を保ちながらテープの安定走行に寄与している。表面は極めてなめらかで精密に加工されているが、精度が悪いと、ワウフラッターと呼ばれる音のゆらぎが発生することがある。同様にわずかでも汚れが付いていると、それが回転のつど影響してテープの速度にムラが発生してしまう。

【ピンチローラー】 *pinch roller*

テープレコーダーにおいて、キャプスタンにテープを押しつけるためのローラー。ピンチとは、英語で「挟むこと」をいう。

キャプスタンは金属で摩擦も少ないため、いくら押し当てても、それ単体ではテープを安定的に保持できない。ピンチローラーはゴムでできており、また、テープよりもわずかに幅が広くなっている。そのため、両者は単にテープを挟み込むだけでなく、キャプスタンとピンチローラーが直接触れる部分を経由して、ピンチローラー側からもテープにテンションを与える仕組みとなっている。

【直接音】 ちょくせつおん

音源から耳（マイク）まで直接届く音をいう。直接音は、音源と左右の耳とのあいだできれいな三角形を描くため、そのわずかな時間差から、人間が音源の方向や位置を判断する重要な要素となる。

通常、音には壁や物体による反射が含まれるため、直接音のみの状態は存在しにくいが、その環境を意図的に作り出したのが無響室である。直接音のみの状態は音の輪郭が明確になる一方で、音の反射による空間認識ができないため、どこか落ち着きのない音に聞こえる場合がある。

【間接音／反射音】 かんせつおん（はんしゃおん）

音源から出た音が壁や天井、物体などに反射して耳（マイク）に届く音をいう。間接音のうち、個々に判別できる音を反響、反射が重なって個々に判別できなくなった音を残響という。

通常は、音は直接音と間接音のバランスによって成り立っており、音楽や音響の品質に大きく影響する。間接音が小さいともの足りない音になるし、間接音が大きすぎると原音の立体感が損なわれてしまう。

例えば、コンサートホールにおいて音が豊かで立体的に聞こえるのはそのバランスのたまものであり、間接音の設計にすべてがかかっていると言っても過言ではない。

【定在波】　ていざいは

　同じ周波数・振幅・位相・速さの波が互いに重なり合い、安定している状態をいう。互いに逆方向に進む力が釣り合っているため、その場に留まって振動しているように観測される。定常波ともいう。

　ノイズキャンセリングに代表されるように、同じ周波数・振幅・速さで「逆位相」の音がぶつかった場合、互いに打ち消し合って波は消滅してしまう。定在波は、空間上「同位相」であることがポイントで、両者が重なり合うため振幅が倍になるのが特徴である。弦楽器や管楽器などで特定の音が出るのは、空間や物体の固有振動数と共振・共鳴して定在波が発生し、特定の周波数の音が強められるためである。

【エコー／リバーブ】　echo／reverb

　英語でEchoはやまびこ・こだまを意味するが、そのような効果（反響）を生み出すエフェクターをエコーという。原音に時間差を与えて帰還させることでループを形成して効果を生み出すが、なかでも反射が重なって個々に判別できなくなるような効果（残響）を生み出すエフェクターをリバーブという。

　両者の間に明確な境界線はなく、反射による時間差や繰り返し回数、減衰量などの設定でエコーとリバーブを使い分けられるものも多い。初期のエコーでは、時間差を作り出すためにテープ（録音と再生の時間差）やバネ、反響音を得るためのエコールームが使用された。

【ディレイ】　delay

① エコーとほぼ同様の効果を生み出すエフェクター。原音に時間差を与えて再生することにより、ユニゾンのような効果（ダブリング）を加えたり、わずかな残響が加わったような効果（ショート・ディレイ）を加えたりできる。エコーよりも繰り返し回数が少なかったり、あるいは、繰り返し自体を行わなかったりする（単回）のが特徴。

② 事故防止の観点や中継上の都合から、時間差で放送を行うこと。ディレイ放送、半生放送などという。まだ中継回線が貴重だった頃、ライブなどの中継において、細切れに録音した素材をライブと同時進行で順次搬入してディレイ放送するようなことが行われていた。

【デッド】　dead

　直接音のみで間接音がほとんど含まれない音をいう。「デッドな音」と表現する。「Dead＝死」とはなんとも物騒だが、自然界の音には必ず間接音が含まれているため、直接音のみの音は、死にも近い心理的不安を作り出すことがある。

　スタジオで音を収録する場合は間接音が邪魔になるケースがあるため、できるだけデッドな音による録音が求められる。これによって原音に忠実な録音が可能となり、あとからトラックダウンを行う際のコントロールが容易となる。

【うなり／ビート】 うなり／beat

　周波数の近い複数の音が重なるとき、互いに干渉して周期的な音の大小が発生することがある。これをうなり、またはビートという。

　楽器のチューニングでは、音叉をたたいて音（ラの音＝440Hz）を出しながら演奏し、うなりが消えるように弦などを調整する。機材の調整でも、たとえば、録音時の回転速度に不安がある場合は、テープの冒頭に録音されている1kHzを使って、スタジオの1kHzに対してうなりが消えるように調整することがある。

【ハウリング】 howling

　主に拡声機を使用している現場で発生する、「キーン」という不快な音をいう。ハウリングが発生することを「ハウる」などと表現する。スピーカーから出た音がマイクなどを伝わって帰還することによってループが形成され、元の音よりも大きな音になることが繰り返されて飽和した状態がハウリングの本質である。仮にループが形成されても、その中で音が減衰していく状態であればハウリングは発生しない。マイクとスピーカーの距離や会場の大きさ（反響の具合）によって、ハウリングが起きやすい周波数が変わってくるため、その周波数をグラフィックイコライザーで制御することで効果的なレベルコントロールが可能となる。

【オンマイク／オフマイク】 on mic／off mic

　パーソナリティや楽器のすぐそばにマイクを設置することを「オンマイク」という。目的外の音を拾いにくいため、音源にフォーカスした集音が可能となる。近すぎると不自然な音になりやすく、トラックダウンにおいて空間系エフェクターの使用が必要になることも。また近接効果が発生して低音が強調された太めの音になりやすい。逆に少し離れた場所にマイクを設置することを「オフマイク」という。目的外の音は拾いやすいが、間接音を存分に含んでいるため臨場感が伝わりやすい。放送においては、トークにBGMがある場合や音楽番組ではオンマイクで、深夜番組などではややオフマイクにセッティングしていることが多い。

【アンビエンス】 ambiance

　Ambianceとは、英語で「雰囲気」を意味する。音の雰囲気とは言い得て妙だが、ホールやスタジオ、イベント会場などの音場、つまり、空間の響きや雑踏音などを指す言葉である。

　中継放送などにおいては、その場の雰囲気を放送にのせるため、パーソナリティ用とは別に雑踏音を集音するアンビエンスマイク（ガヤ、ガヤマイクとも呼ばれる）が用意されることがある。特に野球中継では、実況アナウンサーの音声とともに試合の盛り上がりを高める大切な役割を果たしている。一方、ごく弱いエコーのことをアンビエンスという場合があり、エフェクターによってはアンビエンスモードが選択できる。

【ガヤ】 がや

アンビエンスとほぼ同義である。ただし、ガヤという場合には、より人間の声が強調される傾向があり、風のささやきや鳥の鳴き声などの単なる環境音をガヤと呼ぶことは少ない。

最も一般的なのは、落語会やお笑いライブにおける観客の笑い声である。広義では深夜放送における作家の笑い声も含むが、ガヤがあることによって臨場感が出るだけでなく、聴取者の笑いを誘う効果も期待できる。

テレビのバラエティー番組ではメインの出演者を取り巻くにぎやかしのことを指してガヤといい一般名詞化もしているが、ラジオの場合はやや異なっている。

【ドライ（音質）】 dry

① 音源に近い位置で集音されているため、直接音のみで間接音がほとんど含まれない音をいう。あとからエフェクターをかけて空間を作る（間接音を加える）前提であれば理想的な状態である。ただし、通常、音には壁や物体による反射が含まれるため、直接音のみの状態をそのまま聞くと違和感を抱いてしまう。

② 原音のみで、ほとんどエフェクターがかかっていない状態の音をいう。一般的なエフェクターでは、出力する音について原音とエフェクト音の混合比を変えられるが、ほぼ原音のみに設定した状態である。

【ウェット（音質）】 wet

① 音源から遠い位置で集音されているため、直接音よりも間接音が多く含まれている音をいう。意図的に間接音を増やしたいのでなければ、あとからエフェクターをかける段階で間接音による音への影響が問題になりかねない。通常、直接音の方が間接音よりも強いが、それが逆転するほどであると、音声を聞き取りにくく何を言っているかわからない状態になってしまう。

② 原音に対して、極めて深くエフェクターがかかっている状態の音をいう。一般的なエフェクターでは、出力する音について原音とエフェクト音の混合比を変えられるが、ほぼエフェクト音のみに設定した状態である。

【ドンシャリ】 どんしゃり

低域と高域を過剰に強調し、人間の声の中心である中域が抜けた音質をいう。フラットを好む耳には、低域がドンドン、高域がシャリシャリして不快に聞こえるため、それを揶揄した俗語。多くの日本人は低域と高域をやや強調した楽曲を好む傾向があるが、刺激に対して慣れが生じてもの足りなくなり「より強く」を重ねていった結果、音楽的にバランスを崩すことも厭わない状態に陥ったものである。一方、ドンシャリとは逆に中域を強調したことのことを「かまぼこ」といい、人間の声や管弦楽器のリスニングに適する。だが、一般的には好まれないため、一部の通信機用イヤホンなどを除き、それを売りにした音響機器は見当たらない。

【音響心理学】 おんきょうしんりがく

人間の聴覚における特性を心理的な面から読み解いた学問である。音響学、音響生理学、音声学、音楽心理学などと密接に関係しており、音楽や音響の品質向上や効果の増大に応用されている。

有名なところでは、周波数による聞こえ方の違いを表した「等ラウドネス曲線」、ある音がほかの音を聞こえにくくする「マスキング効果」、複数の音を重ねたときに周波数の違いや時間差を聞き分けられる「知覚範囲」、雑踏の中でも特定の音に注意を払える「カクテルパーティ効果」など、その成果は大きい。

これらは、MP3やAAC、ATRACといった音声の圧縮アルゴリズムにも応用されている。

【MIDI】 *Musical Instrument Digital Interface*

電子楽器において、演奏データを相互にやりとりするための規格である。日本のローランドが開発し、1981年にMIDI規格協議会（現社団法人音楽電子事業協会）とMMA=MIDI Manufacturers Associationによって規格化された。

MIDI端子は5ピンのDINコネクタで接続し、31.25kbps の非同期方式でデータをシリアル転送する。16台分の楽器の演奏情報やコントロールチェンジ（音量／音質）、プログラムチェンジ（音色）といったさまざまな情報をリアルタイムに送受信できる。

ハイエンドのミキサーや照明にもMIDIが搭載されており、演奏者がキーボードから照明を制御したり、シーケンサーと呼ばれる制御装置からすべてのステージシステムを一括コントロールしたりするなど、ハイレベルな活用がなされている。

放送においては、ステージ仕様のミキサーを放送に活用する際、フェーダーの上げ下げによってミキサーから出力されるMIDIメッセージを接点のON/OFFに変換して、再生機器のフェーダースタートに活用している場面をよく見かける。

●MIDI端子

【D-Sub】 *D-Subminiature*

コンピュータや周辺機器を接続するためのコネクターで、Dの字が下を向いたような形状が特徴。アメリカのITT Cannon社によって1952年に開発された。DIN（ドイツ工業規格）41652、および、IEC（国際電気標準規格）807-3に規定されている。

代表的なものには、SR-232C端子として使われる9pin、VGA端子として使われる15pin、プリンター用パラレルポートとしての歴史が深い25pinなどがある。

音響分野においては、D-Sub 25pinコネクターがバランス端子8ch分をまとめたバランスコネクターとして使われており、専用のマルチトラック用ケーブルが各メーカーから発売されている。

●D-sub（15pin）

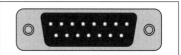

【GPIO】 *General Purpose Input/Output*

ミキサーなどの機器に搭載される汎用I/Oポートをいう。機器側の設定により、入力と出力それぞれに対して任意の機能を割り当てることが可能。特定の規格がある訳ではないため端子の形状は機器によって異なっている。最もわかりやすいのが、GPIOの出力にフェーダースタートを割り当てるケース。特定のフェーダーを上げるとGPIOから信号が出力され、再生機器がスタートする。

一方、入力では、ブースに設置したカフスイッチからの信号をGPIOで受けて特定のマイクにミュートをかける、簡易マイクカフのような使い方もできる。

【シーン】 *scene*

演劇などにおける、動作の区切りをいう。幕、場、景でいうところの場にあたる。デジタルミキサーでは、フェーダーの位置や配置、各種パラメーターをメモリーする機能の切り替え単位がシーンとなっている機種も多い。メーカーでメモリーの呼び名や使い方は統一されていないが、番組進行に合わせてシーンメモリーされたデータを呼び出して使うことができる。例えば、男性パーソナリティにディレイをかけるコーナーから女性パーソナリティにリバーブをかけるコーナーに移るとき、それぞれのシーンメモリーをストア（登録）しておけば、エフェクターの送りやパラメーターなどをワンタッチで切り替えられる。

【リコール】 *recall*

① ストアされたメモリーを呼び出すこと。デジタルミキサーでは、シーン単位でメモリーを取り扱うことが多いが、シーン番号を指定して呼び出す方法と、現在のシーンから前後にひとつ送って呼び出す方法がある。後者は、舞台や番組の進行に合わせて順次切り替えていくときに便利である。

② 機械全般において、致命的な不具合が発生したためにメーカーが行う回収、修理、交換をいう。主に、ハード的な欠陥の場合に行われ、ソフトウェア的な修復で済む場合にはファームウェアの入れ替えで対応するのが一般的である。

【チャンネルグループ】 *channel group*

ミキサーにおいて、複数のチャンネルをグループ化し、まとめてレベルコントロールできる機能。VCAコントロール機能を搭載した一部のアナログミキサー、または、デジタルミキサーに搭載されている。

この機能を使えば、例えば、出演者が多い場合など、複数立てたマイクの音量をグループフェーダー1本でコントロールできるようになる。トークから楽曲やCMに行く場合、または、その逆の場合、通常はマイクのフェーダーをすべて一気に上げ下げする必要があるが、その必要がなくなる。バスを使っても同様のことが可能である。

【XLRタイプコネクター】 *XLR type connector*

音響機器どうしの接続に用いる標準的なコネクター。アメリカのITT Cannon社が開発し、IEC（国際電気標準会議）61076-2-103に規定されている。ITT Cannon社とリヒテンシュタイン侯国のノイトリック社の2社が熾烈なシェア争いを繰り広げており、それぞれの社名を取って、キャノンコネクター、または、ノイトリックコネクターとも呼ばれる。

オス側のピンはやや太く、メス側の接点がそれを包み込むような構造になっているため確実な接続が期待できる。また、ロック機構があるため不意な脱落を防止でき、信頼性も高い。pinの数によっていくつかの種類はあるが、音声伝送用途では、3pinのオス／メスが一般的。ピン配置は、1番がGND、2番がHOT、3番がCOLDである。一部の古い機器ではHOTとCOLDが逆のものもあって混乱を招いていたが、1992年にAESが2番をHOTとすることでAES 14-1992「AES standard for professional audio equipment ? Application of connectors, part 1, XLR-type polarity and gender」として規格化。長い混乱にピリオドが打たれた。

【RCA端子】 アール・シー・エーたんし

主に民生機で使用される、電気信号をやりとりするためのコネクター。アメリカの家電メーカーであるRCA（Radio Corporation of America）が開発したため、RCA端子と呼ばれている。ピンプラグ、ピンジャックとも呼ばれる。

アナログ音声信号はもちろん、デジタル音声信号、映像コンポジット信号まで幅広く使用される。しかし、明確な規格は存在しないため、メーカーごとに微妙にサイズが異なっており、また、信号レベルも一定ではない。多くの場合、他との関係においておおよその信号レベルが保たれてはいるが、接続性は保証されていない。

【スピコン】 *speakON*

リヒテンシュタイン侯国のノイトリック社が開発したコネクターブランド。パワーアンプとスピーカーとを接続する接続用コネクターが有名で、ワンタッチで接続できる利便性と過酷な環境に耐える信頼性から一気に普及した。それまで、パワーアンプとスピーカーとはケーブルを手作業で締め付けて結線していた。過酷な現場でもあるため、プロであっても極性ミスや結線ミスは珍しくなく、天候によっては結線部に直接雨水がかかることもあった。これに対しスピコンは、接続時に極性を意識する必要がなく、事前に作成したケーブルを挿すだけと圧倒的に簡便で確実性が高い。電源用のパワコン（powerCON）も普及し始めている。

【バランス接続】 バランスせつぞく

音響機器同士で音声信号を伝送する方法のひとつ。ペアとなる2本の電線に対して、それぞれ正相と逆相の信号を送り、受信側で差動増幅することで外来ノイズを除去する仕組み。業務用音響機器を中心に広く用いられている。

2本の電線は平行に引かれており、また、平衡な状態にあるため、外来ノイズが均等に作用する。これを作動増幅する

ため、外来ノイズ同士が打ち消し合うのである。作動増幅にはトランスを使用することもある。

バランス接続には対応する機器や専用ケーブルが必要となるが、アンバランス接続と比べてノイズが低減するなど音質の向上がはかれる。長距離伝送にも適しており、アナログ電話回線でも使われている。

【アンバランス接続】 アンバランスせつぞく

音響機器同士で音声信号を伝送する方法のひとつ。一般的なシールドケーブルを使い、GNDを共有しながら芯線では正相の音声信号のみを送る。民生用音響機器を中心に広く用いられている。

バランス接続と比べて回路が簡単でコストが低いというメリットがある。特

に、音声の送受信にトランスやバランス回路が不要であり、電源も単電源でよいため、乾電池による動作に向いている。

シールド以外に外来ノイズを除去する仕組みがなく長距離伝送には適していないが、家庭内で使用する程度であれば距離もノイズもほとんど問題にはならない。

【ホット／コールド】 hot／cold

音響機器において音声信号をバランス伝送する時、正弦波を再生して、最初の山（腹）がプラス（＋）方向となるものをホット、マイナス（－）方向となるものをコールドという。

XLRタイプコネクターを使用する放送機器では、1番がGND、2番がホット、3番がコールド。TRSフォーンでは、チ

ップ（T）がホット、リング（R）がコールド、スリーブ（S）がGNDである。

モノラルの場合はホットとコールドを間違えても大きな問題にはならないが、ステレオで片方だけ接続を誤ると、逆相となり、定位の定まらない音になってしまう。

【AES／EBU】 エー・イー・エス／イー・ビー・ユー

業務用音響機器で使われる、デジタル音声信号伝送規格の通称。AES（オーディオ技術者協会）とEBU（欧州放送連合）によって規格化されたが、電気的特性やデータフォーマットなど細分化しているため、通称で呼ばれている。AES3と呼ぶこともある。

規格上は24bitのデジタル音声信号を2chまで伝送可能。RCA端子を使用したアンバランス接続や光ケーブルによる接続も定義されているが、通常は、XLRタイプコネクターのSTP（Shielded Twisted Pair）ケーブルを使ったバランス接続が行われている。

【メタル線】 メタルせん

　音声中継用に引くアナログ専用線のこと。かつて音声中継には一般的な電話線が使われており、スタジオから1～2キロ程度であれば、交換機などを通さずに電話線だけを引いてもらうことが可能だった。交換機を通っていない素の専用線のことをノンロードというが、等価器で補正すると高域は12～15kHzまで伸びて、結構きれいな音での中継が可能であった。

　遠方の場合は交換機の専用線トランクを経由するが、このように交換機を通っている専用線をロードという。高域は4kHz程度（デジタル交換機は3.4kHz）が上限であった。

【2線式／4線式（2W/4W）】 にせんしき／よんせんしき

　アナログ電話回線やアナログ専用線の通信方式の種類で、通話に使用する電話線の本数が2本でひと組のものを2線式、4本でひと組のものを4線式という。

　2線式は一般家庭などの電話線で使用され、双方向の音声を2本でまかなう仕組み。敷設は容易であるが、自身が出した声が受話器に戻ってきてしまう。4線式は電話局との距離が遠い場合や雑音の多い場所で使用され、相手に向かう音声と相手から届く音声が2線ずつ独立している。敷設には倍の手間がかかるが、ノイズや減衰による影響を受けにくい特徴がある。音声が一方向ずつで扱いやすいということもあり、音声中継には4線式が好んで使われた。

4線式の電話線（コネクタ部分）

【等価器】 とうかき

　アナログ専用線において、主に中継先との距離によって劣化する高域を補正する装置。等化器ともいう。中継回線に特化したイコライザーである。

　メタル線がロードの場合、電話局との距離によらず4kHz程度（デジタル交換機は3.4kHz）が高域の上限となるため、等価器の使用による大幅な音質改善は望めない。しかし、ノンロードのメタル線の場合は高域を補正することによって大幅な特性改善が見込まれる。

　調整は、主に送り側で高域を持ち上げること（プリエンファシス）によって劣化する高域を補正する。受け側に技術者をおいて相互にやりとりしながら、まず、送り側から低域の信号を流して基準レベルとなるようレベルを調整する。次に、高域の信号を流して基準レベルに収まるよう合わせ込むのである。受け側で行わないのは、受け側で高域をブーストすると途中で入り込んだノイズまで増幅してしまう恐れがあるからである。

　本来は、中継先に工事担任者の資格を持った者がいなければできない作業のはずであるが、「監督下であればOK」という規定を拡大解釈して、現場の判断で作業を行うことも多かった。古き良き時代のハナシである。

【回線チェック】 かいせんチェック

スタジオにおける各機材の音出しと同様、放送前には回線のチェックを行う。電話で中継を行う場合は、スタジオの電話から一般の電話や携帯電話と通話して疎通があるかを確認する。交通情報センターなどとつながっている場合、それが日常的に使用する専用線であっても、直前に電話して実際に回線経由で声を出し

てもらう。

中継先から放送する場合などは、回線疎通確認後のチェックとレベル合わせをしたあとであっても、アンビエンスマイクなどの音を何かしら流しておいてもらうようにして、異常があったらすぐに対応できるようにしておく。

【音声分配器】 おんせいぶんぱいき

入力された音声信号を複数に分配するためのアンプをいう。オーディオディストリビューター（Audio Distributor）ともいう。放送波の音声を各スタジオに分配する場合をはじめ、放送局では様々な場面で音声信号を分配する必要がある。

分配器に求められる性能は、音質を変化させないこと、分配の数によらず信号

のレベルが低下しないこと、分配数や負荷の変化によって他の出力の音声に影響が出ないこと、などである。

Danteをはじめとするデジタル音声伝送システムにおいては、ひとつの入力に対して設定のみで複数の出力を割り当てられるなど、その普及に伴い音声分配器の必要性が薄くなりつつある。

【パラレルボックス】 parallel box

入力に対して複数の出力を単純に並列接続しただけの接続ボックスをいう。パラボックスともいう。

本来、音声分配器が必要な場面であっても、中継先など簡易的・応急的な場合はパラレルボックスを使い、生じた分配ロスの分だけ入力側でゲインを上げて対

応することがある。これは業務用音響機器のインピーダンスが入出力とも600オームのバランスでそろっているからこそ可能なワザである。パラレル接続する機材同士のインピーダンスがそろっていないとレベルに偏りが出たり、ノイズの原因となったりする可能性もある。

【ガリ電】 ガリでん

ノンロードの専用線に接続して使用するアナログ電話。本体裏面、または背面に電話線を接続するための端子があり、黒電話に手回しハンドルが付いたような形状をしているのが特徴。通常は専用線の反対側にもガリ電を接続して使用する。

内部に動作用の乾電池を内蔵しているが、プッシュボタンやダイヤルのたぐい

はなく、ハンドルを回すことによって相手のベルを鳴らして呼び出す仕組みである。ベルが鳴った場合、受話器を上げればそのまま通話が可能。受話器を置けば通話が終了する。信頼性が高く、番号のかけ間違いなども発生しないため、中継先とスタジオ間やマスターと送信所間の連絡用に重宝されていた。

【アッテネーター】 *attenuator*

入力信号を減衰させる目的で使用する回路、または、装置。減衰器ともいう。ミキサーの入力段においては、PADと表記されることもある。信号の減衰量はdB（デシベル）を用いて表示する。

接続する機器に対して入力すべき信号レベルが大きすぎる場合、そのままでは信号を適切に取り扱うことができない。そこで、希望する減衰量のアッテネーターを使用することによって、入力可能なレベルの範囲を拡大することが可能である。

アッテネーターは、抵抗を複数組み合わせて分圧・分流を行うことで減衰を行う。信号の品質を落とすことなく減衰できるため、レベル変換だけでなくインピーダンス変換にも応用される。抵抗の組み方によってT型とΠ型があり、それぞれ、平衡と不平衡でやや回路が異なるため、注意が必要である。

【オーディオコーデック】 *audio codec*

① 音声などをデジタル伝送するために使用する符号化（エンコード）と復号（デコード）の仕組みをいう。広義では、ADコンバーターやDAコンバーターもコーデックの一種であるが、一般的には、PCMやMP3、AAC、ATRAC、LDAC、aptXといったデータ形式を指すことが多い。コーデックには、圧縮を行うものと行わないものがあり、圧縮を行う場合は可逆圧縮（伸張によって元に戻せる）と非可逆圧縮（伸張によって元に戻せない）に分類できる。

② デジタル通信回線を使って音声を伝送するための装置、および、その仕組みをいう。入力された音声を送信側システムでエンコードし、デジタル伝送し、受信側システムでデコードして音声として出力する。エンコードされるデータ形式は、LinerPCM、MP2、MP3、G.711、G.722、AAC、HE-AAC、Opus、aptXといったメジャーなものから、NTT研究所が開発して最近増えてきたClearまで幅広い。システムにはハードウェア製品とパソコンやスマートフォン上で動作するソフトウェア製品があるが、相互接続できる場合もある。

使用する回線は、ISDN、IP回線、ひかり電話回線、携帯電話回線（4G/5G）、デジタル専用線など、一定の帯域（速度）があれば使用可能である。しかし、中継放送の主力で電話番号による接続が可能だったISDNが2024年以降は実質的に使えなくなる、いわゆる「2024年問題」を抱えていたり、移行先と目されていたIP回線がインターネットであるが故に不安定で扱いづらかったり、混沌としている。今のところ、電話番号による接続ができて帯域保証のあるひかり電話回線が有力視されているが、工事の依頼から完了までの期間がISDNでは1〜2週間だったのに対して4〜6週間程度かかる場合もあるなど、解決すべき課題も多い。

ラジオNIKKEIのマスタールームにあったコーデック。青森放送、関西競馬、大阪支社と表示が見えるが、各所と専用線でつながっている

【ISDN】 *Integrated Services Digital Network*

電話とデジタル通信の機能を併せ持つ統合デジタル通信網。日本では「INSネット64」という名称で、1988年に開始された。加入者回線から交換機、中継回線まで、すべての経路がデジタル化されているのが特徴。高速通信が可能とされた。制御用に使用する1つのDチャンネルと、通信用に使用する2つのBチャンネル（64kbps×2）がセットになって通信を行う。Bチャンネルは2本の電話としても使用できるし、束ねて128kbpsのデジタル通信を行うことも可能である。

それまで、インターネットへの接続はアナログモデムを使って28.8～33.6kbps程度（最大でも56kbps）でダイヤルアップ接続していた。ところが、2000年に、ISDNのオプションサービスで定額制使い放題の「フレッツISDN」が開始されると、爆発的に普及していった。

ところが、2001年に光ファイバーを使ったBフレッツが開始され、NTTのネットワークが、少しずつIP技術をベースにしたNGN（Next Generation Network＝次世代ネットワーク）に移行していくと、従来の回線交換方式を引きずっているISDNが時代遅れになってきた。そこで、2024年1月末をもって、ISDNのサービスのうち、インターネット接続や音声コーデックなどで使用してきた「ディジタル通信モード」の廃止を決めたのである。

これにより、2024年1月末以降も通話は従来どおり可能だが、データ通信は順次IPベースのものに移行して帯域保証がされなくなり、2027年ごろには完全に終了するとアナウンスされている。

【DSU】 *Digital Service Unit*

主にISDN回線で使用される回線終端装置。TA（ターミナルアダプター）やISDN専用電話などの機器を接続できるようにするもので、入力側がLINE（公衆回線）で、出力側がS/T点端子（RJ45）。ローゼットの直下に接続して使用する。ISDN回線1本に対して1つのDSUが必要で最大8台までの機器を接続できるが、同時に使用できるチャンネルが2B（電話2回線分）までである。

DSUの機能を内蔵したTAが広く普及したため、インターネット接続が中心の一般家庭では、実際に使用していてもその存在を意識しないことが多かった。

【MDF/IDF】 *Main Distribution Frame／Intermediate Distribution Frame*

マンションやビルなどに設置され、通信回線などを集約して引き込む端子盤をいう。主配線盤ともいう。その多くはケーブルテレビなど弱電系と共用されるが、ノイズ対策などの面から電源など強電系とは分けて設置されることが望ましい。回線数が多い場合はMDF室として部屋になっていることもある。大きな建物では、各階にIDF（中間配線盤）が設置され、そこから各加入者への配線が行われる。

通信会社との契約にもよるが、故障が発生したときにどこが責任を持つかを取り決めた責任分界点はMDFに設定されることが多い。

【EPS】 *Electric Pipe Space*

　マンションやビルなどにおいて、主に縦方向に用意された電気配線や配管を通すスペースをいう。つまりEPSは各階の同じ場所にあって、縦方向につながっている。配管は天井を抜けて上の階へ、床を抜けて下の階へとつながっているが、正しく取り扱わないと火災の延焼経路になりかねないので、建築基準法などに沿った防火措置がとられている。

　外部から引き込まれた電源は分電盤や制御盤を経由して各フロアに配線されるが、設計時から上下階をつなぐ専用スペースを用意しておかないと、あとから泣きを見ることになる。なお、大きな建物では、東EPSと西EPSといった感じで複数用意されている場合もある。

【オス（Male）／メス（Female）】 オス／メス

　対になるコネクターを形状で区別した呼び方。基本的には、凸側がオスで、凹側がメスである。AC100V端子では、プラグ側がオス、コンセント側がメスである。ヘッドホン端子では、プラグ側がオス、ジャック側がメスである。

　接点が容易に見えるものはピン（ターミナル）側がオスであることが多く、放送機器で使用するコネクターはほとんどがこのタイプである。しかし、ピンが容易に見えない構造であったり、双方の接点が似たような形状で判別が難しかったりする場合は、ハウジング（コネクター）の形状でオス／メスが決まる場合もある。

　それでも難しい場合は、コネクターの型番を確認して「M」と「F」がある場合はMがオス、Fがメスである。例えば、スピコンは、プラグのような形状をして

いる側にNLT4FXXといった型番がついており、メスである。

D-SUB（9pin）。左がオス、右がメス（以下同）

DCプラグ／ジャック　　　　XLRコネクター

標準プラグ／ジャック　　　ピンプラグ／ジャック

【プラグ／ジャック】 *plug／jack*

　電子機器とケーブルなどをつなぐ、差し込み式の接続器具。一般的に差し込む側（オス）がプラグで、差し込まれる方（メス）がジャックである。

　最も身近なものはヘッドホン用のものであるが、サイズによって、2.5mm（ミニミニ）、3.5mm（ミニ）、6mm（標準）などがあるほか、それぞれ、モノラル用の2極、ステレオ用の3極、スマートフォン用のイヤホンマイクなど特殊な用途で使う4極などがある。民生用音響機器のライン出力などに使われるRCA端子にもプラグ（ピンプラグ）とジャック（ピンジャック）があるが、いずれも抜き差しが容易であり、コネクターよりも簡便な用途に使われる傾向がある。

【位相（Phase）】 いそう

周期的に繰り返される現象のうち、ある特定の局面を捉えたもの。1つの周期を1回転と見なし、周期における位置（局面）を角度で表す。単位には「度」、または、「ラジアン（rad）」が用いられる。

単一信号において、その向きが正か逆かというのは単なる時間軸における局面の状態に過ぎず意味を持たない。ただし、複数の信号を使用する場面において、位相が異なるということは時間軸のズレ（同期のズレ）を意味し、他の信号とのあいだで何らかの影響が出る場合がある。

【位相モニター】 いそうモニター

信号がもつ位相を視覚的に捉えることができる装置。2ch以上の入力に対応したオシロスコープをベースに専用設計されたものが多い。用途によって、ベクトルモニター、XYモニター、位相計など、いくつかの種類がある。

ラジオ局で見かけるのはXYモニターで、ステレオ放送の位相監視に用いられている。縦軸を左ch、横軸を右chとしてリサージュ図形を描くよう設定されて

おり、モノラル音声では、左下から右上に向かった直線を描き、ステレオ音声では、それが左右差の分だけ膨らんだ楕円のような形状となる。もしも片方のchが逆相の場合は、左上から右下に向かった直線、または楕円となる。

直感的に判断できるように表示を45度回転させ、正相で縦方向、逆相で横方向の振幅になるよう設定されているタイプもある。

【正相（In Phase）／逆相（Out of Phase）】 せいそう／ぎゃくそう

ステレオ信号において、左右に位相のズレが無い状態を「正相（イン・フェーズ）」といい、片方のチャンネルだけ反転した状態を「逆相（アウト・オブ・フェーズ）」という。逆相の原因の多くは音響機器の設置時にHotとColdを逆につないだ接続ミスで、録音時に気付かれぬまま素材として搬入されて発覚する。

逆相の音は低位が安定せず、しっかりと検聴しておけばわかるはずだが、ミスは重なってしまうのである。そのほか、中継放送など、設備や配線を仮設した現場でも逆相は起こりやすい。

通常、ミキサーにはステレオ入力の片チャンネルだけを反転させて逆相を正相に戻す「逆相スイッチ」がついているが、中継先で使用する小型ミキサーには

無い場合もある。その場合は、片方のチャンネルだけ、あえて接続を逆にした「逆相ケーブル」を使用して逆相を解消する。

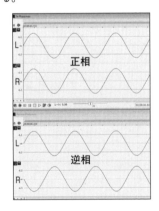

【インピーダンス】 *impedance*

　交流回路における電気抵抗の値をいう。インピーダンスは、周波数によって値が変化しないレジスタンスと周波数によって値が変化するリアクタンスを足し合わせたものである。単位はΩ（オーム）である。音響機器においては、通常、1kHzに対するインピーダンスを仕様として表示している。

　音声信号は交流であり、その伝送にとっては機器の入出力における端子間（平衡の場合はHOT-COLD間、不平衡の場合はHOT-GND間）のインピーダンスが重要となる。接続する機器同士でインピーダンスが合っていない場合、音量の低下や特性の悪化、ノイズの発生を招く原因となる。

【インピーダンスマッチング】 *impedance matching*

　電子機器の接続において、出力側と入力側のインピーダンスの値を同じにすること。伝送効率を最大にできる。インピーダンス整合とも呼ばれる。無線通信ではアンテナにおけるSWRが問題となるが、主な原因はインピーダンス不整合によって発生する反射である。音声信号の場合は周波数が低いため、反射よりも熱になって消えていくエネルギーが多い

が、ロスは確実に発生しており無視できない。

　そこで、インピーダンス変換が必要となるが、最もよく使われるのはマッチングトランス（音楽用としてはダイレクトボックスと呼ばれる）である。一次側と二次側で巻き数が違うトランスを使用してインピーダンス変換を行う。

【ロー出しハイ受け】 ローだしハイうけ

　電子機器の信号伝送において重要な意味を持つインピーダンスマッチングであるが、手っ取り早くなんとかしたいケースもある。そんなときに登場するのが、「ロー出し、ハイ受け」という言葉。つまり出力がローインピーダンスであれば、入力がハイインピーダンスでもかまわないという意味である。これはある意

味、正解ともいえる。

　出力がハイ（10kΩ）で入力がロー（600Ω）の場合は分圧の関係から電圧比で5.6パーセントしか信号が伝わらないが、出力がロー（600Ω）で入力がハイ（10kΩ）の場合は94.3パーセントも信号が伝わることになる。ベストではないが、応急的な方法として十分通用する。

【終端】 しゅうたん

　インピーダンス不整合によって発生する反射などの不具合を解消するため、機器の代わりに接続する抵抗をいう。主に、反射の影響が大きい高周波回路や高速通信路回線で使われる。

　例えば、分配器を使って電波を2分配する場合、他方に機器を接続した状態と

開放の状態とでは信号レベルが変化してしまう。そこで、開放にする代わりに機器と同じインピーダンスの終端抵抗を接続することでバランスを取るのである。

　送信機の調整などに使うダミーロードも終端抵抗の一種である。

【アップコンバート／ダウンコンバード】 *upconvert／downconvert*

オリジナルの音声データを、より高いサンプリングレートやビット数に変換することをアップコンバート、より低いサンプリングレートやビット数に変換することをダウンコンバートという。具体的には、機器内部で数学的に作り出した信号モデルを、これまた数学的にリサンプリングして目的のデータに変換する。そのための装置を「アップコンバーター」「ダウンコンバーター」という。

そのままでは接続できない機器どうしをデジタル接続するときに使用するが、うまくいかない場合はあきらめてアナログ接続を選択する。

【音声伝送のIP化（局内）】 おんせいでんそうのアイピーか

スタジオ設備のデジタル化が進んでいるが、昨今、スタジオ～マスター間やスタジオ～スタジオ間を結んでいる局内配線にもデジタル化（IP化）の波が及んでいる。こうしたIPベースの音声デジタル伝送技術をAoIP（Audio over IP）という。

従来は、局内各所に無数のアナログマルチケーブルが引き回されており、管理が容易ではなかった。設備の更新とともに古い配線が残置されていたり、配線自体の経年劣化はもちろんだが、配線の接続先を示した札（通称、荷札）が色あせて読めなくなったりすることもあった。

そこで、局内設備の更新に合わせて局内配線のデジタル化を進めるところが増えたのである。ベースには、DanteやMADI、REACといったAoIPの普及があ

る。デジタルミキサーや一部の音響機器が直接AoIPにつながるようになってきたことも、普及を後押ししている。こうした技術を活用すれば、マスターと各スタジオとをLANケーブル1本で結ぶだけ（実際には、バックアップ用に予備を引くことが多い）で、局内の音声ネットワークが完成する。

あとは、パソコンの画面からルーティングを自由に変更することができる。例えば、チューナーを特定の音声入力に立ち上げておき、各スタジオから接続してモニターしたり、さらに、同録用機材を追加接続したり、そういったことが音声分配器なしに行えてしまうのである。

簡便さゆえ、セキュリティに対する不安や信頼性を気にする声もあるが、普及とともに払拭されていくに違いない。

【ケーブルピット】 *cable pit*

配線を敷設するために用意された格納場所をいう。ピット（pit）とは英語で「穴」のことだが、その多くは、床下に作られた溝のような構造物である。機材の入れ替えが多い場所では、床自体を二重化し、そのあいだにスペースを作ってケーブルピットの役割を持たせた「フリーアクセスフロア」が用いられる。

より多くの配線を通す必要がある場合や建物の構造上床下へのアクセスが難しい場合には、「ケーブルラック」と呼ばれるはしご上の構造物を天井部分に設置するケースもある。

【時計（マスター）】 とけい

電波法には、「無線局には、正確な時計及び無線業務日誌その他総務省令で定める書類を備え付けておかなければならない（第六十条）」とある。この無線局には基幹放送局も含まれるため、必ず正確な時計が設置されている。

正確な時刻を合わせる方法であるが、以前は、多くの局が短波のJJYを使用していた。通信総合研究所（現NICT=情報通信研究機構）が1995年にアナログ電話回線とモデムを使ったテレホンJJYを開始すると、1〜10msという精度の高さから普及が進んだ。その後、短波のJJYが廃止され、1999年に長波に移行してからしばらくは長波のJJYも利用されていた。SEIKOなどのメジャーメーカーから、テレホンJJYや長波JJYに対応した標準時計装置が発売されているからである。テレホンJJYは2024年3月末の廃止に向けて、ひかり電話回線を利用した光テレホンJJYへの移行を進めている。

一方、GPSを使った標準時計装置も普及している。当初は、軍事技術の民間転用であり、その主導権が米国にあることから二の足を踏む放送局も多かったが、携帯電話などの基盤技術として広く使われ始めたうえ、有事に測位精度が落とされても時刻情報には影響が出ないことが浸透してきたことも理由である。

SEIKO製の時計装置

【APS】 *Automatic Program control System*

自動番組制御装置のこと。各放送局のマスターに設置され、あらかじめプログラムしておいた通りの番組やCMの送出を自動的に行うシステムをいう。APSは日本電気の商標であるが、ほかに、APC（パナソニック、東芝）、APM（興和、すでに撤退）といった呼び方もある。

編成から送られる編成データと営業から送られる営業データが、それぞれ、EDPS（Electronic Data Processing System=営業放送システム）に入力され、それをもとに送出データが作成される。実際に放送される完パケやCM素材の登録は、局によって、編成や営業、制作が登録する場合と技術が登録する場合がある。これらの素材やデータを基に、順次、送出が行われていくのである。

以前は、1日分のCMをテープに一本化して順次送出したり、多装テープ自動再生装置「DN-152P（DENON）」のような装置で番組を送出したりしていた。しかし、現在では完パケやCM素材がファイルベースでやりとりされるようになったので、その音声データを使って送出を行っている。メカニカルな部分がないうえ、二重化や冗長化が容易なため、信頼性は以前よりも向上している。

ラジオNIKKEIの監視制御卓。常時、エラーがないかがチェックされている

【DAF】 *Digital Audio File*

　デジタルオーディオファイルのこと。放送で使用する音声をあらかじめ登録しておき、各スタジオやマスターから自由に呼び出して使用できるシステムである。主な機能は、完パケや各種音源の登録、編集、送出であり、マスターのAPSと連携した自動送出にも使用される。

　保存エリアは、番組（PGM）バンク、CMバンク、楽曲バンクなど、用途によって分かれている。番組バンクとCMバンクは、各種チャンク情報も含めたBWF-Jフォーマットで登録される。

　放送局の心臓部であるため、現用系と予備系など、どちらか片方が落ちても支障が出ないよう冗長化されている。

【ラジオオートメーションシステム】 *radio automation system*

　番組制作を自動化・効率化するためのシステム。主に、アメリカの小規模放送局において普及している。

　生放送で使用する「電子キューシート」や楽曲を登録しておく「オーディオデリバリーシステム」、ジングルなどを送出する「サンプラー」、各種BGMなどを送出する「カートマシン」などがパソコンの画面上に表示され、自由に使えるようになっている。

　APSと同様、完パケやCMのスケジューリングや自動送出にも対応し、ソフトウェアパッケージひとつで小規模放送局の業務を完結させられる。ENCO社の「DAD」やRCSの「Zetta」、オープンソースの「RADIO DJ」などが有名である。

【FPU】 *Field Pickup Unit*

　テレビの中継放送用に使う無線中継伝送装置をいう。1.24GHz帯〜13GHz帯のマイクロウェーブを使用して、デジタル方式で映像と音声を伝送する。使用には放送事業用無線局の免許と第一級陸上特殊無線技士以上の資格が必要である。

　ラジオにはまったく無関係かというとそうでもなく、1.2GHz帯特定ラジオマイクと一部周波数が重なるため、イベントや公開放送などでA型のワイヤレスマイクを使う場合は一般社団法人特定ラジオマイク運用調整機構（特ラ機構）に加入して、事前に調整を受ける必要がある。

【STL】 *Studio to Transmitter Link*

　演奏所から送信所に向けて、主に音声と送信機制御情報を送る回線をいう。大手放送局では主に無線が使用され、コミュニティ放送局では主に光ファイバーなどのデジタル回線が使用される。

　無線は、60MHz帯、160MHz帯、M帯（6.7〜6.8GHz付近）、N帯（7.5〜7.7GHz付近）などが使われ、アナログ方式のほか、デジタル方式のものも普及してきている。デジタル回線としては、一般のデジタル専用線のほか、フレッツを応用したVPNのサービスも使われ始めている。

【TSL】 *Transmitter to Studio Link*

STLの逆で、送信所から演奏所に向けて、主に送信機のパラメーター情報と現地で受信した放送音声を送る回線をいう。大手放送局では主に予備として敷設された光ファイバーなどデジタル回線の下りが使われ、コミュニティ放送局ではSTLの下り回線がそのまま使用されることが多い。

【TTL】 *Transmitter to Transmitter Link*

親局から中継局、または、中継局から中継局に向けて、主に放送用の音声を送る回線をいう。STLと同様の回線で中継を行っているところもあれば、親局からの放送波を受信して回線に代えているところもある。

【ダークファイバー】 *dark fiber*

通信事業者が敷設した光ファイバーのうち、未使用のままとなっている芯線をいう。未稼働で光が通っていないため断面が黒っぽく見えることからこう呼ばれる。一方、稼働中のファイバーは光信号が通っているため、ライトファイバーという。通信性能や信頼性はライトファイバーと何ら変わらない。

NTT東西所有のダークファイバーを直接借りることはできないが、一般の通信事業者を経由して安価に借りることは可能。この時、基本的なメンテナンスの責任は光ファイバーの管理者であるNTT東西にあるため、何らかのトラブルが発生し、それが光ファイバー自体の問題であればNTT東西によって対応がなされる。

【ステレオコンポジット信号/MPX (Multiplex)】 *ステレオコンポジットしんごう/エムピーエックス*

FMステレオ放送において、送信機でFM変調される直前のステレオ変調された信号をいう。

左右の音声信号が加算回路でL+Rに、減算回路でL-Rとなり、L-Rのみ38kHzで搬送波抑圧振幅変調される。モノラル信号である（L+R）と変調後の（L-R）、それに38kHzを分周して作った19kHzのパイロットトーンを加えたものがステレオコンポジット信号（MPX）である。これをFM変調すると、FMステレオの送信波となる。

一方、FMラジオ放送が始まって間もない頃、一部ラジオにおいてステレオ受信はオプション扱いであった。別途、FMステレオアダプター（MPXアダプター）を購入して、ラジオのMPX端子につなぐのである。ならばイヤホン端子でもよさそうなものだが、FMラジオから再生される音は、通常、15kHzのハイカットフィルターで余分な高域をカットしているため、カット前の生の信号が取り出せるMPX端子でないと動作しなかったのである。

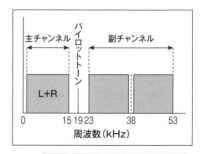

【ステレオエキサイター】 *stereo exciter*

放送波にステレオ変調を加える装置をいう。ステレオ変調部。通常、ステレオ変調部は送信機内部にあらかじめ組み込まれているが、AMステレオのように歴史が浅く短命なシステムの場合はステレオ送信機としての供給が安定せず、外付けになっている場合があった。

一方、FMステレオ放送において使用されるOptimodのような一部のマスターコンプレッサーでは、音声のコンプレッションだけでなくステレオ変調までを内部で行うことで最適化・高音質化を図るケースがある。そのため、送信機のステレオ変調部を使わず、Optimod側の機能を使うという選択肢もあるのである。

【パイロットトーン】 *pilot tone*

ステレオ放送を行っているかどうかをチューナーが判別するトーン信号。AMステレオ放送（モトローラ方式）は25Hz、FMステレオ放送は19kHzで、トーンが検出されればステレオ放送が行われているものと見なして復調が行われる。

パイロットトーンはステレオ復調の鍵となる信号であり、復調動作が行われていないときでも検出できる必要がある。そこで、ギリギリ可聴帯域内に設定されているため、受信環境や聴力などの条件が重なると聞こえることがあるという。

【主搬送波（Career）/副搬送波（Sub Career）】 しゅはんそうは/ふくはんそうは

電波や光などを使って情報を伝送するときに使用する基本的な変調の周波数を主搬送波（キャリア）といい、その中に含まれている変調波の周波数成分を副搬送波（サブキャリア）という。

FMステレオ放送の場合は、たとえば、82.5MHzの電波（L+R）の中に38kHzを中心とする（L-R）の信号が重畳されているので、主搬送波が82.5MHz、副搬送波が38kHzということになる。

デジタル通信においては、複数の副搬送波を束ねて使用することも多く、主搬送波が情報を持たないケースも珍しくなくなってきた。

【無音】 むおん

何らかの事情により、音が放送されていない状態をいう。点検や整備など、メンテナンスにともなう無音や放送終了後の無音は問題にならないが、意図せず放送が中断して発生する無音は、放送事故として届ける必要がある。何秒からがNGで何秒までがOKと明文化されたものはないが、放送法施行規則には「重大な事故は、基幹放送設備に起因して（中略）当該放送の停止時間が十五分以上のものとする」とある。設備に起因する15分以上の停止は重大事故になるのである。人為的なミスに関する規定はないが、リスナーが不安を感じる範囲の無音は放送事故でなくとも不体裁にあたるため、避けた方がいいだろう。

【プリエンファシス／ディエンファシス】 *pre-emphasis／de-emphasis*

信号伝送において、伝送経路の減衰特性に応じた高域の減衰分をあらかじめ増幅してから送信することをプリエンファシスという。対して、低域を削って相対的に高域を持ち上げてから送信することをディエンファシスという。

一方、FMラジオ放送のエンファシスはこれとは異なり、送信時にプリエンファシス（日本の場合は時定数50μs）をかけて高域を持ち上げ、受信時には逆のディエンファシスをかけて高域を下げる。高域を持ち上げた分だけ下げるため理論上の特性はフラットだが、受信時に雑音が発生しやすい高域ノイズを抑える効果があり、SN比の改善が期待できるのである。

【電源】 でんげん

放送局では災害発生時でも放送を止めないために、各スタジオやマスタールームにはUPS（無停電電源装置）が設置されている。送信所のように大きい電力が必要な場所では、電力会社からの電力供給について送電経路も分けたうえで二重化（本線・予備）し、仮に送電線が1系統切れたとしても給電が途絶えないようにしている。万が一それも止まるような時には、ガスタービン発電機などを回して対応する。それでも停電事故はゼロにできない。2019年にはニッポン放送の木更津送信所において、台風の影響で東京電力からの電力供給が2系統ともストップ、一旦は非常用発電機で放送を再開したがその後発電機が故障して停波した。

【UPS】 *Uninterruptible Power Supply*

電源が喪失したときに停電を発生させることなく、内蔵バッテリーから電源の供給を続けるための装置。無停電電源装置ともいう。

給電方式の違いにより、通常時か停電時かにかかわらず常にインバーターで機器に給電を行う「常時インバーター給電方式」と、通常時は交流をそのままスルーし、停電時のみバッテリーからインバーター給電を行う「常時商用給電方式」に大別できる。前者の方がやや高価だが、瞬断が起こらない特徴がある。

【非常用自家発電装置】 ひじょうようじかはつでんそうち

日常的には使用せず、非常時など、電源が喪失したときに必要な電力を供給する発電装置。ガスやガソリン、軽油を燃料とするものがある。一般的には、電源喪失後、一定時間が経過すると自動で起動するが、手動で起動することもできる。

消防法や建築基準法では、「防災用」と「保安用」とに非常用発電機を分けているが、「防災用」とは、スプリンクラー、屋内消火栓、非常用の照明装置、非常用エレベーターなどを意味するため、放送に使用する電力をまかなう非常用自家発電装置は「保安用」に該当する。

ネット上で情報を公開している文化放送の例では、全インフラ停止後72時間は放送を継続できるという。

【ヒューズ】 *fuse*

主に電源系に直列に挿入され、電気回路に過大な電流が流れたときに自ら溶断して電源を遮断する部品。ガラス管の中に封入されている。

通常のヒューズは0.5A、1A、5Aなどと遮断電流が決まっており、それを超えると溶断する。突入電流が大きな機器のために、ゆっくりと溶断するスローブ

ータイプのヒューズもある。一方、温度ヒューズは、80℃、125℃などと溶断温度が決まっており、ヒューズを含む周辺の温度がそれを超えると溶断する。

溶断すると再利用できず交換するしかないため、どうしてもヒューズでなければならないケースを除き、他の電子的な保護手法に置き換えられつつある。

【多段中継】 ただんちゅうけい

中継局において、親局の電波を受信して中継するのではなく、中継局の電波を受信して中継を行うこと。中継を重ねるごとにSN比が劣化していくが、中継局は、特に山奥などの電源は引けるが通信回線は引きづらいような場所に設置されることもあるため、やむを得ず放送波を

使用した中継を重ねるところも多い。

かつてのアナログUHFテレビに多く、なかには6段中継の中継局もあったという。現在も、山間部が多くエリアが広いいくつかのFM局では多段中継が行われている。

【中継方式】 ちゅうけいほうしき

AMラジオ放送の中継局では、専用線やSTL/TTLで伝送された音声をそのまま送信する方法が一般的である。

FMラジオ放送の中継局はより複雑で、専用線やSTL/TTLで伝送された音声をそのままステレオ放送する方法のほか、放送波をいったん復調して左右の音声に戻したうえで再度ステレオ変調して

再送信する方法、受信波をステレオ復調せずにコンポジット信号のまま再送信する方法、スーパーヘテロダイン方式によって電波のまま周波数変換した後に増幅して再送信する方法などがある。

同期放送を行なっている局では、GPSを使って境界域での時間差を合わせ込むなど、さらに高度な送信を行なっている。

【暗騒音】 あんそうおん

ある特定の音を対象とするとき、その音（対象音）を停止したときにもその場所に存在している騒音をいう。例えば、スタジオでしゃべっているときの音を対象とするとき、空調の音や空気清浄機、機材の出す動作音などが暗騒音にあたる。暗騒音は、対象音の周辺環境に発生している対象音以外の総体的な騒音のこ

とである。

対象音と暗騒音のレベルが十分離れている（10dB程度）ようなケースでは、容易に対象音のレベルを測定できるが、対象音と暗騒音のレベルが近い場合、干渉によって、実際に出ている騒音よりも低く測定されてしまうことがある。

【電流】 でんりゅう

荷電粒子が一定の方向に流れる現象をいう。単位はA（アンペア）である。荷電粒子の量はクーロンという単位で測定するが、ある電線の断面について1秒間に1クーロンの荷電粒子が通ることを1Aの電流という。

電流は電位差（電圧）に比例して発生し、電気抵抗によって減少する特性を持っているが、減少する際に熱を発生するためその取り扱いには注意が必要である。特に電線ではその断面積によって流せる電流の量が決まっている。それを超えて使用すると溶断の危険性があるばかりでなく、火災の原因となることがある。

【電圧】 でんあつ

電気を押し出そうとする力を表す物理量。単位はV（ボルト）である。1オームの抵抗に1Aの電流が流れるときの両端の電圧を1Vとしている。

電圧は特定の2点間における電位差であり、電位とは、電荷を持つ物体の電気的な位置エネルギーと考えられる。電位の高い方から低い方に電気が流れると

き、その高さ（電位）に比例した仕事が行われる。直流の場合は測定した値をそのまま電圧として読み取ってかまわないが、交流の場合は常に電圧が変動し、ときにはゼロに、ときにはマイナスとなる。そのため、実効値と呼ばれる値が電圧となる。AC100Vというのは実効値が100Vということである。

【電力】 でんりょく

電流が単位時間あたりにする仕事量を表す物理量。消費電力ともいう。単位はW（ワット）である。電圧（V）×電流（A）によって求められる。たとえば、100Vの電流を1A流すと100（V）×1（A）＝100（W）である。

電機製品を使用するときに気になるのは消費電力であるが、仕様や背面パネル

に書かれているのは通常の使用状況で最もハードに使用した場合の消費電力であり、これを「定格消費電力」という。消費電力と似たものに消費電力量があるが、これは消費電力（W）×時間（h）で求められる。単位はWh（ワットアワー）である。

【Ω（オーム）】 ohm

電気抵抗やインピーダンス、リアクタンスを表す単位であり、電気の流れにくさを表している。有名なのはオームの法則で、「ある2点間の電位差は、その2点間に流れる電流に比例する」というもの。言い換えると、「電圧が倍になると電流も倍になる」ということであり、V＝IR、すなわち、電圧（V）＝電流（A）×

抵抗（Ω）で表される。電気工学や物理学においてもっとも基本的な関係式のひとつであり、電気回路の設計や解析に広く活用されている。

単位の名前は、オームの法則を発見したドイツの物理学者ゲオルク・ジーモン・オームに由来している。

【dB（デシベル）】 *decibel*

ある物理量を基準となる量との比の常用対数によって表したものをいう。デシベル、デービーなどと呼ばれる。単独で単位として使われる場合は、人間の耳で聞こえる最小の音である20μPaを基準として、音や振動の強さを表している。

基準値が変わることでさまざまな使われ方をする計量単位で、0.775Vを基準としたdBv（dBu）や、1Vを基準としたdBV、1mWを基準としたdBm、アイソトロピックアンテナを基準としたdBi、1/2波長ダイポールアンテナを基準としたdBdなどがある。

単位の名前は、電話の発明者であるアレクサンダー・グラハム・ベルに由来している。

【dBFS】 *ディービーエフエス（デシベルフルスケール）*

その機器で扱えるデジタル量の最大値（フルスケール）を基準として、比の常用対数によって表したものをいう。機器におけるフルスケールが基準となっているため、同じ機器同士や記録媒体を経由した値は同一となるが、相対的なものであり絶対値ではない。

ところで、完パケやCMでは冒頭に「レベル規正用信号（1kHz）」を入れるが、民放連技術規準R021「デジタル録音における基準量子化値」では「-20dBFS」となっており、これをひとつの目安にできる。つまり、自身の制作環境でVUメーターが0VUを示すようテストトーンを出し、録音時にはそれが-20dBFSとなるように合わせるのである。

【LKFS】 *Loudness K-Weighted Full Scale*

日本やアメリカなどで使われるラウドネスメーターの表示単位。エルケーエフエスと読む。デジタルフルスケールに対して、ラウドネスレベルにどの程度マージンがあるかを表している。ITU-R（国際電気通信連合無線通信部門）により、BS.1770とBS.1771が勧告されている。

ターゲットとすべきラウドネスレベルが決まっており、地上デジタルテレビ放送において、番組の平均ラウドネスレベルは-24.0LKFS±1dBとされている。通常は、そのレベルから大きくズレないようコントロールする必要がある。

【追い込む】 *おいこむ*

人間は、納期が間近に迫るなどギリギリの状況で能力が発揮されることがある。あえてそのような状態に持っていくことで何かを生み出そうとすることを「追い込む」「追い込みをかける」などという。ラストスパートと同じ意味でも使われる。

転じて、機材の能力を限界まで引き出せるよう調整を行うことをいう。アナログ機器のように複数のパラメーターが互いに影響し合って機材の能力を発揮するような場合は、特にこの表現がふさわしい。「誤差がプラスマイナス・ゼロになるよう追い込む」といった感じで使う。

【f0】 エフゼロ

① スピーカーの振動板がもつ最低共振周波数。エフゼロという。単位はHz（ヘルツ）である。スピーカーボックスを工夫して箱自体の共振周波数が変わることはあっても、スピーカーユニットの特性にはほとんど影響しないため、f0はスピーカーボックス全体から出る低域の下限と考えて差し支えない。

② 人間の声が持つ基本周波数。発声する時に声帯が振動する周波数がベースとなっている。

【Hz】 ヘルツ

周波数の単位。波や振動が1秒間に何回繰り返されるかを表している。私たちにとってもっとも身近な周波数は商用電源の50Hz/60Hz、または音声信号の20Hz〜20kHzであるが、電気が流れると電磁波が発生する。3kHzを超えると、電磁波は超長波の電波となって潜水艦との通信などに使われる。以降、300万MHzまでは電波であり、それを超えると赤外線、可視光線、紫外線に。さらに高くなると、エックス線やガンマといった放射線の領域に入っていく。周波数は波長（λ）とも関係していて、λ（m）＝300÷周波数（MHz）である。単位の名前は、ドイツの物理学者で電磁波（電波）を発見したハインリヒ・ヘルツに由来する。

【bit】 ビット

コンピューターが扱うデータの最小単位。ビット。コンピューターの内部では、すべての情報が0と1の二進数で表現されており、そのひとつひとつがビットである。デジタル記録媒体も同様であり、例えば、CD-Rはレーザー光線で、ハードディスクは磁気で、通常のメモリーカードは静電気で、bitごとの0と1を記録している。

デジタル通信も、時間軸上を流れていくbitごとの0と1で情報を送っているが、速度は1秒あたりで伝送できるBit数で表される。例えば、1秒間に9600bitのデータが送れる場合の速度は9600bps（bit／秒、Bit Per Second）と表現される。

【byte】 バイト

コンピューターが扱う情報量の基本単位。バイト。単位として使う場合は、単に「B」と表現することもある。1byte＝8bitの関係にあってそれ自体は揺るがないが、byte数が多くなったときの「kB（キロバイト）」「MB（メガバイト）」といった単位に少々クセがある。

SI単位系（国際単位系）では10進数を基準としているが、マイクロソフトをはじめとするコンピューター業界では昔からの慣習で2進数を基準としているのだ。つまり、同じ「kB」であっても、前者が10の3乗（1kB=1000B=8000bit）であるのに対し、後者は2の10乗（1kB=1024B=8192bit）である。わずかな違いに見えるが、単位が大きくなると、それこそ差異が指数関数的に増えていく。2024年現在、この問題は解消されていない。

【テストトーン】 *test tone*

音響機器の試験や調整、測定に使用するトーン信号全般をいう。アナログテープでは、1kHz 0VUの正弦波が「レベル規正用信号」として使われるが、それ以外にも10kHz 0VUの正弦波が「角度規正用信号」としてアジマス角の調整に使われる。音響機器全般では「ホワイトノイズ」や「ピンクノイズ」が周波数特性の測定に使われるほか、1kHz 0dBの「バースト信号（断続音）」が応答特性（電源、音声回路）の測定に使われる。ほかにも、スタジオなどの防音等級測定には「オクターブバンドノイズ」が使用されたり、各種応答特性を測定するために「競技用ピストル音」が使用されるなど、数多くのテストトーンが使い分けられている。

【基準信号】 きじゅんしんごう

機材を調整するうえで基準となる信号をいう。一般的なトーン信号も基準信号のひとつであるが、その信号が目的に応じた「正確な要素で作られているか」がポイント。

例えば、1kHz 0VUの正弦波を作る場合、周波数の正確さはもちろんのこと、波形が正確にサインカーブを描いているか、レベルが正しく0VU（デジタル機器の場合は、スタジオに応じて-18dBFSや-20dBFS）になっているかなど、すべての精度が要求される。完成した信号が正しく作られていれば、その作り方はアナログ的な手法でもデジタル的な手法でもかまわない。

一方、送信機や各種測定器では、その周波数精度や時間的精度を保つため10MHzの基準信号が使われる。特に同期放送のように時間的精度のうち絶対時刻精度が要求される場合は、1PPSの信号も必要となるため、GPSの電波を利用して10MHzと1PPSを同時に作り出せるGPS同期型の基準信号発生器が使われる。

Nitsukiの基準信号発生器（MODEL 5984A）

【正弦波】 せいげんは

正弦曲線として観測される波。サイン波ともいう。一般的には正弦曲線を描くように作られた電圧変化や音声信号、音波を指す。周波数と振幅（大きさ）以外の要素は持たない。波は空気や水などの媒質が単振動することで伝わるが、理想状態においては、その位置や圧力変化が正弦曲線として描かれる。同様に電波も波（電磁波）であるため、空間を単振動しながら、正弦波を描きながら伝わる。

ところで、単振動は等速円運動になぞらえることができるが、その回転における上下の動きを横方向に時間軸をとってグラフ化すると正弦波となる。すなわち、回転の速さ＝周波数であり、回転の角度は1サイクル中の位置を表すのである。

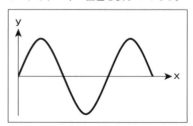

【歪み】 ひずみ

音や物体が、もとの状態から変化すること。音楽的な要素として、例えばギターにはディストーションという、意図的に音を歪ませるエフェクターを使うことがある。また、音を太くしたり、エコーをかけたりといった操作も実質的には音を歪ませているが、不快とは感じないことも多い。

一方、放送音響機器の場合は、入力された音が変化なく出力されるのが理想であり、歪みが少ないほどよいとされる。アナログ機器の場合は、「全高調波歪率（THD＝Total Harmonic Distortion。単に『歪み率』ということもある）」が重要とされ、仕様にも必ず記載があった。単位は「％（パーセント）」である。高調波歪は、アンプなどに非線形部分（リニアではない部分）があると発生するた

め、非線形歪みとも呼ばれる。テープの場合はテープ自体のヒステリシスが直線性に影響する部分もあるが、当時のオープンリールで録音と再生を行った場合の全高調波歪率は「0.5％以下」程度であった。

デジタル機器の場合、こうした歪みは入出力のアンプとAD、DAコンバーターのみ発生する。そのため、全高調波歪率は圧倒的に低く、例えば、スタジオでもよく見かけるTASCAM HS-20においてメモリーカードで録音と再生を行った場合の全高調波歪率は「0.005％以下」である。こうなってくると、聴感上は機器による差がほとんど出ないレベルなので、民生機では全高調波歪率を仕様に記載しないことも多くなった。

【無響室】 むきょうしつ

試験や実験などの目的で、反響を極限まで抑えるよう作られた部屋。完全に開放された空間上に存在する音の反射が無い理想状態を自由音場というが、無響室は擬似的に自由音場を作り出す部屋ともいえる。無響室には完全無響室と半無響室があり、完全無響室は床を含めた周囲全面に吸音材が貼られているが、半無響

室は床のみ吸音材が省略されている。

残響時間がほぼ0であり、一般的に遮音特性も高いため、工業製品や音響機器（マイク、スピーカーなど）の特性測定に使われたり、縮小模型を使った音の伝播実験に使われたり、無音という世界が人に与える影響を調べる音響心理実験が行われたりする。

【周波数カウンター】 しゅうはすうカウンター

入力信号の周波数を数値として表示する装置。高周波回路の設計や修理、保守においては、各発振器が発信する周波数の確認と調整が不可欠である。周波数カウンターは発振器が出す交流信号のプラスとマイナスとが入れ替わる「ゼロクロス」について、単位時間あたりの回数をカウントして表示する。信号がゼロクロ

スしない脈波などは測定できないため、直流成分をカットし交流成分のみにしてから入力する必要がある。内蔵された基準発振器の精度が重要なため、機種によっては温度補償型水晶発振器（TCXO）が使われる。また、外部発振器を接続してより高度な測定が可能な基準周波数入力端子を装備したものも多い。

【オシロスコープ】 *oscilloscope*

入力された電気信号を可視化する測定器のひとつで、縦軸に電圧（振幅）、横軸に時間経過を表示する。入力電圧のレンジと表示する時間経過の幅は任意に調整が可能である。

周期的に繰り返される信号の表示を得意とし、「トリガーレベル」を設定することによって入力信号の電圧がトリガーレベルを超えた瞬間から波形を補足する。これによって、リアルタイムに変化する波形をあたかも止まっているかのように観測できる。入力が複数ある場合には、ステレオ信号の位相差を表示して監視することも可能である。

オシロスコープの機能は非常に豊富で、アナログタイプでも波形の電圧測定や周期、周波数などを十分観測できるが、デジタルオシロスコープはメモリーを搭載しており、入力した波形を記録し

て比較したり分析したりできる。

また、最近では、パソコンに接続して使用するUSBタイプのオシロスコープも普及し始めている。

【スペクトラム・アナライザー】 *spectrum analyzer*

入力された電気信号の周波数分布を可視化する測定器。略してスペアナと呼ばれる。縦軸にレベル、横軸に周波数を表示する。音声信号の分析を対象にした低周波用と、電波の分析を対象にした高周波用があり、後者は、総務省作成の文書などでスペクトル分析器と呼ばれることもある。

低周波用は音響用測定器として、マイクやスピーカーなど各種音響機器の周波数特性の測定に使われるほか、周波数特性がフラットな測定用マイクを使用して環境音測定や騒音測定にも用いられる。

高周波用は無線用測定器として、送信波の観測やスプリアス測定はもちろん、電界強度測定、EMS測定、電波環境測定、ノイズや干渉原因の特定まで、幅広く使われる。また、トラッキングジェネレーター機能（Tracking Generator。TGと

も呼ばれる）を使用すれば、内蔵発振器と測定機能が連動して、フィルターなど被測定体の周波数特性を画面上に表示できる。

いずれも機器の設計や修理、保守、測定などにおいて、重要な役割を果たす測定器である。

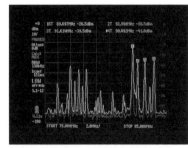

小型スペアナTinySAでFMラジオ帯域を表示させたもの

【オシレーター】 oscillator

発振回路、および、発振回路を応用した発振器をいう。持続した電気的振動を作り出すのが目的である。アナログ発振器には帰還型と弛張型があり、前者は、増幅回路に出力の一部を戻すことで一種のハウリングのような状態を作り出して目的の信号を得る。LC発振器、CR発振器、水晶発振器、マルチバイブレーターなどがそれである。後者は、物理法則を応用し、（ブザーやベルのように）スイッチのON/OFFを繰り返すことによって目的の信号を得る。一方、デジタル発振器では、計算によって作り出された数学上の波形をDAコンバーターから出力させて目的の信号を得る。

発振器は無線通信において希望する周波数を作り出すときに使われるし、コンピューターにおいてはクロックと呼ばれて動作のきっかけにもなっている。また、オシレーターが発する特定の信号を追跡することによって、電子機器の調整や修理、ケーブルや光ファイバーの疎通確認、断線箇所の特定などが行えるため、無くてはならない存在となっている。

【電池チェッカー】 でんちちぇっかー

乾電池の残量をおおまかに表示する測定器。そんなのテスターで電圧を測れば十分と思う人もいるだろうが、適切な負荷をかけないと正確な残量は判定できない。ひとくちに電池と言っても、マンガン乾電池、アルカリ乾電池、ボタン電池、角形乾電池（006P）と、サイズも電圧も用途も多岐にわたる。電池チェッカーでは、それらを意識することなくGOOD/OK/NGといったおおまかな残量を表示できる。

通常は乾電池など、使い切りの一次電池に用いられるが、充電器に二次電池用の残量表示機能が搭載されている場合もある。

【リファレンスCD】 reference cd

音響機器の試験や調整、測定に使用するCD（または音源）をいう。テストトーンが収録された「オーディオ・テストCD」はその代表格であり、レベルチェック用のトーン信号や特性チェック用の各種ノイズ、チャンネル判定とセパレーションチェックに用いる片チャンネルのみのトーン信号など、多数の信号が収録されている。レアなものでは、レーザーピックアップ調整に使うガラス製の「検査用ディスク」も存在する。そのほか、放送局によっては、特定の楽曲をスタジオ機材や送信機などの調整に使うことがあり自局のリファレンスとしている（文化放送では日曜深夜のメンテナンス時に、TOKIOの「カンパイ!!」等が使われる）。

DENONのハイファイ・チェックCD

【オーバーロード】 *over load*

過入力をいう。各機材には安定して入力できる信号の限界レベルが規定されており、それを超えてしまった状態である。このような状態では、オーバーした分がクリッピングされて信号が大きく歪んでしまう。音声信号であれば聴感上極めて不愉快な音となり、電波関連の信号（RF）であればスプリアスの原因となる。一般的には入力部にリミッターがあり「PEAK」「OVER」などの表示ランプが点灯するが、安全のために用意されているのであって、ギリギリ点灯しないのが望ましい。一方、電源系でオーバーロードという場合は過負荷を指す。過入力と過負荷とでは意味がまったく異なるが、同じLoadを使うので注意が必要である。

【最大入力音圧レベル】 さいだいにゅうりょくおんあつレベル

マイクを使用できる最大音圧レベル。最大SPL（Sound Pressure Level）ともいう。単位は、dBを使用するが、dB SPLと表記する場合もある。通常は、マイクの直近で1kHzの正弦波を再生したとき、出力音声信号の歪み率が1％を超えるレベルをいうが、特定の条件がある場合は仕様に明記される。

ちなみに、世界的な定番であるSM58（SHURE）の最大音圧レベルは160dB SPLである。ライブなどで、ミュージシャンがほとんどマイクを口につけて歌っているのを見て音が歪まないか心配になる人もいるだろうが、ジェット機のエンジン直近ですら140dBであり、まだまだ余裕があるのだ。

【エアモニ】 エアモニ

オンエア・モニター（On the air Monitor）の略。実際に送信所から出ている電波をモニターすること。スタジオにおいては、ミキサー出力、APS出力、オンエア（放送波）など、さまざまなソースを切り替えてモニターできるが、そのうちオンエアをモニターしている状態をいう。

スタジオでミキシングされる音と、マスターを経由して放送される音とは微妙に違うため、オンエアをモニターすることによって、よりリスナーに近い環境でのミキシングが可能となる。しかし、昨今では放送波だけでなく、radikoも重視する必要が出てきた。例えば、親局がダウンして電波が止まっても、中継局の構成（中継にエアーでなく回線を使用している場合など）や局のポリシーによっては放送を継続する必要があるのだ。ネットワークのキー局も同様である。そのため、エアーではなくAPS出力をモニターしながら放送を行うケースも増えてきた。

一方、中継では、スタッフやレポーターが実際の放送を常時モニターして、進行を確認したり、スタジオとやりとりしたりする必要がある。この時に使う小型ラジオのことをエアモニという。その多くはデジタル表示で周波数を直読できるタイプの小型ラジオで、プリセットボタンはどこを押しても自局（中継局を含む）が受信できるよう設定されている。

【臨場感／ライブ感】 りんじょうかん／ライブかん

実際にその場にいるような感覚、リアルタイムで事態が展開しているような感覚をいう。臨場感を出すためには、まず、スタジオで起きていること、中継先で起きていることを確実に集音し、必要な情報量をコントロールしながらリスナーに届ける必要がある。音質は低いよりも高いほうが、モノラルよりもステレオの方がやや有利だが、情報量の多さがあだになることもあるため注意が必要。

例えば、アイドルがポテトチップスを食べているところを想像してみよう。袋を開ける音、ポテトチップを取り出す音、パリパリと食べる音までは臨場感だが、その後、クチャクチャと余分な咀嚼音が入ってしまっては興ざめしてしまう。一方、ゲストが大人数の場合などは、マイクを少しオフ気味にセッティングすると臨場感が出やすいが、ディレクターからのトークバック（指示）を拾ってしまったりすると、現実に引き戻されてしまうだろう。

このように、放送における臨場感とはあくまで疑似体験であり、引き算の美学でもある。録音番組などでは、編集の技術も臨場感を左右する重要なファクターなのだ。

【C型コネクター】 シーがたコネクター

主に舞台装置や照明などで使用する電源コネクター。JATET（公益社団法人劇場演出空間技術協会）によって規格化（JATET-L-3030-5「演出空間専用差込接続器C型２０A規格」）されている。

頻繁に抜き差ししても壊れない丈夫な造りで、メス側（給電側）にスイッチ機構があるため、誤って指を入れても感電しない。舞台では暗い場所や手の届きにくい場所が多く、手探りで抜き差ししても安全なように作られているのである。2極にアースのついた構造（2P+E）となっており、20A定格のミニC、30A定格のC（30Cとも呼ばれる）、60A定格のラージCなどがある。現場で照明屋さんから電源をもらおうとすると「Cしかないよ」といわれることがあるので、変換コードは用意しておいた方がいいかも知れない。

なお、架空電線路において、圧着用に使用する金具のこともC型コネクターという。Cコンと略されることもある。イベント会場などで仮設電線を引くときに電気工事屋さんの間で飛び交うこともあるので、覚えておいて損はないだろう。

【フライトケース】 flight case

機材を携帯、または、運搬するためのケース全般をいう。FRPボードを金属枠にはめ込んだ定番のものから、ABS樹脂で作られたもの、布製のかばんのようなものまでさまざまな種類がある。多くはラックマウント構造になっており、現場でそのまま展開して設置できるようになっている。マイクなどの衝撃に弱い機材は、機材の形に型抜きされたウレタンフォームで保護されたタイプのものもある。

念のため、梱包用のPPバンドなどで固定する必要はあるが、簡易ロック機構があるため、そのまま貨物として運搬できるのが特徴である。

【ラジオカー】 *radio car*

放送中継用に設計され、中継装置などが搭載されたクルマ。移動中継車の一種だが、基本的にひとりでオペレーションができるようになっているのが特徴である。Radio Carとは無線車の意味であり、ラジオ局のクルマだからラジオカーなのではない。

設備としては、強化された電源を持ち、連絡用無線機と中継用FM送信機を搭載している。中継用FM送信機は中継先からスタジオ（または、受信拠点）までレポーターの音声を送信するもので、主に、160MHz帯や460MHz帯のFM波（ワイド／ナロー）が使われている。以前は、送信機メーカーであるJRC（日本無線）や池上通信機、日立国際電気などが製造していたが、最近ではより小規模なメーカーや海外製も増えてきた。

連絡用無線機や中継用FM送信機は陸上移動局にあたるため、無線従事者が必要である。無線従事者はドライバーを兼ねていることが多く、かつてはレポーターとペアで移動するのが基本であった。しかし、主任無線従事者制度により、主任無線従事者として選任を受けた者による監督下（監督の方法や場所は問われない）であれば誰でも無線機の操作を行えるようになった。

一方、mobilestudio（NEC）や中継用スマートフォンアプリ、IPコーデックなど、携帯ネットワークを利用した、免許不要で音質のよい中継方法の選択肢も増えてきた。このため、レポーター単独でラジオカーによる中継を行う機会も多くなってきた。

したがって、レポーターは、まずラジオカーを運転して現地におもむき、出演者に挨拶し、中継機材の準備をし、打ち合わせをし、生中継を行い、挨拶と撤収ののち局に戻るという一連の業務をひとりで行うのである。なかなかハードだ。

いくつかの放送局ではラジオカーに愛称をつけており、例えば、HBCラジオのトピッカー、STVラジオのランラン号、AIR-G'のAIR-G'カー、秋田放送のラジパル、LuckyFM茨城放送のスクーピーカー、YBSラジオのスクーパー、南海放送のCAPY、長崎放送のスキッピーカー、南日本放送のポニー号などがある。バンからSUVまで車種もさまざまである。

ラジオカーには放送局名や周波数などが大きくデザインされているため、放送局にとっては、走っているだけで宣伝になる。また、ラジオに出ること、ラジオカーが来ることの意味は地方に行くほど大きく、地域の活性化にも貢献している。

●各局のラジオカー
※（ ）内は名称

秋田放送（ラジパル）

YBSラジオ（スクーパー）

HBCラジオ（トピッカー）

LuckyFM茨城放送（スクーピーカー）

【メンテナンス】 *maintenance*

機械などの保守、管理、修理を行うこと。日常的に行う接点清掃などのメンテナンスのほか、一定時間ごとに行う定期メンテナンスと、不具合発生時に行う臨時メンテナンスがある。

定期メンテナンスの代表的なものは日曜日深夜（月曜日早朝）に放送を止めて行うもので、時間こそ決まっているものの、オンエアへの影響を心配することなく自由に行える。内容は、予備系で動いていた機材の現用系への復帰や軽故障が発生した機材の交換、新規機材の増設や入れ替えなど、アンテナ、送信機、STL/TSL、マスター、局内配線、各種回線、スタジオといった感じで、音の出口側から作業を行っていく。これは送信機には予備があるがアンテナには予備がないなど、音の出口側に行くほど重要度が増し、代えがきかなくなるからである。

定期メンテナンスでは機材ごとにスケジュールが組まれており、すべての機材を同時に行うわけではない。また、機材によって頻度も異なる。また、物理的な交換や調整以外にも、回線特性や放送波の音質なども測定・記録され、変化があればすぐにわかるようになっている。

一方、臨時メンテナンスは不具合が発生したときに随時行うもので、次回の定期メンテナンスまで待てない場合や待つ必要のない軽故障の場合に行われる。当然だが、事前に周知するいとまのない停波は事故扱いとなる。すべてのメンテナンスは事故を防ぐために行われていると言っても過言ではない。

【試験放送】 しけんほうそう

メンテナンスの一環として実際に音を放送して送信系統の点検や測定を行うことをいう。「試験電波の発射」という局もある。送信音の点検だけであれば、ダミーロードをつないだ状態で行うことも可能だが、送信波の回り込みによる影響などは実際にアンテナをつないで送信してみないとわからない。そこで通常の放送と同様の環境で送信機を動作させ、点検することが必要となる。中心となるのは各種トーン信号を用いた特性の評価や無音を作り出した状態におけるノイズ測定、実際に音声や音楽を流した状態における官能検査など。まれに減力放送や予備送信機、予備送信所からの送信試験が行われることもある。

KBS京都　　　　　　　南海放送（CAPY）　　　　南日本放送（ポニー号）

ラジオ関西　　　　　　長崎放送（スキッピーカー）

【周波数】　*frequency*

音や電気信号などの波動や振動が、1秒間に何回繰り返されるかを表したもの。周波数、サイクルともいう。単位はHz（ヘルツ）である。

音は空気の振動であり、電波は電磁波の振動であるが、それぞれ周波数によってその挙動が異なってくる。例えば、音は周波数が変化していくと音階を持ち、音楽を奏でられる。さらに高くなって可聴帯域を超えると超音波になるが、超音波は極めて高い直進性を持っている。

一方、電磁波の振動のうち、300万MHz以下のものを電波というが、長波〜VHFのように電離層の影響を受けるものとUHF以上のように電離層の影響を受け

ないもの、ミリ波のように極めて高い直進性を持っているものがある。さらに周波数が高くなると電磁波は可視光線になるが、周波数が低いほうから赤、だいだい、緑、青、紫と変化していく。このように、周波数は、単に波動や振動の早さではなく、その性質と密接な関係を持っているのである。

放送局の出す電波も周波数を持っているが、多くの放送局の中から目的の放送局を選べるのは、電波が波であり基本周波数を持っているから。特定の周波数に共振するフィルターを使って抽出することにより、目的の放送局を選局できるのである。

【波長】　はちょう

音や電気信号などの波動や振動が繰り返されるとき、その周期のひとつにおける開始から終了までの直線的な長さをいう。単位はm（メートル）である。

ところで、音や電波、光が1秒間に進む距離は周波数に依存しない。つまり、音なら343m（20℃の場合）であり、電磁波（電波、光）なら30万kmである。つまり、1Hzの音の波長は343メートルであり、1Hzの電波の波長は30万kmということになる。これを式に直すと、音波の場合は「波長（m）＝343÷周波数（Hz）」であり、電波の場合は「波長（m）＝300÷周波数（MHz）」となる。

物体や空間には固有振動数があり、音波が物体や空間に触れると共振が発生する。管楽器などは、パイプの長さを調整することで波長に合わせて共振させ、音階を作っているのである。電波の場合は、

アンテナの長さによって電気的な共振を起こして電波を効率的に送受信したり、フィルターによって電気的な共振を起こして電波を受信したりしているのである。

このように、波長と周波数とは表裏一体であり、同じ物理変化である波について観測方法を変えて表現したものと考えることができる。ただし、音波と電磁波（電波、光）とではその媒質が異なるため、同じ周波数であっても同じ波長にはならないのである。

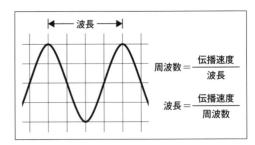

$$周波数 = \frac{伝播速度}{波長}$$

$$波長 = \frac{伝播速度}{周波数}$$

【電波】 でんぱ

電磁波として空間を伝わる電気エネルギー。電波法上は「三百万メガヘルツ以下の周波数の電磁波をいう（第一章、第二条の一）」と定義されている。

電波とは、電界と磁界とが互いに影響しながら空間を伝わっていく波で、光と同じ30万km／秒の速度で進行していく。山や建造物、電離層などに反射されながら伝わっていくため、経路の違う波どうしが重なり合うと、増強したり、打ち消しあったりすることがある。

電波の発見は、1864年にジェームズ・クラーク・マクスウェルが「光は波の姿をした電磁散乱である」と予測したことが発端。1887年に、ハインリッヒ・ヘルツがマクスウェルの方程式をもとに電波の存在を推測。送信側は昇圧コイルによるギャップ放電を行い、受信側は離れたところにあるリング上コイルで受信してギャップにスパークを飛ばして確認するというものであった。周波数の単位がHz（ヘルツ）になっているのも、彼の功績をたたえてのことである。

電波による通信を初めて成し遂げた人物について、ニコラ・テスラとグリエルモ・マルコーニのどちらかという話はよく議論にのぼるが、特定の周波数の電波を送受信する技術を確立したのがテスラであることから、1943年、アメリカの連邦最高裁はマルコーニが起こした訴訟の中で「初めて無線通信に成功したのはマルコーニ」「ラジオの仕組みの発明者はテスラ」と認定している。

【電波型式】 でんぱかたしき／でんぱけいしき

使用する電波について、その変調方法や用途について定めた免許事項である。電波法施行規則、第四条の二「電波の型式の表示」に規定する。「主搬送波の変調の型式」、「主搬送波を変調する信号の性質」、「伝送情報の型式」で構成されており、「占有周波数帯域幅」を記載する場合もある。

国内のラジオ局に免許されている放送免許の電波形式を見ていく。AMラジオ放送と短波放送は、モノラル放送がA3E（振幅変調〔両側波帯〕／アナログ信号の単一チャンネル／電話〔音響の放送を含む〕）であり、ステレオ放送がD8E（振幅変調および角度変調であって、同時に、または一定の順序で変調するもの／アナログ信号の二以上のチャンネル／電話〔音響の放送を含む〕）である。FMラジオ放送は、モノラル放送がF3E（角度変調〔周波数変調〕／アナログ信号の単一チャンネル／電話〔音響の放送を含む〕）であり、FMステレオ放送がF8E（角度変調〔周波数変調〕／アナログ信号の二以上のチャンネル／電話〔音響の放送を含む〕）である。

NHKのFM波に重畳しているVICS（一般財団法人道路交通情報通信システムセンター）はF2D（角度変調〔周波数変調〕／副搬送波を使用するデジタル信号の単一チャンネル／データ伝送、遠隔測定、遠隔指令）である。

● ラジオ放送の電波形式

中波放送（モノラル）	A3E
中波放送（ステレオ）	D8E
短波放送	A3E
FM放送（モノラル）※	F3E
FM放送（ステレオ）	F8E

※NHK R1、R2のFM補完放送がこれにあたる

【振幅変調／AM】 しんぷくへんちょう／えーえむ

通信における変調方式のひとつで、主に可聴帯域の情報（音声）を振幅の変化によって伝達する方式をいう。主に中波放送と短波放送で用いられる。AMはAmplitude Modulationの略。

例えば、光の明るさをコントロールして音声を届ける場合、その光の色が搬送波（キャリア）、明るさが含まれる情報（音声）である。この時、明るさは変わっても色（周波数）は変わらないことがポイントである。電波の場合は特定の周波数

の電波（搬送波）を情報（音声）で変調して上下の側波帯（LSB/USB）を作り出す。光の場合と同様に、側波帯の振幅が変わっても搬送波の周波数は変わらない。振幅によって情報を伝達するため、何らかのノイズが紛れ込むとその振幅に加算され、顕在化しやすい。

FM波と比較して占有周波数帯域幅が少なくて済む（15kHz）が、伝送できる音の帯域は100Hz〜7,500Hzである。

【周波数変調／FM】 しゅうはすうへんちょう／えふえむ

通信における変調方式のひとつで、主に可聴帯域の情報（音声）を周波数の変化によって伝達する方式をいう。主に、FM放送（超短波放送）で用いられる。FMはFrequency Modulationの略。

例えば、光をコントロールして音声を届ける場合、その光が主搬送波（キャリア）であり、色の変化が情報（音声）である。この時、明るさは変化せず、色（周波数）だけが変わることがポイントである。電波の場合は特定の周波数の電波（主搬送波）を情報（音声）で変調して周波数を上下に変化させ、搬送波の疎密を作り出す。

光の場合と同様に、搬送波の振幅は変わらず周波数だけが変化する。周波数の変化によって振幅を表現するため、受信側は常に最も強力な搬送波に追従する。したがって、混信やノイズに強いが、直射と反射波など時間差のある信号のレベルがきっ抗するとマルチパスという独特の雑音を生みやすい。

AM波と比較して占有周波数帯域幅が多く必要（200kHz）で、周波数の利用効率は高くない。伝送できる音の帯域は50Hz〜15,000Hzである。

【短波（Short Wave）】 たんぱ

無線工学では、3〜30MHzの周波数の電波をいう。HF（High Frequency）と呼ぶこともある。電離層のうち、地表から最も離れた150〜800km付近に位置するF層で反射されるため、極めて遠方まで到達する。アマチュア無線では日常的に世界中との通信が行われており、国際放送に最も適したバンドといえる。国内では、唯一ラジオNIKKEIだけが全国向けの放送を行っている。

27MHz幅という周波数範囲である

が、バンド内の上下で電波の挙動が大きく異なるため、その波長をもとにいくつかに分割してmb（メーターバンド）と呼んでいる。最も周波数が低くトロピカルバンドと呼ばれる120mb（2.300〜2.495MHz）、ラジオNIKKEIも使用している75mb（3.900〜4.000MHz）、同49mb（5.730〜6.295MHz）、多くの放送局が集中し短波のメインストリートと呼ばれる31mb（9.250〜9.900MHz）、同25mb（11.600〜12.100MHz）、太陽活

動が活発なときに遠距離で開ける13mb（21.450～21.750MHz）などがある。

1980年代には世界的な国際放送ブームが起こり、BCLと呼ばれるマニアがこぞって遠距離受信にチャレンジした。放送局に受信報告書を送り、受信内容が自局のものであると確認されるともらえる受信確認証（ベリカード）は宝物だったのである。また、時期を同じくして、日本語による日本向けの国際放送も世界各国で行われるようになった。各国にとっては、自国を売り込むカントリーセールスの一環でもあった。

その後、インターネットの普及などにともない、短波放送による広報活動を行う国は減少していったが、現在でも、ヨーロッパやアジアを中心に国際放送が行われている。

場合によっては地球規模で電波が到達する短波の特性上、各国ともITU（国際電気通信連合）が定める無線通信規則にのっとって技術的な調整を行っている。

日本国内では、電波法第二条二十四の二において、「『短波放送』とは、3MHz～30MHzまでの周波数を使用して音声その他の音響を送る放送をいう」と定義されている。

【長波（Low Frequency）】 ちょうは

無線工学では、30～300kHzの周波数の電波をいう。波長が長い（1～10km）ため長波と言われる。電離層のD/E層で反射され、電波自体が回り込みやすい特性から地表波も安定して利用できる。

ヨーロッパやアフリカ、ロシアなど一部の地域ではラジオ放送に使用されているが、波長に応じた大規模なアンテナと送信機が必要である。このため、日本国内では一般のラジオ放送に用いられておらず、電波時計などに時刻と標準周波数を知らせるための標準周波数局JJY（40kHz/60kHz）や船舶や航空機の航行用ビーコンなどに利用されている。

【中波（Medium Frequency）】 ちゅうは

無線工学では、300kHz～3MHzの周波数の電波をいう。長波、および、短波との対比で中波と呼ばれる。日中は、電離層のD層に吸収されてしまうため、地表波の範囲しか届かない。しかし、夜間は電離層のD層が消滅しE層による反射を受けるため、遠距離まで到達する。夜間になると急にバンド内がにぎやかになるのは、このためである。

受信機の構造が簡単で電波も地形の影響を受けにくいため、すでに廃止を決めたヨーロッパの一部などを除いて世界的に中波放送が行われている。

少し話がそれるが、ITU（国際電気通信連合）では世界を3つのITU地域にわけて周波数の分配を行っており、第一地域はヨーロッパとアフリカ、第二地域は南北アメリカ大陸、第三地域はアジアとオセアニアである。このうち、第一地域と第二地域はAMの周波数間隔が9kHzステップ、第三地域が10kHzステップとなっている。

日本国内では、電波法第二条十六において、「『中波放送』とは、526.5kHz～1606.5kHzまでの周波数を使用して音声その他の音響を送る放送をいう」と定義されている。また、基幹放送用周波数使用計画においては、その割り当て原則について「531kHzから1602kHzまでの9kHz間隔の周波数」とされている。

【超短波】 ちょうたんぱ

　無線工学では、30〜300MHzの周波数の電波をいう。直進性が強く地形や高層ビルの影響を受けやすいため、地表波は大きく減衰してしまう。そのため、直接波による見通し距離（フレネルゾーン）での伝達が中心となる。山や高層ビルの影響を受けやすいため、直接波を受信できないエリアでは、反射波や回折波の受信が可能な場合がある。ただし、複数の経路を経て時間差の生じた電波どうしによるマルチパスが起きやすい周波数帯域でもある。なお、スポラディックE層などの突発的に発生する異常伝播を除いて、電離層の影響を受けない。

　FMラジオ放送局はもちろん、AMラジオ放送局の補完中継局からコミュニティ放送局にいたるまで、さまざまな種類の放送局が同居する最もにぎやかな周波数帯である。今後、AMラジオ放送局のFM転換が実施されていくのにともない、より重要度が増していくことは間違いない。

　日本国内では、電波法第二条十七において、「『超短波放送』とは、30MHzを超える周波数を使用して音声その他の音響を送る放送（中略）をいう」と定義されている。また、基幹放送用周波数使用計画においては、その割り当て原則について「76.1MHzから94.9MHzまでの0.1MHz間隔の周波数」とされている。

【アンテナ】 antenna

　電気エネルギーを電波として空間に放出したり、空間を伝わってくる電波を受け止めて電気エネルギーに変換したりする装置をいう。

　AMラジオ放送の送信用には「垂直接地アンテナ」がよく用いられる。波長は0.53λになっていることが多く、「円管柱アンテナ」と呼ばれることもある。1/2λ（0.5λ）でも良さそうなものだが、こうすることによって電流の腹（指向性）がやや下を向くため、近距離フェージング対策になるからである。先頭に「頂冠」と呼ばれる網のようなものがついていることがあるが、これは実効長を延長するためで、実質的な近距離フェージング対策となっている。

　FMラジオ放送の送信用アンテナは、エレメントひとつで構成されていることはまれで、希望する指向方向ごとに分配された電波を複数のエレメントを組み合わせて放射する構造になっている。個々のエレメントは、ダイポール型、ループ型、宇田八木型などさまざまだが、それら全体が1つのアンテナとして機能する。これは、世帯分布に合わせた効率的な送信を行う目的がある。小規模中継局などでは3エレメントの宇田八木アンテナが単独で使用されることもある。

　受信アンテナとしてはダイポールアンテナやホイップアンテナ、バーアンテナ、宇田八木アンテナなどがお馴染みである。

ラジオNIKKEI長柄送信所。水平ダイポールアンテナを鉄塔が支える

【アイソトロピックアンテナ】 *isotropic antenna*

球状の放射パターンを持つ完全無指向性の理想アンテナ。等方性アンテナともいう。理論上の存在であり、実在しない。

一般的に測定とは基準との対比であり、それはアンテナの利得についても同様である。しかし、アンテナには多様な種類があり、すべてのアンテナの基準となるアンテナが必要であった。実在する

アンテナとしてシンプルなのは1/2λのダイポールであるが、それ自体が物体としての形や指向性を持っているため、基準としては不向きであった。理論上の存在であるため、質量や形、指向性を持たず、形状は「点」である。アイソトロピックアンテナを基準とした利得を絶対利得といい、単位は「dBi」である。

【AMステレオ放送】 エーエムステレオほうそう

AM波を使用したステレオ放送。電波型式はD8Eである。日本で採用されたのはモトローラ方式（C-QUAM方式）であり、従来のモノラル放送と互換性がある。和信号（L+R）と直交するように平衡変調された差信号（L-R）を復調して、左右の音声信号を得る仕組み（いわゆる、AM-AM方式）である。

1992年3月15日に、東京放送（現・TBSラジオ）、文化放送、ニッポン放送、毎日放送、朝日放送の民放5局でスタート。それを受けて、ラジオメーカーでもAMステレオ放送への対応が加速していった。しかし、NHKが参入しなかったことや未導入局における局内設備のステレオ化が進まなかったこともあり、民放局の参入も16局をピークに打ち止めとなってしまった。結果、ユーザーもメーカーもAMラジオのステレオ機能に対す

る付加価値を見いだしにくかったこと、国際的に見ても、デジタルラジオやHDラジオといった、より高音質のステレオ放送に軸足が移っていったことなどから、AMステレオ放送に対応したラジオが姿を消していくこととなった。

2024年2月現在、AMステレオ放送を実施しているのは、ニッポン放送（1242kHz/100kW）、ラジオ大阪（1314kHz/50kW）の2局のみとなっている。

AMステレオ対応受信機も今となっては希少。写真はソニーSRF-A300

【RDS（Radio Data System）】 アール・ディー・エス

FMラジオの放送波にデータを重畳するための規格。ヨーロッパやアメリカで普及しており、IEC 62106-9:2021「Radio Data System（RDS）」に規定されている。技術的には、57kHzの副搬送波を使い、1187.5ビット毎秒のデータを伝送できる。これは、148文字程度の英数字に相当するため、あまり大きな情報は伝

送できない。提供される情報は、代替周波数リスト（中継局リスト）、時刻補正情報（精度は0.1秒程度）、放送局名情報、番組種別（ニュースやドラマ、ロック音楽といった31種類の番組コード。緊急アナウンス用のコードも用意されている）、自由文（楽曲名、アーチスト名などを含む）などである。

【FM文字多重放送】 えふえむもじたじゅうほうそう

FMラジオの放送波にデータを重畳し、文字や図形などのかたちで提供することを目的とした多重放送。日本では1994年にスタートし、専用受信機の表示窓にニュースや天気予報、演奏中の曲名・アーチスト名などの情報を表示する。民放局では「見えるラジオ（JFN各局）」「アラジン（J-WAVE）」などの愛称がつけられる一方、NHKでは「FM文字多重放送」と呼んでいた。

技術的には、NHKが開発したDARC（Data Radio Channel）方式を採用。FMステレオで使用しているサブチャンネルのさらに上の帯域76kHzに44kHz幅のLMSKサブキャリアを形成して、実用通信速度8900bps程度の情報配信を行う。情報蓄積型のサービスであり、端末側の操作により、ニュースや天気など、任意の情報を取り出せる。

JFN系列各局が一斉に導入したこともあって、対応する放送局は全国に及んだが、受信側の処理に小型CPUや液晶表示器が必要なためラジオのコストを押し上げ、一般には普及しなかった。そのため、2016年頃までにはすべての局がFM文字多重放送から撤退していった。

しかし、FM多重放送（DARC）は、今でも見えないかたちで広く活躍している。現在、多くのカーナビには渋滞情報が表示され、ルート検索にVICSが活用されているが、そのVICSで使われているのがNHK-FMのDARCなのである。免許主体が「一般財団法人道路交通情報通信システムセンター」に移りこそしたが、元「見えるラジオ」は、目に見えないかたちで普及しているのである

【国際放送機器展（Inter BEE）】 *International Broadcast Equipment Exhibition*

国内外の音響、映像、通信機器メーカーを一堂に会して行われる国際展示会。一般社団法人電子情報技術産業協会（JEITA）の主催により、幕張メッセを会場に、年に一度、3日間開催されている。展示は、プロオーディオ部門、エンターテインメント／ライティング部門、映像制作放送関連機材部門、メディア・ソリューション部門の4つに分かれており、国内外の大手メーカーから小規模専業メーカーまでが軒を連ねる。新製品や参考出品を含めたテクノロジーの見本市としても機能しているほか、放送技術に関連したセミナーやカンファレンスも同時開催される。放送業界からPA、照明、舞台装置に至るまで、多くのエンジニアが参加する。

【放送技術（雑誌）】 ほうそうぎじゅつ

テレビからラジオまで放送技術に関する記事が満載された月刊誌。兼六館出版から発刊されている。NHKで技術職員向けに発行されていた「技術研究情報」が前身である。最新の技術動向から、最新機器の紹介、番組制作、中継、送出、通信、ステージ音響、照明、設備更新、新社屋の設計、展示会レポートに至るまで、放送を中心とした最新のテクノロジーが詰まった内容。執筆陣は各局の技術担当者、メーカーの技術者などが中心で、具体的かつ実戦的な内容にあふれているのが特徴である。昭和23年の創刊から77年にわたって定期刊行を継続している。

5章

受信

ラジオの種類／ラジオ（受信機）／アンテナ／ケーブル／ノイズ／周辺機器／遠距離受信／録音／ソニーラジオ／松下ラジオ／その他メーカー／専門誌

【ポケットラジオ／通勤ラジオ】　*pocket radio／つうきんラジオ*

　ポケット（イメージ的には胸ポケット）にすっぽり入るくらいのコンパクトなラジオ。歴史を振り返ってみると、元祖ポケットラジオは1957年ソニーのトランジスタラジオ「TR-63」。「ポケッタブル」という造語が作られ、世界最小の触れ込みで世に出た。112×71×32ミリと、まぁまぁ厚みのあるiPhone miniくらいのサイズ感だ。ちなみにTR-63から遅れること3年、松下は一回り小さい「T-11」を発売。ソニーがエポックメイキング的なラジオを出して、ブラッシュアップした類似品を発売するという流れは当時からあったのだ。

　その後、ソニーのラジオを振り返ってみると、1976年にスピーカー部分とチューナー部分がセパレートできるICF-7500が発売。「外出したらポケットに。部屋に戻ればポータブル」という謳い文句で、イヤホン（FMアンテナ共用）で聴くことを考えられた「通勤ラジオ」の走りともいえるラジオ。定期券が入れられるキャリングカバーも付属していた。

　通勤ラジオとしては充電式バッテリー採用で薄さ3mmを実現したカードサイズのAMラジオICR-101、FM文字多重放送（見えるラジオ）に対応したSRF-DR1を経て、巻き取り式のイヤホンが付属、ジョグダイヤルで選局できるSRF-G8Vが2000年に発売。そのサイズ54×85.6×8.3ミリ、積み上げてきたソ

ニーの技術がある種完成の域に達した機種である。このあとワンセグTV音声受信対応の通勤ラジオ（ソニーであればXDR-63TV）が発売されたが、radikoの登場によりその需要は確実に減っていると言わざるを得ない。

TR-63（ソニー）

SRF-G8V（ソニー）

ICF-7500（ソニー）

ICR-101（ソニー）

【ホームラジオ】　*home radio*

　主に、家庭内で使用することを前提に作られたラジオ。あくまでメーカーが使い方を提案しているものであり、「ホームラジオ」について明確な定義はない。ただ、AC電源で使用できるように電源コードやACアダプターが同梱されている製品が多い。ポケットラジオ／通勤ラジ

オとは対極をなす存在といえる。

　AM／FMの2バンド、または、それにプラスしてラジオNIKKEIが受信できる程度のシンプルなものがほとんどで、現行機種でいえばソニーのICF-506、SRF-V1BTあたりが典型的なホームラジオである。

【BCLラジオ】 *Broadcast Listening Radio*

短波の海外日本語放送を聴いてベリカードを集めるというブームが小中学生にも広まった1970年代。この動きをラジオメーカーが放っておくわけはなく、各メーカーは短波帯が受信できるラジオを続々と発売。さまざまな機能、ギミックを盛り込み、デザイン性にも優れたこれらのラジオは「BCLラジオ」と呼ばれた。単に短波帯＋AM／FM受信機（ワールドバンドレシーバー）をBCLラジオと呼ぶ場合もあるのだが、狭義のBCLラジオは1970年、80年代に発売されたものを指す。

代表的なシリーズ名としてはスカイセンサー（ソニー）、クーガ（松下）、トライエックス（東芝）、ジーガム（三菱）など。特にソニーと松下電器（現・パナソニック）の商品開発合戦は年々激しさを増した。例えば1972年に発売されたスカイセンサー5500がBCLブームに火をつけた後、松下も翌年にタテ型ラジオ「クーガ」を発売。1973年松下が丸窓のベストセラー機・クーガ7を発売したら、ソニーも翌年には丸窓で雰囲気も似たスカイセンサー5600を発売。また周波数が直読できるスカイセンサー5900が1975年に発売、翌年同じく直読可能

なクーガ2200が発売されるなど、商品を見るだけでも両社はバチバチの関係であったことがわかる。

ユーザー側もスカイセンサー派とクーガ派に二分されたが、どれも当時の最先端技術が詰まったラジオなので定価は1万5千円〜とかなり高価。小中学生がおいそれとは手が出せるものではなかった。そのため、パッと見はスカイセンサーのようで格好よいが機能はイマイチな中華製ラジオ（Rajisan）などに甘んじた人も多かった。

1980年代に入ると、周波数直読は当たり前、同期検波などの機能もてんこ盛りとなり、定価も5万、6万円とどんどん上がっていった。そうなると若者には手が出せなくなり、ブームも終息に向かうこととなった。

なお、時を経て、当時は「高嶺の花」だったBCLラジオに憧れていた世代が40、50代となった2010年頃、ヤフオクをはじめとする中古市場で中古BCLラジオの取引が盛り上がり、当時の定価以上に高騰した。これによりまた手が出なくなるという、故事成語的な皮肉に満ちたオチがついた。

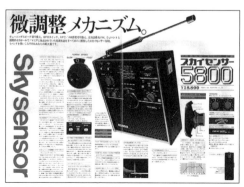

スカイセンサー5800のカタログ

松下電器の総合カタログ

【カセット付きBCLラジオ】　*カセットつきBCLラジオ*

BCLブームの頃は、カセットテーププレーヤー機能が備わったBCLラジオもいくつか発売された。「スカイセンサーカセット」と呼ばれたソニーのCF-5950は5900をさらに進化させたような機能を持ち、定価は5900の倍もした。また、松下電器もクーガにカセットが付いたRQ-585を発売。中身はクーガ118に近く、なんとマイク機能を内蔵したジャイロアンテナを装備していた。なかでもラジオとしての評価が高いのがアイワのTPR-255。BFOのピッチコントロール、チューニング速度の切り替え機構、さらにはウーハー、ツィーターの2ウェイスピーカーも装備するなど、ラジオとしても完成した名機だ。

【現場ラジオ】　*げんばラジオ*

2015年頃、突如として現れたラジオの新ジャンル。おもに工具メーカーが発売している防塵・防水のゴツくて頑丈なラジオであるが、最大の特徴はメーカー純正のバッテリに対応しているところ（マキタで言うところのスライドして装着するリチウムイオン電池）。電動工具やハンディクリーナーなどで使用する電池も使いまわせるのだ。

アメリカの工具メーカーBOSCHがラジオを発売したことが契機である。日本の元祖となると特定は難しいものの、エポックメイキングとなったのはホッチキスでおなじみのマックスが発売したAJ-RD431である。商品名「タフディオ」のとおり、ボタン類に粉塵対策が施され、液晶画面がある前面には転倒しても安心のグリルガードも配している。スピーカーも76mm×2と十分な大きさで迫力かつ高音質が楽しめるラジオである。

これに追随してマキタからMR108という機種が発売され、さらに洗練されたデザイン性で人気を呼び、一躍「現場ラジオ」というジャンルが湧きたったのだ。このほかHIKOKI（旧・日立工機）、パナソニックからも「現場ラジオ」が発売されている。

MR108（マキタ）

【ワールドバンドレシーバー】　*world band reciever*

AM、FMはもちろん、短波帯のあらゆるバンドをカバー。そして時には長波まで受信できるラジオをいう。「ワールドバンドレシーバー」という言葉はソニーのICF-2001Dの箱に英語で小さく書かれていたのが始めだと思われる（※編集部調べ、少なくともICF-2001の箱には記載なし）。その後、ICF-SW55/77の箱には大きめにプリントされていることから徐々に浸透していったことがわかる。そしてワールドバンドレシーバーといえば皆が真っ先に思い浮かべるICFSW7600GRが2001年に発売、2018年の生産終了まで長きにわたって売れ続けた。

【録音機能付きラジオ】 *radio with recording function*

ラジカセでカセットテープに、コンポでMDに、はたまた外部出力端子からビデオテープやPCに…といったように、過去、ラジオを録音する方法は多岐にわたり試されてきた。またラジオメーカーからは専用のオーディオタイマーが発売されるなど、就寝時・不在時でも対応できるような商品も開発された。それほどラジオを録音したいという需要が大きかったと言える。

そんなラジオ録音文化に革命が起こったのが、2000年ソフィアシステムズという会社から発売された「ラジオサーバー」というハードディスク内蔵ラジオ。2002年発売の改良版では最大350時間、MP3方式で録音でき、予約設定も直感的に行えるという商品だった。おもに語学学習のために開発されたもの、さらには定価が8万円超ということもあり、一般のラジオリスナーにはそれほど広まることはなかった

そこから7年後の2007年、奇しくも同じ商品名「ラジオサーバー VJ-10」がオリンパスから発売。こちらも語学学習のために開発されたもので、おもに某大手書店で展開。価格もまだ4万円ほどと高価ではあったが、元祖ラジオサーバー

よりもコンパクトになり、一部のラジオファンはこれに飛びついた。

この後「ラジオバンク」(ベセトジャパン)、「トークマスター」(サン電子)など、安価でコンパクトな機種が各メーカーから立て続けに登場。さらにはオリンパスも2009年には「ラジオサーバーポケット」PJ-10を発売。ハードディスク内蔵ラジオからICレコーダー機能付きラジオへと進化していくことに。

その後、三洋電機からはスピーカー・充電機能が備わったクレードル付属のICレコーダーが登場するなどラジオファンの選択肢も増えたが、2011年にはついに本丸ともいえるソニーがポータブルラジオレコーダーICZ-R50を発売。ラジオ単体としても優れた機能を有するレコーダーの登場は、ラジオリスナー積年の夢が叶った瞬間でもあった。

2014年には持ち運びできるICZ-R100が、ワンセグ音声にも対応したICZ-R250TVが登場するなど細かな商品展開もあったが、radikoの登場によりフリーソフトによるPCでの録音が流行、さらには2015年にタイムフリーが登場して以降、録音機能付きラジオの市場はさらに縮小していくことになる。

VJ-10（オリンパス）

Talk Mater Ⅱ（サン電子）

ICZ-R50（ソニー）

ICZ-R100（ソニー、写真左）とPJ-35（オリンパス）

ICZ-R250TV（ソニー）

【クリップラジオ】 *card radio*

カード型ラジオと呼べるものはいくつかあるが（ソニーのAMラジオICR-503など）、ソニーが1988年に発売したクリップラジオは「ステレオイヤーレシーバー」と呼ばれるボリューム、電源が一体となったイヤホンに、カード型の放送局カード（ワンステーションカード）を挿し込むことでその局が聴けるようになるという少々変わったシステムが採用されていた。つまり文化放送が聞きたければ文化放送のカードを挿さなければならない不便さはあるものの、カードは各局が趣向を凝らしたデザインを採用しており、マニアの収集癖を刺激するものでもあった。ステレオイヤーレシーバーは3,200円のほか、AMカードは2,400円、FMカードは3,500円、たんぱカードは3,800円と（すべて税別）、各局コンプリートしようと思うとかなり値が張って

しまうものだった。

全国展開を目論んでいたのかは不明だが、首都圏、関西圏のステーションカードしか発売されていない。今となっては貴重な代物で、J-WAVEがFM JAPANだったり、AFNがFENだったりと時代を感じさせるため、中古市場ではそこそこの値で取引されている。

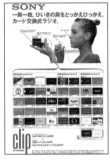

ソニーclipラジオの広告（「ラジオパラダイス」より）

【中華ラジオ】 *chinese radio*

2000年に入ってからは、ワールドバンドレシーバーといえばそれ即ちソニー・ICF-SW7600GRのことであった。7600の1強時代は10年以上も続くわけだが、ほかの日本のメーカーからは実用的な本格ラジオが発売されることはなかった。

そんな7600GRに唯一対抗できたのが中国のメーカーDEGENのDE1103であった。商品名は「愛好者」、実勢価格が7、8千円程度と格安ながら、受信性能は7600GRと遜色がない実力者で一躍人気となった。

それまで中国製ラジオといえば「安かろう悪かろう」が当たり前だったのが、DE1103の登場によりイメージも一新。DEGENのほか、TECSUN、SANGEAN、REDSUN、KCHIBOなど、台湾も含めた中華製ラジオがどんどん日本のラジオ市

場に出現した。これはワンチップで広帯域に対応したラジオが作れるDSPチューナーの技術が背景にある。

7600GRが生産終了した今となっては、逆にアイワがTECSUNのラジオのOEM品を発表するなど、短波ラジオにおいては中華ラジオから選ぶしかない状況である。

DE1103（DEGEN）

【通信型受信機】 つうしんがたじゅしんき

　送信機とのセットで、無線設備としての性能を重視した受信機。そのため無線機メーカーはデザインを統一した送信機・受信機をセット売りするケースが多かった。ただ、受信性能に優れた機種もあり、無線家以外にも愛用された。

　メーカーは日本無線、八重洲無線、トリオ、アイコム、トリオ、エーオーアールなど。また、海外のDRAKE社やCOLLINS社は高級無線機メーカーの代名詞で、外車に憧れるように「いつかはドレーク」という夢を持っていた若手無線家も多かった。SDRの登場以降、現在は需要も減っているが、かつての名機を収集する層は変わらず多い。

AR7030（エーオーアール）

SPR-4（DRAKE）

【鉱石ラジオ】 こうせきラジオ

　同調回路と検波器、クリスタルイヤホンからなる、最もシンプルなラジオ。増幅器を持たないため無電源で、検波器に方鉛鉱や黄鉄鉱といった鉱石を使っているのが特徴。鉱石は、金属針を接触させることで金属−半導体接合が形成される。これをショットキー接合というが、整流作用があることから検波器に応用された。

　初期の鉱石ラジオでは、探り式鉱石検波器を使用。鉱石をセットするくぼみのようなものがあり、金属針の位置を調整しながら、整流作用の強い（感度のよい）ポイントを探す仕組みであった。のちに、最適な接触点を保ったままの鉱石をガラス管に封入した固定式鉱石検波器が開発され、置き換わっていった。固定式鉱石検波器の代わりにゲルマニウムダイオードを使ったものが、ゲルマニウムラジオである。

　同調回路にはコイルとコンデンサーによる並列共振回路が使われたが、可変コンデンサー（バリコン）を使うかわりに

コイルの中にあるコアの位置を動かしてチューニングを行う μ（ミュー）同調方式も広く使われていた。

　このようなシンプルな回路で音声が再生できるのは、同調回路で得られた目的の信号のみを整流することで波形の包絡線（≒輪郭）を取り出しているから。これを、包絡線検波という。増幅回路がないため、取り出せる音声信号は受信した電波の強さに依存する。送信所に近いエリアでも、インピーダンスの高いクリスタルイヤホンを鳴らすのがやっとであった。

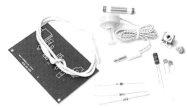

鉱石ラジオキットはAmazon等で購入可能（写真はマルツの商品）

【真空管ラジオ】 しんくうかんラジオ

鉱石ラジオの弱点を克服すべく、真空管を使った増幅機能を追加したラジオ。初期の真空管ラジオは再生方式が主流で高周波増幅と低周波増幅に真空管を使用しており、使用する真空管の数によって、「0-V-1（高周波増幅なし、低周波増幅1段）」「1-V-2」（高周波増幅1段、低周波増幅2段）などと呼ばれた。Vは真空管（Vacuum Tube）の意味である。増幅だけでなく、検波にも真空管を使っているのが特徴で、高周波増幅と低周波増幅いずれかの真空管が検波を兼ねていることもあった。

真空管には動作のためにフィラメント（ヒーター）が内蔵されており、電球のように、いずれ切れてしまう。真空管の数が多いほど切れる頻度が上がるため、ほとんどの製品にはソケットがついていて真空管の取り替えが容易になっていた。

真空管ラジオというとスピーカーのイメージだが、低周波増幅の管数が少ない場合は電圧増幅のみでスピーカーが駆動できず、クリスタルイヤホン専用の真空管ラジオも存在した。

真空管ラジオファンは一定数おり、秋葉原で購入できる

【5球スーパーラジオ】 5きゅうスーパーラジオ

真空管を使っていること以外、現在のアナログラジオと同じ仕組みのラジオ。スーパーヘテロダイン方式を使用し、トランジスタラジオで言うところの4石に相当する。使用されている真空管の役割は、「周波数変換（発振回路）」、「中間周波数増幅」、「検波（低周波増幅含む）」、「パワーアンプ」、そして、直流電源供給用に「整流」という構成が一般的である。電源はAC100Vだが、内部的には直流電源が内蔵されており、トランスで昇圧した上でDC200Vほどの電圧が作り出されて真空管に供給されていた。このころから、中間周波数には今と同じ455kHzを使うのが一般的で、のちのラジオの礎になっている。

【ハイファイラジオ】 Hi-Fi radio

昭和30年代ごろに流行した、大型スピーカーによる高音質がウリの真空管ラジオ。ラジオとしての基本性能である十分な感度と音量を確保できるようになった真空管ラジオが、付加価値として、大型化・高級化・高音質化を目指したのである。三洋電機（Panasonicグループとして現存）が先駆けと言われている。

特別な高音質化技術を使っているわけではなかったが、一般的にスピーカーが大きいほど音に余裕が出て聞きやすくなることは想像に難くない。高級感のある大型キャビネットと直径20cmを超えるような大型スピーカーは、ようやく豊かな暮らしを獲得しはじめた戦後復興の象徴でもあった。

【トランジスタラジオ】 *transistor radio*

信号の増幅にトランジスタを使用したラジオ。商用電源（AC100V）が必須だった真空管ラジオと異なり、乾電池で駆動できる。

ストレートラジオから再生式、スーパーヘテロダインまで、ラジオに必要な基本技術は真空管時代にほぼ確立されていたため、おおむね真空管をトランジスターに置き換えるだけで済んだ。低周波増幅のみの1石から、高周波増幅を加えた2石、スーパーヘテロダイン方式の4石以上と、一般的に、トランジスタの数を増やすほど性能は上がっていく。

日本では、東京通信工業（現ソニー）が1955年に発売したTR-55がトランジスタラジオの商品化第1号とされる。ちなみに、このTR-55は自社製造のトランジスタを搭載した5石構成で、高周波増幅はなく、「周波数変換局部発振」で1石、「中間周波数増幅」で2石、「低周波増幅（プリアンプ）」で1石、「低周波出力増幅（パワーアンプ）」で1石を使用していた。検波はダイオードで行い、AGC（自動利得制御）を搭載していたという。

TR-55（東京通信工業）

【PLLラジオ】 *Phase Lock Loop radio*

PLL技術を応用し、瞬時に目的の放送局を選局できるようにしたラジオ。基本構造はスーパーヘテロダイン受信機であるが、通常は周波数表示器を持っているのが特徴。局部発振器にPLLシンセサイザ方式を採用している。

一般的に、PLLシンセサイザの制御にはCPUを使用しているため、選局方法は、上／下キーによるもの、10キーからの直接入力によるもの、プリセットボタン（メモリー）によるもの、スキャンによるものなど多彩である。

局部発振器の周波数は極めて安定しているが、希望する放送波を中間周波数に変換した後はほかのアナログ受信機と同等のことが多い。したがって、受信機の性能（受信周波数の安定度や選択度など）は、ほぼ中間周波数以降に依存する。このため、中間周波数以降をDSPラジオにして、PLL＋DSPの構造としているラジオもある。

「PLLシンセサイザ」という言葉が一般に浸透したのは1979年のICF-2001（ソニー）あたりから

こちらは1981年の松下電器・プロシードB30のパンフレット

【PLL】 *Phase Lock Loop*

デジタル技術を応用して、任意の周波数を合成可能にした発振器。位相同期回路とも呼ばれる。VCO（Voltage-Controlled Oscillator、電圧制御発振器）で作り出された周波数をプログラマブル分周器を使って分周し、基準周波数（水晶発振器）と比較。周波数が一致する安定状態を作り出す。この安定状態をロックというが、ロックしていない場合には比較に用いる位相比較器がVCOの制御電圧をコントロールしてロックさせる。この繰り返しがループである。

動作は早いに越したことないが、制御電圧のオーバーシュートに対する修正が早すぎると過剰な修正が繰り返されて発振状態になることがあるので、位相比較器とVCOのあいだにはローパスフィルターが挿入される。

【DSPラジオ】 *Digital Signal Processor radio*

電波を受信して音声を再生するまでのプロセスにDSP技術を応用したラジオ。受信機能のほぼすべてをDSPに集約したものもあれば、一般的なPLLシンセサイザ方式を応用して中間周波受信部のみをDSPとしたものまで、さまざまな仕組みが存在する。DSP内部ではソフトウェア無線（SDR）技術を応用しているため、SDRの一種でもある。

DSPラジオに注目が集まったのは、2010年頃に米国のSilicon Labs社（のちにSKYWORKS社に部門売却）がラジオ用のワンチップDSP（Si47XXシリーズ、写真参照）を発売したことが大きい。驚くのは、ADコンバーター、DSP、DAコンバーターに加えてLNA（高周波増幅に使用）を搭載し、受信系がワンチップ上で完結していたこと。価格も8ドル（当時のレートで648円）程度と驚くべきものであった。ワンチップタイプのラジオ用ICは以前も存在したが、同調回路や各種トランス類が外付けのアナログタイプだったのである。

受信系がワンチップ上で完結しているということは、電波を直接チップの中に入れてやれば音声信号として出てくるということ。必要な部品はアンテナと、受信周波数を電圧として入力するための半固定抵抗、そして電源のみ。I2Cなどのインターフェース経由でコントロールできるチップもある。ADコンバーターを内蔵し、電波をそのままデジタルデータとして取り込んで処理するため、AMやFMなど電波型式に縛られない。FMステレオの復調やRDSのような多重放送の復調にも対応する。

受信性能はチップによって保障され、外付け部品、特に、バリコンなどの高価な機構部品を一掃できるのだ。最初は様子見だった各メーカーもこぞって採用するようになり、今や、アナログ信号処理の市販ラジオを見つける方が難しくなってしまった。そのぐらい、DSPラジオは浸透しているのである。

【SDR】 *Software Defined Radio*

　検波や復調、変調といった無線の基本処理を、従来のアナログハードウェアによらずソフトウェアで行う無線をいう。電波も音声もアナログ信号であるが、ソフトウェアはデジタルしか処理できないため、相互のやりとりには、AD、DAといったコンバーターが必須である。

　しかし、いったんデジタルデータ化してしまえば、あとの処理はすべてソフトウェアによる数学的手法で解決できる。最も一般的なのは、ラジオ……といいたいところであるが、携帯電話（スマートフォン）であり、送受信にSDRの技術が応用されている。

　最近のラジオは、コストメリットからその多くがDSPラジオに置き換わっているが、DSP内部で動いているのは紛れもなくSDRである。

　一方、送信機においてもSDR化が進んでいる。デジタル方式で変調された信号はD級デジタルアンプと組み合わせることによって、合力（複数の送信機を組み合わせて出力を増強すること）すること

なく単体で100kWを出力可能。この場合の効率は90パーセントを超える（アナログ送信機では、60〜70パーセントが限界）という。

　今後、何らかのシステムが追加されて電波型式が変わるような状況でも、ソフトウェアの変更を中心とした柔軟な対応が可能であり、多くのアナログ送信機がSDRを応用したデジタル送信機に置き換わっていくだろう。

SDRが広く知られるきっかけといえばやはりPERSEUS（microtelecom）

【ダイレクトコンバージョン】 *direct conversion*

　受信した電波を直接ベースバンド信号に変換する方式。直接変換方式、ゼロIF方式ともいう。

　例えば、AM波の場合、NHK東京第1放送の594kHzには7kHzまでの音声が乗っているため、実際の周波数成分は587〜601kHzに分布している。この分布がベースバンド信号である。したがって、このベースバンド信号を取り出すためには、同じ594kHzの信号を混合してやればよい。伝播経路による周波数のゆらぎがビートになるため、不要な信号をローパスフィルターで除去するのである。送信時は電波を変調するが、変調波（放送波）から電波を取り除くと変調成

分だけが残ると考えるとわかりやすい。その後、復調を行うのである。

　しかし、スーパーヘテロダインの方が感度や選択度の面で有利であり、ラジオの受信方式としてはほとんど普及しなかった。

　そんなダイレクトコンバージョンであるが、高周波部品を大幅に削減できることや低電力設計が行いやすいことなどから、デジタル通信を中心に広く普及した。携帯電話（スマートフォン）や無線LAN、地上デジタルテレビ放送受信機などで使用されており、なくてはならないものとなっている。

【チューナー（AM/FM）】 *tuner*

オーディオシステムを構成する機器のうち、ラジオ放送の受信に特化したもの。単品チューナーとも呼ばれる。他の機器から独立しているため安定した電源供給が可能で、各種ノイズにも強いとされた。高音質で受信することに特化しており、そのための性能や機能を有しているが、パワーアンプなどは内蔵せず、外部のアンプとスピーカーの使用が必須である。

操作系は、電源（ON/OFF）、受信バンド切り替え、プリセット選局、FM STEREO/MONO切り替え、チューニングダイヤル（ボタン）といったシンプルなもの。機種によっては、受信感度、IFの帯域幅、MPX Filter（ON/OFF）が切り替えられたり、録音用基準トーン信号を出せたりするものもあった。

電源以外の背面端子は、AMアンテナ端子、FMアンテナ端子、音声出力とシンプルなものも多く、受信に特化していたことがわかる。

かつては、ソニーやTechnics（Panasonic）、Pioneer、DENON、YAMAHA、marantz、AIWA、SANSUIといった名だたる国内メーカーがこぞって販売していた。しかし、チューナー機能はそのほとんどがアンプやネットワークレシーバー、CDプレーヤーに内蔵されるなどしており、国内大手で単品チューナーを販売しているメーカーは極めて珍しい。2024年1月現在、高級オーディオ機器メーカーのアキュフェーズが「T-1200」というFMラジオ放送専用チューナーを販売しているが、定価は40万円（税抜き）もする。そのため、かつての名機とされるソニーやPioneerなどの製品が、今なお、中古市場で売買されている。

【周波数直読】 *しゅうはすうちょくどく*

アナログラジオにおいて、周波数ゲージを活用するなどして目的の周波数にダイレクトに合わせ込む機能。また、その合わせ込みが可能な周波数確度をいう。「周波数直読1kHz」といえば、本体機能のみで1kHzまで周波数を合わせ込めるという意味である。

現在のラジオを見ても、周波数ゲージと針を使って1KHz単位で周波数を合わせ込めるとは到底思えないが、スカイセンサーやクーガーといったBCLブーム時代の高級ラジオにはできたのである。

まず、クリスタルマーカーという水晶発振器がついており、たとえば250kHzステップでマーカー信号を出せた。これを使って、ラジオNIKKEIの3.925MHzに合わせ込んでみよう。

最初にメインダイヤルでおおまかに周波数を合わせたあとでマーカーをONにすると、250kHzステップで正確な基準信号が出る。たとえば、4.000MHzが正確にわかるのである。それを受信しながら、いったんスプレッドダイアルを「0」に合わせ、その後、-75kHzに合わせればOKという手順である。

海外放送においては、放送開始の直前に電波が出ていきなり放送が始まるといったことも珍しくないため、待ち受けに重宝された。PLLシンセサイザ方式の台頭でこのような仕組みは姿を消していったが、周波数を合わせ込んで電波をつかまえるという楽しさも、同時に失ってしまったのかもしれない。

スカイセンサー5900のクリスタルマーカースイッチ

【バリアブル・コンデンサー】 *variable condenser*

　静電容量を可変できるコンデンサー。バリコン、可変コンデンサーともいう。

　半円形の極板を重ねて同一軸上に配置し、片方を固定、もう片方を回転できるような構造となっている。軸を回すことで極板が重なる面積が変わるため、静電容量も変化する。多くの製品では、固定極板と可動極板を互い違いに配置して並列に複数組み合わせることで目的の容量となるよう調整している。用途によって、同一軸で複数のバリコンが連動したものがあり、スーパーヘテロダイン方式に使われる2連、2バンド（AM/FM）ラジオに使われる4連などがある。初期の製品にはカバーがなかったが、ポリエチ

レンの容器に入れて耐久性を高めたものが一般化した。これを、ポリバリコンという。

　なお、通常、バリコンはユーザーが日常的に変更するような用途・箇所に使用する。同じ可変コンデンサーでも基板上に取り付けて通常は触れない小型のものは「トリマーコンデンサー」と呼ばれる。

エアバリコン。空気を絶縁体としている

【μ同調方式】 ミューどうちょうほうしき

　同調回路において、並列共振回路のコンデンサー容量を固定とし、コイルの中にあるコアの位置を動かしてチューニングを行う方法。ラジオの外から見えるチューニングダイアルは通常のものと変わらないが、その軸はラック・アンド・ピニオン機能に接続されており、回転運動が直線運動に変換される。その直線運動

を使って、コイルの中にあるコアの位置を動かすのである。

　バリコンを使用する同調方式とμ同調方式とは共振周波数の作り方が違うだけで優劣はないが、コイルの中に挿入されるコアの長さが周波数によって異なるため、バーアンテナとしてはほぼ機能しない。必ず外部にアンテナが必要である。

【トランス】 *transformer*

　電磁誘導を利用し、交流電源の電圧を変換する電子部品。変圧器、変成器とも呼ばれる。電圧の変換のほか、インピーダンス整合、平衡−不平衡の変換、入力と出力との絶縁などの目的で使用される。

　基本構造は、鉄心（コア）に一次コイル（入力側）と二次コイル（出力側）が巻き付けられており、その巻き数（T）の比に応じて電圧を変換する。例えば、一次側が20 Tで二次側が10 Tの場合は20:10=2:1となり、一次側に100Vを入力した場合は二次側に50Vの電圧が発生

する。トランスレスの電源も増える傾向にあるが、トランスを使用した電源はシンプルでノイズに強いため、音響機器を中心に根強く使用されている。

RF用トランス

電源用トランス

【コイル】 coil

　電線（巻線）を螺旋状や渦巻状に巻いたもの。インダクターともいう。コイルの中にはコア（磁心）と呼ばれる磁性体を入れることが多く、これによりインダクタンスを増加させることができる。また、コアにはネジのような作りになっているものもあり、回転させることによってコイルへの出し入れ量を調整してインダクタンスを可変できる。

　ラジオによく使われているものは、局部発振器用（OSCコイル）の赤、中間周波数用（IFTコイル）の黄・検波用の黒である。いずれも内部構造はトランスなのだが、特定の周波数に同調するように設計されており、コイルと呼ばれることも多い。

【ブロック図】 block diagram

　電子機器やプログラミング、その他設計において、機能ごとの配置と相互関係を示した概略図。ブロックダイアグラム、ブロック線図ともいう。回路図と違って記号や書き方が明確に定義されているわけではないが、一般的には四角い枠の中に機能の内容を書き、上から下へ、左から右へ機能や信号が流れるよう記載して線でつないでいく。入出力はマル（○）や矢印で、分岐は接触のない交差と間違えないよう点（・）で明確にする。放送の現場でブロック図を書く機会が多いのは、中継放送を行うときである。特に、イベントでPAが絡むときなどは、どの音をもらってどの音を渡すのか、明確にしておかないと事故のもとである。

【再生方式】 さいせいほうしき

　ラジオなどの受信回路において、信号の一部を正帰還させてハウリングに近い状態を作り出し、感度や選択度を高めることをいう。簡単な回路で優れた性能が得られたため、初期のAMラジオでは広く使用された。しかし、意図的にハウリングに近い状態を作り出すため、帰還する信号を増やし過ぎると発振してビートが出てしまうし、少な過ぎると効果がほとんど出ない。受信する電波の強さが変わると再生のかかり具合も変わるため、放送局を変えるたびに再生ダイヤルを調整する必要がある。また、適切に調整されていても回路による信号のひずみが蓄積することやダイナミックレンジが制限されて高音質は望めなかった。

【マルチパス】 multi path

　FM波の受信時に発生する、不快なノイズをいう。ザラザラという音が特徴。多重波伝播ともいう。

　放送局の電波が直接波や反射波、回折波など複数の経路を通って到達するとき、FM波では、通常もっとも強いものを受信する。しかし、複数の経路を通った電波がきっ抗していると、順位の入れ替わりが生じて受信する波が切り替わってしまう。この時、それぞれの電波に経路による時間差が生じると、切り替わりによる波形のズレが生じ、ノイズとなって顕在化する。

　対策としては、指向性の強いアンテナを使う方法、マルチパス除去機能のあるチューナーを使用する方法などがある。

【スーパーヘテロダイン方式】 *super heterodyne*

受信した電波をいったん中間周波数（IF）に変換してから受信する方式。コイルとコンデンサーの並列共振による従来型の選局方式では、その特性から、周波数の高低によって選択度が変化するという問題があった。その問題を解消するために作られたのがスーパーヘテロダイン方式である。

スーパーヘテロダイン方式では中間周波数に合わせて受信性能を高めれば良く、また、中間周波数は目的の周波数よりも低いため信号の取り扱いが容易になる。中間周波数としてはAMラジオでは455kHzが、FMラジオでは10.7MHzが使用されることが多い。

周波数変換であるが、例えば、594kHz（NHK東京第1放送）を受信する場合、局部発振器で1049kHzを発振させる。これらを混合器で混合すると、1049kHz-594kHz=455kHz と1049kHz+594kHz=1643kHzの2波に変換される。変換後の受信部にはフィルターが入っており、455kHzのみを選択して受信する。クリスタルフィルターやセラミックフィルターのような周波数固定型のフィルターを使用できるのも大きなメリットである。さらに、中間周波増幅と検波、低周波増幅器を経て音声が再生される。

スーパーヘテロダイン方式を発展させ、イメージ妨害に対する耐性を向上させるなどの目的で周波数変換を2回行う方式を「ダブルスーパーヘテロダイン」などといい、通信型受信機で使用される。

【同期検波】 どうきけんぱ

AM放送などにおいて、希望する放送局と同じ周波数、同じ位相の搬送波を受信機内部で作り出して検波を行う方法。位相検波ともいう。

周波数選択性フェージングが発生すると、放送波が持つ帯域のうち一部が弱くなったり強くなったりすることがある。AM波は下側側波帯（LSB）、搬送波、上側側波帯（USB）で構成されているが、このうち、搬送波が減衰すると過変調状態が生じてしまう。遠距離受信において、単に電波の強弱が変化するだけでなく、波がはじけるように音割れすることがあるのはこのためである。同期検波であれば、このような場合であっても搬送波を受信機内部で作り出すため、過変調状態が起こりにくい。

一方、電離層の影響などによって反射位置が変わると希望波の周波数が安定せず変動することがあり、このようなケースでは同期の維持が難しくなったり、受信音の音程がズレたりすることがある。受信機側で周波数が維持できない場合も同様である。

信号処理の過程でLSB、または、USBのどちらか一方を取り出せることから、隣接妨害を受けている場合にその影響を効果的に抑えられる。あくまで副次的なものであるが、それを目的に使用しているケースも多い。

ソニー・ICF-SW7600GRの同期検波機能

【周波数弁別器】 しゅうはすうべんべつき

FMラジオ放送波の復調に用いられる検波器。周波数の変化を振幅の変化に置き換えることで信号を復調する。ディスクリミネーター（Discriminator）とも呼ばれる。主な方式には、フォスター・シーレー回路とレシオ検波回路がある。フォスター・シーレー回路とは、希望する信号を少しだけ中心周波数をずらした共振回路に入力すると、その周波数変化に応じて出力の位相が変化する。これを入力と比較することで正負の振幅信号を得るというもの。レシオ検波回路は、フォスター・シーレー回路を改良したもので、出力段に振幅制限機能を持たせたもの。マルチパスのような振幅変化の早い雑音除去に効果的とされる。

【包絡線検波】 ほうらくせんけんば

AM波において、振幅変調の包絡線（≒輪郭）を取り出すことによって検波を行う方法。ダイオード検波とも呼ばれる。鉱石ラジオで使用された。

電波は一種の交流信号であるため、波形を観測すると、+方向と-方向の信号が平衡状態にある。そこでダイオード（および抵抗とコンデンサー）を使って、+方向だけ、または-方向だけの信号を取り出すと、包絡線に近い波形となる。ダイオード自体が非線形の特性を持っていることから小さい信号に対する感度が悪く、十分な感度を得るのが難しい。また電圧を出力する回路となるため、インピーダンスの高いクリスタルイヤホンなどでないと十分な音量を得られない。

【相互変調】 そうごへんちょう

増幅回路に対して複数の異なる電波が入力されたとき、非線形ひずみによって生じるスプリアス信号（妨害波）をいう。IMとも呼ばれる。英語では「intermodulation」。スーパーヘテロダインの周波数変換と似ているが、相互変調の場合は、受信周波数帯域内で発生する意図しない妨害波となってあらわれる。たとえば、f1とf2というふたつの電波があったとすると、2f1や2f2、f1+f2、f2-f1といった妨害波が表れる。これを2次相互変調という。また、それらが影響し合うと2f1-f2や2f2-f1といった妨害波が表れる。これを3次相互変調という。なお、妨害波ではないが、相互変調のきっかけという意味で、f1とf2は1次相互変調と呼ばれる。

ワイヤレスマイクや無線のチャンネルなど、等間隔で周波数が割り当てられているときに影響を受けやすい。

【バンド】 band

周波数における幅をいう。周波数帯とも呼ばれる。ラジオの機能として「BAND」、もしくは、「バンド切り替え」という場合は、AM/FMラジオ放送の切り替え操作を意味する。放送バンドとしては、AMラジオ放送のバンド幅は526.5〜1606.5kHzの1080kHzであり、FMラジオ放送のバンド幅は76.1〜94.9MHzの18.8MHzである。そのほか、短波帯には、ITU（国際電気通信連合）によって14のバンドが定められている（【メーターバンド】参照）。

【ローパスフィルタ】 *low-pass filter*

特定の周波数よりも低い周波数を通過させるフィルター。LPF、ハイカットフィルターとも呼ばれる。通過帯域に対して電力が半分（-3dB）になるポイントを遮断周波数（カットオフ周波数）という。

最もシンプルなものはRC回路（抵抗、コンデンサー）として構成される。遮断周波数を超える信号をコンデンサーに逃がすイメージだが、遮断周波数は可聴帯域や電波に限らない。1Hzのローパスフィルターを使用すると、1秒未満の信号変化は吸収されてしまう。つまり、過剰に細かく反応する信号を穏やかに変換できる。AGCの時定数を調整したり、センサーから出る細かすぎる信号を安定させるなど、様々な場面で応用されている。

【バンドパスフィルター】 *band-pass filter*

特定の帯域幅を通過させるフィルター。帯域通過フィルター、BPFとも呼ばれる。帯域の境界は、ある周波数から突然通過しなくなるわけではなくカーブを持つ。このため中心周波数に対して電力が半分（-3dB）になるポイントを遮断周波数（カットオフ周波数）といい、下側遮断周波数から上側遮断周波数までを通過帯域幅という。

一般的には、ハイパスフィルターとローパスフィルターを組み合わせて構成する。例えば、1MHz以上を通すハイパスフィルターと2MHz以下を通すローパスフィルターを組み合わせれば、1～2MHzを通過させるバンドパスフィルターが構成できる。

【ノッチフィルター】 *notch filter*

特定の帯域幅を遮断するフィルター。バンドストップフィルター、帯域除去フィルターとも呼ばれる。帯域の境界は、ある周波数から突然遮断しなくなるわけではなくカーブを持つ。このため、フィルターの遮断を受けない外側の周波数に対して電力が半分（-3dB）になるポイントを遮断周波数（カットオフ周波数）といい、下側遮断周波数から上側遮断周波数までを阻止帯域幅という。

ノッチフィルターは、通信型受信機に受信補助機能として搭載される。音色をほとんど変化させることなく特定の周波数の音声信号を遮断できるため、ビート妨害を効果的に取り除くことが可能である。ハウリング防止装置にも応用される。

【デジタルノイズフィルター】 *digital noise filter*

ソフトウェア上において、数学的手法を使って作成されたフィルター。

アナログフィルターでは、互いのインピーダンスが問題となって十分な特性が得られなかったり、信号レベルが落ちたり、何らかの干渉が発生する。しかし、ソフトウェアでは完全にアイソレーションを取った状態で次のプログラムに信号（データ）を渡せるため、個々のフィルターや回路を完全に独立した理想状態で稼働できる。アナログ回路で作成できるフィルターはすべて再現可能であり、また、あらかじめノイズを記憶させておいてパターンマッチングの手法で取り除くなど、アナログでは再現できないフィルターも可能である。

【バーアンテナ】 *loop stick antenna／ferrite rod antenna*

フェライトなど、透磁率の高い棒状のコアに導線を巻いて作ったコイル状のアンテナ。長波～短波帯で使用される。日本語ではバーアンテナと呼ぶがそのような英語はなく、ループスティックアンテナ（Loopstick Antenna）、フェライトロッドアンテナ（Ferrite Rod Antenna）と呼ばれている。

通常のアンテナは電界を電気信号に変換するが、バーアンテナでは、コアが集めた磁界（磁場エネルギー）を巻線（コイル）で電気信号に変換する。8の字特性の指向性を持っており、コアの中を磁界が通過する方向（コアに対して垂直）で最大の感度を発揮する。

【ジャイロアンテナ】 *gyro antenna*

本体を回転させることなく、バーアンテナのみを回転可能としたもの。アンテナそのものは、通常のバーアンテナである。日本が空前のBCLブームだった頃、1973年12月に松下電器から発売されたRF-877（クーガーNo.7）に初搭載された。番号順ではRF-855（クーガNo.6）の方が早く見えるが、こちらは1974年9月発売。数ヶ月遅れであった。

本体を回転させなくてもAM用バーアンテナを最適な方向に向けられるため利便性も高かったが、そのイケているルックスとジャイロアンテナを回すときにカチカチ音がするギミックがたまらなかったのである。

どうしてもジャイロアンテナのラジオが欲しいという場合は、2024年1月現在、すでに流通在庫のみではあるが、パナソニックのRF-DR100に搭載されている。あとは、中古を探すしかない。

クーガ2200のジャイロアンテナ

クーガNo.7はポップアップ機構を採用

【ロッドアンテナ】 *rod antenna*

サイズの異なる筒状の金属を組み合わせ、伸縮可能にした棒状のアンテナ。短波やFM放送用のアンテナとして使用される。ホイップアンテナの一種であり、機器本体が接地の役割を果たす。また、短波からFM波まで同じような長さのアンテナを使用するうえ、水平偏波が基本のFM波にあっても偏波面が意識されない（使用者側の問題でもある）など、実用感度は高くない。

2～8段程度までのバリエーションがあり、縮めるとコンパクトに収納できるため短波／FMラジオのスタンダードになっている。

【ループアンテナ】 *roop antenna*

導線を巻いて作ったループ状のアンテナ。長波～短波帯で使用される。ループの中は空芯となっており、プラスチックや木などの絶縁物で作った枠に巻かれている。

通常のアンテナは電界を電気信号に変換するが、ループアンテナでは、ループを通過する磁界（磁場エネルギー）を巻線で電気信号に変換する。電界と違って波長に依存しないため、導線の長さでは性能がはかれない。ただし、面積が広いほど多くの磁界がループの中を通過する（感度が上がる）し、巻き数が多いほど誘導起電力は高くなる。

導線が直接巻いているだけのもの、コンデンサーを使って共振回路を構成しているもの、プリアンプを内蔵しているもの、ラジオのバーアンテナと電気的に結合させられるものなど、いくつかの種類がある。共振回路を構成しているものは共振周波数において感度が最大となるため、ループのインダクタンスを計算してコンデンサーとうまく共振するように巻き数を調整する必要がある。

8の字特性の指向性を持っており、ループの中を磁界が通過する方向（ループ面に対して垂直）で最大の感度を発揮する。

ミズホ通信のUZ-8DX。ループ部分は一定方向に巻いていく必要があるため、このような形となる

【ディスコーン・アンテナ】 *discone antenna*

上部の円盤（Disc）と下部の円すい（Cone）で構成されるアンテナ。同じ円すいをふたつ組み合わせたバイコニカル・アンテナの変形版であり、上下に配置された円すいのうち、上側の開き角を90度に設定したものと考えられる。バイコニカルアンテナと同様、入力インピーダンスが周波数ではなく開き角に依存するため広帯域をカバーする。指向特性は垂直に配置したダイポールと近い垂直偏波である。

本来は、完全な円盤と円すいが理想だが、重さや耐風圧などを考慮して、性能が維持できる範囲の本数で、棒状の導体を使って構成されている。

【バーチカルアンテナ】 *vertical antenna*

主に短波帯～VHF帯で使用する垂直アンテナ。一般的なエレメント長は$1/4\lambda$で、接地が必要。ホイップアンテナと似ているが、$1/4\lambda$のまま動作するホイップアンテナと違って、接地を取ることによって、大地とのあいだで$1/2\lambda$のダイポールアンテナとして機能する。

エレメントの途中にトラップコイルを入れて複数の周波数に同調させたり、ローディングコイルやアンテナチューナーを使用してインピーダンス整合を取ることで使用可能な周波数範囲を広げたりすることが可能である。

【八木・宇田アンテナ】 やぎ・うだアンテナ

アレイアンテナの一種であり、複数のエレメント（素子）を規則的に並べることで希望する指向特性を得る。宇田新太郎と八木秀次が共同で開発した。FMラジオ放送や地上デジタルテレビ放送の受信など、主にVHF帯～UHF帯で使用される。

エレメントは、ダイポールアンテナ（または折り返しダイポールアンテナ）を輻射器としており、その前に導波器、一番後ろに反射器を配置した構造となっている。ダイポールアンテナは平衡アンテナの一種であるため、同軸ケーブルを接続する際にはバラン（平衡－不平衡変換器）の使用が望ましい。省略される場合もあるが、市販品の多くはアンテナの給電部に内蔵されている。

指向性は、導波器の数が増えるほど鋭くなっていく。最もシンプルな八木・宇田アンテナは3エレメントであるが、小型化が可能なUHF用アンテナでは30素子程度のものも珍しくない。より利得が必要な場合は、八木・宇田アンテナをパラレル（水平）やスタック（垂直）として複数使用することで指向特性を向上させることが可能である。

一方、八木・宇田アンテナを拡張したアンテナで、X状の導波器を使用した「パラスタックアンテナ」というものも存在する。パラレル2基、スタック2基の合計4基を組んだものと同等の性能を1基で実現できる。

八木アンテナ株式会社（現・株式会社日立国際八木ソリューションズ）の創業者は八木秀次である。

5素子のFM受信用アンテナ。最近は90MHz帯のワイドFM対応機種が発売されている

【ダイポールアンテナ】 dipole antenna

給電部を中心に、2本の同じ長さの導体を対照的に配置したアンテナ。1本のエレメントの長さは、希望する周波数の1/4λが基本で、全長で1/2λとなる。これを半波長ダイポールという。アイソトロピックアンテナと並んで各種測定の基本となるアンテナであり、理論上の利得は2.14dBiである。

ダイポールアンテナは平衡アンテナの一種であるため、同軸ケーブルを接続する際にはバラン（平衡－不平衡変換器）の使用が望ましい。省略される場合もあるが、通常はアンテナの給電部にバランを配置する。8の字特性の指向性を持っており、エレメントと直角方向で最大の感度を発揮する。

コメットのV型ダイポールアンテナ

【アース】 *earth*

　アースは直訳すると地球だが、まさに、大地への接続を意味する。接地、GNDともいう。

　AC100Vのコンセントをよく観察すると、差し込み口には長い方と短い方があるのがわかる。長い方を「N＝接地側(ニュートラル、または、コールド)」といい、短い方を「L＝非接地側(ライブ、または、ホット)」という。これとは別にアース端子がついている場合もあるが、接地側端子もアース端子も大地に接続されている。

　これは、何らかの事故によって変圧器から異常な高電圧が混入してきても、その電圧を大地に逃がすことで被害を防ぐためである。また、漏電による感電や火災を防止する役割もある。この接地をD種接地(AC100/200Vの場合)といい、商用電源を使用する際には工事が義務づけられている。

　一方、バーチカルアンテナなどの接地型アンテナは、大地をアンテナの一部として利用する。正しい接地が行われない場合は、大地内に電気的に生じるエレメントがうまく機能せず、感度の低下や特性の悪化が発生する。

【シールド】 *shield*

　電気的、または、物理的な影響から対象物を守ったり、あるいは、対象物が周囲に与える影響を防いだりするためのカバーをいう。

　もっとも一般的なものはシールドケーブルで、周囲の網線によって芯線に対する電気的ノイズの影響を軽減している。高周波を扱うケーブルの場合は、網線だけでなくアルミ箔を巻くことによってノイズの混入や電波の漏えいを防いでいる。電気的なシールドを最大限有効にするためには、接地することが望ましい。

　パソコンなどの電子機器では、ノイズが他に与える影響が少なくない。そのため、必要に応じて、ノイズを外に漏らさないためのシールドが施される。

【同軸ケーブル】 どうじくケーブル

　電気通信に使われる被覆電線の一種。断面は、芯線(内部導体)を中心に、絶縁体や外部導体、被覆などが同心円状に配置された構造となっている。外部導体が電磁シールドの役割を果たすため、外部からの電磁波による影響を受けにくい。

　一般的には、高周波用途に使う、特性インピーダンスを持っているものを同軸ケーブルといい、無線機などでは50オームが、ラジオやテレビといった受信用途では75オームが使われる。一方、低周波用途で使う特性インピーダンスを持っていないものは、シールド線と呼んで区別される。

【コネクタ】 connector

電線と電線、または、電気製品と電線とを接続するための部品。端子、または、ポートと呼ばれることもある。接点とハウジング（外装）からなり、そのかみ合わせによって接続性を維持する仕組みを持つ。かみ合わせの形状やメーカーの宣言により、オスとメスに分けてそれぞれを明確にしている。

一般的なところでは、コンセントとプラグ、ヘッドホンジャックとヘッドホンプラグ、LANポートとモジュラープラグ（RJ45）などもコネクタの一種である。コネクタによって、配線の接続や取り外しが容易になるほか、接続対象ごとに色や形状を変えるなど誤接続による事故を防止する役割も果たしているのである。

【SN比】 エスエヌひ

信号対雑音比。SNR、または、S/Nともいう。単位はdB。文字どおり、希望する信号の電力を雑音の電力で割ったものであり、主に、音声信号の質を示すひとつの指標として使われる。SN比が高ければ高いほど雑音の影響が少なく、高品位の再生や伝送が行われていることになる。

一方、デジタル通信では、アナログのような緩やかな劣化は起きず、通信品質の低下はデータの欠落として顕在化する。そのため、データの欠落が発生する前段階における搬送波と雑音との関係が重要。このため「搬送波対雑音比（CN比、Carrier to Noise Ratio）」が使われる。CNR、または、C/Nともいう。こちらも搬送波の電力を雑音の電力で割ったもの。

【DU比】 ディーユーひ

希望波対妨害波比。D/Uともいう。単位はdBを使う。

文字どおり、希望波の電力を妨害波の電力で割ったものであり、主に、無線分野における受信状況の質を示すひとつの指標として使われる。

放送局の周波数割り当てにおいては、各局の放送波が互いに干渉しないよう検討がなされているが、そのための判断基準にDU比が使われている。これを、「混信保護比」といい、電波法関係審査基準（平成13年1月6日総務省訓令第67号）によって許容値が定められている。

【空電雑音】 くうでんざつおん

雷の放電によって発生する雑音。「ガリガリッ」というパルス性の音となって受信される。単に「空電」ともいう。雷の放電では何万アンペアという電流が空気中に流れるため、強い熱と光を含む電磁波が発生する。雷は直流放電によるエネルギーショックであり、発生する電磁波も特定の周波数を持たない。このため、空電の周波数スペクトラムは広範囲に及び、理論上はDC〜∞である。これがラジオに到達して、独特の雑音を発生させるのだ。中波ラジオで経験することが多い理由は、振幅変調の方が雑音の影響を受けやすいこと、周波数が低いほど雷による電磁波による電波としての性質（影響）が強くなることが考えられる。

【NSBクリスタル】 エヌエスビークリスタル

　対応するラジオに接続することによって、ラジオたんぱ（現・ラジオNIKKEI）の受信を手助けする機能拡張ユニット。第1放送用と第2放送用があり、いずれかを接続して使用する。内部的には、放送が行われている3/6/9MHz帯用に水晶振動子3枚を直列、あるいは、並列に接続した状態になっている。これを対応ラジオに接続してチューニングダイヤルを操作すると、局部発振器がラジオたんぱの各放送波に対応した周波数に収束し、吸い寄せられるように同調できる。

　NSBクリスタルを装着していると他局にチューニングしづらい状況になるため、OFFできる機能を搭載したラジオもあったという。

【受信プリアンプ】 じゅしんプリアンプ

　外付けタイプの高周波増幅器。ブースターの一種である。英語でReception Preamplifier。外部アンテナとラジオとのあいだに接続して使用する。一般的に、LNA（Low Noise Amplifier）と入出力のマッチング回路から構成されており、20dB程度の利得を得られるようになっている。それ以上の利得も可能だが、アンテナとラジオとが近いと発振や回り込みの原因となる可能性があるため、ほどほどが扱いやすい。利得を可変できるものもある。可能なかぎりアンテナ直近に挿入するのが、よい結果を得るポイントである。さまざまなメーカーから発売されており、インターネット通販サイトで容易に入手可能である。

【プリセレクター】 pre-selector

　一種のバンドパスフィルターで、希望する周波数に調整することで目的の放送波を浮かび上がらせる働きがある。主に、長波〜VHFの受信で使用する。

　多くの放送局がひしめき合う状況では、目的外の周波数の電波によって高周波増幅段が飽和したり、感度抑圧が発生したりする可能性がある。そこで、希望する帯域以外の電波を抑えてあげることによって本来の性能を引き出すものである。プリアンプを内蔵した製品も珍しくない。

　二次的な作用として、同調回路の働きによってアンテナとラジオとのインピーダンスが整合され、受信効率の最大化が期待できる。

【アンテナカップラ】 antenna coupler

　アンテナとラジオとのインピーダンス整合を取ることによって、受信効率を最大化する装置。アンテナチューナーの一種である。主に、長波〜VHFの受信で使用する。

　アンテナと受信機とのあいだに接続して使用する。製品にもよるが、まず、希望するバンドを選択し、アンテナ側と受信機側とにそれぞれ用意されたチューニングダイヤルを回してインピーダンスを可変させながら最良点を探る。

　プリセレクターと違い、ほとんどの製品がアンプを内蔵しないパッシブ設計である。

【電離層】 でんりそう

地表からの距離によって、大気はその性質が変化する。いくつかの層に分けられるが、地上60〜800kmは電離層と呼ばれる。電離層では、太陽光（紫外線など）の影響によりイオン化（電離）された大気（窒素や酸素など）の原子・分子が電子密度の高い荷電粒子となっている。電離層は、下からD層、E層、F層に分けられ、太陽に近づくほど紫外線が強まるため、上に行くほど電子密度が高くなる。

ラジオの電波はこの電離層の影響を受け、「遠くに電波が届く」「夜間のみ聴こえる」といった変化を引き起こす（詳しくは【電離層伝播】参照）。一般的に、周波数が低いほど電離層の影響を受けやすいとされる。

重力の影響から、D層＞E層＞F層と上にいくほど粒子が細かくなり、荷電粒子の密度も高く（編み目が細かく）なる。一方、電波は、中波（AM放送）＞短波＞超短波（FM放送）と周波数が高くなるほど波長が短くなっていく。これらのバランスによって、ある周波数の電波は電離層で反射され、ある周波数の電波は通過するといったことが起きる。

具体的には、超短波は波長が短いためもっとも細かい粒子で構成されたF層をも突き抜けてしまう。一方、短波はD層E層の編み目はすり抜けるものの、F層で反射される。中波はE層で反射されるが、日中はD層があるためそこで減衰されてしまい、E層まで到達できない。一方、太陽の影響が小さい夜間になるとD層が消滅してE層まで到達して反射される。このため、夜間はAMラジオの遠距離受信が可能になるのである。

【電離層伝播】 でんりそうでんぱ

電離層による反射によって電波が届くこと。「伝搬」と記されることもある。短波の場合、例えば日本からアフリカの電波を受信することも可能だが、やはり電波状況や受信機材によって難易度は高い。中波でも機材に注力すれば北米の局が受信可能で、空と大地をダイナミックに反射してくる電波の不思議を感じることができる。

電離層の状況は太陽活動によって左右されるため、短波の国際放送などは季節によって周波数が変更される。また太陽の活動自体も一定の周期で変化しているので、電波の伝わり方は刻一刻と複雑に変わってくるのだ。

【地表波】 ちひょうは

グランドウェーブ、大地回折波とも言われる、長波、中波特有の伝わり方。文字通り地表を伝わってくる電波のこと。FMに代表される見通し距離に届く直接波とは違い、大地を回折しながら伝わる。地球は円いため直接波は地平線の向こうには届かないが、地表波は這うように伝わっていく。

もちろん出力によって伝わる距離も異なるが、中波の100kWだと地表波伝播でおよそ200kmも届くと言われる。

地表波として伝わると山や建物など障害物によって減衰されることがあるが、海上であれば障害物がない分、より遠くまで届くため、紀伊半島では昼でも九州南部の中波局が綺麗に入感する。

【回折】 かいせつ

電波は直進する性質を持つが、障害物がある場合、それを回り込んで届く現象を指す。周波数が低いと回折する傾向にあるが、山岳によって山の裏側に届く「山岳回折」はFM放送波でも見られる現象である。

また回折波、反射波（建物などに当たって反射する場合も）は直接波とは時間のズレが生じるため、フェージングを起こすことがある。複数の経路から電波が届く状態を「マルチパス」と呼ぶ（【フェージング】参照）。

【Eスポ】 Sporadic E layer

スポラディックE層の略。スポラディックとは「散発的な」という意味で、5月頃から夏にかけて局地的、突発的に発生する電離層のこと。上空100km付近、E層に発生、通常のE層とは違って電子密度が極端に高く、普段はF層でも突き抜けてしまうVHF帯の電波も反射、突然遠くまで飛んでしまう異常伝播現象を引き起こす。

これを利用して遠方の人と通信するアマチュア無線家も多いが（50MHz帯等）、ラジオの世界ではFMの遠距離受信を狙い、普段は絶対に受信できない局のベリカードを集めるリスナーも見られる。なお、Eスポで反射された電波は500〜2000km先に届くと言われ、それより近距離は不感地帯となる（スキップゾーンと呼ばれる）。特に北海道はEスポ受信の聖地とされ、旅行ついでに遠距離FM局を狙う人も多い。県域局はもちろん、条件がそろえばコミュニティFM局もクリアに聞こえる。

Eスポの発生はNiCT（情報通信研究機構）のホームページから確認できる。

【フェージング】 fading

電波が障害物に反射、回折して、さまざまな経路（＝マルチパス）から時間差で届くことにより、電波が互いに干渉し、レベルが安定しなくなる状態のこと。例えばAMラジオの遠距離受信では電離層、地表波、障害物を回折して届い

た電波などが届き、まさに押しては返す波のように強弱を繰り返す。「fading」は英語で「徐々に色あせる」という意味の形容詞だが、徐々に音が小さくなり、かと思えば急に大きくなったりと安定せず長時間は聴いていられない。

【デリンジャー現象】 Dellinger Effect

電離層に何らかの異常が発生して通信障害が発生すること。主に、短波帯の通信が不能となる。多くの場合は太陽フレアが原因とされ、電離層のうち、特にD層において荷電粒子の密度が上昇する。これは、太陽フレアに含まれている紫外線やX線の影響と考えられている。

通常、短波帯はE層で反射されること

によって遠距離まで伝播するが、デリンジャー現象の発生時はD層で吸収されてしまう。このため、E層に到達できないか、または、到達しても反射波が地表に戻ってくる前にD層で吸収されてしまう。長くても数時間程度で収まるが、まれに、数日間にわたって影響が残る場合もある。

【SINPOコード】 シンポコード

受信報告書を放送局に送る際に、どの程度の状態で受信できたかを表すコード。SはSIGNAL＝信号の強さ、IはInterference＝混信、NはNoise＝雑音、PはPropagation Disturbance＝伝播障害、OはOverall Rating＝総合評価で、それぞれ5段階で評価を行う。

5段階はたとえばSの場合、極めて強い＞強い＞中くらい＞弱い＞かろうじて聞こえるとなるが、「強い」と「中くらい」の違いは人それぞれの感覚なので、絶対評価ではなく、あくまで相対的な評価となる。

ただ、総合評価に関しては、SINPの4項目のうち一番低い評価に合わせるというルールがあり（あくまで原則）、極端な例でいえばフェージングが非常に強ければほかがそこそこよくても「44411」という評価となる。

SINPOで評価をしたことがない人は慣れないだろうが、地元放送局の受信状態「55555」とし、そこからどこがどの程度劣っているかをマイナスしていくやり方をオススメする。

● SINPOコード

	S（信号強度）	I（混信）	N（雑音）	P（伝播障害）	O（総合評価）
5	極めて強い	なし	なし	なし	極めてよい
4	強い	少しある	少しある	少しある	よい
3	中くらい	中くらい	中くらい	中くらい	中くらい
2	弱い	強い	強い	強い	悪い
1	かろうじて聞こえる	非常に強い	非常に強い	非常に強い	聴取不可

【受信報告書】 じゅしんほうこくしょ

リスナーが放送局に送る受信レポート。どこでどの番組をどのような状態で受信できたかを記すことで、放送局側も自局の電波がどのように飛んでいるのか、エリア内に安定して放送が届いているか、はたまたエリア外では他局と混信していないかなどを把握できるメリットがある。そのため編成部などではなく、技術部宛に送ることが多い。放送局側はその御礼として「あなたは確かにうちの電波を受信しましたよ」という受信確認証（ベリカード）を発行してくれる。

とはいえ放送開始から相当歳月が経った放送局がほとんどで、データは十分にそろっており、リスナーサービスとして行われている感もあるが、例えばAMラジオ局でFM補完中継局が導入された際などは貴重なデータであったと推測される。今後のFM転換の際にはもしかしたら重宝されるかもしれない。

何を書けばよいのかは下図を見ていただきたいが、本当にその放送局の電波かどうかの確度を上げる必要がある。おおむね30分以上、具体的にどのような内容が聞こえたのか、できればジングルや放送局名・地名の入ったニュース、CMの内容などを記すのがベストだろう。

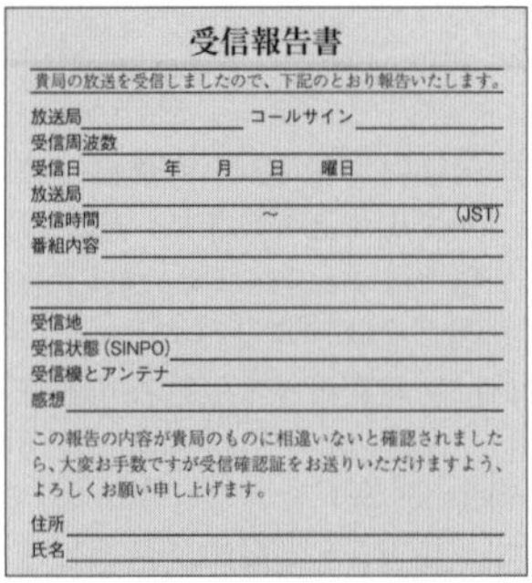

受信報告書

貴局の放送を受信しましたので、下記のとおり報告いたします。

放送局＿＿＿＿＿＿＿＿　コールサイン＿＿＿＿＿＿
受信周波数＿＿＿＿＿＿＿＿＿＿＿＿＿＿＿＿＿＿＿＿
受信日＿＿＿＿年＿＿月＿＿日＿＿曜日
放送局＿＿＿＿＿＿＿＿＿＿＿＿＿＿＿＿＿＿＿＿＿＿
受信時間＿＿＿＿＿＿＿＿＿～＿＿＿＿＿＿＿（JST）
番組内容＿＿＿＿＿＿＿＿＿＿＿＿＿＿＿＿＿＿＿＿＿
＿＿＿＿＿＿＿＿＿＿＿＿＿＿＿＿＿＿＿＿＿＿＿＿＿
受信地＿＿＿＿＿＿＿＿＿＿＿＿＿＿＿＿＿＿＿＿＿＿
受信状態(SINPO)＿＿＿＿＿＿＿＿＿＿＿＿＿＿＿＿
受信機とアンテナ＿＿＿＿＿＿＿＿＿＿＿＿＿＿＿＿＿
感想＿＿＿＿＿＿＿＿＿＿＿＿＿＿＿＿＿＿＿＿＿＿＿

この報告の内容が貴局のものに相違ないと確認されましたら、大変お手数ですが受信確認証をお送りいただけましたら、よろしくお願い申し上げます。

住所＿＿＿＿＿＿＿＿＿＿＿＿＿＿＿＿＿＿＿＿＿＿＿
氏名＿＿＿＿＿＿＿＿＿＿＿＿＿＿＿＿＿＿＿＿＿＿＿

【ベリカード】 *verification card*

放送局が発行する受信確認証。確認という意味の「Verification」が略されている。

郵便ハガキの形状で、通常、宛名が書かれている面に「下記のとおり受信されたことを確認します」といった文言と、受信年月日、受信時刻、受信周波数、受信場所等が記されている（省略されることあり）。本来ならこちらがメインであるが、裏面の絵柄に各局の個性が現れる。BBCならビッグベンなどイギリスの有名な風景、ラジオ・オーストラリアならISでも知られたワライカワセミやカンガルー、コアラなどその国を表すもののほか、局舎の全景やロゴ、オリジナルキャラクターなどが定番の絵柄である。

昨今、経費削減のためか、絵柄変更の頻度は減っている傾向にあり、さらには

ベリカード発行を取りやめている県域局も多い。また、一部のコミュニティ局や海外の放送局では、ベリカードを作っていなくても、受信報告書に関しては「ベリレター」として確認証を発行してくれるところもある。

ちなみに若い局員に「ベリカード」と言ってもそれが何なのか理解されないことが多く、単なる絵葉書だと認識されていることも珍しくない。

【ナンバー1ベリカード】 *NO.1 verification card*

その放送局が最初に発行した受信確認証のこと。新しく開局した放送局は、発行するベリカードはある段階までナンバリングしているが、やはり第1号はすべてのベリカードコレクターが狙っているもの。

コミュニティFM局の開局ラッシュとなった1998年以降、特にその争いが激

化した。いつ試験放送が出されるかをチェックし、受信できたらすぐに受信報告書を作成。できればその放送局を管轄とする大規模な郵便局に直接手紙を持ち込んで、あとは担当者が手紙の束の上から選ぶか下から選ぶかの運次第。そこを切り抜けようやく勝ち取れる貴重なベリカードなのだ。

【ベリレター】 *verification letter*

封書で届く受信確認証のこと。ベリカードは「絵はがき」状の受信確認証であるが、これを作成するには印刷代などのコストがかかってしまう上、絵柄をデザインしなければならないというハードルもある。予算も人材も余裕のある大手局は問題ないが、少人数で運営する放送局ではベリカードを発行したくても対応できないのだ。ただ、返信用の切手を同封

し受信報告書を送ってきたリスナーに対しては、「確かに○○FMを受信されたことを証明します」という文面の「ベリレター」という形で対応してくれるケースも多い。特にコミュニティFMでは「ベリレターなら対応する」という場合も多いので、新規開局などベリカード発行の有無が不明な場合は、封書用の切手を同封しておけば返ってくる可能性が高い。

【BCL】 *BroadCast Listening*

　海外のラジオを受信する趣味のこと、もしくは受信する人（この場合Listener）。特に短波ラジオに限定する場合は「SWL」（shortwave listening）と言われることもある。ブームとなった1970年、80年は国家の威信を対外的にアピールする手段として短波による国際放送が盛んに行われていた時代。その一方でキリスト教

を中心とした「布教」の意味での宗教放送などもあり、BCLはまさに異文化に触れる希少な手段であった。ここにベリカード集めや、魅力的な受信機の発売ラッシュが加わりまさにブームとなったわけだが、移動手段や通信が発達するにつれ、徐々にBCLを楽しむ人口は減っていくこととなる。

【放送休止】 ほうそうきゅうし

　文字通り放送を休むことだが、事故等による停波は別にして、放送機器のメンテナンスを行うための計画的なものや、経費削減のための休止など事情はさまざま。フィラー（音楽）や正弦波トーン、無変調でも局名アナウンスが流れる場合もある。

　日曜深夜をメンテナンスのため放送休

止にしている局がほとんど。夜間の電離層伝播により遠距離受信が期待できるAMラジオの場合、普段は雑音でかき消されている局が他局の混信が減ることでクリアに聞こえるケースがあり、「ぬかるみの世界」「サイキック青年団」など、日曜深夜に放送される番組は全国的にコアなリスナーが付く傾向があった。

【メーターバンド】 *meter band*

　短波帯の利用区分。国際通信連合が決めたもので、14の周波数帯に分けられている。波長（m）で表現されており、それぞれの周波数帯は表のとおり。熱帯地域用（トロピカルバンドと呼ばれる）、国際／国内放送用など各バンドで用途が

決まっている。

　31mバンドはKBSワールドラジオ、中国国際放送、台湾国際放送、朝鮮の声、ラジオ・タイランドとアジアの日本語放送が揃っており、もっともメジャーなバンドだと言える。

メーターバンド	周波数（kHz）	使用区分
120	2300-2495	トロピカルバンド
90	3200-3400	トロピカルバンド
75	3900-4000	国内放送（南北米大陸以外）
60	4750-5060	国内放送、トロピカルバンド
49	5730-6295	国内・国際放送
41	7100-7600	国内・国際放送（南北米大陸以外）
31	9250-9900	国際放送
25	11600-12100	国際放送
22	13570-13870	国際放送
19	15030-15800	国際放送（長距離）
16	17480-17900	国際放送
15	18900-19020	国際放送
13	21450-21750	太陽活動活発期
11	25670-26100	太陽活動活発期

【パイロット局】 パイロットきょく

　安定して受信できる、周波数が判明している局。目的の局にアタリを付ける場合に便利で、アナログチューニングのラジオのユーザーはこのようなパイロット局を覚えていた。例えばあらかじめ周波数がわかっている目的の局があれば、パイロット局からおよそ△kHzずらして…という使い方と、正体不明の局を受信し

た際にもだいたいの周波数の見当をつけて後から調べる…というような使い方がされていた。またソニーの中波ラジオの名機・ICF-EX5には盤面に放送局名が記されており、これがパイロット局となっていた。デジタルチューニングのラジオが発売されてからはこれらを覚える必要もなくなっていった。

【インターバル・シグナル】 interbal signal

　おもに海外の短波放送局が放送開始前に流す識別用の音楽・音声・効果音のこと。周波数直読ができない受信機がほとんどの頃、たとえば、ワライカワセミの声が聞こえたらラジオオーストラリアだ！というように、その電波がどこの局なのかがすぐにわかる便利なものであっ

た。インターバルというように、一定の間隔でその音声が繰り返される。略称はIS。

　日本の中波局でも局名アナウンスのほかに、音楽や効果音が使われることもあり、こちらも広い意味でISと扱われることも。

●BCLブーム当時の主な局のIS

局名	IS
BBC	Orange and Lemon、セント・メアリー・ラ・ボウ教会の鐘など
ロシアの声	キエフの大門
旧モスクワ放送	祖国の歌
ドイチェ・ベレ	フィデリオ（ベートーベン）
アンデスの声	さくらさくら
KBSワールド	アリラン
ラジオオーストラリア	ワルチング・マチルダ（＋ワライカワセミ）
中国国際放送	義勇軍行進曲
VOA	ヤンキードゥードゥル
バチカン放送	サン・ピエトリ寺院の鐘

【オープニング／クロージング】 opening／closing

　日曜深夜の放送休止前、そして月曜朝の放送開始で流れる音楽・アナウンスのこと。ISとして繰り返しクラシック音楽やステーションジングルを流すこともあるが、基本的には一度アナウンスされるのみで繰り返さないことが多い。

　アナウンス例としては「MBSラジオです。大阪・高石市から周波数1179k

Hz・出力50kW、京都から周波数1179kHz・出力300W、生駒山からは周波数90.6MHz・出力7kWで放送しています。JOOR、MBSラジオです」といった感じ。オープニングとクロージングで音楽を変更している局もある。

　アナウンスはベテランの局アナが担当するケースが多い。

【エアチェック】 *air check*

　ラジオの放送番組を録音して楽しむことをいう。著作権法では、私的複製が認められており、その範囲内では自由にラジオ番組を録音して楽しむことができる。1970年代〜1980年代にかけて、音楽に触れる機会はそのほとんどがラジオだったため、番組もさることながら「音楽を録音したい」という目的でのエアチェックが多かった。恋人にプレゼントするため、当時の若者はラジオで集めた楽曲を再編集してミュージックテープを作るといった涙ぐましい努力をしていたのである。今ほど生放送が多くなかったため、録音番組で放送される予定の楽曲名を掲載したFM情報誌やラジオ情報誌が数多く発売された。

【ラジオ録音ソフト】 らじおろくおんソフト

　インターネットのradikoに接続して、ラジオ番組を録音できるソフト。さまざまなメーカーから発売されているが、主な機能は、リアルタイムでのradiko聴取機能、リアルタイム録音機能、番組表閲覧機能、予約録音機能、radikoプレミアムのエリアフリーへの対応などである。

　インターネットへの接続は必須だが、いったん録音予約を設定すれば、毎週定期的に放送される番組の録音も可能。地上波の録音にも対応すべく、PCのLINE INを経由した予約録音が可能なソフトもある。多くのソフトが店舗だけでなくダウンロードでも購入できるほか、「らじれこ」のような優秀なフリーソフトも存在する。

【ソニー】 *sony*

　1945年に盛田昭夫（当時25歳）、井深大（当時38歳）らが東京・日本橋で創業した小さな会社・東京通信工業を「世界のSONY」にまで押し上げたのは間違いなく「ラジオ」であった。

　1955年、アメリカで生まれた新技術であるトランジスタを使った国内初めてのラジオ・TR-55を発売。これによりこれまでお茶の間にどっかと鎮座していた真空管ラジオが一気に小型化された。1957年には「ポケッタブル」の愛称で知られたTR-63が誕生、アメリカをはじめ世界に輸出され「SONY」の名を世界に轟かす。

　その後は誰もが知っているような名機を数々発売。ソニーがすごいところは常に先陣を切っている技術力で、世界最初のICラジオ・ICR-100（※今も続くICから始まる型番はここからスタート）、水晶発振を利用したクリスタルマーカーによる周波数直読を可能にしたICF-5900、薄さ3ミリのカード型AMラジオ・ICF-101、AMステレオ対応のホームラジオ・SRF-A300、あらゆる技術を全部乗せしたワールドバンドレシーバー・ICZ-SW 77、レコーダー付きのICR-Z50、ラジオ＋bluetoothスピーカーという新発想のSRF-V1BT…といったように枚挙にいとまがない。

　現在はラジオ自体の需要が減ったこともあり新製品は極端に少なくなったものの、ラジオファンにとって、欲しいものを常に形にし続けたソニーへの信頼は絶大で、今後も変わることはないだろう。

【イレブンシリーズ】 *11series*

BCLラジオブーム以前のソニーの人気シリーズ。最初に登場したのが1965年発売のTFM-110。「SOLID STATE11」と刻印されているが、トランジスタを11石搭載しているという意味。ここから型番に「11」が入り「イレブンシリーズ」と呼ばれるようになる。別売りのアダプタを使えばFMステレオ放送が受信できるようになる。このあとマイナーチェンジがあったが、大きく変わったのが1969年。ICを使用したことを全面に押し出したICF-110を発売。電界効果トランジスタ（FET）、フィルムダイヤルを初採用。これらの技術がICF-1100に進化、さらにスカイセンサーへと引き継がれていく。

【スカイセンサーシリーズ】 *skysensor series*

イレブンシリーズに見られるようにそれまでのポータブルラジオは横に長いのが定番だったが、1972年に発売されたICF-5500ではデザインを縦型に一新、ここからBCLブームを牽引していくスカイセンサーシリーズがスタートする。

スカイセンサーの名が付けられた機種はICF-5500からカセットプレーヤーが付いたCF-5950（1976年）まで、マイナーチェンジを入れても10機種しかない。しかし市場に与えたインパクトは相当なもので、スカイセンサーがあったからこそクーガ等のライバル機が生まれたと言ってよい。

すべての機種に共通する機能・装備ではないが、スカイセンサーらしさを以下に挙げておこう。

・選局インジケータ…イレブンシリーズとは比べ物にならないほど見やすく操作しやすくなった。ICF-110時代から継承したフィルムダイヤルを採用。周波数を示す針が動く方式から、針は固定で、周波数表示が動く方式へと変わった。
・短波を複数バンドに…短波帯をいくつかのバンドに分けることで、より選局しやすくなる。5800から採用。
・ロッドアンテナ…スイッチを押すことでロッドアンテナがポップアップする機構を採用。
・Sメーター…右に触れるほど強い信号。バッテリー残量メーターと併用。
・純正レザーケース…革製のしっかりしたケースが付属。キャリー用の固めのベルトも特徴的。

【ICF-5500（A）】 *ICF-5500（A）*

スカイセンサーシリーズの第一弾。1972年発売。機能的にはイレブンシリーズICF-1100Dにタイマーが加わった程度だが、縦型のフォルム、ポップアップ式のロッドアンテナの採用など、デザイン面で大きく進化した。また、後継機ICF-5500AではNSBクリスタルが接続でき、日本短波放送（当時）が簡単に受信できるようになった。ボリュームツマミのデザインとクリスタルのスイッチが加わったくらいで、外観はほぼ変わらない。

ちなみに型番的にはこれより若いICF-5400は5500の3か月後に発売。こちらはイレブンシリーズのような横型だったため、歴史に埋没した地味な存在となってしまった。

【ICF-5800】 ICF-5800

BCLラジオの中でもっとも売れた機種がスカイセンサー5800。累計売上が100万台とも言われる大ベストセラー機。1973年発売当時の価格が20,800円と、ソニーに莫大な利益をもたらした。

BCLラジオのメインはやはり短波帯ということで、5500からは短波の受信機能が大幅に進化したのが最大の特徴。こ

れまでのラジオは短波帯が12MHzまでしか受信できなかったが、5800は28MHzまでをカバーしSW1〜SW3と多バンド化。また、SLOW／FASTとチューニングスピードを切り替えられるほか、BFOのゼロビートを利用して同調できるなど、このあとの短波ラジオの礎を築いた偉大な機種ともいえる。

【ICF-5900】 ICF-5900

1975年発売。クーガ2200と双璧をなす人気機種。定価27,800円の割に当時の最先端技術がふんだんに盛り込まれている。短波帯で好感度受信が可能となるダブルスーパーヘテロダイン（第1IF:10.7MHz/第2IF:455kHz）を採用。また、250kHzステップのクリスタルマーカーと±130kHz 可変のスプレッドダイ

アルの組み合わせで、10（5）kHzの周波数を直読できる。これまでは勘で合わせていた周波数がほぼ完璧に選局できるようになった。

短波受信時第1IFはFM用の回路を使っているため10〜11.75MHzが受信できないなどの欠点もあったが、民生短波ラジオの最高峰とも言えるラジオだ。

【ICF-2001（D）】 ICF-2001（D）

ICF-2001は「Voice of JAPAN」というキャッチフレーズで1980年に登場。テンキー入力による選局は当時としては画期的で、これまでのBCLラジオの概念を覆したラジオだと言える。ダイヤル、ツマミ類は一切排除、ボリュームもスライド式、SメーターもLED表示と「未来のラジオ」を感じさせる作り込みだっ

た。オートスキャンやメモリープリセットなど現在のラジオにも引き継がれている機能も多い。

後継機のICF-2001Dは5年後の1985に発売。大きな違いは本体横にチューニング用のダイヤルが追加され、これにより従来のアナログ的な楽しみ方もできるようになった。

ICF-5500（ソニー）　　　　ICF-5800（ソニー）　　　　ICF-5900（ソニー）

【ICF-6800（A）】 ICF-6800（A）

　1977年に発売されたICF-6800は定価約8万円のハイエンド機。第1IFが19MHz、第2IFが455kHzのダブルスーパーヘテロダインを採用。ドラム式の周波数表示（SW、MW）に加え、表示ボタンを押せば赤のLEDで周波数が表示されるという、アナログとデジタルが絶妙のバランスで構成されているラジオだ。また、FMはMW、SWと切り離されており、専用のアナログダイヤルを装備している個性的な作りとなっている。短波は29バンド備わり、バンドセレクターは10の位と1の位で切り替えるなどの工夫がなされている。1981年にデジタル部分を改良したICF-6800Aが発売された。

【ICF-SWシリーズ】 ICF-SW series

　「SW」は文字通り短波ラジオを指す型番。最初期に登場したのはICF-SW1（1988年）。手のひらに収まるコンパクトな筐体にもかかわらず、LW、MW、SW、FMあわせて150〜29995kHzまでカバーした高性能PLL機。このほかSW77、SW7600GRなどが有名なので高級PLL機限定の型番かと思いきや、SW11、SW22など比較的入手しやすい価格帯のアナログ機も存在する。なかでも個性的だったのがICF-SW100。ニンテンドーDSのように二つ折りにできるコンパクトな筐体ながら、同期検波機能まで備わった本格派。海外出張のお供に持っていきそうな短波ラジオで、SWシリーズに共通してある「バブル味」に溢れた機種だった。

【ICF-SW7600GR】 ICF-SW7600GR

　SWのつかないブック型ポータブルラジオの系譜であるICF-7600、7600Dなど、さらにはPLL機となったICF-SW7600、7600Gの最新機種として2001年に発売された。その後、ソニーのワールドバンドラジオの決定盤として2018年まで生産され続けた名機中の名機。定価は42,000円と決して安くはなかったが、高感度な受信性能、豊富なメモリー機能などを備え、これ1台あればたいていの放送局は受信できるという優れものであった。特に同期検波機能には定評があり、隣接周波数からの混信、フェージングをしっかり軽減してくれた。生産終了時にはデッドストック品が高値を付けた。

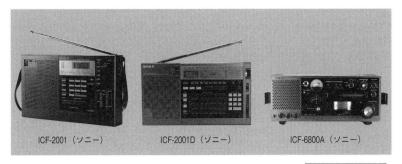

ICF-2001（ソニー）　　ICF-2001D（ソニー）　　ICF-6800A（ソニー）

【ICF-SW77】 *ICF-SW77*

ベストセラー機・ICF-SW7600GRが発売される10年も前に発売された機種。定価がアンテナやケースなどのセットで約7万円というフラッグシップモデルで、言ってしまえばバブル景気の申し子のような"全部乗せ"ワールドバンドレシーバーだ。同期検波機能はもちろん、AMは50Hzステップで受信可能。最大

162の周波数と100局メモリープリセットや、メモリーした放送時間帯をバーグラフで表示、選局時に放送時間の確認も可能、さらにはSW7600GRにはないアナログダイヤルも装備している。ポータブルラジオの最高峰と言っても過言ではない。同期検波機能がなく一回りコンパクトなSW55も人気だった。

【ICF-EX5】 *ICF-EX5*

中波の遠距離受信といえばEX5というくらい、AMラジオファンから愛されたラジオ。アナログチューニングであるが、盤面には北海道〜沖縄までの主要AMラジオ局がマークされており、受信のおおよその目安となるのが嬉しいところ。特大のバーアンテナに加え、この価格帯（1万6千円程度）のラジオとしては珍しく

同期検波回路も搭載。まさに鬼に金棒な機能であった。なお、SWはラジオNIKKEIのみ、FMはモノラル受信と他バンドは必要最低限の機能のみ備わっている。

初代は1985年、マイナーチェンジ版のmk2は2009年発売。2018年に生産終了となり、SW7600GR同様、デッドストック品はかなりの高値で取引された。

【十和田オーディオ】 *Towada Audio Corporation*

ソニーのラジオのうち上位機種を中心に設計・製造を行っていた通信機器メーカー。秋田県鹿角郡小坂町に本社・工場を構える。特にソニー最後のワールドバンドレシーバーとも言えるICF-SW7600GRはソニーのメイド・イン・ジャパンラジオの最高傑作とも言え、十和田オーディオの名がラジオファンの間に広まる

こととなった。

かつてソニーの完全子会社であったアイワ株式会社の商標などを譲り受け、2017年に十和田オーディオがアイワ株式会社を設立。TECSUNのOEM製品であるAR-MDS25やAR-MD20をアイワブランドで発売し話題となった（MD20は2024年現在、流通在庫のみ）。

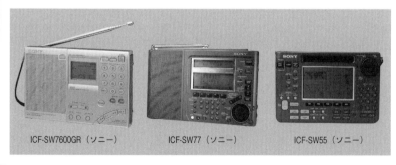

ICF-SW7600GR（ソニー）　　　ICF-SW77（ソニー）　　　ICF-SW55（ソニー）

【ICF-M780】 *ICF-M780*

2014年発売のソニー製ホームラジオ。ラジオNIKKEIも聴けるAM/FMラジオということで、一時期ICF-EX5mk2のライバル的立ち位置にいた。さすがに中波受信の性能はEX5に分があったが、デジタルチューニングができる点は魅力であった。またFMの感度もよく何より「ホームラジオ」を謳うだけあってスピ

ーカーの音質が優れているラジオであった。現在は生産終了。

【ICZ-Rシリーズ】 *ICZ-R series*

「R」はRECODER、つまり録音機能がついたシリーズ。2011年その第一弾としてICZ-R50が発売。本体内蔵のメモリーのほか、micro SD/SDHCカードやソニーではお馴染みのメモリースティックデュオが使えるスロットを装備していた。タイマー予約も簡単で、語学学習に便利なリピート機能なども付いていた。

その後、ICレコーダーのように持ち運びができ、スピーカークレードルが付属したICZ-R100、ワンセグ放送の音声も受信・録音できるICZ-R250TVなども発売（ともに2014年）。radikoタイムフリーの登場後、録音需要もなくなってしまった2024年現在は、ワンセグ録音の後継機・ICZ-R260TVのみ発売されている。

【松下電器】 まつしたでんき

現・パナソニック。ラジオにおいては絶対王者・ソニーのライバル的存在。ソニーが新しいラジオを出せば、価格、機能、デザイン面でブラッシュアップし追随したような商品を発売することから「マネシタ電器」と揶揄された。とはいえBCLラジオブームの頃の松下ラジオの完成度は非常に高く、「松下が出すから待

っておこう」という松下派も多くいた。

BCLブーム時は「クーガ」、高価格帯の「プロシード」が高い人気を獲得。筐体には「National」単独か、「National Panasonic」と併記されるパターンがあった。現在はラジオ部門は大幅に縮小。低価格帯のラジオがメインの中、ホームラジオRF-300BTの評価は高い。

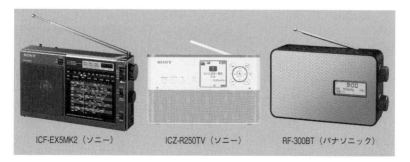

ICF-EX5MK2（ソニー）　　ICZ-R250TV（ソニー）　　RF-300BT（パナソニック）

【ワールドボーイシリーズ】 *world boy series*

BCLブーム以前の松下電器のラジオ。ちょうどソニーのイレブンシリーズのライバル的存在で、RF-858のように早くからSメーターを採用するなど、松下ならではのひとひねりが見られた。

MW/FMの2バンドラジオもあったが、短波帯もカバーした機種で有名なのが1971年発売のRF-868（ワールドボーイ2000GX）。MW、SWともにFETによる高周波増幅がついており、当時としては異例の高感度を誇った。翌年発売のRF-848 （ワールドボーイGXO）でこのシリーズは打ち止めとなるのだが、その理由は同年発売されたスカイセンサー5500の存在。ここからデザイン面でも奇抜なクーガシリーズへと舵が切られた。

【クーガシリーズ】 *COUGAR series*

スカイセンサーのライバルとなったのがこのシリーズ。「クーガー」と呼ばれてはいたが、松下のパンフレットでは「クーガ」表記。ネコ科の「ピューマ」の別名。米国では「年下をたぶらかす年増女」という意味のスラングで使われるらしいが、BCLブームに夢中の男子学生をターゲットにしている商品だけに意味深ではある。

1973年発売のRF-888 （商品名がクーガ）が第一号。16センチのスピーカーを前面に配置した斬新なデザインで、黒・赤・青の3色発売。その後、前面がメタリック製で銀色に輝くクーガ115など斬新なデザインの機種が多く、その名の通り当時の小中高生を魅惑し続けた。

【RF-877】 *RF-877*

商品名はクーガNO.7。1973年発売。後の松下製ラジオの象徴となる「ジャイロアンテナ」を搭載している。これは本体に内蔵されている中波用バーアンテナを露出させ、ジャイロ＝回転翼の意味のとおりグルグル回せるようにしたもの。本来はラジオ本体を動かして強く入感する位置を探していたものだが、指向性のあるバーアンテナ自体を回すという斬新なギミックの導入でスタイリッシュさを実現しただけでなく、電波を探す行為の楽しさをストレートに表現。ボタンを押せばジャイロアンテナが飛び出すギミックや、レーダー状の周波数表示も合わさり、少年の心を掴んで離さない人気機種となった。

RF-858（松下電器）　　RF-888（松下電器）　　RF-877（松下電器）

【RF-2200】 *RF-2200*

商品名はクーガ2200。1976年発売。クーガシリーズの最終形態。スカイセンサー5900の発売から遅れること1年、こちらもクリスタルマーカーが付いており、周波数直線型のバリコンと合わせて、メインダイヤルのみで短波受信に必要な10（5）kHz単位の周波数直読が可能。スプレッドダイヤルの目盛りも等間隔で、1回転＝1MHzとなっている。

短波は第1IFが1985kHz、第2IFが455kHzのダブルスーパーヘテロダインを採用。SWは6バンドに分けられており、SW1とSW2の第1局発は共通で、6～10MHzを発振。上側ヘテロダインでSW1を、下側でSW2を受信する（SW3-4、5-6も同様）。

【プロシードシリーズ】 *PROCEED series*

クーガシリーズよりも高機能、高価格帯のシリーズが「PROCEED」。シリーズの共通点は周波数のデジタル表示があるところ。1977年に発売されたプロシード2800（RF-2800）は周波数のアナログダイヤルはもちろん、それとは別に短波帯限定ではあるがデジタル表示も可能。また、中波帯も＋455kHzで表示されるという、まさにデジタル表示移行期のラジオと言える。

後継機・2600（RF-2600）ではFMも周波数表示に対応、通信型受信機ともいえるプロシード4800Dでついに完成の域に。チューナー部分が2つに分けられているのが特徴で、さすがに価格は99,800円となった。

【東芝】 *とうしば*

旧・東京芝浦電気（1984年から「東芝」に）。BCLラジオはソニー・松下とそれ以外という印象ではあるが、後年振り返ってみれば「第三のメーカー」とも言えるラインナップである。BCLラジオとしては最初に短波直読を実現したマーカー発信器内蔵のサウンドナナハンGS（RP-775F）のほか、トライエックスシリーズが有名。トライエックス1600、1700のように短波直読ができる機種も多いが、その完成形はトライエックス2000。これは本体横にジャイロアンテナも備えており、スカイセンサー5900、クーガ2200に並ぶ高機能BCLラジオとして知られている。現在は東芝エルイートレーディングでラジオが製造されている。

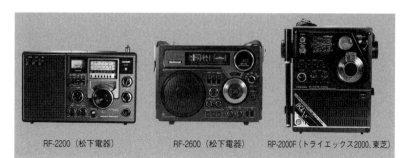

RF-2200（松下電器）　　　RF-2600（松下電器）　　　RP-2000F（トライエックス2000、東芝）

【三菱】 みつびし

　三菱電機も後発ながらBCLラジオを製造、「ジーガム」というシリーズを展開していた。ちなみにジーガムは造語で、「ジーンズを履いてガムを噛みながら」から来ている説と、「Jeas Generation Audio Mania」の頭文字から来ている説がある。なお、日本短波放送で「ハロージーガム」という三菱1社提供のBCL番組が

あり、スネ夫の声でお馴染みの肝付兼太がパーソナリティを務めた。

　ジーガムは、ダブルスーパーヘテロダイン方式を真っ先に採用したジーガム404が有名。シンプルなデザインながら、ロッドアンテナのポップアップ機構などこだわりの作りであった。なお、現在三菱からラジオは発売されていない。

【日立】 ひたち

　白物家電でお馴染みの日立製作所もBCLブーム時はラジオを発売していた。「パディスコ」はラジカセにも使われていた商品名であるが、FMステレオ放送が楽しめる「パディスコ3000」が有名。また1977年には「サージラム」が誕生。「珍局を探せ！」という意味の「Search Strange Program」から来ている造語で、

1977年に発売された、いわゆる無印の「サージラム」は横長タイプ。日立は電車の車両も製造していたので「電車ラジオ」と呼ばれた。また、同時期発売の「サージラム2100」は縦型で、バーニアダイヤルを採用するなど高級感を出していた。現在、旧・日立工機のHiKOKIから現場ラジオが何機種か発売されている。

【日本無線】 にほんむせん

　無線通信機器メーカー。通称「JRC」。高精度、高価な通信型受信機を発売している。受信機の型番は「NRD」から始まるが、対となる送信機の型番は「NSD」となる。なかでも際立った存在なのは1978年発売のNRD-515。実用化されたばかりのPLLシンセサイザによる受信回路を装備。チューニングダイヤルは100

Hz刻みで動作し、赤色LEDで周波数が表示される。ダブルスーパーヘテロダインを採用し、中波帯にはBC TUNE（プリセレクタ）が用意されており、BFOコントロールも可能。本体にスピーカーはないが、当時の最先端技術が詰め込まれた受信機で25万8,000円と定価もプロ仕様だった。

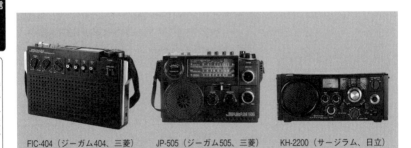

FIC-404（ジーガム404、三菱）　　JP-505（ジーガム505、三菱）　　KH-2200（サージラム、日立）

【トリオ】 *TRIO*

通信機器、オーディオ機器メーカー。ケンウッドと社名を変えたが、2008年日本ビクターと経営統合し、現在はJVCケンウッドとなる。米国のDRAKE社と並び称され、名機と呼ばれる通信型受信機をいくつも世に出した。

R-2000は通信型受信機としては珍しくスピーカーを前面に配置、テンキーや周波数スキャンボタンなどがカラフルで海外でも人気だった。

もっとも高機能だと言われたのがR-820。HF用アマチュア無線機のフラッグシップモデルとして開発されたTS-820シリーズにマッチした受信機。周波数の安定度、混変調に対する強さは一級品である。

【八重洲無線】 やえすむせん

無線通信機器メーカー。八重洲無線の通信型受信機といえば真っ先に挙がるのが1976年発売のFRG-7だろう。BCLブームの真っ只中に市場に投入されたこの機種は定価が5万9,000円と頑張れば手が届く価格帯。コストパフォーマンスに優れ、回路はワドレーループ方式を採用したトリプルコンバージョン方式で構成され、周波数も5kHz直読が可能となっている。単1乾電池でも動作するところは当時ブームだった「BCLラジオ」を意識した作りで、海外でも「FLOG7」と呼ばれ人気を博した。

またメモリ機能を搭載、オレンジ色のデジタル表示が特徴のFRG-7700など、魅力的な受信機も多い。

【FM誌】 えふえむし

「FM Fan」(共同通信社)、「週刊FM」(音楽之友社)、「FMレコパル」(小学館)、「FM STATION」(ダイヤモンド社)といった1970年代から1980年代にかけ発売されていたFM情報誌。各FM局のタイムテーブルが掲載され、番組によっては放送日ごとの選曲リストも記載されており、当時ブームだったエアチェックには欠かせない情報源だった。最盛期には発行部数が40万部を突破していた雑誌もあったという。

付録としておしゃれなカセットレーベル(カセットテープのケースに入れる曲目を記した紙のこと)が付いていた。特に「FM STATION」は、鈴木英人が描いたイラストがよく使われて人気があった。

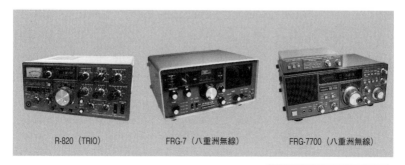

R-820（TRIO）　　　FRG-7（八重洲無線）　　　FRG-7700（八重洲無線）

【深夜放送ファン】 しんやほうそうファン

1960年代後半に全国レベルで次々と誕生した深夜放送。そのリスナーの大半は大学受験生や大学生を中心とした若者だった。そこに目を付けた自由国民社が1970年6月に音楽雑誌「新譜ジャーナル」の別冊として創刊したラジオ情報誌。当時はまだ民放FM局は4局が開局したばかりで、雑誌の記事は中波ラジオがメインだった。パーソナリティのインタビューや番組取材が掲載され、それまで顔も見えなかったパーソナリティの写真にリスナーたちは熱狂した。遠距離受信のテクニックや、全国各局の番組表も掲載され、遠距離受信リスナーにも支持された。1974年4月「ランラジオ」に改題された。

【ランラジオ】 Run radio

1970年に創刊された若者リスナー向けのラジオ情報誌「深夜放送ファン」が1974年4月にタイトルを「ランラジオ」に変更、1981年に休刊した。「ランラジオ」が出ていた当時はBCLブームだったため、遠距離受信リスナーのための全国ラジオ局の番組表や周波数、そして遠距離受信のテクニックなどが掲載され、そのブームに拍車をかけた。1979年にはなぜか当時のヒット曲の楽譜を載せた号も発売。これは当時フォークソングブームで、多くのフォークシンガーが番組に出ていたためと思われる。また別冊として日本や海外のラジオ局のベリカードを掲載した別冊「ベリカードコレクション」なども発行していた。

【ラジオマガジン】 Radio Magazine

1980年9月にモーターマガジン社がラジオ情報の月刊誌として創刊。通称「ラジマガ」。創刊がアイドルブームが始まった頃で、ラジオに出演していたアイドルのグラビア写真や記事で人気となった。しかし次第にラジオに出演していないアイドルや芸能人の記事が多くなり、芸能誌に近い状態になった。また女性読者のパジャマ姿や水着姿の写真を掲載したこともあり、一部の読者からは「ラジオに関係ない人や記事を載せるのはおかしい」という声が上がっていた。人気企画は「全国DJ人気投票」。雑誌についている応募券をハガキに貼って応募。累計の得票数で毎月の順位を決めていた。1985年4月に惜しまれながら休刊。

「ラジオパラダイス」。右は読者の受信に関する悩みを解決する人気コーナー「クリアキャッチレスキュー隊」

【ラジオパラダイス】 *Radio Paradice*

1985年9月に三才ブックスから創刊された中高生向けの月刊ラジオ情報誌。通称「ラジパラ」。「ラジオライフ」の別冊として出ていた「BCLの楽しみ方」やラジオの番組表を掲載した「ラジオ新番組速報版」が売れていたため、月刊誌化することを企画。1985年4月「ラジオマガジン」が休刊したことで一気に企画が実現化した。「ラジオに関係ない内容は載せない」という編集方針の下で全国の番組やパーソナリティを取材。コサキン特集を組んだ1987年6月号は完売を達成。読者の投票で決まる「パーソナリティ人気投票」にはパーソナリティ自身からの投票もあった。またリスナー宅を訪問し受信テクニックを伝授する「クリアキャッチレスキュー隊」も人気が高かった。1990年7月休刊。

【ラジオ新番組速報版】 らじおしんばんぐみそくほうばん

1980年4月、三才ブックスから創刊されたラジオと無線の専門誌「ラジオライフ」の臨時増刊として1981年4月に創刊。春と秋の改編期に刊行されていた。特徴はラジオ局が発行している番組表をそのまま転載していること。遠距離受信リスナーにとって全局の番組表が載ったこの雑誌はバイブル的な存在となった。「ラジオパラダイス」創刊でこの雑誌の別冊となり、この頃から番組表だけでなく「改編トピックス」や「全国AM番組ネット局一覧表」「50音別タレントINDEX」「全国放送局周波数リスト」が掲載されるようになった。1997年から「ラジオ番組表」とタイトルを変更。現在も春と秋、年2回継続刊行中。

【ラジオ番組表】 ラジオばんぐみひょう

三才ブックスから4月末、10月末の年2回発行されているムック。「新番組速報版」を引き継ぎ全国の県域ラジオ局のタイムテーブルを全局掲載しているほか、ラジオ受信に必要なデータを掲載。また、「ラジオパラダイス」の「パーソナリティ人気投票」を復活させた。近年は冊子付録が付き、全国の局アナ名鑑や、コミュニティFM局のタイムテーブルが掲載されている。

女性アイドル、アーティストが表紙を飾ることが大半だが、ケンドーコバヤシ、おぎやはぎなど男性お笑い芸人、森谷佳奈（山陰放送）、菊池真衣（LuckyFM茨城放送）などローカル局のアナウンサーが登場したことも。

「ラジオ新番組速報版」。当初はA4フルサイズだったが途中からA4変形に

「ラジオ番組表」。このときはLuckyFM茨城放送の菊地真衣アナが表紙に。

【ラジオマニア】 *radio-mania*

　2006年より毎年1回三才ブックスから発行されているムック。ラジオ番組の紹介や放送局への取材記事のほか、最新のラジオ、アンテナなどの受信機材使用レポート、遠距離受信テクニックの紹介、受信実験、工作記事など、内容は多岐にわたる。発売は毎年8月末。

　1つの放送局を掘り下げて紹介する「1局集中特集」は「ラジオパラダイス」で恒例だったコーナーをオマージュ。各局のパーソナリティ、番組だけでなく、スタジオの様子を細かく紹介するページは機材マニアに人気が高い。また、巻末には古い「ラジオ番組表アーカイブ」として各局の古いタイムテーブルを掲載している。

かつてオーディオマニアが聞いていた「ステレオ放送受信のための分離信号」とは？

　NHK-FMで放送されていた、受信機テスト用の信号放送。毎週日曜日の朝、午前9時の時報とともに「ただいま9時をお知らせいたしました。ここで、ステレオ放送受信のための分離信号をお送りいたします。リコーダーの独奏で、はじめに向かって左側から、続いて右側からです」というアナウンスとともに、リコーダーの独奏が開始される。

　なんとも寂しげな独奏で、左側単独、右側単独と同じものが繰り返されて終了。終了アナウンスはない。

　スピーカーの左右がチェックできるのはもちろん、測定器のないマニアにとっては、チャンネルセパレーションの調整を行うことができる貴重な時間だったのである。

6章

番組・人・ラジオ文化

ラジオ番組／しゃべり手（種類）／DJ・パーソナリティ／懐かし・ブーム／BCL・海外放送／リスナー文化／局別マニアック用語／（恒例）イベント

【長寿番組】 ちょうじゅばんぐみ

現行の番組で最長寿の番組はNHKラジオ第2で17時〜18時に放送している『株式市況』。東京放送局が日本初のラジオ放送を行った1925年3月22日の翌日から放送を開始し、現在も市場が開催されている日には必ず放送されている。この他NHKでは『ラジオ体操』が1928年11月1日から放送を開始。

戦後開局した民放ラジオでの現行長寿番組としては、朝日放送（現在のABCラジオ）開局当時の1951年11月からスタートした『宗教の時間』（当初は『金光教の時間』）、1952年スタートで太平洋放送協会が制作し全国にネットしているキリスト教系番組『世の光』（スタート当初は『暗き世の光』）、1952年5月1日に開局した東北放送が開局当時から放送している『希望音楽会』、1952年7月スタートの四国放送『希望メロディー』、1953年10月1日の開局日にスタートした熊本放送『午後2時5分一寸一服』、1953年10月10日の開局日から放送している南日本放送『城山スズメ』『希望のリボン』、1953年5月スタートの文化放送『朝の小鳥』と東京放送（現在のTBSラジオ）『こども音楽コンクール』、1953年12月1日の開局当日から放送されているラジオ福島『昼の希望音楽会』、1954年

8月の日本短波放送（現在のラジオNIKKEI）開局時から放送されている『株式市況』（現在は『マーケットプレス』）と医療従事者向けの『医学講座』、1956年10月27日から日本短波放送で始まった日本初のレギュラー競馬中継『中央競馬実況中継』、1959年5月1日からスタートした文化放送がキー局でNRN加盟33局の共同制作報道番組『ニュース・パレード』、1965年1月30日から始まったニッポン放送『テレフォン人生相談』などがある。

以上の現行長寿番組は、①宗教番組や株式市況、競馬実況、医療従事者向けといった専門的な内容の番組である、②開局以来ずっと地元リスナーの気分転換や心を癒やしてくれる音楽番組に大きく分けられるようだ。①のように専門の情報を流す番組はいつの時代も必要なものであり、②は地元リスナーにとって「この時間は音楽」といったように生活習慣として根付いているものである。まさにラジオの特性が生かされた番組が長寿番組となり得ると言えよう。2023年9月で放送を終了した全国ネット番組『歌のない歌謡曲』は、番組の公式発表によると1952年1月スタート。71年以上の長寿番組だった。

●同一パーソナリティによる長寿番組

吟詠百選	茨城放送	市村俊夫	1969年〜
毒蝮三太夫のミュージックプレゼント	TBSラジオ	毒蝮三太夫	1969年〜（現在月1回放送）
ありがとう浜村淳です	MBSラジオ	浜村淳	1974年〜（2024春からは土曜のみ）
大塚富夫のタウン	IBC岩手放送	大塚富夫	1974年〜（前身番組あり）
私の書いたポエム	ラジオNIKKEI	長岡一也、大橋照子	1976年〜
暁でーびる	ラジオ沖縄	盛和子	1986年〜（2009年〜吉田安敬とコンビ）
武田徹のつれづれ散歩道	信越放送	武田徹	1988年〜
高田文夫のラジオビバリー昼ズ	ニッポン放送	高田文夫	1989年〜
森本毅郎・スタンバイ！	TBSラジオ	森本毅郎・遠藤泰子	1990年〜

【歌のない歌謡曲】　うたのないかようきょく

通称「歌なし」。1952年1月、新日本放送（現在のMBSラジオ）で放送を開始、その後全国に広まり、JRN系列を中心にした全国37局で放送されていたが、2023年9月29日に最終回を迎えた。朝にぴったりの邦楽インストゥルメンタルをかけ、生活情報やバラエティに富んだ話題を取り上げるパナソニック一社提供の15分番組。この番組の一番の特徴は、37局がそれぞれ女性パーソナリティを立てた各局オリジナルの番組であったこと。多くの局では朝ワイド番組の内包番組として平日の6時〜8時の時間帯で放送していた。現在、TBSラジオではこの番組とほぼ同じフォーマットのコーナー「モーニングポスト」を放送している。

【こども音楽コンクール】　こどもおんがくコンクール

1953年から始まった小中学生を対象とした合唱・合奏の全国規模のコンテスト「こども音楽コンクール」。その関東地方の地区大会に参加した学校の合唱・合奏を紹介するTBSラジオの番組で1953年からスタート。YouTube公式チャンネルでは過去の演奏、合唱が聴ける。

TBSラジオ以外にも、各地区大会での合唱・合奏は以下の局が以下のタイトルでそれぞれ放送している。IBCラジオ『IBCこども音楽コンクール』、TBCラジオ『TBCこども音楽コンクール』、SBCラジオ『SBCこども音楽コンクール』、CBCラジオ『CBCこども音楽コンクール』、MBSラジオ『MBSこども音楽コンクール』。

【毒蝮三太夫のミュージックプレゼント】　どくまむしさんだゆうのミュージックプレゼント

1969年10月6日からTBSラジオで放送されている公開生放送。スタート当初は単独番組として平日の午前中に放送されていたが、2年後の1971年10月4日からは当時の朝ワイド『こんちわ近石真介です』の内包番組として放送されるようになり、以後もずっとワイド番組内の内包番組として放送。現在は『金曜ワイドラジオTOKYO えんがわ』の原則最終週の16時〜16時30分に放送されている。

会社や工場、店舗を毒蝮が訪問、そこに集まった高齢リスナーに向かって「ババア」「ジジイ」と愛の溢れる毒舌トークで盛り上がるという恒例のスタイル。ラジオの基本と言える番組だ。

【話題のアンテナ 日本全国8時です】　わだいのアンテナ にほんぜんこくはちじです

1972年12月4日からTBSラジオが制作し、JRN系列局で毎週月曜〜土曜の8時〜8時15分で生放送されているニュース番組。制作はキー局のTBSラジオ。パーソナリティは2024年1月現在、月曜〜金曜が『スタンバイ！』の森本毅郎と遠藤泰子、土曜は『まとめて！土曜日』の藤森祥平と北村まあさ。

現在は政治や経済、スポーツに関するジャーナリストが日替わりでコメンテーターとして出演、自分の専門分野中心としたトークを展開する内容となっているが、スタート当初はその日のニュースや最近話題となっている出来事、系列局を結んでの企画ものなど、情報バラエティ色の強い内容だった。

【ネットワークトゥデイ】 ネットワークトゥデイ

1993年4月5日からJRN系列で平日夕方に放送されているTBSラジオ制作の報道生番組。その日に起きた事故・事件、話題の出来事をJRN加盟局が自身の取材網を駆使して取材、現場の音源や記者のレポートを交えながらニュースを詳しく伝える。

JRN系列のネットニュース番組は、

1965年5月3日からスタートした『ラジオ・ニュースネットワーク』まで遡る。その後タイトルを『東京イブニング』『ニュースハイライト』と変え、1993年4月から現在までは『ネットワークトゥデイ』となっている。毎年夏には通常のニュースと共に、各局が取材した企画特集も放送される。

【朝の小鳥】 あさのことり

1953年5月から文化放送をキーステーションとした国内外の野鳥の鳴き声を紹介する週末早朝の5分番組。開始当初のタイトルは『四季の小鳥』。文化放送では最長寿番組。

2023年現在は野鳥の声の収録と番組構成を公益財団法人山階鳥類研究所特任専門員の岡村正章が担当しているが、番

組開始当初から2006年までは、日本鳥学会名誉会員で元日本野鳥の会学術顧問の蒲谷鶴彦（2007年死去）がその役目を担当していた。

現在、文化放送のポッドキャストPodcastQR（audible）やSpotifyなどで過去の放送分のいくつかを聞くことができる。

【ニュースパレード】 ニュースパレード

1959年5月1日からスタートした文化放送をキーステーションとしたNRN加盟33局の共同制作で平日の17時～17時15分にオンエアしている報道生番組。その日に起こった事件や話題を加盟各社が取材した音源を交えながら、各局記者やアナウンサーによるリポートで紹介する。

1959年のスタート当初は文化放送、

ラジオ大阪、九州朝日放送の3局ネットだったが、1960年4月に東海ラジオが参加、その後1965年5月3日にNRNが発足するとネット局が急増し、全国規模のニュース番組となった。番組タイトルは番組が始まる3週間前（1959年4月10日）に行われた現上皇陛下のご成婚パレードに由来する。

【テレフォン人生相談】 テレフォンじんせいそうだん

1965年1月30日からスタートしたニッポン放送制作で全国ネットされているリスナーからの悩み相談を受ける番組。2024年現在、ニッポン放送で一番の長寿番組。毎回ひとりの相談者が登場、番組パーソナリティが相談内容を聞き出し、その後アドバイザー（回答者）が悩み解決のためのアドバイスを行う。

2020年年末に放送された55周年記念番組『加藤諦三、令和時代への提言～心のマスクを忘れるな』をベースとした書籍「テレフォン人生相談～心のマスクを忘れるな」が2021年9月に発売。2022年11月には続編「テレフォン人生相談～心の仮面をはずそう～」が発売された。radikoタイムフリーでの聴取はできない。

【お早う！ニュースネットワーク】 おはよう！ニュースネットワーク

　NRN系列21局ネット（2024年2月現在）で月曜〜金曜7時10分〜7時24分の時間帯で生放送されているニッポン放送制作の報道番組。ニッポン放送でその時間帯に放送している『飯田浩司のOK! Cozy up』のパーソナリティ・飯田アナウンサーがそのままこの番組を担当、その日のニュース1〜2本を取り上げ、コメンテーターが解説をする内容となっている。

　1968年4月に、NRNの30分の単独ニュース番組として『お早うネットワーク』のタイトルでスタート。その後、ニッポン放送では朝ワイド内の内包番組となり、朝ワイド番組が代わる毎に番組タイトルを変え現在に至る。

【オールナイトニッポン】 オールナイトニッポン

　1967年10月2日からスタートしたニッポン放送制作の深夜番組。

　1960年代前半、その頃の深夜帯は水商売や深夜営業に携わる大人向けのお色気番組が中心だった。しかし深夜に起きているのはそんな大人ばかりではなかった。1965年、文化放送の深夜番組『真夜中のリクエストコーナー』がスタートし、爆発的ヒットとなった。その番組の中心的リスナーが当時大学生や高校生だった団塊の世代。試験勉強や受験勉強で夜遅くまで起きていた彼らは、それまでの大人の番組とはまったく違う、自分たちの言葉と音楽で構成された深夜番組に熱狂した。『オールナイトニッポン』誕生にはこんな背景があった。

【JET STREAM】 ジェットストリーム

　TOKYO FMの前身であるFM東海（東海大学がFMラジオ放送の実用化を目指して1958年〜1970年に開設していた実用化試験局）が1967年7月4日24時から放送を開始、その後1970年4月27日からエフエム東京が引き継いで放送、現在に至っている音楽番組。

　初代パーソナリティの城達也は1994年12月30日までの27年半に亘って番組に出演し続けていた。1985年に完成した現在のFMセンタービルには天井に星空を模したイルミネーションを設置した専用スタジオがあった。2代目以降のパーソナリティは順に、小野田英一、森田真奈美、伊武雅刀、大沢たかお、福山雅治が務めている。

【城山スズメ】 しろやますずめ

　1953年10月10日に開局したラジオ南日本（現在の南日本放送）が、開局当日から放送を開始。国内のラジオ番組では70年以上続く最長寿番組のひとつ。

　番組タイトルにある「城山」とは鹿児島市中央部にある山の名前で、「城山でスズメが他愛もないおしゃべりをしているような番組」という意味を込めてタイトルとしたとされている。

　番組はリスナーから寄せられたメッセージを紹介してリクエスト曲をかけるというシンプルな内容。それゆえ、その時代に合わせた色や形に合わせやすかったのが、ここまでの長寿番組になれた理由であろう。現在は平日午後の帯番組だが、かつては土日にも放送されていた。

【希望のリボン】 きぼうのリボン

南日本放送の前身であったラジオ南日本が開局した1953年10月10日から放送を開始、以来月曜〜日曜の連日、一日も休むことなく放送は続き現在に至る。国内最長寿番組のひとつである。

放送開始から鹿児島の百貨店「山形屋」の一社提供である。当初は太平洋戦争により連絡が取れなくなった親族や友人へ呼びかけを行う内容だったが、現在はリスナーから寄せられた知人の誕生日や結婚記念日へのお祝いメッセージなどと共にリクエスト曲をプレゼントする内容となっている。タイトルの「リボン」には、人と人との架け橋が限りなくつながっていって欲しいという願いが込められている。

【希望音楽会】 きぼうおんがくかい

1952年5月、開局当時からTBCラジオで放送されている音楽番組。一時期は単独番組として放送されていたが、現在は月曜〜木曜の朝ワイド番組『En ∞ Voyage』、金曜の朝ワイド番組『En ∞ Voyage フライデー2』内のコーナーとして放送されている。

リスナーからのリクエスト曲とそれに添えられたメッセージを紹介する内容。リクエストはメール、FAX、ハガキなどで受け付けている。毎回4曲程度のリクエスト曲が流れるが、そのうちの1曲は放送当日に受け付けた曲である。

かつて同名の番組が1945年〜1948年にNHK第1放送で放送されていたが、これもリクエスト番組であった。

【医学講座】 いがくこうざ

1954年11月20日、その年の8月27日に開局した日本短波放送（現ラジオNIKKEI）が放送を開始した、全国の臨床医向けの最新学術情報を専門家による解説で送り届ける情報番組。ラジオNIKKEIの番組では、開局日から放送を開始した『株式市況』（現在は『マーケットプレス』）に次ぐ長寿番組のひとつである。

1950年代当時、最新の医学情報を日本全国の医師に届けるのに最適なメディアは短波放送であったこと、そして太平洋戦争終結まで日本の領土であり、日本の大学で学んだ台湾の医師たちにも、短波放送ならその情報を送り届けることが出来たことが、この番組が誕生に至ったきっかけであった。

【お誕生日おめでとう】 おたんじょうびおめでとう

長崎放送と秋田放送で放送されている番組だがお互いに関連はない。長崎放送の方は開局直後の1953年から続く長寿番組で、誕生日を迎える赤ちゃんとこどもへのおめでとうメッセージを受け付けて紹介する番組。メッセージはハガキかサイトから送ることが出来る。

秋田放送の方は前身のラジオ東北時代から続く長寿番組。こちらはあかちゃんやこどもに限らず大人へのおめでとうメッセージも受け付けており、今どき珍しいハガキのみの受付となっている。ちなみに茨城放送でも同じタイトル、同じ内容の番組が開局4日目の1963年4月4日から2020年12月27日に放送されていたことがあった。

【音楽の風車】 おんがくのかざぐるま

1954年3月1日に開局したラジオ山陰（現在の山陰放送）が開局初日から放送を開始したリクエスト番組で、2023年現在まで、1989年1月7日の昭和天皇の崩御の日以外休むことなく毎日放送されている。受け付ける曲は新旧を問わず邦楽のみで、ハガキ、FAX、メールで応募。原則としてフルコーラスでかかる。

番組テーマ曲は、放送開始時から変わらない津村謙の「赤いマフラー」のインストゥルメンタル。11時台の本放送に加え、22時台に再放送を行っている。

タイトルの「音楽」のアクセントは平板型なのだが、それ以外で使われる「音楽」のアクセントが一般的な頭高型なのが印象的。

【民謡で今日拝なびら】 みんようでちゅううがなびら

1963年2月4日からスタートしたRBCiラジオの沖縄民謡リクエスト番組。タイトルの「今日拝なびら」は「ちゅー・うがなびら」と発音し、うちなーぐち（沖縄の方言）で「こんにちは」のことであり、目上の人に対して使う。

沖縄生まれで番組の元プロデューサーであり、沖縄の芸能文化に造詣の深いパーソナリティの上原直彦と沖縄民謡歌手を中心とした各曜日のパートナーが交わすうちなーぐちと、CDやレコードだけでなく、ライブ音源や生演奏などで届けられる沖縄民謡の数々に沖縄の風が感じられる番組。2023年9月で上原は番組を卒業した。なお、リクエスト曲についてはハガキでしか受け付けていない。

【ROK技術倶楽部】 ROKぎじゅつくらぶ

2020年7月5日からスタートしたラジオ沖縄若手技術部員による、ラジオ番組の裏側をマニアックに語り尽くす内容の番組。日曜日の深夜、明日は会社や学校で早く寝なければいけないという特別な時間帯に、敢えてその貴重な時間を共有する感覚を送り手とリスナーが持てるように、radikoのタイムフリーでの後聞きは出来ないようになっている。放送休止となる局が多い時間帯の放送というのがリスナーの連帯感をくすぐる。

「わたしのベリカード自慢」や「受信報告書紹介」という、電波でラジオを聞くことを意識したコーナーがあることからも、radikoではなくラジオで聞く楽しさを再確認させてくれる番組。

【ラジオ・チャリティー・ミュージックソン】 Radio Charity Musicthon

ニッポン放送が1975年から始めた日本初のラジオのチャリティー番組。基本的には12月24日正午からの24時間の生放送。現在は11局が参加、目の不自由な人々に音の出る信号機を設置するための募金をリスナーから集め、48回目の2022年までに総額49億3277万4076円集まった。「ミュージックソン」は「ミュージック」と「マラソン」を合わせた造語。開始当初は初めてのチャリティ番組ということで、試行錯誤の繰り返しに苦労が蓄積、陣頭指揮を執ったディレクターは疲労困憊で「血尿が出た」そうだ。テーマ曲はニニ・ロッソのオリジナル「夢のトランペット」。哀愁あるこの曲は暮れの風物詩となっている。

【ラジオビバリー昼ズ】 ラジオビバリーひるず

1989年4月10日からスタートしたニッポン放送お昼（月曜〜金曜11時30分〜13時）の生バラエティ番組。2023年8月現在、在京ラジオ局の昼帯番組では一番の長寿番組である。

放送作家として数多くのヒット番組を生み、自身も落語家・立川藤志楼として高座にも上がり、若手お笑い芸人をプロデュース、大衆芸能に関する著作も多い高田文夫がパーソナリティを務めることから、日本のお笑いや芸能に関する話題が深く豊富に語られる。高田は当初、全曜日に出演していたが、大病を患って以降、月曜と金曜のみの出演。その他の曜日は東貴博、春風亭昇太、清水ミチコがメインパーソナリティを務める。

【サタデーアドベンチャー】 Saturday Adventure

FM東京をキーステーションに1977年10月〜1985年9月、JFN系列で全国放送された土曜15時〜15時55分のトーク＆音楽番組。パーソナリティは小林亜星→今野雄二→桑田佳祐→松任谷由実。桑田（1981年4月〜1982年5月）にとっては『オールナイトニッポン』終了後に出演した最初の全国ネット、そして松任谷（1982年6月〜1985年9月）にとってはNHKラジオ第1『若いこだま』以来の全国放送で、この番組でラジオパーソナリティとして開眼した松任谷にとって記念すべき番組となった。なお、1985年10月から放送曜日が変更になったため「松任谷由実 サウンドアドベンチャー」と改題し2002年3月まで放送された。

【キューピーラジオクッキング】 Kewpie Radio Cooking

『キユーピー3分クッキング』のラジオ版。1977年4月から続くCBCラジオの長寿番組。当初は箱番組であったが、1993年秋に朝ワイド番組『つボイノリオの聞けば聞くほど』（月曜〜金曜9時〜11時55分）がスタートしてからは、この番組の内包番組となった（10時45分頃〜）。実際に調理をすることはなく、調理のコツやポイントを解説する講師とアシスタントとの会話のみで進行。1週間単位でテーマを設けてメニューが考案されている。

ラジオの料理番組としては2006年10月からスタートした青森放送『美味しく食べてヘルスケア』（朝ワイド『朝ワイ！ダッシュ』内で放送）などがある。

【真夜中のリクエストコーナー】 まよなかのリクエストコーナー

文化放送で1965年8月にスタート。日本初の若者向け深夜番組で深夜放送ブームの火付け役。パーソナリティはその前年、文化放送に入社したばかりの土居まさる。「やあやあ君起きてるかい？ オレ土居まさる。今夜もビヤーっといこう！」という早口のしゃべり方が若者に大受け、大人気となったものの先輩アナからは非難が集中。しかし彼は頑としてそのしゃべりを変えなかった。当時のリスナーは自分達と同じ言葉遣いに心をつかまれたのだった。ちなみにこのしゃべり方は当時人気だった青島幸男から盗んだと言われている。当時中学1年生だった山下達郎はこの番組の登場を「革命的だった」と文化放送の番組で語っている。

【セイ！ヤング】　*Say! Young*

『真夜中のリクエストコーナー』で深夜放送ブームに火を付けた文化放送が、TBS『パックインミュージック』、ニッポン放送『オールナイトニッポン』に続き1969年6月から放送を開始した月曜〜土曜24時30分〜27時の深夜番組。他2局の番組が地方局にネットされていたのに対し、この番組はネットのない東京ローカル番組だった。そのため地方在住のリスナーは混信と闘いながら1130kcにダイヤルを合わせていた。その後1975年10月から土曜の放送がなくなり、1978年4月からは番組スタートが25時となった。しかし1981年9月に番組は終了、この時間帯には翌月から『ミスDJリクエストパレード』がスタート。ところが文化放送の深夜放送の灯を守り、『セイ！ヤング』の名前を残しつつ次の深夜番組にそのバトンを渡すまでのつなぎ役とし

てさだまさしが手を挙げ、1981年10月からの土曜23時〜24時30分に『ナイト＆ラブ さだまさしのセイ！ヤング』をスタートさせた。結果的には次の番組にバトンはタッチできなかったが、1994年4月までという12年半、通算放送回数600回を超える長寿番組となった。そしてさだは2022年10月、28年と半年ぶりに東海ラジオ『1時の鬼の魔酔い』のパーソナリティとして深夜枠に復帰した。

1983年発売の番組本（自由書館）

【パックインミュージック】　*Pack in Music*

1967年7月31日 〜1982年7月31日にTBSをキーステーションとして全国ネットされていた深夜番組。当初は月曜〜土曜（TBSは29時間制をとっていなかったため、火曜〜日曜と表記。ここでは他局と表記を合わせる） 24時30分〜29時で放送。但し生放送は27時までで、それ以降は他のパーソナリティによる録音番組を流していた。その後1969年5月12日から27時〜29時を2部としてTBSアナがパーソナリティを担当するようになった。番組タイトルの「パック」は、深夜にリスナーを魅了する妖精のような番組になってほしいとの思いから、シェークスピアの「真夏の夜の夢」に出てくる妖精の名前に由来。番組当初のパーソナリティは「大人のしゃべり手」のイメージの強いベテランのナレーターや声優が起用されたが、唯一木曜にラジオ

デビューしたばかりの若き声優、野沢那智と白石冬美を起用、後彼らは「ナチ・チャコ」と呼ばれ大人気パーソナリティに成長、番組終了まで木曜でしゃべり続け、その後も文化放送を中心に活躍した。1969年4月、この木曜以外の曜日の人気が振るわなかったため、当時人気のあったザ・フォーク・クルセダーズの北山修を起用。深夜放送初のフォークシンガー・パーソナリティと誕生となった。

当時を振り返った書籍「パック・イン・ミュージック 昭和が生んだラジオ深夜放送革命」（伊藤友治、TBSラジオ／DU BOOKS）

【はがきでこんにちは】 はがきでこんにちは

1971年10月4日 〜2020年9月25日に全国各地で放送されたリスナーからのハガキを紹介する5分のトーク番組。当初はTBSの朝ワイド番組『こんちワ近石真介です』のコーナーとしてスタート。その後JRNでネットされるようになった。タイトル通り、この番組ではリスナーからのメッセージはハガキか封書しか受け付けていなかった。その後、近石が高齢化のため引退、2020年9月28日からは六代目三遊亭円楽がパーソナリティを務める『おたよりください！』がスタート。ここからメールでのお便りも紹介されるようになった。2022年9月、円楽の死去により、弟子の伊集院光が引き継ぎ、現在に至る。

【永六輔の誰かとどこかで】 えいろくすけのだれかとどこかで

1967年1月2日 〜2013年9月27日にTBSをキーステーションにして放送されていた9分番組。パーソナリティの永六輔が日々の思いや世相批評、リスナーからのハガキや手紙を紹介するトーク番組であった。スタート当初のタイトルは『どこか遠くへ』だったが、1969年10月6日より『永六輔の誰かとどこかで』に変更。番組は永自身の体調不良を理由に終了となったが、最終回に永は「放送を休む」と言い、その言葉どおり、レギュラー終了後の2014年〜2016年に、9回の特番が組まれた（大相撲になぞらえた「初場所」「春場所」「秋場所」がタイトルに添えられた）。これを含め放送回数は1万2638回を数える。

【秋山ちえ子の談話室】 あきやまちえこのだんわしつ

エッセイストの秋山ちえ子がパーソナリティを務め、時事問題や社会問題を女性の視点で捉えて語る10分間のトーク番組。1957年9月2日『昼の話題』というタイトルでスタート。1970年に『秋山ちえ子の談話室』にタイトル変更、2002年10月4日までTBSをキーステーションにJRN各局で放送された。1981年1月3日までは月曜〜日曜の毎日放送。それ以降は月曜〜金曜の放送になった。2002年10月以降はTBSのみで『日曜談話室』として続いたが2005年秋に終了。1968年から毎年8月15日の終戦の日に、戦争の悲惨さを伝えるべく、童話「かわいそうなぞう」の朗読を続け、番組終了後も大沢悠里らによって朗読は引き継がれた。

【バックグラウンド・ミュージック】 Background Music

1964年7月19日〜2009年3月29日の日曜午前中にTBSラジオをキーステーションに全国で放送されていたクラシックとインストゥルメンタル曲の音楽番組。スタート当初は45分番組であったが、次第に放送枠が延び、最終的には1時間の番組に。番組は日曜朝の爽やかな雰囲気を壊さないよう、音楽中心でしゃべりは最低限に抑えられていた。実はこの番組が始まる4年前の1960年4月、東海ラジオで日曜朝の同タイトルの音楽番組がスタート。この番組も全国にネットされていたが、1972年9月にTBS制作番組に吸収される形で終了。これにより東海エリアでは東海ラジオに代わりCBCがTBSからの番組をネットするように。

【走れ!歌謡曲】 はしれ!かようきょく

　1968年11月19日〜2021年3月27日の月曜〜土曜（2006年4月以降は金曜まで）27時〜29時、文化放送をキーステーションに全国ネットされていた、日野自動車提供のトラックドライバー向けのトーク＆音楽番組。深夜番組ではなく早朝番組というコンセプトであったため、番組でのあいさつは「おはようございます」、放送日時の表記は「火曜〜日曜の3時〜5時」。1980年代にはネット局の東海ラジオ、ラジオ大阪から地域の話題をレポートする生コーナーがあり、本番前にネット局の女性担当者が、深夜の静かな局舎内で放送ラインを使った打ち合わせを行っていた。落合恵子、平野文、戸田恵子らも出演経験あり。

【大学受験ラジオ講座】 だいがくじゅけんラジオこうざ

　旺文社の創業者である赤尾好夫が大学受験教育の地域間格差を放送で埋めることを目的に、設立に関わった文化放送に番組を提案、同局開局の1952年3月31日から放送を開始。1954年9月1日からは、同年8月27日に開局した日本短波放送（現在のラジオNIKKEI）も放送を開始、全国での受信が可能となった。その後、地方の中波・FM局もネットするようになり、旺文社発行のテキストを見ながらラジオで受験勉強するスタイルが定着した。また、希望する高校に対し講座のカセットテープの無償貸し出しも行っていた。しかし予備校や通信添削の台頭で受験産業が多様化を迎え、1995年4月2日を以て番組は終了した。

【全国ポピュラーベストテン】 ぜんこくポピュラーベストテン

　1986年1月、火曜会（地方民間放送共同制作協議会）企画・文化放送制作で火曜会加盟の地方局のみで放送、音楽評家の八木誠がパーソナリティを務める洋楽チャート番組『ALL JAPAN TOP20』がスタート。ところが当時文化放送には前年の1985年4月からスタートした同タイトルで小林克也がパーソナリティを務める洋楽チャート番組があった。これが理由であるか定かではないが、1986年4月から八木誠版『ALL JAPAN TOP20』が『全国ポピュラーベストテン』と改題し、文化放送でもオンエアされることになり、2006年4月まで放送された。毎年年末には「全国ラジオ音楽賞・ポピュラー部門」の発表が行われていた。

【オールジャパン・ポップ20】 All Japan POP20

　1963年4月、ジャズ演奏家の小島政雄がパーソナリティを務め、毎週届くリクエストハガキの数で21位までのランキングを発表する番組『9500万人のポピュラーリクエスト』を文化放送がスタートさせた。1967年5月に小島の降板に伴いスタートしたランキング番組がこの番組。オープニンテーマ、モンキーズの「スター・コレクター」に乗って当時のパーソナリティみのもんたが「みのみのもんた、みのもんた」でしゃべり始めるオープニングは印象的だった。みのの他、梶原茂やせんだみつおらが担当し、1985年3月終了。その後は小林克也がパーソナリティを務める『ALL JAPAN TOP20』にタイトルを変更した。

【全国歌謡ベストテン】 ぜんこくかようベストテン

火曜会が企画、文化放送が制作し、文化放送と火曜会加盟中波局が1962年7月～1997年10月に放送していた邦楽ランキング番組。電話リクエスト数、ハガキリクエスト数、シングルレコード（CD）売り上げ、ベストテン選定委員会順位の4要素を集計、そこから総合ランキングを作成し発表していた。音楽評論家である伊藤強による曲やランキングに対するコメントが、他のランキング番組にはないステイタスを作り上げていた。1997年10月終了後、テイストは「SUPER COUNTDOWN 10」に引き継がれるが、その一方で、KBS京都が「全国歌謡ベストテン」を引き継ぎ、自社制作のローカル番組として2002年12月まで放送した。

【決定！全日本歌謡選抜】 けってい！ぜんにほんかようせんばつ

文化放送で1962年から放送していた『全国歌謡ベストテン』は録音番組であったため速報性に欠けていた。そこで1976年4月からの日曜13時～16時30分に生放送で、電話リクエストを元にしたランキング番組としてスタートしたのがこの番組。NRN系列の北海道放送、東海ラジオ、ラジオ大阪でも同時間帯の同フォーマット、同タイトルでありながら、ランキングデータとパーソナリティはその局独自の企画ネット番組を放送。文化放送では初代パーソナリティ・小川哲哉がゲストのアイドルにタメ口、呼び捨てで話しかけるのが話題に。ラジオ大阪版では立原啓介・横山由美子のコンビが人気を博した。1990年10月で終了。

【RKB歌謡ベスト50】 アールケービーかようベスト50

RKB毎日放送が1974年4月7日～1995年12月31日の日曜午後に生放送していた邦楽ランキング番組。スタート当初は12時15分～15時55分の3時間40分番組だったが、人気と共に放送時間を拡大、番組終了時には12時10分～17時の4時間50分の放送となった。

この番組の一番の特徴は1位から50位までの全曲を必ず流していたこと。当時はフォークソングやニューミュージックのアーティストが台頭し始めた頃で、この番組はその後に訪れるアイドルブームやバンドブームをけん引した。当時の福岡の中高生の間では人気が高く、月曜にはクラス中でこの番組のランキングが話題となっていた。

【ミッドナイト東海】 ミッドナイトとうかい

1968年から月曜～土曜の深夜帯に東海ラジオで放送されていた若者向け番組。1974年の占有率は68.8％を記録し、同時間帯にCBCがネットしていた『オールナイトニッポン』に差を付けての断トツ1位。当時の中京地区の若者から絶大な支持を集めていた。

その支持の背景には発言の過激さがあったことも事実。下ネタ連発、学校批判や過激発言を繰り返す森本レオ、つボイノリオは口が災いしてそれぞれ降板した。その後、番組は1983年8月に終了。最終回は愛知県体育館から、リスナー7000人を集めての公開放送だった。その後、天野鎮雄、松原敬生が「ミッドナイト東海21」として2005年から7年間放送した。

【アタックヤング】 *Attack Young*

1970年9月28日の24時からスタートしたSTVラジオ制作の北海道ローカル深夜番組。略称は「アタヤン」。1999年3月で一旦番組が終了。翌月からは『アタヤンPUSH!』にタイトル変更。そして2006年4月からは再びタイトルが『アタックヤング』に戻り、2016年3月31日で番組は完全終了となった。

この番組がスタートした1970年は各局がこぞって『オールナイトニッポン』か『パックインミュージック』をネットするようになった深夜放送ブームのまっただ中。と同時に、ナイター中継が終了する21時頃から、これら深夜番組がスタートする25時までの間の時間帯を"ヤングタイム"と名付け、各局は自社制作の若者向け番組をオンエアし始めた。この流れの中で生まれたのが『アタックヤング』である。

『オールナイトニッポン』同様、当初は全てのパーソナリティが局アナ（笹原嘉弘、喜瀬浩ら）であったが、1975年4月から地元フォークミュージシャンの河村通夫が火曜日を担当するようになり、その後、松山千春、KAN、田中義剛、山崎まさよしなど多くのミュージシャンがパーソナリティを務め、ここから全国区へと巣立っていった。また木村洋二、明石英一郎など人気局アナも数多く誕生。一時はこの時間帯のシェアが9割を超えた程の人気番組だった。

●1988年秋のパーソナリティ陣
（月）木村洋二、（火）田中義剛、（水）千秋幸雄、（木）みのや雅彦、（金）森中慎也、（土）明石英一郎、（日）KAN

【スマッシュ!!11】 *Smash!!11*

1969年4月23日スタートのRKB毎日放送23時台の若者向け番組。リスナーの自作曲を紹介するコーナーがあり、当時予備校生だった井上陽水がカセットテープで送ってきた曲に光るものを見つけた番組プロデューサー野見山実が陽水をレコード会社に紹介しデビューにつなげた。KBCラジオ『歌え若者』と並び、福岡のミュージシャンを数多く育てた名物番組。1986年4月4日の最終回には井上陽水やチューリップ、尾崎豊らがスタジオに駆け付け、佐野元春、大江千里、桑田佳祐らがメッセージを寄せた。パーソナリティの井上サトルとアシスタントが演じる少しHなショートコント（前ピン）は中高生の間で話題騒然だった。

【ジャンボリクエストAMO】 *Jumbo Request AMO*

1969年5月6日、それまでネット番組『全国歌謡ベストテン』を放送していた東北放送が全国的な深夜放送ブームに乗って火曜深夜0時から1時間の『AMO東北ヒットパレード』をスタート。「AMO」はスタート時間の「AM0時」に由来しているものの読みはなぜか「エイエムオー」である。

1970年10月に日曜24時〜25時30分に移動してタイトルを『ジャンボリクエストAMO』に変更。それまで局アナだったパーソナリティが宮城県出身のミュージシャン吉川団十郎に交代。以降、みなみらんぼう、大友康平らが担当、当時の宮城県の中高生リスナーの絶大な支持を集めた。1987年9月27日終了。

【我が町バンザイ】 わがまちばんざい

1983年4月スタートの東北放送、平日夜の若者向けワイド番組『ラジオはAM翔んでけ電波』の1コーナーとしてスタートしたところ大好評。1984年10月からは東北6県で月曜〜金曜の10分帯番組の企画ネット番組となった。

当初は自分の住む町を自慢し、他の町をけなすといったハガキを紹介する内容でスタートしたのだが、けなし合いがエリアを越え「宮城県対岩手県」「宮城県対福島県」「岩手県対山形県」といった県同士の対立までにエスカレートしていった。一方、各局パーソナリティ同士の結束は固く、全員で歌うシングル・レコード「なまって俺についてこい」（「トークマン・ブラザーズ」名義）をリリースした。

【FMリクエストアワー】 FM Request Hour

通称"エフリク""ステリク"。1957年12月24日から実験局として放送を開始したNHK東京放送局のクラシック音楽番組として1959年5月3日スタート。1969年3月1日に全国でFM本放送が始まり、放送局単位の土曜夕方の企画ネット番組に移行していった。

NHKの放送局は基本各県1局だが、北海道に7局、福岡県に2局あるため、全国54の放送局がそれぞれ個性ある番組を展開。局によっては公開放送、アーティストのゲストを招いてのライブなども行われていた。地方局アナの個性溢れるフリートークが聞ける貴重な番組で人気は高く、番組ファンクラブも数多く存在した。1996年3月番組終了。

【ベストテンほっかいどう】 ベストテンほっかいどう

1971年11月〜2020年9月27日にHBC北海道放送で放送されていた邦楽ヒットチャート番組。愛称は「べほ」。元々は昼ワイド『ハロードライバー』（月曜〜金曜14時〜16時）内の1コーナー「ベストテン北海道」としてスタート。その後、ワイド内扱いながらも事実上の独立番組となり16時〜17時15分にオンエア。

1988年10月からは平日夜に移動し中高生を中心に人気爆発。しかし1999年10月から浅い時間に移動し、2008年からは日曜に移動した。49年の長寿番組ながらも時代の流れに翻弄され、様々な時間帯を放浪する番組となった。夕方時代はミスターデーブマン、鎌田強らが、晩年は小橋アキ、中野智樹らが担当した。

【ハロージーガム】 Hallo JEAGAM

1970年代に巻き起こったBCLブームを支えたBCL情報番組。日本短波放送（現在のラジオNIKKEI）で1974年1月〜1976年3月の月曜〜金曜18時15分〜18時30分に放送。

パーソナリティは「ドラえもん」のスネ夫役などで知られる声優・肝付兼太。番組では最新の海外局周波数情報、受信報告書の書き方などのBCL入門情報、受信テクニックなどを紹介していた。2014年11月のラジオNIKKEI開局60周年記念番組に出演した肝付は「当時BCLの知識はなく、知ったかぶりで番組に臨んだ」と当時の思い出を語っていた。タイトルの「ジーガム」とはスポンサーの三菱電機が発売していたBCLラジオの名称。

【BCLジョッキー】 *BCL Jocky*

1973年10月〜1977年12月の月〜金曜24時45分〜25時（途中から24時50分〜25時）にTBSラジオで放送されていた中波では数少ないBCL情報番組。1974年からは夜ワイドに内包されていた。

世界各地の放送局や最新周波数情報などを紹介。番組スポンサーであるソニーが当時発売していた人気BCLラジオ「スカイセンサー」の名にちなんだ「スカイセンサークラブ」が番組スタートに合わせて発足した。その後、地方中波局でもネットされ、日本各地でファンの集い「BCLペディション」を開き、リスナー同士が集まって情報交換を行っていた。熊倉一雄、小川哲哉らがパーソナリティを務めた。

【BCLワールドタムタム】 *BCL World Tam-tam*

1974年スタートの『ハロージーガム』に続き、1975年12月〜1983年9月に日本短波放送（現在のラジオNIKKEI）で放送されていたBCL情報番組。提供は人気のBCLラジオ「クーガ」シリーズを発売していた松下電器産業。当初は日曜19時〜19時30分だったが、1976年4月からは土曜18時〜18時30分、1978年4月からは日曜17時半〜18時と放送時間はたびたび移動。初代パーソナリティは声優の川島千代子。1978年からはアマチュア無線やBCLが趣味のタモリがパーソナリティを務めた。番組ではBCLの様々な情報だけでなく、世界各局の番組を録音したものを実際に聞きながらその局を紹介していた。

【日本列島ここが真ん中】 にほんれっとうここがまんなか

1974年7月1日〜1998年10月2日にMRO北陸放送でオンエアされ、いまだに語り継がれる北陸放送の看板と言える午後ワイド番組。決められた番組パーソナリティはおらず、局アナが交代で番組進行を行っていた。

日替わりで一つのテーマを決め、そのテーマに沿って金沢市周辺を走るラジオカーからの生中継を行いながら、リスナーからの意見を電話やFAXで受けつけ、それを紹介していく内容。まさに「ラジオは知恵の寄せ集め」を地で行った番組。また永六輔、秋山ちえ子、中村メイコ、アルフィー、松任谷由実といった人たちが「応援団」として連日出演。まさに豪華なラインナップだった。

【山下達郎のサンデー・ソングブック】 やましたたつろうのサンデー・ソングブック

TOKYO FM制作のJFN38局フルネットの音楽番組。1992年10月3日〜1994年3月26日は土曜15時〜15時55分で『サタデー・ソングブック』として放送されていたが、1994年4月3日からは現在のタイトルに変更され、日曜に移動、放送時間も14時〜14時55分となった。

オンエアされる曲は山下自身の音楽ルーツである「オールディーズ」が中心となる。テーマを決めて2週以上に亘ってそのテーマに沿った楽曲と深い知識と見識に裏打ちされたトークで綴るテーマ特集は、この番組の聞きどころ。番組が謳う「最高の音質」は「ラジオで聞いたときの音質である」という山下の姿勢が泣かせる。

【土曜ワイドラジオTOKYO】　どようワイドラジオとうきょう

1970年5月から7代続くTBSラジオ土曜の午前中スタートで正午またぎの長時間ワイド番組。パーソナリティは順に永六輔、三國一朗、久米宏、毒蝮三太夫（タイトルは『土曜ワイド商売繁盛』）、吉田照美（タイトルは『土曜ワイドハッピーTOKYO』）、永六輔、ナイツ。最長放送時間は久米宏時代の9時〜17時の8時間だった。

この番組の一番の特徴は中継。永時代には久米宏、小島一慶が町に飛び出して体当たりの中継を実施。また久米時代の名コーナー「素朴な疑問」では、リスナーから素朴な疑問を募集、久米が電話を使って体当たり取材を行って疑問を解決していた。

【おはようパーソナリティ】　おはようパーソナリティ

朝日放送が1971年4月1日からスタートさせた平日朝のワイド番組。初代パーソナリティは、朝日放送の第1期アナウンサーとして入社、当時報道局プロデューサーだった中村鋭一。中村が日本で初めて「パーソナリティ」と名乗ったという。参院選立候補もあり、1977年3月25日をもって番組を降板。1977年3月28日からは2代目パーソナリティとして道上洋三が就任した。その後、体調不良で2022年3月25日に降板するまで、阪神タイガースが勝った翌日には「六甲おろし」を歌い続けた。道上の後は月〜木曜を小縣裕介、金曜を古川昌希がそれぞれ担当。1970年代初頭に生まれた朝ワイド番組の先駆け的存在。

【ハイヤングKYOTO】　ハイヤングきょうと

1981年4月にスタートしたKBS京都の若者向け深夜番組。島田紳助や桂文珍などの芸人が出演する一方で、京都の放送局でありながら関西以外の芸能人を積極的にパーソナリティに起用するという荒技を行い、名古屋在住のつボイノリオ、東京在住のおすぎとピーコ、北海道在住の、みのや雅彦らもパーソナリティを務めていた。また日活ロマンポルノ出身の寺島まゆみ、音楽＆映像プロデューサーとして活躍していたグーフィー森といった異色の経歴を持つパーソナリティも登用されて、それまでの大御所の深夜番組にはないアバンギャルドさがウケていた。1987年3月で終了し、1996年4月に復活したが2年半で終了。

【OBCブンブンリクエスト】　オービーシーブンブンリクエスト

1986年6月2日〜2001年9月28日にラジオ大阪で22時から生放送されいていた音楽バラエティ番組。中高生がメインターゲットで、スタート当初2年目までは、この年齢層の関西地区の聴取率ではトップを記録。愛称の「ブンリク」は、関西の中高生の間では知らぬ者がいない存在だった。人気コーナーは「ブンブンベストテン」。番組独自のベストテンを発表、その上位3曲をリスナーに予想させ、正解者には抽選で2万円をプレゼントという太っ腹コーナー。各曜日のパーソナリティの好みで、その曜日にかかりやすいリクエスト曲があったのも特徴。国生さゆりに結婚を申し込んだ中井雅之アナの金曜は、おニャン子がよくかかった。

【ABCヤングリクエスト】　*ABC Young Request*

　1965年、文化放送が『真夜中のリクエストコーナー』をスタートさせ、それまで大人のお色気番組しかなかった深夜枠で若者リスナーを発掘することに成功し、深夜放送ブームが巻き起こった。それは大阪も同様で当時はお色気番組が深夜枠で幅を利かせていた。そこに果敢に挑み、関西の若者リスナーを発掘したのがこの番組。1966年4月1日スタート。月曜〜日曜23時台〜27時の生放送。

　パーソナリティは男性局アナと女性タレントの2人1組。タイトル通りハガキによるリクエスト曲を受け付ける他、落語や漫才などの演芸コーナー「ABCミッドナイト寄席」、笑福亭仁鶴がハガキを猛スピードで読み上げリアクションする「仁鶴・頭のマッサージ」、「ヤンリク・クイズ」などのコーナーも人気が高く、平均聴取率が6％という数字を叩き出し、リスナーからのハガキも連日2〜3万通届いたという。

　番組テーマ曲は番組プロデューサーが作詞し、キダタローが作曲したもので、様々なアーティストが歌い継いでいる。ちなみに1980年5月〜9月はシティーポップ・ブームで人気急上昇の松原みき、同年10月〜1983年9月は岩崎良美が歌っている。1986年10月3日の最終回放送には約40人の歴代パーソナリティが駆けつけた。

番組で発行されていたパンフレット「ヤンリクメイツ」（写真右は道上洋三）。

【ポップ対歌謡曲】　*ポップたいかようきょく*

　朝日放送が1967年4月〜1995年9月の月曜〜金曜13時30分〜14時に放送していた公開生放送の音楽バラエティ番組。公開場所は旧朝日放送本社ビル1階の日産大阪ギャラリー。正式にはタイトルの前に「日産ミュージック・ギャラリー」が付く。タレント2組が洋楽組と邦楽組に分かれ、クイズに挑戦、勝った方のリクエスト曲がかかるという内容。島田紳助、明石家さんま、上岡龍太郎など関西のお笑いタレントのほとんどがこの番組に出演していた。そうなると当然のことながらアドリブが多く入り乱れ、肝心のリクエスト曲が数秒しか流れないことが連日のごとく続き、気づけばそれがこの番組の売りとなっていった。

【誠のサイキック青年団】　*まことのサイキックせいねんだん*

　ABCラジオで1988年4月3日〜2009年3月8日の日曜25時〜26時台に放送されていたトーク番組。北野誠とコラムニスト竹内義和のフリートークに、番組立ち上げディレクター板井昭浩と映画評論家の平野秀朗が時折参加。政治、芸能、アイドル、オカルト、猥談などなど森羅万象の数々を俎上に載せ、妄想と邪推の世界で語り尽くすという、およそラジオでなければ描けない世界をオンエアし続けた。その内容が過激すぎるとの批判を多数受け、最終回を迎える前に突如打ち切りとなってしまった。現在はKBS京都「角田龍平の蛤御門のヘン」で、年に2度ほど北野、竹内が揃って「サイキックミーティング」を放送している。

【歌って笑ってドンドコドン】 うたってわらってどんどこどん

ラジオ大阪が1974年10月5日〜1999年3月27日の土曜日に放送していたトークバラエティ番組。放送時間は1993年3月までは13時〜16時頃、1993年4月以降は14時〜16時。スタート時のメインパーソナリティは横山ノックだったが、途中から上岡龍太郎に。彼は関西テレビ『ノックは無用！』（昼12時台）の出演後、すぐにラジオ大阪に直行するという強行スケジュールだった。リスナーからのハガキをネタにフリートークを展開するというパーソナリティの話芸あってのオーソドックスな作りがウケ、四半世紀の長きに亘って放送が続いた。番組終了後、出待ちのリスナーに気さくに話しかける上岡の姿が印象的だった。

【鶴瓶・新野のぬかるみの世界】 つるべ・しんののぬかるみのせかい

1978年4月9日〜1989年10月1日にラジオ大阪で放送されていた日曜深夜のトーク番組。スタート当初は23時〜24時と24時30分〜27時の2部制だったが、1981年から24時〜26時30頃（常に未定）となった。新野新と笑福亭鶴瓶によるどこに向かうかわからない深夜のうだうだトークにハマるリスナーが多数発生、彼らは「ぬかる民」と呼ばれ、毎週500通以上の封書が番組に届いていた。日曜深夜は放送機器のメンテナンスで停波する局が多いため、全国レベルで聞かれていた番組である。初回ゲストの甲斐よしひろと新野が生放送中にケンカするという波乱の幕開けとなり、以後も数々の騒動を起こしたことで有名。

【わ！WIDE とにかく今夜がパラダイス】 わ！ワイドとにかくこんやがぱらだいす

1982年10月4日〜1989年9月28日にCBCラジオが放送していた若者向け夜ワイド番組。放送当初は月〜金曜の帯番組だったが、1985年4月から月〜木曜に変更。この番組の前番組『今夜もシャララ』で人気を博していた小堀勝啓をパーソナリティに据え、当時首都圏で人気の高かった文化放送『てるてるワイド』を徹底的に研究してスタート。思惑通り中高生に圧倒的な支持を得、東海地区での聴取率ではトップ。番組ゲストには当時超人気の田原俊彦などが出演。若者向けラジオブームに乗り、リスナーは全国に広がっていった。最終回当日は多くのリスナーが駆けつけ、その様子は深夜のCBCテレビのニュースで報道された。

【PAO〜N ぼくらラジオ異星人】 パオーンぼくららじおいせいじん

RKBラジオ『スマッシュ!!11』が福岡の夜ワイドを独占していた中、KBCラジオが当時の文化放送夜ワイド番組『てるてるワイド』を徹底的に研究し、1983年5月30日にスタートさせた若者向け夜ワイド番組。当初は日替わりパーソナリティだったが、1986年からは沢田幸二アナが単独で出演するようになった。ハチャメチャな企画で人気を博し、リスナーは全国に広がった。1990年4月6日に最終回を迎え、その模様はKBCテレビの深夜の人気番組『ドゥーモ』で放映された。現在、その遺伝子は昼ワイド番組『PAO〜N』に受け継がれている。2023年12月30日には40周年記念特番が生放送され、当時のリスナーを喜ばせた。

【サテライトNo.1】 *Satellite No.1*

RCC中国放送が1972年5月7日〜1988年3月27日の日曜夕方に放送していた公開生放送形式のバラエティ番組。タイトル通り、サテライトスタジオをスポンサーでもある家電販売店、第一産業の本店（現在のエディオン広島本店）に作り、当時人気の高かった柏村武昭アナウンサーをパーソナリティに起用。1975年に柏村はフリーとなったが、この番組に関しては最後までパーソナリティを務め続けた。

当初、広島だけの放送だったが、途中から中国ブロックのネット番組となった。『コント小話』などのコーナーが人気で、1982年には24％の聴取率を叩き出すほどの超人気番組だった。

【サツと修吾のハッピートーク】 さつとしゅうごのハッピートーク

1973年〜1998年の日曜のお昼にBSN新潟放送がオンエアしていた公開録音のトーク番組。パーソナリティは同局社員の大倉修吾と、まったくの素人で公開放送によく来ていたためにスカウトされて出演するようになった広川サツ。サツばあさんが出演するようになったのは72歳の時で、以来97歳になるまでレギュラーとして出演し続けた。

大倉は局アナではなく報道記者やディレクターを歴任してきた一般社員だったため訛りがきつかったが、それがかえって人気を博し、広川との地元言葉のトークが話題となって人気に火が点いた。四半世紀に亘り、新潟の日曜お昼の人気番組となった。

【飛び出せ！全国DJ諸君】 とびだせ！ぜんこくでぃーじぇーしょくん

1974年〜1983年に火曜会がナイターオフ期間に制作した月〜金曜の10分番組。火曜会加盟のラジオ局からエントリーした局アナやパーソナリティが日替わりで登場、それぞれ個性ある番組をオンエアし、それを聞いたリスナーが人気投票を行い、その上位になった者を集め、公開放送で対決させグランプリを決定するという内容。この番組から全国へ羽ばたいたり、キー局へ移籍した者は多く、地方局アナにとっての登竜門となった。初代グランプリは中国放送の柏村武昭。当時山形放送の局アナだった荒川強啓は1975年のDJ賞を受賞。その後フリーに転身しTBSラジオ『デイ・キャッチ！』で人気を博した。

【青春ラジメニア】 せいしゅんらじめにあ

1989年4月1日からラジオ関西で放送時間を変更しながらも、現在も放送されているアニメファン向け番組。元々は『アニメ玉手箱』という1986年〜1989年に放送されたアニメ番組の後継番組としてスタート。パーソナリティは『アニメ玉手箱』から36年間岩崎和夫（2005年まで同局アナウンサー、その後フリー）が務めていたが、2022年3月をもって卒業した。

番組の一番の特徴はリスナーからハガキかFAXで送られてきたアニソンのリクエストをフルコーラスでかけること。基本的にメールは受け付けていない。番組リスナーは「ラジメニアン」と呼ばれていた。

【青春キャンパス】 せいしゅんきゃんぱす

1980年4月7日〜1987年4月3日の月〜金曜夜の時間帯に文化放送制作でNRN系列全国ネットで放送されていた30分のバラエティ番組。パーソナリティは谷村新司とばんばひろふみ。『セイ！ヤング』から続く三段オチの「天才・秀才・バカ」が人気。ネット各局では若手局アナやタレントによるキャンパスリーダーが選ばれ、「キャンパス情報」「若者の周辺シリーズ」として地元レポートを行い、各局の高校生リスナーもキャンパススタッフとして制作に携わっていた。1986年2月には全局のキャンパスリーダーたちが集まりゲームなどを行った番組イベント「全国リーダー大会」が開催された。

【ミスDJリクエストパレード】 Miss.DJ Request Parade

1981年10月〜1985年3月の月〜金曜24時30分〜27時に文化放送で放送されていたリクエスト番組。曜日毎に現役女子大生がパーソナリティを務め、当時の女子大生ブームの先駆けとなった。この番組でパーソナリティを務めた川島なお美、千倉真里、川口雅代、長野智子、向井亜紀らがアナウンサーや俳優、タレントとして巣立っていった。

2016年10月、土曜の昼番組として31年ぶりにレギュラー番組として復活したが（パーソナリティは千倉真里）、2023年10月に終了した。現在、文化放送土曜日11時からの『てるのりのワルノリ』内のコーナー「あっ！という間のミスDJ」として放送中。

【オーサカ・オールナイト】 おーさか・おーるないと

それまで終夜放送をしていなかったラジオ大阪が、1965年に誕生して深夜放送ブームを生み出した文化放送『真夜中のリクエストコーナー』の成功に刺激され、『パックインミュージック』や『オールナイトニッポン』よりも早い1966年12月5日から放送を開始した深夜の若者向け番組。これでラジオ大阪は終夜放送となった。副題は1968年までは「夜明けまでご一緒に」、それ以後は「叫べ！ヤングら」。

放送時間は月〜土曜26時30分〜29時30分。個性を出した関西弁の放送で人気を博した。パーソナリティには浜村淳、笑福亭仁鶴、新野新、上岡龍太郎、桂小米（のちの枝雀）などがいた。

【サーフ＆スノウ】 Surf&Snow

1985年10月7日〜1996年10月6日の平日夜にTBSラジオで放送されていた音楽番組。ミリオンセラーが多数生まれた音楽バブル期を支えた名物番組。自らスーパーDJを名乗る松宮一彦がパーソナリティを務め、ブレイク前のアーティストをいち早く発掘、ラジオから流れる音楽はプロモーションなのでイントロに曲紹介を乗せてエアチェックを阻止したり、ライブのバラードで手拍子をしない「Don't Clapキャンペーン」を提言するなど音楽への愛に満ち溢れる姿勢に人気が高まった。1998年秋から半年間、松宮はNACK5で同タイトルで番組を復活させた。サブスク全盛の現代に蘇ってほしい番組の一つ。

【ラジオ深夜便】　

　以前NHKは第1放送が24時、FM放送が25時で放送を終了していた。しかし1988年9月の昭和天皇重体以降は天皇の様態に対応するために終夜放送を行うようになり、早朝まで静かな音楽とニュースを流していた。しかし1989年1月7日の崩御でその体制も終了した。ところが意外なことに深夜の静かな音楽だけの放送に支持が集まり、再開を望む声が高まった。これに応えて1990年4月28日にスタートしたのがこの番組である。

　当初は24時〜29時の不定期放送だったが、1992年4月6日からは23時〜29時のレギュラー番組となった。この背景には、かつては若者が独占していた深夜帯において「夜眠れない」「早くに目が覚めてしまう」高齢者リスナーが増えたことが挙げられる。その後、民放各局の中にも、27時以降の早朝番組を若者向けからシニア向けに変更する局が出てき

た。『ラジオ深夜便』の番組パーソナリティはアンカーと呼ばれて、NHKの現役及び引退した元NHKアナが務めている。現在23時〜24時台は様々な情報を伝えるトーク中心で、25時〜27時台は音楽中心、28時台はトーク中心の編成となっている。これを一覧にした表が番組ホームページに載っているが、タイトルが「番組時刻表」となっていて、ターゲットが誰なのかがはっきり分かる。

毎月発行の雑誌「ラジオ深夜便」（NHK財団）

【ヤロウどもメロウどもOh!】　

　ラジオたんぱ（現在のラジオNIKKEI）で放送されていた若者向け公開生放送番組。通称「ヤロメロ」。第1期は1977年4月〜1978年3月の月曜〜金曜17時〜18時。第2期は1980年4月〜1983年3月で月曜〜土曜の1時〜18時。

　そもそもラジオたんぱは開局以来、平日の4時までは株式市況を放送、その後の夕方から夜までは空白の時間帯であった。1976年、当時局アナだった大橋照子が17時30分から18時にバラエティ番組『ギャングパーク』を始めたところ、中高生を中心としたリスナーからハガキが殺到、中にはスタジオを訪れ見学するリスナーも多く出てきた。当時の夕方の時間帯のラジオは大人向け番組ばかり。そのため帰宅組の中高生がこの番組に飛

びついた。その背景には1970年代から巻き起こったBCLブームで短波ラジオを持っている中高生が多くいたことが挙げられる。

　そこに目を付け、それまでラジオたんぱのリスナーではなかった中高生を取り込む番組としてスタートさせたのがこの番組だった。スタジオには事前申し込みもなく自由に入ることができたため、アメリカ大使館前のラジオたんぱ局舎の周りには、入場待ちする中高生の列が午後3時頃から出来始め、自主的にきちんと整列する様子は周りの会社員たちの目を引いた。

　番組終了後もこの若者向け夕方枠はパーソナリティや番組名を変えながらも1993年3月まで続いた。

【MBSヤングタウン】 *MBS Young Town*

　深夜放送がブームとなった1960年代後半、関西では1966年4月に朝日放送で『ABCヤングリクエスト』がスタート、同年12月にはラジオ大阪が『オーサカ・オールナイト』をスタートさせた。この2局に後れをとった毎日放送は翌年1967年10月、25歳以下のリスナーをターゲットとした24時10分からのリスナー参加の公開帯番組『歌え！MBSヤングタウン』を10月からスタートさせた。

　パーソナリティは斎藤努アナ。毎回、フォークシンガーなどのミュージシャンをゲストに招き、アマチュアのフォークグループ2組が登場するなど、当時のフォークブームを取り込んだ番組だった。その後、1968年4月からは週の後半を桂三枝（六代目桂文枝）がパーソナリティを担当、聴取率4％という驚異的な数字をあげた。ちなみにこの人気にあやかりMBSはテレビ版『ヤンタン』の『ヤングおー！おー！』を斎藤、三枝の2人で1969年にスタートさせる。そして1970年10月、タイトルから「歌え！」が消え、現在の『MBSヤングタウン』になり、公開放送も止め、スタジオからの放送となった。この頃から大阪のお笑いタレントだけでなく、ミュージシャン

やアイドルもレギュラー出演するようになり、人気は全国区へと広がった。

● 1972年春のパーソナリティ陣
- （月）斎藤努、桂文珍、河内まさ子
- （火）笑福亭鶴光、角淳一、山本恵子
- （水）斎藤努、中田カウス・ボタン、清水英子
- （木）レッツゴー三匹、高野久仁子
- （金）杉田二郎、田中恵子
- （土）桂三枝、近藤光史、亀本友子

● 1986年春のパーソナリティ陣
- （月）明石家さんま、長江健次、大津びわ子、伊東正治
- （火）河合奈保子、嘉門達夫、寺崎要
- （水）原田伸郎、渡辺美里、MAKOTO、金指誠
- （木）島田紳助、白井貴子、土建屋よしゆき、藤田寿代
- （金）谷村新司、ばんばひろふみ、佐藤良子
- （土）笑福亭鶴瓶、宮崎ますみ、森脇健児
- （日）西川のりお、小林千絵、柏木宏之

【私の書いたポエム】 わたしのかいたポエム

　1976年10月から放送されているラジオNIKKEIの長寿番組。パーソナリティは競馬実況アナとして一世を風靡した長岡一也と、ラジオたんぱ（現在のラジオNIKKEI）で夕方枠の女王としてリスナーの心を鷲掴みにした大橋照子のコンビ。番組ではリスナーから送られてくる身の回りの出来事や季節ネタのメッセージ、800字以内のリスナー自作の自由律

句（ポエム）、川柳をパーソナリティの2人が次々と紹介。これらリスナーから投げられてきたボールを、パーソナリティの2人が丁寧に受け取り、リスナーが受け取りやすく投げ返すという、まさにラジオの原点と言うべき番組。それが2023年で48年を迎える長寿番組の所以であろう。

【ミュージシャン（しゃべり手）】 ミュージシャン

1970年代から1980年代にかけて、テレビには出ないがラジオには出演するミュージシャンが多数いた。彼らは自由に発言できないことなどを理由にテレビを拒否し、ラジオで自由な発言をリスナーに届けた。

また当時はラジオからヒット曲が数多く誕生した時代でもあり、ラジオとミュージシャンの関係はますます密接となった。特に深夜放送ではその傾向が強く、さだまさし、松山千春、谷村新司らフォークを中心とした多くのミュージシャンがパーソナリティを務めた。SNSのない時代にラジオは自分の意見を発信できる唯一の場であり、そこから流れる本音にリスナーは心打たれたのだ。

【落語家（しゃべり手）】 らくごか

草創期の民放ラジオにとって、スタジオに入ってキューを出せば時間まで面白い話をしてくれる落語家は、重宝な存在だった。特に面白さに重きを置く関西では上方の落語家が出演する番組は多く、当時若手だった笑福亭仁鶴は『オーサカ・オールナイト』や『ABCヤングリクエスト』で、桂三枝（現在の六代目桂文枝）は『MBSヤングタウン』でそれぞれ人気に火が点き全国区へ羽ばたいていった。東京では月の家圓鏡（8代目橘家圓蔵）が人気で1960年代後半から1980年代前半にかけて文化放送、1968年〜1989年にかけてニッポン放送に出演し続けた。現在落語家の番組の数は東西とも減っている。

【お笑い芸人（しゃべり手）】 おわらいげいにん

1970年代半ば頃から旧来の落語家のしゃべりに「臭さ」を感じるようになった若者が増えた。そこに笑福亭鶴光や笑福亭鶴瓶、明石家さんまといった古臭さを感じさせない自分たちと同じ言葉でしゃべる落語家が登場。同時に落語以外のお笑い芸人がパーソナリティを務めるようになる。

中でも異色の存在がタモリだろう。ジャズのアドリブのように自由気ままに展開していくしゃべりと発想は、予定調和に終わらないラジオとマッチし、新しい世界を作り出した。以後、漫才、コント、ピン芸人などなど、様々なジャンルのお笑い芸人が独自の世界観でラジオを変化させ続けている。

【劇団系俳優（しゃべり手）】 げきだんけいはいゆう

ラジオは常にその時代の人気者を探し出し、パーソナリティに据えてきた。1980年代は小劇場演劇がブームとなり、劇団の主宰者や俳優がラジオ番組のパーソナリティに起用されるようになる。彼らは観客＝リスナーとの一体感を巧みに作り出していた。第三舞台の鴻上尚史やWAHAHA本舗の久本雅美、劇団☆新感線の古田新太は『オールナイトニッポン』、古田と同じ劇団の羽野晶紀は『MBSヤングタウン』、夢の遊民社の佐戸井けん太や段田安則、円城寺あやはラジオたんぱ（現ラジオNIKKEI）の『どんなもんだハウス』に出演。近年では、本谷有希子、ヨーロッパ企画などが番組を任されたが、その数は減っている。

【声優（しゃべり手）】 せいゆう

　美しく魅力的な声の持ち主である声優は昔からラジオには欠かせない存在である。その美声でリスナーをイメージの世界へ誘った代表格が『JET STREAM』。城達也の甘い声によるナレーションと音楽が未知の世界旅行へと誘ってくれた。このように声優にはナレーターとして出演する番組が多かったのだが、それに反してフリートークで若いリスナーの心を捉えたのが『パックインミュージック』の野沢那智と白石冬美のコンビだった。彼らの活躍以降、パーソナリティとしてフリートークで活躍する声優が増えた。また、文化放送、ラジオ大阪、ラジオ関西のように声優番組に特化した枠・ゾーンを設置する局も出現している。

【アイドル（しゃべり手）】 あいどる

　しゃべり手とリスナーの距離がグッと縮まるラジオはアイドルにとってファンを獲得し、その心を掴む必須のアイテム。アイドルが数多く誕生した80年代前半からアイドル番組が急激に増えた。

　文化放送『てるてるワイド』など中高生リスナー向けの夜ワイド番組にアイドルのフロート番組が数多く誕生したのもこの頃で、日曜夜のニッポン放送で、菊池桃子に中山美穂、南野陽子らのハコ番組がずらっと並んだのも80年代。この頃ラジオ番組を持っていた元アイドルたちが、現在もラジオ、テレビで活躍しているのも、若い頃にラジオで学んだフリートークの技術や番組進行のコツなどがあってのことだ。

【小沢昭一】 おざわしょういち

　俳優であり俳人であり芸能研究者でもある。1929年4月6日、東京都生まれ。「小沢昭一の小沢昭一的こころ」は1973年1月8日〜2012年12月28日、通算1万410回という放送回数を重ねたTBSラジオをキー局にJRN加盟各局で平日に放送された10分のトーク番組。1960年代に森繁久弥の語りで人気だった『森繁の重役読本』の後継番組として制作。毎週テーマを決め、「○○について考える」と題し、主人公の「宮坂さん」の中年男性としての悲哀を小沢のひとり語りで表現。山本直純によるお囃子ともマッチしていた。落語家の五代目柳家小さんが「これが本当の現代の落語だ」と語っていたという。2012年12月10日死去。

【林美雄】 はやしよしお

　TBSアナウンサー。1943年8月25日、東京府深川区（現在の東京都江東区）生まれ。早稲田大学卒業後の1967年4月、TBSにアナウンサーとして入社。同期には久米宏がおり、小島一慶を加え「TBS若手三羽ガラス」と呼ばれた。

　1970年5月から『パックインミュージック』に出演（体調不良の久米に代わっての起用）。映画や演劇、音楽の世界での逸材をいち早く発掘して番組で紹介。その中には荒井由実（現在の松任谷由実）、タモリ、おすぎとピーコなどがいる。番組降板後は番組プロデュースに専念し、爆風スランプ、渡辺美里、赤坂泰彦らを見出した。2002年7月13日、58歳で死去。

【向田邦子】 むこうだくにこ

1929年11月28日東京都生まれ。大学卒業後に映画雑誌記者を経て、1962年3月5日TBSラジオでスタートした『森繁の重役読本』の台本を担当。これが彼女の実質的出世作で、以降テレビドラマの脚本家として活躍。

『森繁の重役読本』は「重役さん」という中年男性の主人公が日常生活上の悲哀に満ちた愚痴をこぼし、部下の「森繁くん」に重役の心得を説くという内容で、森繁久弥がひとり語りで進行。この番組の後継番組が『小沢昭一の小沢昭一的こころ』であり、彼女の活躍がなければ小沢の名番組も生まれなかったと言ってよい。この台本は文春文庫で読める。1981年8月22日、飛行機事故により死去。

【ロイ・ジェームス】 Roy James

親は亡命ロシア人で、1929年3月9日東京市下谷区（現在の東京都台東区）生まれの下町育ち。そのため、外見は外国人ながらべらんめえ調のしゃべりが特徴。そのしゃべりを生かしたのが1960年代から全国ネットされた文化放送5分の帯番組『意地悪ジョッキー』だった。

毒舌トークが冴え渡り「何か忘れちゃいませんかってんだ」が決め言葉。その後1966年12月4日〜1987年9月27日の日曜9時〜10時にニッポン放送がオンエアしていたランキング番組『不二家歌謡ベストテン』を担当。番組半ばの1982年12月29日死去。その後この番組は今仁哲夫、古舘伊知郎らが担当した。外国人タレントの草分け的存在でもあった。

【若山弦蔵】 わかやまげんぞう

1932年9月27日、当時日本領だった樺太生まれの札幌育ち。声優、ナレーター。高校卒業後、NHK札幌放送劇団の研究生を経て声優に。1968年にTBSラジオ『パックインミュージック』のパーソナリティに抜擢。1973年にはTBSラジオの夕方ワイド番組『おつかれさま5時です』のパーソナリティを務め、引き続きその後番組である『東京ダイヤル954』を担当した。ビロードのような低音と洋楽のスタンダードナンバーが流れ、大都会東京の夕暮れが似合うおしゃれな番組だった。しゃべりの細部にまでこだわるプロ中のプロである。晩年は、永六輔の番組に月1回程度のゲスト出演を続けた。2021年5月18日死去。

【野沢那智＆白石冬美】 のざわなち＆しらいしふゆみ

通称「ナチチャコ」（発音は“なっちゃこ”）。TBSラジオ『パックインミュージック』のスタートから終わりまで、唯一パーソナリティを続けた名コンビ。品があって都会的なセンスのあるふたりのトークは、ませた背伸びしたがりの高校生リスナーを虜にした。前の週に出されたお題に対する投稿を紹介する人気コーナー「お題拝借」での野沢のハガキ読みの見事さ、それに対する白石の嘘のない天然のリアクション、そのコンビネーションが見事。『パック』終了後も文化放送で『那智チャコハッピーフレンズ』『いう気リンリン那智チャコワイド』などに出演。野沢は2010年10月30日、白石は2019年3月26日に死去。

【日高晤郎】 ひだかごろう

1944年2月28日、大阪市出身。大映京都撮影所演技研究所に入所し映画デビュー。1983年4月9日に自身がパーソナリティを務めるSTVラジオ土曜の生ワイド番組『ウィークエンドバラエティ 日高晤郎ショー』がスタート。抜群のトークセンスとシニカルな毒舌、物事の善し悪しをはっきりさせる気性で人気が急上昇。スタジオには毎週常連リスナーが見学に来ていた。放送時間が3時間から9時間まで拡大。今もこれほど長時間のレギュラー生放送はない。2018年1月に病気であることを公表、3月24日の放送終了後入院し、その日からの放送は局アナが代打出演。4月3日死去。4月7日には公開で追悼番組が生放送された。

【高崎一郎】 たかさきいちろう

父親の仕事の関係で1931年5月13日ロンドン生まれ。大学卒業後に渡米し本場アメリカのDJスタイルを体得。帰国後、ニッポン放送にプロデューサーとして入社。『オールナイトニッポン』の立ち上げに関与し、初代パーソナリティを務める（土曜）。

番組はソウルチューンをノンスタイルで流すディスコスタイル。当時アマチュアだったはしだのりひこ率いるザ・フォーク・クルセダーズが自主制作したアルバム内の「帰ってきたヨッパライ」がラジオ関西で評判になっていると聞きつけ、1967年10月14日に番組でオンエア。大反響を呼び2ヶ月で180万枚の大ヒットに。2013年8月10日死去。

【松宮一彦】 まつみやかずひこ

1953年12月11日東京生まれ。中学2年生の時に『オールナイトニッポン』の初回放送を聞き、番組会報「Viva young」の第1号に彼のハガキが掲載されている程のラジオ好きであり、1970年頃から「ビルボード」誌をストックしておく程の音楽好き。自称「明るいチャートマニア」。日本大学芸術学部放送学科卒業後の1976年にTBS入社。多くの音楽番組のパーソナリティを務め、1981年10月からは平日夜の人気ワイド番組『夜はともだち』の木曜以外のパーソナリティを務める。その後、1985年10月7日スタートの音楽番組『SURF&SNOW』のパーソナリティに。

自らを「スーパーDJ」と呼び、選曲もスタッフと共に自ら行い、ラジオとしては珍しく生本番前にリハーサルを行う。その理由を「DJは騎手が馬を操るようにレコードを自在に操る」。そのために「僕が番組の中でどうしたいかという意志とスタッフの気持ちが、互いに、伝わりあわなくてはダメ」だからと答えている。彼とミキサーの曲出しのタイミングを合わせるために、スタジオの中からミキサーに逆キューを出す程の厳しさを持って番組に臨んでいた。1999年9月27日死去。存命なら今の音楽番組に大きな変化をもたらしたであろう。

松宮一彦は、その時、どういう風に仕切った。

「ラジオパラダイス」1986年4月号より

【榎本勝起】 えのもとかつおき

　1929年10月26日東京都町田市生まれ。1952年ラジオ東京（現在のTBSラジオ）にアナウンサーとして入社。1972年に昼ワイド番組『榎さんのお昼だよ〜』に出演。その後、1978年10月2日〜1998年4月3日の19年半、TBSをキー局にJRN加盟局ネットの平日早朝の帯番組『榎さんのおはようさん〜!』のパーソナリティを担当。地方リスナーを意識した呼びかけをするなど、細かな所まで気を遣う放送を行っていた。2006年、元ニッポン放送アナウンサー・斉藤安弘との対談と2人の架空番組が付録CDとなった白夜書房のムック「ラジオDEパンチVol.2」が発売された。2021年11月22日死去。

【広川サツ】 ひろかわさつ

　1901年9月17日新潟県生まれ。1970年代、新潟放送の平日の朝ワイド番組『ミュージックポスト』の公開生放送によく顔を出していたところ、スタッフからスカウトされこの番組に出演するようになった。その後、1973年、大倉修吾と共に日曜昼の『サツと修吾のハッピートーク』のパーソナリティとしてデビューを果たす。これは当時、日本におけるレギュラーパーソナリティの最高年齢記録であった（なお、日野原重明が2017年5月までレギュラーでラジオNIKKEIの番組に105歳まで出演している。これが現在の記録）。また新潟のローカルCMにも出演していた。97歳で番組を降板。2001年10月2日死去。

【笑福亭仁鶴】 しょうふくていにかく

　1937年1月28日大阪市出身。1964年、阪神百貨店1階のラジオ大阪サテライトスタジオで『即席リレー小話、ハイ本番』に出演。これがきっかけで1966年12月、ラジオ大阪の深夜番組『オーサカ・オールナイト』火曜日を担当。高校生リスナーに絶大な支持を受ける。更に1969年4月から始まった朝日放送の深夜番組『ABCヤングリクエスト』内の「仁鶴・頭のマッサージ」でその人気を不動のものとする。彼の代表ギャグ「どんなんかな〜」はこの番組から生まれた。その後、毎日放送『MBSヤングタウン』にも出演。晩年はKBS京都『仁鶴の日曜想い出メロディー』、ABCラジオ『仁鶴の楽書き帖』を担当。2021年8月17日死去。

【井上悟】 いのうえさとる

　1939年12月24日福岡県甘木市生まれ。1963年RKB毎日放送にアナウンサーとして入社。1969年4月から始まった若者向け夜番組『スマッシュ!!11』のパーソナリティを番組が終了するまで務める。1972年頃の『スマッシュ!!11』で3年前に解散したビートルズの昔の曲をかけたところ、リスナーから送られてきた「解散したバンドの古い曲をかけるより最新曲をかけてほしい」という主旨のハガキに対して、「ビートルズが古いという考えがおかしい」と反論。音楽を理解するためには古い曲からずっと聞き続けることが必要だと熱く語りそこで敢えてビートルズの「Please Please Me」をかけた。

【高嶋秀武】 たかしまひでたけ

1942年4月17日横須賀市生まれ。1965年ニッポン放送入社。スポーツアナとしてプロ野球中継を担当。ナイター終了後『オールナイトニッポン』を聞きながら帰宅していたが、次第に自分も番組を担当したくなってきて上司に直訴、1969年1月『オールナイトニッポン』2代目木曜パーソナリティに抜擢された。

1981年4月から朝ワイドを担当。1985年4月からは早朝ワイド『お早う!中年探偵団』のパーソナリティを務め、2004年3月まで19年間ニッポン放送の朝の顔として活躍した。現在も毎月1回日曜27時〜29時でニッポン放送『オールナイトニッポン月イチ』や『高島ひでたけ 元気の現場』を担当している。

【亀渕昭信】 かめぶちあきのぶ

1942年3月1日北海道生まれ。1964年にニッポン放送入社。1969年〜1973年に『オールナイトニッポン』のパーソナリティを務め、1970年には飢饉のビアフラに米を送ろうというキャンペーンを番組で行い、日本政府に5千トンの米を届けさせた。その後ニッポン放送社長に就任。ニッポン放送の編成局長時代、

地震でエレベーターに長時間閉じ込められたニュースを読んだアナウンサーを呼び止め「閉じ込められた間、トイレはどうしたのか取材したか?」と聞いた。アナが「いいえ」と答えると亀渕は「そこを取材するのがラジオなんだ」と言った。火曜会制作「亀渕昭信のお宝POPS」は現在も放送中。

【斉藤安弘】 さいとうやすひろ

1940年8月21日横浜市生まれ。1964年ニッポン放送に入社。その時先輩から「どうしてラジオ局なんて斜陽産業に入社したの?」と言われる。亀渕昭信とは同期で「カメ&アンコー」コンビで人気を集める。1967年『オールナイトニッポン』初代パーソナリティに。その後は朝ワイドなどを担当。1986年アナウン

サー職から管理部門へ。1992年からは彫刻の森で取締役に。繁忙期に取締役自ら渋滞の駐車場でクルマを誘導する姿が見られた。2003年現場に復帰。『オールナイトニッポンエバーグリーン』のパーソナリティを務める。現在は東海林のり子と共に東北放送他『現場の東海林です。斉藤安弘アンコーです。』に出演。

【タモリ】 たもく

1945年8月22日福岡市生まれ。本名・森田一義。ロシア語、朝鮮語、中国語の電波が地元ラジオ局並みに聞こえる環境下でラジオを聞きながら育つ。高校時代にはアマチュア無線技士の資格を取得。一浪後、早稲田大学に入学し、モダンジャズ研究会に入る。そこの先輩2人がそれぞれニッポン放送、日本短波放送（現

在のラジオNIKKEI）でディレクターをやっていた関係もあるのか、この2局でレギュラー番組を持つことに。その後、深夜での「名古屋いじり」「埼玉いじり」、夕方での「奥様いじり」で人気を博す。彼の警句「やる気のある者は去れ」は『タモリの週刊ダイナマイク』（ニッポン放送）から生まれた。

【笑福亭鶴光】 しょうふくていつるこ（つるこう）

1948年1月18日大阪市生まれ。高校卒業後、六代目笑福亭松鶴に入門。1960年代後半から関西のラジオに出始め、レギュラー13本を持つ。1971年に『MBSヤングタウン』に抜擢され、角淳一、佐々木絵美とのコンビで人気者に。1974年1月からあのねのねの代打として『オールナイトニッポン』に3か月間出演。下ネタ連発で人気となり、4月に水曜レギュラー決定。7月にはあのねのねに替わり土曜に移動。いやらしいことを連想させる小咄をエコーで雰囲気を盛り上げながら続け、最後は関係ない落ちで終わらせるという「鶴光のミッドナイトストーリー」のコーナーや、アイドルに放送禁止用語を発言させたり、女性リスナーと電話で話す時には必ず「乳頭の色は？」「かぶせは？」「注射の方は？」などと際どい質問を連発するな

ど、11年9ヶ月に亘り、エロと笑いを全国の男子中高生にばらまいた。1985年10月6日の最終回には本物のストリッパーを呼んでスタジオで踊ってもらうなど、最後まで騒がせ続けた。

その後もこの路線を平日夕方に持ち込んだ『噂のゴールデンアワー』が主婦層に大受け。アシスタントの田中美和子というラジオスターを生み出し、現在もナイターオフ期にそのシリーズ『噂のゴールデンリクエスト』を放送中。

「オールナイトニッポン」最終回の様子（『ラジオパラダイス』1985年12月号より）

【毒蝮三太夫】 どくまむしさんだゆう

1936年3月31日生まれ。子役でデビューし俳優としての道を進む。1969年TBSラジオ『ミュージックプレゼント』のパーソナリティに抜擢。都会人のシャイさが生んだ老人への毒舌が有名となり、番組中継現場には数多くのお年寄りリスナーが集まり、彼の毒舌トークに大笑いする。現在は金曜14時からの『金曜

ワイドラジオTOKYOえんがわ』内で月1回放送されている。彼が育った浅草龍泉寺界隈は吉原の傍でディープな下町のため「ババア」「くたばりぞこない」が挨拶程度の常套句。そこで育った彼だから、これらの言葉の中に罵倒の感情はなく、親愛の情が込められているため多くのリスナーから受け入れられていると言える。

【浜村 淳】 はまむらじゅん

1935年1月10日京都市生まれ。学生時代から司会業を務めていた。1966年12月5日スタートのラジオ大阪『オーサカ・オールナイト』のパーソナリティに抜擢され、同局の『サタデイ・バチョン』など多くのラジオ番組に出演する。1974年4月8日から現在もパーソナリティを務めるMBSラジオの朝ワイド『あ

りがとう浜村淳です』は2023年で50年目を迎えた。当初オファーを受けた浜村は「早起きは難しい」と断るが、「あなたの枕元にマイクを置いて、FMカーで電波を飛ばして放送してもいいですから」と哀願され、この番組を引き受けた。2024年3月で平日の放送は終了、土曜日のみのオンエアとなった。

【伊集院 光】　いじゅういんひかる

1967年11月7日東京都荒川区生まれ。高校3年で三遊亭楽太郎（後の六代目三遊亭円楽）に弟子入り。1987年ニッポン放送『激突!あごはずしショー』内のゴングショー形式の公開オーディションに応募し優勝、『それゆけ!土曜日行進曲』レポーターを勝ち取る。その後、深夜放送に始まり、朝、午後、夜ワイドを担当。平成最後の「ラジオスター」として人気を博す。

デビュー前後はニッポン放送に住み着いていると言われるくらいに局内に居続けていた。『オールナイトニッポン』水曜Ⅱ部時代、有楽町駅カード下にある吉野家有楽町店で、彼がオペラを歌う深夜のディナーショーは絶品の出来だった。

【吉田照美】　よしだてるみ

1951年1月23日東京都葛飾区生まれ。大学卒業後の1974年、文化放送にアナウンサーとして入社。夕方ワイド番組のレポーターとしてバカバカしくも恥ずかしい中継を行う。その後、『セイ!ヤング』『吉田照美のてるてるワイド』で中高生の人気を独り占めし、その夜のノリを生かした昼ワイド『吉田照美のやる気MANMAN』で人気は不動に。現在も中波、FMの数々の番組で活躍中。文化放送『親父・熱愛（パッション）』は常に高聴取率を叩き出している。『てるてるワイド』のノベルティとして、股間を英字新聞で隠した自身のヌード写真を製作し、「集え美少年」のコーナーでハガキが読まれたリスナーに配られたことはあまりにも有名。

【コサキン】　こさきん

1953年8月21日東京都港区生まれの関根勤と1956年1月3日千葉県市川市生まれの小堺一機のコンビ名。当初は「コサラビ」と称していた。このコンビでの初ラジオレギュラーは1981年10月〜1982年9月の木曜夜ワイド、TBS『夜はともだち コサラビ絶好調』。1984年10月〜1985年3月は24時からの深夜の帯番組『ザ・欽グルスショー』の土曜、1985年10月〜1986年4月はTBS夜ワイド『所ジョージの進め!おもしろバホバホ隊』内のコーナー出演。そして1986年4月9日からはTBSラジオの深夜番組『スーパーギャング』水曜パーソナリティとして初の全国ネットに。ここに至って、中学生男子並みの妄想と常人の理解の域を超えた意味のない不条理の世界観に満ちた番組へと成長。リスナーから送られてくる「意味ねぇ」「くだらねぇ」ネタを小堺が笑いを堪えながら読み、それに対してぶっ飛んだリアクションと意味のない叫び声で関根が応え、そこを小堺がツッコミ、それに対して関根が応え、という無限ループが繰り返される。その後レギュラー番組は終了するが、2023年4月からポッドキャスト番組『コサキン ポッドキャストDEワァオ!』がスタート。「意味ねぇ世界」は現在進行形。

『ラジオパラダイス』1987年6月号

【三宅裕司】 みやけゆうじ

　1951年5月3日、東京神田生まれ。明治大学落語研究会出身。大学卒業後は喜劇役者を目指し、1979年劇団スーパー・エキセントリック・シアターを旗揚げ。1984年2月には月曜〜木曜22時〜24時のニッポン放送『三宅裕司のヤングパラダイス』のパーソナリティに抜擢され、ハガキ読みの見事さと「あなたも体験恐怖のヤッちゃん」、「おぼっちゃま」などの人気コーナーで一躍人気者に。当時は生本番前にトイレの大に行っていたとか。その後はニッポン放送の週末の番組に出演。現在は『三宅裕司のサンデーヒットパラダイス』(ニッポン放送他各局ネット、2011年4月開始)を担当。

「ラジオパラダイス」1985年10月号

【高田文夫】 たかだふみお

　1948年6月25日東京渋谷区生まれ。青島幸男に影響を受け、放送作家を志す。日本大学芸術学部放送学科卒業後、塚田茂に弟子入りして放送作家デビュー。ビートたけしの『オールナイトニッポン』の構成作家を務めながら、笑い屋としてたけしの相手役を務める。その後ニッポン放送夕方ワイド番組『巨匠・高田文夫のラジオでいこう!』、1989年4月からは昼ワイド番組『高田文夫のラジオビバリー昼ズ』のパーソナリティに。当番組は2024年3月現在、ニッポン放送の日中ワイド番組の中で最長寿。芸能に関する知識は抜群で、それに裏打ちされた視点で語られる芸能の話題は必聴。歯切れがよくリズミカルな口調が心地よい。

【笑福亭鶴瓶】 しょうふくていつるべ

　1951年12月23日大阪市生まれ。中学生の時に落語に魅せられ、大学では落語研究会に入部。大学を中退して六代目笑福亭松鶴に入門。1974年近畿放送(現KBS京都)『WAIWAIカーニバル』がラジオ初レギュラー。翌年4月から東海ラジオ『ミッドナイト東海』のパーソナリティを務める。その番組でリスナーの父親と電話で口げんかとなり降板の危機に瀕したものの、リスナーからの嘆願でその事態は避けられ、9年間番組を続けた。また同年10月からは『MBSヤングタウン』を担当(現在も同番組を担当)。1978年4月からは日曜深夜の『鶴瓶・新野のぬかるみの世界』に出演、新野新と共にうだうだトークを展開し、ほとんどの局が停波している中、日本中のリスナーの耳を釘付けにした。同じ時期に東京に進出し、文化放送『セイ!ヤング』火曜のパーソナリティを務める。1987年4月からは「あ、今寝てたわ」を連発したTBSラジオ『スーパーギャング』木曜のパーソナリティを務める。

　2003年4月からは自身初のニッポン放送レギュラー番組、日曜午後の『日曜日のそれ』のパーソナリティに。この番組では鶴瓶自身が選曲している。2011年3月20日、27日、東日本大震災で被災したリスナーと生電話をつないだ生放送は今も語り継がれている。

【久米宏】 くめひろし

1944年7月14日生まれ、東京都品川区育ち。1967年4月TBSにアナウンサーとして入社。1970年に『永六輔の土曜ワイドラジオTOKYO』のレポーターとして出演。1978年には『土曜ワイド〜』3代目パーソナリティ務める。中継では周りの物を叩いてその材質を伝えるなど、音で伝えることを大事にした。

2004年9月20日のニッポン放送特番『久米宏と1日まるごと有楽町放送局』で久々のラジオ復帰したときには、局舎前にマイクを置き、そこに向かってしゃべりながら歩き、ラジオに戻ってくることを見事な演出で描いた。2006年『久米宏 ラジオなんですけど』でラジオ復帰。2020年まで放送された。

【道上洋三】 どうじょうようぞう

1943年3月10日山口県生まれ。陸上ハードル走の推薦入学で日本大学に進学するもののケガで陸上を断念。スポーツアナへの道に切り替え1965年、朝日放送にアナウンサーとして入社。翌年4月から深夜番組『ABCヤングリクエスト』の初代パーソナリティに抜擢。1977年からは『おはようパーソナリティ 道上洋三です』のパーソナリティを2022年まで45年務める。阪神タイガース勝利の翌日の番組内での「六甲おろし」熱唱は有名。若手の頃、辛いことがある度に局舎屋上に上がり、遠く六甲山を望みながら故郷の山を思い出し、気持ちを奮い立たせていたという。最終回の3月21日、日刊スポーツが彼の全面特集を掲載した。

【つボイノリオ】 つぼいのりお

1949年4月18日愛知県一宮市生まれ。大学での就活に失敗し、卒業後に芸能活動を開始。1972年5月スタートの東海ラジオの深夜番組『ミッドナイト東海』のパーソナリティに抜擢されるものの、番組内容の卑猥さと舌禍事件が重なり5か月で降板。その年の12月からは岐阜放送の夜のバラエティ番組『ヤングスタジオ1430』に出演。その番組の投稿がネタとなって「金太の大冒険」が作られ、1975年8月にリリース、しかし20日後には放送禁止歌に指定される。その頃にはCBCラジオやFM愛知に舞台を移し番組を持つようになる。

1970年代後半には東京へ拠点を移し、1977年10月 〜1979年3月30日にニッポン放送『オールナイトニッポン』金曜を担当。その後は名古屋に戻りCBCの夜ワイド『星空ワイド今夜もシャラ

ラ』などに出演。1981年にはKBS京都の深夜番組『ハイヤングKYOTO』の水曜を担当。構成作家がいないため誰よりも早くスタジオ入りしてハガキを読み、それをネタに構成を考えた。1987年にはKBS京都で朝ワイド番組を担当。その後、現在も放送中のCBCの朝ワイド『つボイノリオ 聞けば聞くほど』を担当。番組リスナーが6月9日を「つボイノリオ記念日」にするよう日本記念日協会に申請、協会は記念日に認定した。

「ラジオパラダイス」1986年3月号より

【小堀勝啓】 こぼりかつひろ

1950年6月26日北海道帯広市生まれ。1973年中部日本放送（CBC）に入社。入社後テレビニュース部に配属され、黒澤明監督ばりの映像を撮っていた。その後、愛知県警本部の記者クラブ詰めとなるが、周りが地味なスーツ姿だらけの中、ただひとり派手なファッションで通い注目の人物となる。1975年に念願のアナウンス部に異動。その年の10月には月曜〜日曜の12時30分〜13時の生放送『0時半です松坂屋ですカトレアミュージックです』のパーソナリティに。これは松坂屋本店「愛の広場」からの公開放送だったが、1980年に松田聖子がゲストで出演した際、彼女の親衛隊のかけ声があまりにもうるさかったため彼女が1曲歌っただけでステージを降りてしまった。親衛隊はスタッフに対してブーイングを続けたため、パーソナリティの小堀が「これは君たちがうるさかったせいだ」と一喝、場内を静かにさせた。

1982年には伝説の夜ワイド『わ！WIDEとにかく今夜がパラダイス』のパーソナリティに抜擢され、中京地区の中高生リスナーを虜にした。「休みが確実に確保できる」との理由で2015年6月26日の65歳まで局アナを続け、以降はフリーとして活躍。生まれるべくして生まれた天性のパーソナリティである。

「ラジオパラダイス」1989年4月号より

【沢田幸二】 さわだこうじ

1957年12月8日山口県岩国市生まれ。広島カープのファンでカープ戦をRCCラジオで聞くようになる。同時に洋楽が大好きで文化放送『オールジャパンポップ20』を聞き、そのチャートをノートに付けていた。立教大学に入学し家賃1万1000円の下宿に住みながら映画研究会に入部。「キネマ旬報」に投稿するものの全て没。大学卒業後KBC九州朝日放送にアナウンサーとして入社。スポーツ実況を希望していたが、度重なる失敗で担当を外される。

1983年5月30日にスタートした若者向け夜ワイド番組『PAO〜Nぼくらラジオ異星人』木曜日パーソナリティに抜擢。県下の高校をお忍びで訪問し校門を叩いて帰る「キャンパス漫遊記」で人気急上昇。1986年4月からは全曜日を担当するようになる。radikoのないこの時代に、福岡はおろか、全国からハガキが舞い込む人気番組に成長。1990年4月6日の最終回ではラストソングとなったサザンオールスターズ「逢いたくなった時に君はここにいない」を聞きながら目には光るものがあった。その後はテレビで活躍するものの、2003年3月31日から昼ワイド『PAO〜N』のパーソナリティを担当。65歳で定年となった現在でもエグゼクティブアナウンサー（通称エグアナ）として継続出演中。

「ラジオパラダイス」1989年4月号より

【柏村武昭】 かしむらたけあき

1944年1月1日広島県三次市生まれ。早稲田大学に入学し放送研究会に入部。1966年4月、中国放送にアナウンサーとして入社。洋楽チャート番組『ビクター・ミュージック・ホリデー』で人気が高まった1972年5月、サテライトスタジオからの公開生放送『サテライトNo.1』のパーソナリティに。

1974年には『飛び出せ！全国DJ諸君』でグランプリを受賞。1975年4月にローカル局のアナウンサーとして初の『オールナイトニッポン』パーソナリティに抜擢された。1975年8月にフリーとなり、テレビやラジオで活躍。現在もRCCラジオ『お好み焼きのある風景』などに出演している。

【上柳昌彦】 うえやなぎまさひこ

1957年8月1日大阪府大東市生まれ。1981年4月、ニッポン放送にアナウンサーとして入社。1982年10月からの夜ワイド『くるくるダイヤル ザ・ゴリラ』を経て、1983年4月から『オールナイトニッポン』月曜II部のパーソナリティとなる。新宿のホテルからの生放送で「聞いてる人は灯りを消して」と呼びか

けたエピソードは有名。2008年度のナイターオフ番組『土曜日のうなぎ』では街歩きの生中継を行い、気まぐれに歩きながら、憧れの久米宏のマネをして様々な物を叩いていた。この番組は第46回ギャラクシー賞優秀賞を受賞。現在は「上柳昌彦 あさぼらけ」（ニッポン放送他各局ネット）に出演。

【明石家さんま】 あかしやさんま

1955年7月1日奈良県奈良市出身。高3の時に笑福亭松之助に弟子入り。1977年秋、桂三枝（六代目桂文枝）の目に留まり、MBSテレビ『ヤングおー！おー！』に出演、それをきっかけに1979年4月から『MBSヤングタウン』で三枝のアシスタントに抜擢、翌年12月からは三枝の後釜としてメインパーソナリテ

ィに昇格。現在も『ヤンタン』を担当している。

千里丘放送センター時代、本番ギリギリまでサブでスタッフや共演者と雑談し、そのまましゃべりながらギリギリでスタジオ入り、ディレクターのキューでいきなり番組モードのしゃべりに転換する光景がよく見られた。

【小林克也】 こばやしかつや

1941年3月27日広島県福山市生まれ。小学生の頃からラジオを聞いていたのだが、中でも大好きだったのが岩国基地のFEN。ここでプレスリーに出会い、洋楽の虜となる。ラジオで英語を聞いたお陰で発音が抜群に良くなり、学生時代には外国人相手の観光ガイド、中退後は外国人相手のクラブで司会を務める。

1970年、ラジオ関東（現在のラジオ日本）でラジオデビュー。FENのマネをしてイントロでジョーク交じりの曲紹介をしたところそれがウケた。1976年ラジオ大阪で始めた『スネークマンショー』が大ヒット。その後はFM局を中心に音楽番組に出演。NACK5『FUNKY FRIDAY』では1993年から長時間生放送を行っている。

【大橋俊夫】 おおはしとしお

1952年4月4日大阪市生まれ。慶應義塾大学卒業後の1976年4月、FM東京にアナウンサーとして入社。甘いハイトーンボイスで音楽番組やバラエティ番組、報道番組やニュースなど広いジャンルの番組を担当。中島みゆきのファンで、1994年4月〜1997年9月に放送された『中島みゆき お時間拝借』では男女のエピソードを紹介するコーナー「みゆき通り・土曜23時」でのムード溢れるオープニングナレーションを担当した。1995年3月にFM東京を退社し、現在はフリーとして活躍、JFN「デイリーフライヤー」に出演している。

【芳賀ゆい】 はがゆい

1989年11月『伊集院光のオールナイトニッポン』内で誕生したバーチャルアイドル。「画がない」「イメージを広げるメディア」「リスナーとの共犯関係を結びやすい」と言ったラジオの特徴を最大限に利用して生み出された、ラジオ史上最大のお遊びプロジェクトから誕生したのが彼女だ。パーソナリティの伊集院光とリスナーがプロジェクトのすべてを作り上げ、CD、写真集、ライブなどを行い、他メディアが騒ぎ出したところで海外留学で引退させプロジェクトを終了させた。ラジオが作ってきたアイドルブームへのアンチテーゼをラジオが打ち出し、それを大きなブームにまで成長させたという意義は大きい。

【落合恵子】 おちあいけいこ

1945年1月15日宇都宮市生まれの東京都中野区育ち。1967年、文化放送にアナウンサーとして入社。同期はみのもんた。1969年4月『走れ!歌謡曲』、1970年10月からは『セイ!ヤング』のパーソナリティを務めて人気になる。当時の愛称は「レモンちゃん」。これには彼女自身とまどっていたという。1974年3月に文化放送を退社し作家活動を開始。1986年10月、女性スタッフだけによる文化放送『ちょと待ってMONDAY』のパーソナリティに。翌年制定の「男女雇用機会均等法」や、まだ耳新しかった「セクハラ」問題を取り上げ、女性の観点から提言を行った。現在NHK第1『マイあさ!』日曜に出演中。

【明石英一郎】 あかしえいいちろう

1960年9月30日北海道上川郡神楽町生まれ。小学生の頃からラジオを聞き始め、『欽ちゃんのドンといってみよう!』や『山本コウタローのパックインミュージック』の熱心なリスナーとなる。1984年札幌テレビ放送にアナウンサーとして入社。『アタックヤング』『うまいっしょクラブ』などに出演。卑猥な発言やリスナーから陰毛を募集するなど過激な内容で中高生の心を鷲掴みにする。現在もそのおバカ精神は健在で、STVラジオ土曜午後の『いんでしょ大作戦!』では「真面目にバカなことをやる」をモットーに、昼の番組とは思えない深夜ノリの過激さで全国のリスナーを笑いの渦に巻き込んでいる。

【藤沢智子】　ふじさわともこ

　1958年12月16日仙台市生まれ。小学生の時にアナウンサーを志し、1979年、東北放送にアナウンサーとして入社。パーソナリティを務めた昼ワイド『きょうも大盛りラジオで元気!』（1991年4月～1997年3月）では、仙台弁の講師役となってラジオカーで街へ飛び出し、当時急増していた仙台以外の土地から越してきた転勤族の主婦たちに、仙台弁を教えるというコーナー「初級仙台弁講座」が人気となった。

　現在はグループ会社・tbcAzの代表取締役社長を務めながら、月曜19時～19時30分の東日本大震災報道番組『3.11みやぎホットライン』のパーソナリティも担当している。

【大和田 新】　おおわだあらた

　1955年3月28日神奈川県横須賀市生まれ。学生時代に通っていたアナウンス学校に在籍していた古舘伊知郎に刺激を受けたという。1977年にラジオ福島にアナウンサーとして入社。以来、夜の若者向け番組から昼ワイドまで、様々な番組を担当し、2015年に定年退職。現在はフリーとして2001年から続く日曜の情報番組『ニューシニアマガジン大和田新のラヂオ長屋』などに出演中。

　2011年3月11日の東日本大震災の発生時はイベントの司会をしていたが、急遽局に戻り地震や津波の状況を伝えつつ、夜には「みんなで励まし合いながら、一緒に朝を迎えましょう」とリスナーを励まし続けた。

【野村邦丸】　のむらくにまる

　1957年1月17日神奈川県川崎市生まれ。本名は邦夫。亀渕昭治に憧れ大学で放送研究会へ。卒業後、茨城放送にアナウンサーとして入社。10年後に退社してフリーに。その後、文化放送のスポーツアナとして採用され、ナイターオフのバラエティ番組で現在のマイクネームを使うように。その後は朝・昼ワイドを歴任し、文化放送の顔となる。2017年定年退社。現在はフリー。「くにまる食堂」（文化放送）等を担当。

　ニュース読みは元NHKの松平定知、野球実況は文化放送同期の鈴木光裕、バラエティのしゃべりは立川志の輔のマネをして成功、自身でも「パクリ上手」と認めるほどの順応性の高さが売り。

【生島ヒロシ】　いくしまひろし

　1950年12月24日宮城県気仙沼市生まれ。1976年TBSにアナウンサーとして入社。1978年夜ワイド『夜はともだちⅡ』のパーソナリティを務め人気が高まる。1989年にTBSを退社しフリーに。

　1998年から現在までTBSラジオの早朝ワイド『おはよう定食』『おはよう一直線』に出演中。たびたび生放送中の他人のスタジオに乱入することがあるが、理由は「ラジオの面白さは予定調和を崩すことにあるから」ということ。フジテレビの番組に出演した時に「テレビが面白くなるにはラジオと同じように予定調和を壊せばいい。だからこれはいらない」と台本を放り投げたというエピソードが残っている。

【太田 光】 おおたひかり

1965年5月13日生まれの埼玉県入間郡育ち。日大芸術学部で田中裕二と出会い、1988年爆笑問題を結成。1990年4月からのニッポン放送夜ワイド『爆笑問題のオモスルドロイカ帝国』が初の冠番組。当時インタビューに「フリートークは難しい。それだけに新番組はちょっと不安」というコメントを残している。その後、今も続くTBSラジオ『JUNK』火曜、日曜午後ワイド『日曜サンデー』でパーソナリティを務める。

radikoのエリアフリーで全国のラジオ番組を聞くほどのラジオマニアで、RCCラジオの横山雄二、ABCラジオの三代澤康司、和歌山放送の桂枝曾丸などの番組を日々ネタにしている。

【武田 徹】 たけだとおる

1946年9月25日生まれ、長野市育ち。小学生の時に映画「嵐を呼ぶ男」を見て石原裕次郎のドラム演奏に魅せられ、早稲田大学進学後はアマチュア学生バンドのドラム担当で全国各地で演奏。1969年に信越放送に一般職で入社。報道部、制作部と渡り歩くが「アナに渡すコメント書きが厄介」としゃべる方に転向。1984年に『らんらんサタデー今が聞きごろ』でパーソナリティに抜擢。その後も様々な番組でしゃべり続け、1998年退社。現在もSBCラジオ「武田徹のつれづれ散歩道」や地元コミュニティFM（FMぜんこうじ）でしゃべり続けている。タモリとは大学時代のジャズ仲間という。

【天野良春】 あまのよしはる

1947年10月30日三重県四日市市生まれ。1970年、東海ラジオにアナウンサーとして入社。1976〜1996年に兵藤ゆきとコンビを組んだ深夜の若者向け音楽番組『ナゴヤフォークタウン』、1974年〜1994年に末広真季子と組んだ土曜朝のトークバラエティワイド番組『あなたの土曜日 真季子とともに』と、東海ラジオを代表する人気長寿番組を担当する。1993年頃から名古屋で活躍するマジシャンのタクマと「あまたく」と称するコンビを組み、長年に亘って中京リスナーに親しまれてきた。2007年に東海ラジオを退社し、現在はフリーとして活躍中。『ナゴヤフォークタウン』時代は自称「浴びせ倒しの街頭アナウンサー」。

【植草貞夫】 うえくささだお

1932年9月29日東京府東京市（現在の東京都）生まれ。早稲田大学卒業後の1955年、朝日放送にアナウンサーとして入社。スポーツ実況を担当し、「甲子園は清原のためにあるのか」「荒木大輔、鼻つまむ」など数々の名文句を生み出した。現在、スポーツアナが使う進行形の実況（例えば「三遊間を抜けた」ではなく「三遊間を抜けていった」）は彼が生み出したと言われている。1992年に定年退職した後も現場で実況を続け、2013年に完全に引退した。長男（結樹。長崎放送→テレビ大阪）、次男（朋樹。RKB毎日放送→テレビ東京）、そして長男の息子2人（凜、沖縄テレビ。峻、RKB毎日放送）すべてが局アナ。

【角 淳一】 すみじゅんいち

1944年12月30日大阪府四條畷市生まれ。小学生の時に聞いたラジオの五輪中継がきっかけでアナウンサーを志し、1968年アナウンサーとして毎日放送に入社。翌年初のレギュラー番組『三菱ダイヤモンドハイウェイ』で当時は禁じられていた大阪弁でしゃべったため、その後ニュースや報道からは外される。1971年から担当した『MBSヤングタウン』での笑福亭鶴光との「どすみ、どつる」コンビでリスナーのハートを鷲掴みに。1984年からは午後ワイド『すみからすみまで角淳一です』を担当。その後「ちちんぷいぷい」などテレビ番組で活躍、フリー後は「おとなの駄菓子屋」（2011年10月〜2019年3月）を担当した。

【近藤光史】 こんどうみつふみ

1947年7月12日岡山市生まれ。親の七光りが届かない業界がマスコミだったのでアナウンサーを志し、1971年に毎日放送にアナウンサーとして入社。その翌年には『MBSヤングタウン』土曜に出演。その後、朝ワイドを経て現在も出演中の『こんちわコンちゃんお昼ですよ!』のパーソナリティに。

ラジオショッピングでのレスポンスは日本トップクラスで、1千万円以上する別荘を売ったことも。電話オペレーターに対してその日紹介された商品名を言わずに「コンちゃんが言うてたやつをくれ。放送聞かなあかんから切るで」とだけ告げて電話をさっさと切ってしまうリスナーもいるとか。

【山崎弘士】 やまざきひろし

1945年12月4日岡山県津山市生まれ。中学、高校時代はバスケットボール、大学で放送研究会に入り、1968年近畿放送（現・京都放送）に入社。入社2年目で初めて担当したのが日曜昼の『GOGO電話リクエスト』。ディレクターからミキサーまで、スタジオでスタッフが行う作業をしゃべり手がすべてこなすワンマンDJスタイルの番組だった。その後、深夜の若者向け番組『日本列島ズバリリクエスト』の土曜パーソナリティ諸口あきらと「人間と猿のコーナー」で共演。その後は帯のワイド番組を担当し、現在も土曜午後の3時間生放送『山崎弘士のGOGOリクエスト』に出演中。KBS京都で「御大」と言ったらこの人。

【柳 卓】 やなぎすぐる

1951年4月30日北海道芦別市生まれ。1975年アナウンサーとして琉球放送に入社。その年『飛び出せ!全国DJ諸君』でいきなりグランプリを受賞。ニッポン放送に誘われるがそのまま琉球放送に残る。ちなみに翌年のグランプリも琉球放送の波多江孝文だったが彼は後にニッポン放送へ移籍した。4年半担当した『ご存じ!深夜大学』の公開放送では、その前日に行われたジュリーのコンサートより千人も多いリスナーが駆けつけたという。1982年から故郷北海道への「白い北海道ツアー」を実施してきたが、2023年の40回目の実施を以て終わりとなった。現在も「柳卓のいんでないかい」を担当。

【ケッタウェイズ】 ケッタウェイズ

1977年10月～1978年9月に静岡放送で放送されていた「1400デンリクアワー」の局アナとディレクターによって1978年7月に結成され、1984年に解散したバンド。メンバーは荻島正己アナ（G.）、國本良博アナ（G.、Key.）、佐藤信雄D（B.）、鷹森泉D（Dr.）。

当初はカバー曲だけだったが、オリジナル曲「心の扉」「風よ翼に」なども発表した。コンサートには2000人以上のリスナーが集まったという。イベントでの演奏やライブ活動だけに留まっていたが、1987年にファンたちが自主制作で限定発売アルバムを製作。1979年度アノンシスト賞アナウンサー活動称揚部門「放送活動賞」受賞。

【ドカン！クイズ】 ドカン！クイズ

1984年から始まったニッポン放送夜のワイド番組『三宅裕司のヤングパラダイス』内で23時頃放送されていた電話によるリスナー参加のクイズコーナー。安易な1問2千円の「はなたれコース」か、難問の1問1万円の「インテリコース」のどちらかを選び、1分間での正解数で賞金を獲得。誤答や無回答の場合は罰則無しに次の問題に行けたが、どこかに問題の代わりに「ドカン」が隠されていて、これに当たると賞金は没収された。このため2回だけパスが許されて「ドカン」が回避できた。このクイズは大変な人気で、同時期放送していたRKBの夜ワイド『Hi Hi Hi』の「クイズBOKAN」のように似たようなクイズが各局で行われた。

【あなたも体験 恐怖のヤッちゃん】 あなたもたいけん きょうふのやっちゃん

ニッポン放送の『三宅裕司のヤングパラダイス』内の、リスナーから寄せられたヤクザとの遭遇体験を紹介するコーナー。遭遇体験自体が笑えないため、それとは関係ないところでのボケや大げさな表現、間抜けな言動で笑いを取るネタが多かった。

このコーナーも爆発的な人気を呼び、送られてきたハガキを掲載した番組本が3冊出版されるだけでなく、1987年7月には東映がタイトルそのままの映画「恐怖のヤッちゃん」を公開。山本陽一が主演、土田由美がヒロインを務めたほか、組長役を室田日出男、若頭役を原田大二郎が演じ、三宅裕司もヤッちゃん役で出演した。

【10回クイズ】 じゅっかいクイズ

1987年10月スタートの『鴻上尚史のオールナイトニッポン』のハガキネタコーナー「10回クイズちがうね」が元祖。回答者に簡単な単語や語句を10回連呼させ、その連呼した単語に似た単語が誤答となる簡単なクイズを出題、回答者が引っかかってしまうのを楽しむ遊び。ピザ×10回→「（肘を指さして）ここは？」→「膝」→「残念肘です」といった具合。翌年1月には番組本「10回クイズちがうね」(扶桑社)が出版されるほどの人気コーナーになり、テレビの『笑っていいとも！』でも使われた。最後は、手袋×10回→「手袋の反対は？」→「ろくぶて」→6回ぶつ、というクイズの内容とは全く関係ないものまで出てきた。

【バンパーステッカー】 *bumper sticker*

クルマのバンパーやリアウインドウに貼るステッカーのこと。1989年に開局したFM802ではPRのために「FUNKY 802」のバンパーステッカーを配布、番組でそれを貼ったクルマのナンバーを発表、発表されたクルマのドライバーが局に電話するとプレゼントがもらえるというキャンペーンを実施。これにより

FM802の知名度は急上昇した。

FM NACK5の『FUNKY FRIDAY』では「日の丸ステッカー」という3種類の色違いのバンパーステッカーを投稿が読まれたリスナー全員に配布した。このステッカーを貼ったクルマを見かけたら、ドライバー同士がサムアップで挨拶を交わしていたという。

【ら゛】 *ら゛*

1987年10月1日に発売されたTBSラジオ『コサキンのスーパーギャング』初の番組本。番組では発売当日に神田の書泉ブックマートにリスナー250人が集まって「ら゛」を買うだけのイベントを実施。取次店の日販、紀伊國屋書店新宿店と札幌店、池袋旭屋で週間ベスト1を記録。1ヶ月で10万部のベストセラーにな

った。出版元の三才ブックスの電話は書店からの注文で鳴りっぱなしで、販売部だけでは処理できず、編集部員はおろか社長まで電話応対に駆り出された。この騒動は出版業界だけに収まらず、「ら゛」という活字を特注した新聞社まであったという。ちなみに喉に力を入れて「ら」を発声するのが正しい「ら゛」の読み方。

【コンピレーションアルバム】 *compilation album*

特定のテーマや一定のコンセプトで集められた楽曲で構成されたアルバムのことで、放送局や番組が周年記念で出す場合がある。

例えば1999年、FM802開局10周年記念の「ROCK OF AGES」、2000年、夏をキーワードにしたZIP FMの「レッド・ホット・サマー」、2018年、J-WAVEの

人気番組『TOKIO HOT 100』の放送30周年記念「J-WAVE TOKIO HOT 100 30th ANNIVERSARY HITS」などが挙げられる。また変わったところでは2015年、FM秋田が開局30周年を記念してプロアマ問わず"ラジオ"をキーワードにした未発表曲を公募したアルバム「Do You Remember Local'Roll Radio？」がある。

【NHKワールド JAPAN】 *NHK WORLD JAPAN*

NHKが行う国際放送、国際衛星放送、外国向け番組配信の総称。ラジオに限って説明すると、日本語のニュース・番組を海外向けに放送する「海外向け日本語サービス」は国内の主要ニュース、時事番組、スポーツ中継など、ラジオ第1放送の番組を短波でサイマル放送を行い、太平洋、インド洋でM7.6以上の地震が

あり、津波のおそれがあるときは日本語による津波警報を放送する。また英語、ロシア語、フランス語、スペイン語など17言語による放送を行う「外国語サービス」は対象地域の特性やメディア環境にあわせて、短波だけでなくFM、中波でも放送されている。日本からの短波送信所は茨城県の八俣。

【BCLブーム】　*BCL boom*

1970年代中盤から1980年代前半までに流行した、おもに海外の短波放送を受信する趣味の流行。もともと太陽の活動が活発化する（＝黒点数が増える）と高い周波数での伝搬が安定化することもあって、短波受信も活発化する傾向があり、BCLブームも第21太陽周期（21サイクル）とぴったり時期が重なっている。ここに通信技術の成熟、ソニーをはじめとする国内メーカーの成長期にも合致。また、冷戦に入っていく国際情勢において国威掲揚の意味での国際放送の重要性の高まり、放送、紙媒体などメディアを使っての若年層への周知など、さまざまな要素が重なり大きなムーブメントとなった。

特にBBC、ラジオオーストラリア、モスクワ放送など、初心者にも受信のハードルが低めな海外日本語放送が人気となり、当時の少年たちはこぞって各局のベリカードを集めた。次々に発売されるスカイセンサーやクーガなどのラジオにも収集欲が掻き立てられるも、小中学生にはなかなかに高価な代物であったため、カタログを見ながら夢想した、なんていうのも「BCLブームあるある」だ。

BCLブームは小学生にも波及した。写真は実業之日本社の「入門BCLブック」

【たんぱ三人娘】　たんぱさんにんむすめ

ラジオたんぱ（現在のラジオNIKKEI）が平日の夕方に放送していた公開生放送番組でパーソナリティを務め、リスナーから絶大な支持を得ていた大橋照子、斉藤洋美、小森まなみの総称。

大橋照子は大学卒業後日本短波放送に入社。1976年7月、17時〜17時30分の公開生放送『ギャングパーク』を開始。1977年4月〜1978年4月には『ヤロウどもメロウどもOh!』の火曜〜木曜を担当。その後1985年3月までこの枠でしゃべり続け、その後アメリカに移住。帰国後の現在はラジオNIKKEI『私の書いたポエム』に出演中。

斉藤洋美は高校3年生の時にラジオたんぱDJコンテストに応募し大橋照子賞を受賞。翌年から『4時のふれあいスタジオ』に起用され、1985年3月までラジオたんぱでしゃべり続けた。

小森まなみは日本大学芸術学部在学中にニッポン放送『燃えよせんみつ足かけ二日大進撃』で1コーナーを担当しラジオデビュー。翌年の1980年4月からラジオたんぱ『ヤロメロジュニア出発進行！』金曜のパーソナリティに抜擢。その後1993年3月までこの夕方枠でしゃべり続けた。

2012年4月30日、ラジオNIKKEI『「ヤロメロ」35周年記念公開生放送』でたんぱ3人娘が27年ぶりに揃った（小森まなみは電話出演）。

「ラジオパラダイス」1989年4月号より

【山田耕嗣】 やまだこうじ

放送評論家。1940年12月17日生まれ。東京・浅草出身。学生時代からBCLの世界に魅了され、国内、国外の放送局を受信していた。大学卒業後、レコード会社に就職し洋楽ディレクターを務めた。本職の傍ら、BCLの熱は冷めることなく、精力的に受信を継続。また、生来の筆まめゆえに、各局のアナウンサーやスタッフと交遊を深め、独自の情報網を確立。インターネットのない時代に世界の情報が山田のもとに集まってきた。

そんな折のBCLブームで、時代は彼を放っておくわけもなく、新聞、雑誌、放送で活躍することに。特に実業之日本社から発売された「入門BCLブック」シリーズは、身近な国内中波の遠距離受信からスタート、海外短波放送にステップアップしていくというわかりやすさが受け、小学生のバイブルとして売れに売れた。

またTBSラジオの番組「ソニーBCLジョッキー」にアドバイザーとして出演。ネット局の地方を訪れリスナーと触れ合う番組イベント「BCLペディション」を開催。ここで多くの少年たちにBCLの基本の手ほどきを行った。気づけば少年たちから「BCLの神様」と呼ばれるようになっていく。

その後、無線雑誌の連載やKBSワールドラジオの日本語放送に出演しながらも、受信環境のよい千葉県袖ケ浦市の自宅で悠々自適に生活を送る。

2008年8月19日、千葉県内の病院で死去。67歳だった。

【ログブック】 log book

BCLブーム時には関連商品としてさまざまな商品が発売された。アド・カラー社の「ログブック」もそのひとつ。書き込みやすいようにリングで綴じられた大判の用紙に、日付、時間、コンディション（SINPOコード）、受信内容が書き込めるようになっている。ひとまず備忘録的に書き貯め、これをもとに後から受信報告書を作成できる、というものだが、レポートを送ったのか、そしてベリカードが送られてきたのかのチェック欄も備わっていた。そのほか、アド・カラーからは受信報告書用の「リポート便せん」なども発売されていた。

【ペナント】 pennant

布製の記念旗。プロ野球では優勝旗にペナントが使われるが、これを争うリーグ戦ということでペナントリーグと呼ばれる。

1970年〜80年代はなぜかペナントが流行った時代で観光地の売店には必ずペナントが売っていたものだ。そんな世情もあってか、BCLブームの頃は、オリジナルのペナントを記念品で贈ってくれる海外放送局が多かった。丁寧なレポートを書いたり、常連にならないとなかなか入手できない珍品で、BCL好き少年にとっては宝物となった。

【海外日本語放送】 かいがいにほんごほうそう

日本向けの日本語による国際放送。短波がメインではあるが、韓国など近隣国の場合は中波で放送されることもある。

BCLブーム時は、英国、オーストラリア、ドイツなど20局以上も日本語放送が存在していた。その国の文化を伝え、交流を図るという友好的な内容がほとんどであったが、東側諸国によるプロパガンダ的な放送、また宗教団体（おもにキリスト教）による「布教」の意味合いが強い日本語放送も混在していた。

現在はインターネットの普及により、日本語放送の意義が薄れ、その数を年々減らしている状況。ただし、中国、韓国、北朝鮮、台湾などは安定して受信可能である。

【ラジオ・オーストラリア】 RADIO AUSTRALIA

オーストラリアの国際放送。現在も、FMやインターネット配信で、英語、中国語、フランス語、ベトナム語などの放送が行われている（短波放送は2017年に終了している）。

戦後、日本語放送が開始されたのは1960年。BCLブーム時には安定して受信が可能だったこと、ベリカードの絵柄が豊富でリスナーへのサービスも充実していたこと、そして何より当時はまだまだオーストラリアの情報が少なく、未知なる文化が知れるということもあって、1、2を争う人気局だった。1990年12月31日に日本語放送は廃止。ワルチング・マチルダのISとワライカワセミの鳴き声を今でも鮮明に思い出すリスナーは多い。

【BBC】 BBC World Service

BBC（英国国際放送）が行う国際放送サービスはインターネットに押され気味ではあるが、現在も短波放送を行っている。日本語放送の開始は戦時中の1943年。この頃は日本軍向けの放送でプロパガンダ的な意味合いであったが、戦後はNHKとの人材交流も行われ、日本語放送はかなり充実していた。BCLブーム時も硬派ながらもどこにもおもねらない正確なニュースが人気を博す一方で、エイプリールフールには「ビッグベンの時計がデジタル化される。不要になった針をプレゼント」という嘘ニュースも流す茶目っ気も。そんなBBC日本語放送も時代の波には抗えず1990年3月30日に終了となった。

【ドイチェ・ヴェレ】 Deutsche Welle

ドイツの国際放送。「ドイツの波」という意味。BCLブームの頃は統一前の西ドイツであった。日本語放送が開始されたのは1969年。看板番組は「放送マガジン」。ドイツ内外のニュースと解説、時にはBCL情報なども入れられ、この番組を聴いていればドイツの生活や文化、習慣がわかる内容だった。お国柄か少々硬派ではあったが、音楽番組などもあったり、リスナーサービスもよかったため、人気は高かった。

冷戦が終わり予算も削減、1999年12月31日に日本語放送は終了した。

【アンデスの声】 *Voice of Andes*

キリスト教放送HCJBが日本語放送を開始したのは1964年。担当したのは尾崎一夫氏。南米エクアドルのキトーからの放送は標高の高さもあって日本でも良好に受信できた。内容はオーソドックスなキリスト教伝道番組のほか、エクアドルの文化を紹介したり、BCL向けの内容の番組やクイズ企画、そして尾崎夫妻（奥様の久子さんも登場）の人柄もあり、同時刻に放送されていたドイチェ・ヴェレと人気を二分した。「さくらさくら」の開始音楽が印象的であった。

送信所はオーストラリアに変わったが、現在も尾崎一夫氏は放送を続けており、日本での「リスナーの集い」も定期的に行われている。

【北京放送】 ぺきんほうそう

北京放送の日本語放送は歴史が古く、日中戦争のさなかの1941年に日本軍兵士や捕虜向けの放送としてスタート。文化革命時には毛沢東思想の解説など完全にプロパガンダ放送化したのだが、日中友好化や鄧小平になっての改革開放政策が行われた1978年以降は親しみやすい内容に変化。BCLブームの頃は「お便りの時間」などの番組の功績もあり、1、2を争う人気局となった。現在は中国国際放送（CRT）となり、さまざまな言語の放送を行っており、日本語放送も変わらず元気である。

1968年発行のベリカード

【モスクワ放送】 モスクワほうそう

ソ連時代の1942年に日本語放送はスタート。昔から630、1251kHzなど中波でも送信されており、偶然受信できるように使用周波数も多かった。華々しい女優からソ連への亡命という波乱の人生を送った岡田嘉子がアナウンサーを務めたことでも有名だが、BCLブーム全盛時はニュース、時事解説、科学番組など、いかにソ連が優れた思想で技術を持っているかのプロパガンダ強めの内容だったが、音楽番組や西野肇アナは人気だった。

ソ連崩壊後はロシアの声と名を変えしばらく日本語放送も続いていたが、プーチン政権下の2014年に短波・中波放送を廃止。しばらくインターネット放送を続けていたが2016年に事実上廃止された。

【KBS国際放送】 *KBS WORLD*

日本語放送は1955年「自由大韓の声」という名称でスタート。当時は抗日、反日プロパガンダ的な内容だったが、1965年日韓基本条約締結以後、日韓の友好促進のための番組が目立つようになり、同年には今もなお続く長寿番組「玄界灘に立つ虹」が開始した。

リスナーサービスが大変丁重で、多くのデザインのベリカードが発行されている。ちなみに山田耕嗣氏が大のファンで、晩年は直接訪問し番組に出演していたほど。

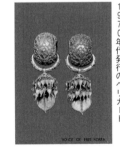

1970年代発行のベリカード

【KYOI】 *KYOI*

　BCLブームの終盤・1982年に誕生した、国営でもなければ宗教放送でもなかった超異色な商業局。サイパン島から放送されていた。

　松本毬生（女性）による「スーパーロックキョーイ、この放送はサイパンからお送りしています」というアナウンスが入る24時間放送。「ロック」にこだわる専門局で、ソニーやセイコー、小学館など協賛した日本企業も多くあったが、何せ短波という不安定な音質が仇となったのか音楽ファンからは見向きもされなかった。1985年に宗教メディアに売却、1989年に停波となる。KYOIは「よい」の語感を取った説が有力だが、真偽は不明。

【WRTH】 *World Radio TV Handbook*

　世界のテレビ・ラジオ局のデータが掲載されている洋書。データの内容は、放送局の所在地、周波数、送信局・中継局情報、スケジュールなど。DXerには必携のデータ本であったが、2021年これまで発行してきた英国の出版社が休刊を宣言。一時期発行が危ぶまれたものの、権利が移され、2023年版はドイツの出版社から発行された。

「WRTH」はアペックスラジオの通販などから購入可能

【ハガキ職人】 *はがきしょくにん*

　ラジオ番組にネタを送るリスナーの中でもネタハガキの採用率が高く、パーソナリティだけでなく多くのリスナーからもその名前が知られている常連の投稿者のこと。ここからプロの構成作家になった人は多く、古くはNHK『日曜娯楽版』にネタを投稿していた永六輔がいる。

　ハガキ職人という言葉は1980年代に放送されていた『ビートたけしのオールナイトニッポン』から生まれたとされ、それ以前は「常連」と呼ばれていた。『欽ドン』のハガキ職人だった鶴間政行はコサキンの番組の構成作家となり、その番組のハガキ職人から有川周一、舘川範雄、楠野一郎といった構成作家が生まれている。

【ペンネーム】 *pen-name*

　本来は作家や漫画家などが用いる本名以外の名前のことだが、ラジオの投稿で本名を知られたくない場合に使う別の名前のこともこう呼ぶ。深夜放送ブーム辺りからリスナーが本名では恥ずかしいネタを送るようになったため、使われるようになったようだ。

　しかし2000年以降は「ラジオネーム」と呼ばれることが多くなり、現在ではほぼこれに取って代わられた。ペンを使わないためにラジオネームが一般的になったとの説がある。四股名と呼ぶ『デーモン小暮のオールナイトニッポン』のように、番組独自の呼び方もある。

【実況】 じっきょう

番組が公式に決めている、もしくは自然発生的に誕生したX（旧Twitter）のハッシュタグ「#」をつけて、番組に対する意見や感想をリアルタイムでポスト（投稿。以前のツイート）すること。メールと違いXはリスナー全員が投稿を読むことができるため、番組の流れとは別に、そちらで盛り上がることがある。

またメールよりも早くリスナーの反応が分かるため、その反応を見てこの先の展開を考えるパーソナリティも多い。そういう意味では使える手段ではあるが、同時にネガティブな反応もポストされやすく、パーソナリティを傷つけるだけでなく、リスナー間の溝を深めてしまう可能性もある。

【カーナビ紅白歌合戦】 かーなびこうはくうたがっせん

「北海道の午後に笑いと涙と興奮を」をキャッチコピーとしたHBCラジオのお昼のワイド番組『カーナビラジオ午後一番！』が年末最後の日に開催する特別企画。1999年から始まり、HBCラジオに関わる様々な人たちが紅組、白組に分かれ、思い思いのコスチュームに着飾って歌を披露。人によってはお笑い芸人のネ

タマネなどもある。

2003年まではラジオのスタジオで開催されていたため観客はなかったが、2004年以降は局舎ロビーやテレビスタジオ、ホテルなどで観客を入れて開催。この模様はラジオだけでなくテレビ放映したこともあり、現在はインターネットで映像付きで有料配信されている。

【局員パーソナリティ】 きょくいんパーソナリティ

アナウンサー職ではなく他の部署の局員でありながら番組パーソナリティとして番組に出演している人のこと。以前は例えば制作部員として番組を作っていた『オールナイトニッポン』の亀渕昭信がいた。ニッポン放送ではパーソナリティ・オーディションと称して社員募集を行い、寺内たけしと曽我部哲弥が1987

年に入社したことがある。

現在、局員パーソナリティとして有名なのが北海道放送の山根あゆみ。2004年に入社後、2009年7月1日にラジオ制作部に異動しその日から『カーナビラジオ午後一番！』のパーソナリティを務めており、名刺は制作部とパーソナリティの2種類を所持している。

【RSKバラ園】 RSKばらえん

RSKラジオの本局送信所にある高さ105mのアンテナを中心に同心円状に広がる様々な品種のバラ畑と、その周りに展開するクリスマスローズガーデン、梅園、牡丹園、藤棚、花菖蒲園などがある花の公園。花だけでなくバーベキューテラスやドッグラン、フラワーショップなどもあり、岡山市民の憩いの場として一

年を通して楽しめる。

中波ラジオの送信所は広い敷地が必要であるが、その敷地は一般的には閉鎖されいてることが多く、このバラ園のように一般に解放されているのは珍しい。RSKバラ園はJR岡山駅の西にあり、山陽新幹線の海側の車窓から眺めることができる。

【地域情報】 ちいきじょうほう

ラジオから流れる情報がリスナー全てに役立つものとは限らない。限られたリスナーのみに有益な情報を流されることもある。『盗難車情報』はYBSラジオのワイド番組の中で紹介される1分足らずの情報コーナー。県内で盗難に遭ったクルマの車種やナンバーなどの情報を流し、捜査への協力を呼びかけるもの。『降灰予報』は地元の気象台が発表した鹿児島桜島の火山灰の降灰予報をMBCラジオで流すもの。『修学旅行安否情報』はスマートフォンなど個人情報ツールがなかった時代に地域の学校の修学旅行の状況を保護者へ知らせるもので、秋田放送や山梨放送、ラジオ福島などで放送。安否とは言え、「否」の情報は流れない。

【NHKラジオ第2放送】 NHKらじおだいにほうそう

1931年の開局当初から教育放送を中心とした編成を行い、語学講座や高校講座などを放送。地域放送局という概念はなく、東京を親局とする中継局の集合体（全国同一放送）である。県域に縛られないため、ラジオ第1の最高出力が300kW（東京）であるのに対し、ラジオ第2の最高出力は500kW（東京、札幌、秋田、熊本）とより広いエリアをカバーする。

総務省からの組織スリム化指示にともない、2026年には廃止が決定している。そのため、2024年現在、NHK-FMの早朝6時台に語学講座を試験的に放送しているが、今後は不明。第2放送廃止後は、ネット配信の「NHKゴガク」に移行するという見方が有力である。

【NHK放送博物館】 NHKほうそうはくぶつかん

1956年に世界初の放送専門の博物館として東京都港区愛宕山に開設。愛宕山は1925年にNHKが日本で初めてのラジオ本放送を行った場所である。ここでは放送開始から現在に至るまでの放送に関する貴重な資料約3万5千件が収蔵されいてる。1925年当時に実際に使われていたマイクやラジオ受信機、そして開局記念ポスターなどが展示されている他、その当時のスタジオを再現したコーナーもあり、放送が始まった当時の雰囲気が味わえる。東京メトロ日比谷線神谷町下車徒歩8分。小高い丘の上にあるが、愛宕山トンネル東側にあるエレベーターを利用して山を登ることもできる。入場は無料で10時〜16時30分まで開館している。

【おもろい家族】 おもろいかぞく

1992年4月からスタートしたFM福岡の朝ワイド番組『モーニングジャム』（DJ：中島浩二ほか）の人気コーナー。リスナーの身の回りで起こった家族に関する面白くもほのぼのとした出来事を送ってもらい、それを紹介する。週末には「おもろい家族総集編」で再放送されることもある。このコーナーに送られてきたネタを集めて出版化したのが「おもろい家族本」で、2001年6月に初出版された。以後、現在までに6冊が刊行された。第4弾からはCD付きでネタを聞くことができる。

新刊が出るたびにAmazonの上位にランクインすることで有名。隠れたベストセラーである。

【ASMR特番】 *ASMRとくばん*

文化放送が2019年12月9日から始めた3Dオーディオ技術を駆使して編集した立体的かつ臨場感ある様々な音だけを1時間以上流し続ける特別番組で、通常、レーティング週間直前の日曜深夜に放送されている。

AMSRとは聴覚や視覚への刺激で感じる心地よく、脳がぞわぞわする反応や感覚のことを言う。局はモノラルである中波ではなく、ワイドFMやradikoからヘッドフォンを使って聞くことを推奨している。焚き火やトンカツ作り、文化放送アナウンサーの寝息にプール掃除の音などを放送。長崎放送でも2019年10月18日の深夜に秋の虫の声や唐揚げを揚げて食べる音などを放送した。

文化放送ASMR特番の題材
・たき火
・チャーハン
・花火
・ハイボール
・湯けむり
・笑い屋
・寝息
・トンカツ
・腹太鼓
・雪山
・鉛筆
・ミックスジュース
・素振り
・プール
・妖怪煙
・起き上がり小法師
・雨漏り
・座禅
・美容院
・マイクロ豚
・平成カラオケ

【閃光ライオット】 *せんこうライオット*

TOKYO FM『SCHOOL OF LOCK!』とSony Musicが主催する10代アーティストのみの「ティーンエイジャー参加型ロック・フェスティバル」。タイトルには「強烈な一瞬の光（閃光）が、暴動（riot＝ライオット）する日」という意味が込められている。2008年から2014年まで開催され中断。「未確認フェスティバル」と名を変えていたが、2023年、9年ぶりに再始動した。第3次までの審査を勝ち抜いた10組前後のアーティストが観客を入れたファイナルステージに出場、審査が行われグランプリが決定される。ねごと、Galileo Galilei、緑黄色社会など、ここに参加した多くのアーティストがメジャーデビューを果たしている。

【民放NHKラジオ共同キャンペーン】 *みんぽうNHKらじおきょうどうきゃんぺーん*

県単位、および圏域単位の民放ラジオ局とNHKが共同で防災などをテーマにした番組やイベントを行なっている。例えば在京民放ラジオ6局とNHK首都圏放送センターでは、毎年3月11日の東日本大震災発生日と9月1日の防災の日の8時46分から約8分間の特別番組『ラジオ災害情報交差点』を放送している。

また愛媛県の民放2局とNHK松山放送局は2016年から防災をテーマとした「ら♪ら♪ら♪ラジオです」を年1回放送。

防災以外では2023年2月に在名民放4局とNHK名古屋放送局が合同で「THEラジ王2023 名古屋最強ラジオ局決定戦」を開催した。

【NHK・民放連共同ラジオキャンペーン】 NHK・みんぽうれんきょうどうらじおきゃんぺーん

2011年度からNHKと民放連加盟のラジオ局が垣根を越え、ラジオを周知させるために行うキャンペーン。

第1回は「はじめまして、ラジオです。IN渋谷」と題して、若者へのラジオ訴求をメインにNHK放送センターと在京民放ラジオ5局が2011年10月2日、渋谷の街中とNHK放送センター特設ステージなどでイベントや公開録音を行った。

第2回は「ラジオにタッチ！」と題して2012年8月24日〜12月24日にNHK大阪放送局と在阪ラジオ5局が関西各地でイベントを展開、6話シリーズのラジオドラマ『6 COLORS』を共同制作・放送した。

その後2013年には名古屋で第3回『RADIO CAMPAIGN IN 名古屋 ＼ラジオ きいてみた／』、2014年は岩手県、宮城県、福島県で第4回『だからラジオ！"ダカラジ"』、2015年は北海道で第5回『キタラジ』、2016年は福岡県で第6回『#フクラジ』、2017年はNHKと在京民放ラジオ5局による運営で第7回『スマートフォンでラジオを聴こう！キャンペーン「#スマラー」』を全国展開、2019年もNHKと在京民放ラジオ5局の運営で第8回『#このラジオがヤバい』を行い全国の局で特番を放送。2020年はNHKと民放連の特別企画で第9回『＃いま聴いてほしいラジオ』を行ってきた。

【民放ラジオ局キャンペーン】 みんぽうらじおきょくきゃんぺーん

日本民間放送連盟ラジオ委員会が制定し全民放ラジオ局が参加するキャンペーン。例えば、2008年に3月3日が「耳の日」であることに由来してこの日を「民放ラジオの日」と決め、この日を含む1週間を「ラジオウィーク」としてラジオの有効性の訴求と新規リスナーの開拓を図るために、学校にラジオ各局が訪れてイベントを行い、その模様を放送するという「ラジオがやってくる！」キャンペーンを実施した。また2015年にはリスナーからTwitter（現在のX）で意見を募集、それを音声合成ソフトで音声化しラジオでオンエアするという「ラジオでいうたったー」キャンペーンを実施した。

これとは別に人気アーティストとコラボしたキャンペーン「WE LOVE RADIO」キャンペーンを2017年から実施。1回目はラジオを愛して止まない山下達郎と星野源の初対談とスペシャルライブを全国のラジオ局でオンエア。2021年〜2022年には、ラジオをスピーカーで聞く楽しみを広めることで聴取時間を伸ばし、ラジオ媒体の価値向上を図ることを目的とした「スピーカーでラジオを聴こうキャンペーンWE LOVE RADIO 松任谷由実 50th ANNIVERSARY〜日本中、ユーミンに包まれたなら〜」を実施した。

※見出し語および関連用語も掲載しています。

313

教養としての

ラジオ用語辞典

2024年3月20日　第1刷発行

著者　　　　　　　薬師神亮、手島伸英
発行者　　　　　　塩見正孝
発行所　　　　　　株式会社三才ブックス
　　　　　　　　　〒101-0041 東京都千代田区神田須田町2-6-5 OS'85ビル
　　　　　　　　　電話 03-3255-7995　　　メール info@sansaibooks.co.jp
　　　　　　　　　https://www.sansaibooks.co.jp

編集　　　　　　　梅田庸介
装丁　　　　　　　ヤマザキミヨコ（ソルト）
本文デザイン・DTP　松下知弘（三才ブックス）
校正協力　　　　　佐々木智之、豊田拓臣

印刷・製本　　　　図書印刷株式会社